“十三五”国家重点出版物出版规划项目

中国工程院重大咨询项目　中国生态文明建设重大战略研究丛书

第　八　卷

生态文明建设的总体战略与“十三五”重点任务研究

中国工程院“生态文明建设的总体战略与‘十三五’重点任务研究”课题组

孟　伟　舒俭民　张林波　主编

科 学 出 版 社

北　京

内 容 简 介

本书是中国工程院重大咨询项目“生态文明建设若干战略问题研究”的成果，是“生态文明建设的总体战略与‘十三五’重点任务研究”课题组的主要研究总结。全书首先分析和总结了国内外生态文明建设的实践进展与经验，提出了我国生态文明建设所面临的现实判断和重大挑战，并对国土生态安全格局构建与生态保护红线、生态文明建设资源配置战略与法律保障、生态文明治理能力建设与制度改革、生态文明建设的科技支撑与重大任务等开展专题研究，在此基础上，提出了我国“十三五”时期生态文明建设的具体目标、指导方针、重点任务、保障条件与政策建议。

本书适合各级政府管理人员、政策咨询研究人员，以及广大科研从业者和关心国家发展建设的人士阅读，适合各类图书馆收藏。

图书在版编目(CIP)数据

生态文明建设的总体战略与“十三五”重点任务研究/孟伟，舒俭民，张林波主编. —北京：科学出版社，2017.5

（中国生态文明建设重大战略研究丛书/周济，沈国舫主编）

“十三五”国家重点出版物出版规划项目　中国工程院重大咨询项目

ISBN 978-7-03-052749-3

Ⅰ. ①生…　Ⅱ. ①孟…　②舒…　③张…　Ⅲ. ①生态环境建设–研究–中国–2016-2020　Ⅳ. ①X321.2

中国版本图书馆 CIP 数据核字(2017)第 089626 号

责任编辑：马　俊　李　迪 / 责任校对：赵桂芬
责任印制：肖　兴 / 封面设计：刘新新

科 学 出 版 社出版
北京东黄城根北街 16 号
邮政编码：100717
http://www.sciencep.com

中国科学院印刷厂 印刷

科学出版社发行　各地新华书店经销

*

2017 年 5 月第 一 版　开本：787×1092　1/16
2018 年 1 月第三次印刷　印张：20 1/2
字数：358 000

定价：198.00 元

（如有印装质量问题，我社负责调换）

丛书顾问及编写委员会

“生态文明建设的总体战略与‘十三五’重点任务研究”课题组成员名单

组　长：孟　伟　　中国环境科学研究院，院士

副组长：舒俭民　　中国环境科学研究院，研究员

　　　　张林波　　中国环境科学研究院，研究员

成　员（按姓氏拼音为序）

蔡木林　　中国环境科学研究院，副研究员

杜加强　　中国环境科学研究院，副研究员

傅泽强　　中国环境科学研究院，研究员

韩永伟　　中国环境科学研究院，研究员

黄启飞　　中国环境科学研究院，研究员

刘军会　　中国环境科学研究院，副研究员

吕连宏　　中国环境科学研究院，高级工程师

罗　宏　　中国环境科学研究院，研究员

罗上华　　中国环境科学研究院，副研究员

苏　德　　中国环境科学研究院，研究员

王海燕　　中国环境科学研究院，副研究员

王文杰　　中国环境科学研究院，研究员

武雪芳　　中国环境科学研究院，研究员

岳　波　　中国环境科学研究院，副研究员

张惠远　中国环境科学研究院，研究员

专家支持组（按姓氏拼音为序）

樊　杰　中国科学院地理科学与资源研究所，研究员

高吉喜　环境保护部南京环境科学研究所，研究员

马　中　中国人民大学环境学院，教授

梅旭荣　中国农业科学院，研究员

王　毅　中国科学院科技政策与管理科学研究所，研究员

王　勇　全国人大环境与资源保护委员会调研室

王金南　环境保护部环境规划院，研究员

温铁军　中国人民大学，研究员

夏　光　环境保护部环境与经济政策研究中心，研究员

翟　勇　全国人大环境与资源保护委员会法案室

报告编制组

孟　伟　舒俭民　张林波　罗上华　杜加强　王　维

梁广林　岳　波　刘军会　吕连宏　王海燕　蔡木林

张　强　刘煜杰　谢园园　杨　巍　王宝良

丛书总序

为了积极参与对生态文明建设内涵的探索，更好地发挥“国家工程科技思想库”作用，中国工程院、国家开发银行和清华大学于2013年5月共同组织开展了“生态文明建设若干战略问题研究”重大咨询项目。项目以钱正英、徐匡迪、周生贤、解振华为顾问，周济、沈国舫任组长，郝吉明、孟伟任副组长，20余位院士、200余位专家参加了研究。2015年10月，经过两年多的紧张工作，在深入分析和反复研讨的基础上，经过广泛征求意见，综合凝练形成了项目研究报告。研究成果上报国务院，并分报有关部委，供长远决策及制定“十三五”规划纲要参考，得到了有关领导的高度重视。

项目深入分析了我国现阶段开展生态文明建设所面临的形势，并提出：资源环境承载力压力巨大，生态安全形势严峻，气候变化导致生态保护与修复的难度增大，人民期盼与生态环境有效改善之间的落差加大，贫困地区脱贫致富与生态环境保护的矛盾将更加突出，与生态文明相适应的制度体系建设任重道远，生态文明意识扎根仍需长期努力，国际地位提升下的国家环境责任与义务加大八个重大挑战。

此基础上，研究提出了我国生态文明建设的国土生态安全和水土资源优化配置与空间格局、新形势下生态保护和建设、环境保护、生态文明建设的能源可持续发展、新型工业化、新型城镇化、农业现代化、绿色消费与文化教育，以及生态文明建设的绿色交通运输重要领域的九大战略，并针对每项战略提出了需要落实的若干重点任务。

研究专门提出了生态文明建设“十三五”时期的目标与重点任务。目标是：到2020年，经济结构调整和产业绿色转型取得成效，高耗能产业得到有效控制，节能环保等战略性新兴产业蓬勃发展；能源资源消耗总量得到有效控制，利用效率大幅提升；生态环境质量有效改善，危害人体健康的突出环境问题得到有效遏制；划定并严守生态保护红线，保障国家生态安全的空间格局基本形成；生态文明制度体系基本形成，生态文明理念在全社会全面树立。

建议将以下指标列入“十三五”国民经济与社会发展规划，作为约束性控制指标，到 2020 年实现：战略性新兴产业占 GDP 比例大于等于 15%；能源消费总量小于等于 48 亿 t 标准煤；非化石能源占一次能源比例大于等于 15%；碳排放强度比 2005 年下降 40%~45%；水资源利用总量小于等于 6500 亿 m^3；全国生态资产保持率大于等于 100%，森林覆盖率大于等于 23%，森林蓄积量大于等于 161 亿 m^3；国家生态保护红线面积比例大于等于 30%，自然湿地保护率大于等于 55%；全国地级及以上城市 PM_{10} 浓度比 2015 年下降 15%以上；京津冀、长三角 $PM_{2.5}$ 浓度分别下降 25%、20%左右；七大流域干流及主要支流优于Ⅲ类的断面比例大于等于 75%；节能环保投入在公共财政支出中的占比稳定在 3%左右。

为实现上述目标，建议实施“民众为本，保护优先；红线约束，均衡发展；改革突破，从严追责；科技创新，绿色拉动”的指导方针，切实完成好以下九大重点任务：①实施绿色拉动战略驱动产业转型升级；②提高资源能源效率建设节约型社会；③以重大工程带动生态系统量质双升；④着力解决危害公众健康突出的环境问题；⑤划定并严守生态保护红线体系；⑥推进新型城镇化战略统筹城乡发展；⑦开展国家生态资产家底清查核算与监控评估平台建设，实施国家生态监测评估预警体系建设工程，建设生态环境监测监控的大数据整合技术平台；⑧全面开展全民生态文明新文化运动，引导和培育社会绿色生活消费模式；⑨实施生态文明工程科技支撑重大专项。

同时，为进一步推进生态文明建设，研究还提出了构建促进生态文明发展的法律体系，全面完善资源环境管理的行政体制，形成资源环境配置的市场作用机制，建立完善促进生态文明发展的制度体系，健全生态文明公众参与机制五个方面的保障条件与政策建议。

本套丛书汇集了“生态文明建设若干战略问题研究”的项目综合卷和 8 个课题分卷，分项目综合报告、课题报告和专题报告三个层次，提供相关领域的研究背景、涵盖内容和主要论点。综合卷包括综合报告和相关专题论述，每个课题分卷则包括课题综合报告及其专题报告。项目综合报告主要凝聚和总结了各课题和专题中达成共识的一些主要观点和结论，各课题形成的一些独特观点则主要在课题分卷中体现。本套丛书是项目研究成果的综合集成，凝聚了参研院士和专家们的睿智与心血。希望此书的出版，对于我国生态文明建设所涉及的相关工程科技领域重大问题的破题，予以帮助。

生态文明建设是新时期我国实现中华民族伟大复兴中国梦的重要内容，更是一项巨大的惠及民生的综合性建设，本项研究只是该系列研究的开始，由于各种原因，难免还有疏漏和不够妥当之处，请读者批评指正。

中国工程院“生态文明建设若干战略问题研究”

项目研究组

2016年9月

前　言

本书是中国工程院重大咨询项目“生态文明建设若干战略问题研究”的第八课题的成果，课题围绕生态文明建设的总体战略与“十三五”重点任务开展研究，课题组主要由中国环境科学研究院的院士和专家组成，并邀请国内相关领域专家组成专家支持组。在两年多的时间里，课题组组织十余次相关领域专家咨询研讨，赴生态文明建设典型地区开展调研，最终形成了本研究成果。

课题组系统梳理和总结了当前国内外生态文明建设的实践进展与经验，分析了我国生态文明建设所面临的现实判断和重大挑战，针对国土生态安全格局构建与生态保护红线、生态文明建设资源配置战略与法律保障、生态文明治理能力建设与制度改革、生态文明建设的科技支撑与重大任务等开展专题研究，并在综合生态文明若干战略研究项目相关课题的研究成果的基础上，提出了我国“十三五”时期生态文明建设的具体目标、指导方针、重点任务、保障条件与政策建议。

全书共分 7 章。第一章：梳理了美国、日本、欧洲等环境保护与生态建设的经验，剖析了国内典型区域、行业、省、市不同层面的生态文明建设实践案例，总结了我国生态文明建设的主要经验。第二章：回顾了过去 30 多年的国内发展与环境问题，提出了未来经济社会发展所面临的形势与挑战。第三章：从国土生态安全格局构建的现状、保护成效与问题分析出发，结合国内外的经验，提出了国土生态安全格局优化的战略目标、总体思路、重点任务与政策建议。第四章：分析了资源利用现状与存在的主要问题，提出资源优化配置的四大战略和 12 条法律保障建议。第五章：通过分析生态文明治理能力的现状与问题，参考借鉴国外生态文明制度建设经验，提出了生态文明治理能力建设与制度改革的理论基础、内涵与框架、战略目标、总体思路和重点任务。第六章：充分借鉴美国、欧盟、日本的科技发展战略经验，在分析我国生态文明建设的科技需求和问题的基础上，提出了生态文明建设科技创新驱动的战略目标、总体思路、优先领域与重点任务和重大工程。第七章：在课题综合研究的基础上，提出了我国“十三五”时期生态文明建设的目标、约束指标、基本方针，以及九大领域的重点任务。

在本课题研究的过程中，得到了“生态文明建设若干战略问题研究”项目组专家的指导与支持。本书的完成是课题组全体成员辛勤劳动的成果。为此，向为本书的研究作出贡献的院士、专家、教授、政府管理者及项目办工作人员致以衷心的感谢。

生态文明建设的总体战略与“十三五”重点任务研究课题组

2016年10月

目　录

第一章　生态文明建设的国内外经验总结分析

第一节　国外典型生态文明建设实践分析

一、典型国家的生态文明建设实践分析

（一）美国生态文明建设实践分析

美国在寻求环境保护和生态文明建设的科学之路上，已经走在了世界的前列。美国的生态文明建设主要体现在可持续发展和环境保护两个方面。

1. 可持续发展

美国经济的可持续发展主要体现在能源战略上。20 世纪 70 年代末，美国就制定了一系列以循环为目标的能源政策。一是通过财政手段鼓励可再生能源的开发和利用。美国积极地为可再生能源的科研项目拨款资助，并且优先将抵税优惠提供给可再生能源利用的相关项目。二是充分合理地利用现有资源，尽量保持生态环境，维持生态系统的平衡。目前，水电是美国最大的传统可再生能源，占能源产量的 10% 左右。美国煤炭资源非常丰富，为了降低煤炭资源使用过程中对环境的污染，美国大力进行相关污染防治技术的研发。三是进行政策倾斜，鼓励人们节约能源。例如，《2005 能源政策法案》，旨在鼓励人们购买和使用清洁能源及设备。生产节能型家电的企业能够得到抵税优惠，消费者购买这样的产品也能够获得优惠（张兰英和张宗柯，2013；孙新章等，2013）。同时，美国还在全国范围内大力推行绿色建筑等降低资源与能源消耗的举措。

2. 环境保护

美国环境保护运动始于 19 世纪末与 20 世纪初的资源和荒野保护运动。美国现代环保运动以生态学为理论基础，强调环境的污染和破坏对人类的危害。美国经济崛起初期，自然资源遭到了惊人的浪费和破坏。在 19 世纪末，人们逐渐意识到生态环境的作用和价值，兴起了资源和荒野保护运动。1969 年，美国通过了《国家环境

政策法》，该法从保护整个人类生存的环境出发，集社会环境、资源、人口、经济、文化发展于一体进行全面协调和规划。1970 年成立国家环境保护署，并且成立了由总统领导的环境质量委员会等专门机构，期间形成的重要法律包括《清洁空气法》《美国工业污染控制法》《水污染控制法》《水土保持法案》《联邦杀虫剂控制法》《鱼类和野生动物法案》《国有森林保护法案》等 30 余项法律法规，对生态的建设和保护、工业及农业生产对环境的污染等都有严格的法律限定（刘薇，2013）。与此同时，地方政府针对自身的情况在联邦法规的基础上制定相应的地方法规，从而形成了完善的法律法规体系。此外，环境保护在美国已经形成多个部门联合、综合性的行动。同时，美国政府还利用市场手段，主要包括：环境税、生态补偿、排污收费、排污权交易等方面解决环境保护问题。尤为重要的是，美国公民环境保护意识的觉醒、全民参与环保、扎实的环境教育及数量众多的民间环保组织的成立，在美国的生态文明建设中发挥了重要的作用。

（二）日本生态文明建设实践分析

日本在第二次世界大战后进入经济高速增长阶段，工业化的推进导致环境问题不断加剧。加之日本地域狭小、资源贫乏，人们对生存环境有强烈的忧患意识，为最大限度地提高资源利用率，寻求健康的经济发展模式，日本大力推进了生态文明的相关建设。日本的生态文明建设走过了一段曲折的历程。20 世纪 50～70 年代，日本经济发展迅猛，与此同时，环境问题日益凸显。日本经历了几大环境公害事件：熊本县水俣病事件、富山县骨痛病事件、四日市哮喘病事件等，正是这一系列的环境公害事件使日本国民迅速觉醒，日本政府就此成立“公害对策特别委员会”，并于 1967 年推进《公害对策基本法》，通过设定环境标准，促进公害防治。1993 年，日本实施《环境基本法》，该法明确环境保护的基本方针，对污染控制、自然资源保护、生态环境保护等方面高度重视。此外，日本还将 2000 年设定为“循环型社会元年”，将建立循环型社会定为基本国策，颁布和实施《循环型社会形成推动基本法》，旨在建立一个“最佳生产、最佳消费、最少废弃”的循环型社会形态（袁涌波，2010；李宇军，2010），这也标志着日本已经进入到推进循环经济和建立循环型社会的全面发展阶段。

日本的生态文明建设实践探索重点体现在以下两个方面。

1. 通过系统、全面的立法，确定主体的责任与义务

日本全社会都是生态文明建设的责任主体，国家鼓励人们努力降低其日常生活

对环境造成的负荷，倡导人们自发进行环境的绿化、再生资源的回收等活动。为确保循环型社会的建立，日本还制定了环境保护教育学习制度、环境情报制度和环境日制度。近几年来，日本还修订了大量环境方面的法律、法规，涵盖了人们生活的各个方面，使日本从控制污染向节约资源、循环利用逐渐转变，有效地推进了日本生态文明的建设。

2. 进行社会经济结构的综合性调整，促进生态环境的保护

首先，将环境的污染治理工作由企业的个体行为变为市场经济条件下的社会分工和供求关系。同时，对保护环境所需的各项资源的供给进行市场化和产业化（李宇军，2010）。其次，重视对人们的环境保护教育工作，并充分发挥民间环保组织、社会中介组织的积极作用，形成“政府主导、企业治理、全民参与”的环境保护网络体系，使人们广泛参与环境保护，成为并凝聚了全社会参与环境保护的强大力量。

（三）瑞典生态文明建设实践分析

瑞典是生态文明理念的先行者。瑞典于 1964 年制定了《自然保护法》，对国家公园、自然遗迹、动植物物种及海岸和河岸保护区的保护进行规定。1969 年，瑞典颁布《环境保护法》，对水体污染、大气污染、噪声污染和其他污染的治理进行规定。1994 年，瑞典实施首个国家可持续发展战略（NSDS），并分别于 2004 年和 2006 年对其进行修订和更新。瑞典的国家可持续发展战略涵盖了经济、社会和生态环境 3 个方面，形成了一套完整、科学的可持续发展体系，并在实践中取得显著的效果。具体表现为：瑞典酸化和富营养化水体持续减少、可再生能源的比例超过 47%、空气的 $PM_{2.5}$ 浓度基本都在 20 以下、2012 年比 1990 年的温室气体排放量下降了 20% 等（徐冬青，2013）。

瑞典在生态文明建设过程中采取的具体实践措施包括以下 3 方面。

1. 明确环境立法和环境目标

一直以来，立法是瑞典处理环境问题的有力工具。伴随着不断健全的环境法律体系，瑞典的环境政策原则和生态文明建设由理论走向实践。瑞典制定的《环境保护法典》，是全球第一部环境保护方面的法典，成为了全球环境保护史上的里程碑。随后，瑞典议会逐步通过了气候影响减轻、无人为酸化、动植物物种丰富多样、建筑环境优良美好等 16 项国家级环境质量目标（EQOS）。为确保这些目标的实现，瑞典相关部门进行实时跟踪和评估，根据变化提出相应策略。同时，瑞典环境保护署（EPA）向瑞典政府就环境政策与立法提出建议，并确保各项环境决策得以贯彻实施。

2. 加强国际合作

环境危机是一种全球化且无边界的现象，但主权国家的政治边界则相对较为稳定。瑞典国土面积较小，相邻国家的环境污染，尤其是水污染、大气污染等对本国有较大的影响，因此瑞典非常重视国际间的合作。为保护邻近海域，瑞典积极参与国际间环境保护的各项工作，如处理波罗的海的污染问题。瑞典政府将海洋工作作为其重点工作，于 2011 年成立了海洋和水资源管理局。2013 年，瑞典政府安排了 5.03 亿瑞典克朗用于解决国际海洋和水资源问题。

3. 生态标识推动绿色环保

通过生态标识来推动绿色环保是瑞典在生态文明建设上的亮点，如 KRAV 标识、Svanen 标识等。KRAV 标识主要是针对有机食品，贴有此标识的商品意味着满足不得使用化肥、农药或转基因微生物的要求。Svanen 标识为北欧地区官方生态标识，贴有 Svanen 标识的商品和服务，意味着其全过程的环境影响都得到了官方的检查和批准（王宏斌，2011）。同时，人们也非常乐意购买这样的产品和服务。此外，瑞典在制定环境保护相关法律法规中的全面协商制度，环境保护信息的公开和透明，积极开发新能源来代替不可再生资源的政策，根据自身生态环境的特点结合国际环境制定环境保护法律法规体系等方面的有效努力，也为瑞典生态文明的建设提供了有力的保障。

（四）印度生态文明建设实践分析

与当今世界上的其他许多国家一样，随着印度经济、人口和工业的快速增长，其环境却在不断恶化，污染问题正在加剧，其主要体现在以下几个方面：第一，在水污染方面，城市废物、工业废水和农业污水的排放，使印度的江河及其支流受到了严重的污染。如果按照世界卫生组织（WHO）的洁净水标准即从任一地区所取的水质样本中，98%的样本应绝对不含大肠菌类，则印度的大多数地表水源都受到了不同程度的污染。其中，受到严重污染的地表水源也高达 70%以上。第二，在空气污染方面，大量的汽车尾气及工业生产排放的烟尘使得空气质量呈大幅下降趋势，机动车辆尾气，以及工业和烧煤热电厂的烟尘排放是导致印度城市空气严重污染的主要因素。曾经对新德里、孟买、加尔各答和马德拉斯 4 个城市空气质量监测数据的分析结果表明，4 个城市空气中悬浮颗粒物质的平均值为 360μg/m^3，已明显超过 WHO 标准（150μg/m^3）和印度的国家标准；空气中 SO_2 和氮氧化物的含量虽勉强在相应的标准范围内，但发展趋势令人担忧。第三，在土地和地下水污染方面，倾倒工业和城市固体废物及危险废物是导致土地污染加剧的主要原因，而土地质量下降则是由农业生产上过度施用化肥、漫灌、砍伐森林、不合理灌溉、缺乏土地利用规划，以及固体废物污染等多因素综合作用的结果。工业企业是固体废物和危险废物的主要生产者，而这些废物的倾倒至今大多仍处于无政府状态，向公用土地和城市固体废物存放场倾倒工业固体废物和危险废物的事件屡见不鲜。同时，近年来城市垃圾的数量正在迅速增长，而这些垃圾几乎全部都是自由地倾倒在土地上，而并未考虑其对环境的危害。再者，固体废物的管理不善导致了工业废物场和城市垃圾场周围空气传染病的增加，以及地表水和地下水的污染加重。印度中央污染控制委员会已经证实，很多固体废物场周围的地下水中氰化物、锰、铬等有毒金属的含量已远远超出了 WHO 规定的饮用水标准。第四，在森林砍伐方面，一个世纪以前，印度的森林覆盖率高达 40%。根据印度政府的普查结果，1993 年全国拥有林地 6401.07 万 hm^2，到 1995 年下降至 6396 万 hm^2，两年中森林面积减少了 50 700hm^2。同期，森林覆盖率也从 19.47%下降为 19.45%，这与印度《国家林业政策》所规定的 33%的森林覆盖率目标还相差甚远。对森林的主要压力来自于农民的燃料和大牲口的饲料（张淑兰，2008）。此外，以木材为原料的工业企业，如造纸厂、胶合板厂、纤维板厂、火柴厂等，对木材的消耗正在日益增加。

面对如此严峻的环境污染危机，政府机构、学术界乃至众多非政府组织等都对印度环境污染高度重视。

（1）加强环境立法和管理体制建设。1986 年印度政府就制定了《环境保护法》，该法律在授权联邦立法的基础上，赋予各邦依据自然条件和社会条件差异自行立法的权力。此外，明确阐述了行政立法、执法规定、违法处理及个人和企业责任。印度的环境管理由中央政府和联邦政府二级负责实施。中央环境与林业部下设“中央污染治理委员会”，联邦政府环境部下设“联邦政府治理委员会”，二级委员会之间工作联系密切。其中，联邦污染治理委员会还在各地设有许多地区办公室，具体执行有关环境管理工作。同时，在法律法规和体制管理的基础上，制定了多个研究计划和项目。例如，“人类与生物圈计划”，该计划是一个强调学科间相互协作的多学科综合研究计划，重点研究人类与环境之间的相互关系，寻求自然资源管理的新理论、新技术和新方法，以实现对自然资源的可持续性利用与管理；“环境研究计划”，该计划的研究领域主要包括：减少废物产量、废物再循环、资源回收，以及废水处理的化学、生物化学和工程技术措施，并同时资助环境管理研究项目；《气候变化研究计划》，这是印度在 1993 年签署《联合国气候变化框架公约》之后，为有效履行公约而发起的一项研究计划，由印度环境与林业部负责运作，主要资助气候变化领域的研究课题，以寻求防治气候变化的措施，减少气候变化所带来的不利影响。

（2）增大环境保护研究开发力度。印度政府十分重视对环境保护的研究开发工作，并在经费上给予了保证。现有资料表明，近年来印度每年对环境保护研究开发的经费投入均占全国研究开发总投入的 4%以上（曾豫湘，1998）。目前，印度对环境保护研究和开发的资金投入主要有中央政府、联邦政府和私有企业 3 个来源。其中，中央政府拨款是环境研究开发经费的主体，一般约占环保研究开发总经费投入的 95%以上。

（3）狠抓工业污染治理。在印度，工业生产活动是导致环境污染的主要原因之一，其中尤以小型企业所造成的污染最为严重。1992 年发布了《减轻污染的政策声明》。根据该声明的规定，印度中央污染治理委员会选定炼铝、苛性钠、水泥、炼铜、酒精酿造、染料及染料中间体生产、化肥、钢铁、皮革、炼油、农药、石化、制药、纸浆与造纸、糖业、热电厂、炼锌 17 类严重导致环境污染的行业进行优先治理，属于这 17 类行业的重点治理对象共有 1551 家大、中型企业。根据最新的非官方统计数据，在全国各行业的所有企业（包括大、中、小型企业）中，目前约有 45%的企业已能达到国家环境污染治理标准；在上述 1551 家重点治理的大、中型企业中，已有 70%以上的企业达到了国家的污染治理标准，而 5 年前这一百分率仅为 24%左右（张淑兰，2010）。这表明，近年来印度的工业环境污染治理工作取得了显著成效。

同时，印度政府在环保领域积极扩大民间组织的影响。目前，印度仅登记在册的环保组织接近 3000 家。这些组织自发宣传和推广环保理念，引导印度民众参与绿化、保护水源等活动。此外，印度政府还将环保意识提升到教育层面，建议“从娃娃抓起”。

印度是新兴发展中国家，城市化进程、工业化进程、贫富不均及经济发展带来的其他阵痛都不可避免地出现在这个庞大的躯体上。因此一些发展中的问题被权衡后，不得不暂时搁置一边，如环境保护。尽管印度在环境治理方面付出了较多的努力，但效果甚微，如何协调好经济发展和环境保护的关系对印度走向工业大国是一个重大的考验和挑战。

（五）俄罗斯生态文明建设实践分析

近 10 年来，俄罗斯环境状况不容乐观，环境污染和环境破坏加剧，形势恶化。

60%的俄罗斯人生活在对健康有害的环境中，每年有数万人死亡。2007 年的一项环保评估报告列出全球十大污染最严重地区，俄罗斯有 3 个地区名列其中。总体上，俄罗斯环境危机态势严峻，具体表现在以下几个方面。

（1）城市大气污染严重超标。俄罗斯联邦气象环境监督局的定期调查显示，1999～2003 年大气污染不断攀升，2003 年俄罗斯排出的污染物质总量为 3530 万 t，比 2002 年增加了 70 万 t。在定期监测的 253 个城市中，有 145 个城市的大气污染处于较高水平。2006 年 5 月该局宣布，俄罗斯大城市空气污染水平依然超标。工业生产增长和汽车数量增加是加重大气污染的因素，汽车尾气排放量的不断增加，形成了长期性的大气污染。俄罗斯还出现 41 座大气重度污染城市，有些城市的个别有害物质超过最高容许度 10 倍以上（王前军，2007）。

（2）河流湖泊遭受不同程度污染。俄罗斯河流污染严重，河流中的铜、铁浓度超过最大容许度。其中，鲁德纳亚河污染最为严重，主要是采矿业废水未经处理直接排入该河，伏尔加河、顿河、库班河等还存在超标百倍的细菌污染。贝加尔湖生物多样性丰富，是世界上最古老、最深的湖，列入世界文化遗产，但该湖受水力发电、森林砍伐、农业移民和造纸工厂的影响，生态环境发生破坏性变化。贝加尔湖海豹的 PCB（多氯联苯）、DDT（滴滴涕，双对氯苯基三氯乙烷）浓度非常高，比北极海及里海的海豹还高。该湖海豹的大量死亡，主要是纸浆工厂排出的化学物质所致。

（3）俄罗斯海湾、海底、海域污染接连不断。2003 年阿穆尔湾、乌苏里湾、纳霍德卡湾水质遭受污染。2003 年俄罗斯向日本海沿岸地区排放了 319 亿 m^3 污水。另外，大彼得湾的水质污染还造成了海底污染，其中，油、苯、农药和重金属严重超标，油浓度超过 24～26 倍，苯超过 2～5 倍，农药超过 2～16 倍，重金属超过 2～7 倍（范纯，2008）。2007 年 11 月 11 日，俄罗斯南部刻赤海峡的高加索港附近海域，因风暴天气 5 艘俄籍船只失事，1000 多吨重油泄漏，形成了非常严重的环境灾难。环保组织称，恢复刻赤海峡的生态环境可能需要 10 年时间，有毒物质将会影响鱼类、鸟类与海洋哺乳动物。

（4）森林资源不断减少。俄罗斯是世界森林面积最大的国家，其森林面积占世界森林面积的 20%以上，针叶林面积占 60%以上。目前，针叶树蓄积量正快速减少，乌拉尔山脉和远东地区减少明显，主要原因是森林采伐和森林火灾。进入 20 世纪 90 年代，可换取外汇的森林遭到集中采伐，非法采伐成为家常便饭。在哈巴罗夫斯克地区较早进行采伐的地方，森林资源枯竭，陷入不能持续采伐的状况。1998 年哈巴罗夫斯克地区发生大规模森林火灾，200 万 hm^2 以上的森林受害。2006 年俄罗斯林业部门登记了 2.5 万多起森林火灾，受灾面积达 130 万 hm^2。2007 年 8 月，赤塔州因森林大火，宣布进入紧急状态。俄罗斯林业部门预测，2007 年俄罗斯森林发生火灾的受灾面积超过 5 年来的平均水平。

（5）生物多样性锐减。无规制的木材采伐给俄罗斯古老的原生林带来了重大危机。森林中的各种生物，如阿穆尔虎、远东豹、喜马拉雅熊受到严重影响。居住在俄罗斯远东地区森林中的豹仅有 30 头左右，濒临灭绝危机。乌苏里是俄罗斯生物多样性最丰富的地区，是蝴蝶、白鹳等稀有物种的宝库，因人为放火和开垦湿地，破坏了这些物种的栖息环境。在鄂霍次克海海域因石油和天然气开发，沿岸生物多样性亦受到严重威胁。

（6）核放射性污染突出（柴德坤，2009）。俄罗斯正成为世界核废料的垃圾场。工厂工人和周边居民遭到大量放射性物质的侵害。

由以上可以看出，俄罗斯环境污染和环境破坏十分严重，已处于超危机状态，呈现结构性、复合性、持久性和灾难性特征。多年来，俄罗斯积极以法治理环境问题，基本形成了环境立法、环境执法和环境司法等组成的环保法律机制。

（1）环境立法方面：形成以宪法规定为基石，以环保基本法为基础，以个别法规为内容的环境法律体系。俄联邦宪法规定，每个人都有享受良好环境的权利，每个人都必须爱护自然环境，珍惜自然财富。1991 年 12 月俄罗斯联邦颁布《自然环境保护法》，成为俄罗斯环境保护总体框架的基本法，显示出俄罗斯联邦保护环境的决心。其后，环境保护的法令和行政法规陆续出台，如《地下资源法》《特别自然保护区法》《俄罗斯联邦水法典》，1996 年制定的《俄罗斯联邦刑法典》增设了环境犯罪，扩大了刑法在环保中的作用，1999 年颁布《大气保护法》，确立了向大气排放污染物的国家规制的法律基础。2002 年 1 月 10 日俄罗斯颁布新《环境保护法》，体现出俄罗斯在生态立法理念上的进步，更加注重生态经济机制在保障生态安全方面的作用，规定了生态审计制度、生态保险制度、生态许可制度和生态认证制度等，采取预防措施保障生态安全。2004 年修改《地下资源法》，将地下资源所有权归属联邦，地下资源的利用方式采用许可证方式和契约方式。对地下资源利用权、利用税、权益转让作出规定。2005 年俄罗斯计划制定首部《反污染法》，强制污染企业采用无污染的新技术。2005 年出台新《矿产资源法》，增加对固体矿产、石油天然气及地下水资源开采的要求和技术标准，加强国家对资源的垂直控制。2006 年 4 月俄罗斯通过新《俄罗斯联邦水法》，同年 11 月俄罗斯通过新《俄罗斯联邦林业法典》。

新法确立了林业资源利用、保护、养护和再生等方面的法律规定，改变了俄罗斯林业关系的立法基础。

（2）环境执法方面：俄罗斯独立以来，对原苏联环境行政管理体制不断进行改革，试图摸索出行之有效的执法管理体制。原环境行政管理体制是以环境保护与自然资源部为核心，由水文气象和环境监测局、卫生防疫监督国家委员会、水利委员会、渔业委员会、土地资源和土地规划委员会、林业局、地质地下资源委员会、测绘和制图局等组成的行政架构庞大，管理职能重叠，环境监督责任不清的低效的管理体制，属于相对集中、分散管理模式。1996 年 8 月俄罗斯实行改革，废止环境保护与自然资源部、水利委员会、地质地下资源委员会，新设自然资源部和环境保护国家委员会。自然资源部可在自然资源的调查、再生产、利用、保护领域实施国家政策，是协调其他联邦执行权力机关活动的调整机构，还负责国家地下资源基金管理和水基金利用与管理。环境保护国家委员会负责国家环保政策、生态安全保障、生物多样性保持、部门间调整、生态控制与监察、自然保护区管理。这次改革虽具一定合理性，但产生了利害如何调整的问题。2000 年 6 月，俄罗斯政府决定将联邦国家环保局和国家林业局并入自然资源部，强化国家对自然资源的所有权，更好地符合经济可持续发展对自然资源合理开发利用，以及生态安全的要求，从此，俄罗斯的环境资源管理从分散趋向统一。在环境保护制度方面，创制出分离自然资源管理和产业活动监督的新模式。2004 年新组建的自然资源部由 7 个司组成，主要职责是负责国家政策制定和法规文件草案的起草、协调，同时管理联邦地下资源利用署、联邦林业署和联邦水资源署，还管理联邦自然资源利用监督局。另外，俄罗斯于 1994 年设立联邦紧急情况部，负责整个联邦自然和人为灾害应急救援的指挥和协调。该部在各类灾害和社会危机中都发挥了重要作用。需要指出，1996 年设立的俄罗斯生态警察对环境保护发挥了一定的积极作用，如清理大型垃圾堆积场、关闭非法垃圾倾倒点、查处破坏生态案件等，避免了很多经济损失。进入 21 世纪以来，生态警察继续发挥作用。

（3）在环境司法方面：近年来，俄罗斯环境诉讼接连不断，环境司法基本上维护了环境公平和正义。2002 年的《环境保护法》规定，俄罗斯联邦国家权力机关、联邦各主体国家权力机关、公民有权对因违反《环境保护法》造成的环境损害，提起赔偿诉讼。从事环保活动的社会团体和其他非商业性团体有权向俄罗斯联邦国家权力机关、联邦各主体国家权力机关、地方自治机关和法院提出请求，取消关于其经济活动和其他活动可能对环境产生不良影响的项目设计、布局、建设、改建和运营的决定，限制、停止和禁止对环境产生不良影响的经济和其他活动，还可向法院提起环境损害赔偿诉讼（李峰，2001）。

俄罗斯构建环保法律机制是积极的，基本上形成了预防、控制环境问题的法律对策架构，能发挥作为国家环境管理职能的作用，尤其是俄罗斯生态鉴定制度、生态警察制度和生态保险制度等得到不少国家的推崇，但是，俄罗斯环境法律制度仍有许多地方需要继续完善。俄罗斯毕竟处于转型期，环保制度设计难免遗留旧体制痕迹，最终能否高效地控制环境问题与危机还难以判断。同时，治理环境问题并非一朝一夕，即使法律制度健全，但因缺乏资金、技术、人才和观念，也无法实现治理环境的目的。即使法律制度先进，因现实社会的环境基础条件落后，也无法实现法律的调节作用。俄罗斯要想从根本上化解环境危机，必须进行一场深刻的结构改革，包括全面调整原苏联遗留的工业基础，按市场原理继续推行环境行政改革，培育民众参与环境保护的社会力量，逐步养成现代环境伦理观和先进的生态文明观。

当然，俄罗斯的环境保护法制建设模式也给我们带来了很多的新思路。

（1）重视环境非政府组织的作用，推动社会环境意识的提高。环境非政府组织是环境保护的主力军，也是社会环境意识提高的领头羊，更是环境知识的传播者。在我国今后的环境保护法治战略中，应重视环境非政府组织的重要，并通过立法，为环境非政府组织作出法律定位，明确规范其职能乃至活动范围，发挥其积极作用。

（2）继续强化环境立法，不断创新环境制度。法律调整的各种环境利益关系总是不断发展的，社会关系的发展往往比法律变化快，立法者需要与时俱进，作出敏锐反应。目前，我国环境法律体制尚有较大需完善的地方，不断强化环境立法、创建新制度，是每个国家立法机构义不容辞的责任。还需强调，转型国家经常面临制度短缺的问题，形成制度供给不足，因此，如何实现环境制度供给与需求的平衡是我国立法部门今后必须认真对待的问题。

（3）理顺环境行政管理体制，有效执法。目前，我国环境管理效率不高的一个重要原因是各专门环境管理机构之间，专门的环境管理机构与非专门的环境管理机构之间的不协调。虽然法律上规定了自然资源部的协调权能，但是，没有建立支撑协调的激励机制，被协调机构往往推脱、扯皮。因此，今后从法律制度上，应当确立协调的激励制度和监督制度，实现环境行政管理的现代化，营造良好的执法环境。

（4）构建循环经济法制，推动循环经济发展。20 世纪 90 年代以来，发达国家把发展循环经济、建立循环经济型社会看作实施可持续发展战略的重要途径和实现方式。循环经济以“减量化、再利用、再循环”为原则，以低消耗、低排放、高效率为特征，是对“大量生产、大量消费、大量废弃”的传统增长模式的根本变革。可以说，构建循环经济是防止传统经济增长方式产生大量环境污染的根本性措施。

（5）充分开展国际合作，共同应对环境危机。过去，我国与俄罗斯、日本等建立了东北亚环境合作机制，就沙尘暴、酸雨、海洋保护展开对话与交流。近年，我国和俄罗斯就松花江污染事件开展过良好合作，同时，我国是《联合国气候变化框架公约》《京都议定书》等一系列国际协定的缔约国。今后，我国应与美国、欧洲、日本等开展环境战略合作，在应对气候变化和预防各类污染等方面，构建环境信息交流体制、搭建制度经验交流平台、营造环境人才培养机制，维护生态安全，实现可持续发展。

（六）墨西哥生态文明建设实践分析

群山环抱的墨西哥城也曾有过天蓝水清的历史记载，并有过“阳光城”的美誉。但随着20世纪墨西哥经济的飞速发展，城市化进程加快，从80年代开始，墨西哥城的空气污染就非常严重，加上墨西哥城三面环山的地理位置不利于污染物扩散，情况一度严重到鸟儿飞着飞着就从空中坠亡了（传言）。1992年，墨西哥城被联合国宣布为全球空气污染最严重的城市。加之宗教原因，墨西哥反对任何避孕措施，使人口无计划地急剧膨胀，以及汽车的大量增加，而城市污染问题又没有及时得到解决，导致城市上空终日笼罩着一层黄色烟雾（徐英，1995）。经济发展使人民生活得到改善，但也给人们带来了许多灾难。其中，最突出的是，工农业生产和城市生活中排放的大量污染物使环境质量下降、危害人体健康、破坏生物资源、影响工农业生产。具体主要表现在以下几个方面。

（1）水源污染严重。墨西哥水源分布有两大特点。一是水源地势低，水源分布不平衡，北部缺水而南部地面水源充足，中部水源分布相对平均。二是水源和消费中心之间高度差距大。由于城市化和工业化进程加快，工业废水和生活污水严重污染水源，其中产生水污染的最大污染源是制糖、化学和石油化工、纤维和纸、咖啡、冶金和食品等行业。据报道，墨西哥79%的地面水源受到不同程度的污染，全国15条河流中，有9条受到不同程度的污染。另外，泄漏的污水严重污染太平洋沿岸水域。同时，由于设备短缺且多数设备年久失修，大量污水得不到完全处理。水中有害物质有增无减，因此，在废水和污水中有大量的细菌，如西派菌、葡萄球菌及思哲拉菌，甚至人们在街上都可能受到这些细菌传染的威胁。据联合国有关人员的研究，上述 3 种细菌在墨西哥城上空的空气中均有存在。

（2）固态垃圾严重污染环境。主要表现在：墨西哥沿海地区固态垃圾污染严重，这些固态垃圾主要来自石油开采部门倾倒的有毒物质、放射性物质和农业用杀菌剂残渣等；城市固态垃圾增多，市容环境被破坏，这主要是由于经济发展改变了人们的物质消费方式，城市固态垃圾类型也随之发生变化，同时，城市工业废料也不断增加；对人体有害和危险的废料大量增加，这些有毒有害物质一方面来自各医疗部门和人们丢掉的有毒废弃物。例如，医院用过的注射器、放射性物质，以及其他有毒物质都没有固定存放点，一般都扔到垃圾桶。另一方面，来自国外的有害危险物污染也相当严重。根据 1988 年墨西哥和美国签署的协议，美国将 3 万 t 危险废物运入墨西哥。这类垃圾至今源源不断地流入墨西哥和美国边境客户工业集中的地带，严重污染着墨西哥的环境。

（3）大气层严重失衡。大气层被污染是人类活动产生的副作用最为明显的结果之一。大气层被污染与 3 个污染源有关：能源生产、运输燃料消耗和一些特殊工业部门的生产。在墨西哥，主要污染源是运输业和工业。据估计，在墨西哥，来自燃料的二氧化碳占世界燃料消耗产生的二氧化碳总量的 1.4%，严重的大气污染给人类和动物生命健康带来了极大的威胁（徐英，1997）。

（4）自然环境遭受破坏的程度也十分严重。由于不合理地利用和开发自然资源或进行大型工程建设，造成水土流失、土壤沙化和盐碱化，自然资源日渐枯竭，气候异常和生态平衡失调。墨西哥有灌溉土地 56 万 hm^2，占总面积的 2.4%。这些土地都有不同程度的土质板结，大大影响了农作物生长及其产量，使农民生活更为艰难。这种形势也是人们盲目流入城市的原因之一。

为此，墨西哥政府已认识到防止污染和保护自然资源的重要性并不断加强环保工作。面对日益严重的环境污染问题，在可持续发展战略指引下，墨西哥政府采取了如下措施。

（1）建立和健全法制机构，以监督生态环境。墨西哥政府在 1971 年制定的联邦预防和控制环境污染法的基础上，1991 年颁布了水法及一系列环境保护法规和措施。1994 年成立了生态环境、自然资源和渔业部，加强对自然资源和环境的管理和监督。在各大城市建立了环保监测机构和监测网，以监督和检查环保问题。1996 年又成立了环境合作委员会并同有关方面签订了相应环境协定。广大群众也纷纷自发组织起来，进行环境保护工作。此外，政府还成立执法队伍，如派大批海军进行海上巡逻，每天往返海上数十次，以监督海洋环境。

（2）政府立法，依法治水，增加投资，改善水质。1991 年 4 月 5 日，墨西哥总统萨利纳斯在全国自来水工作会议上强调贯彻水法的重要性，同时宣布了一项同污染水源现象作斗争的计划。其主要内容有：①在全国范围内进行一次旨在保持水源清洁的全面动员工作；②确定自来水的最低饮用质量标准和废水排放的最低质量标准；③采取先进的方法解决一些令人忧虑的特殊问题；④为了防止水源污染，开始征收水使用税；⑤废水在氧化池内处理之后，一半用于农业灌溉，另一半则进行第二次处理；⑥进一步落实有关人员的培训、调研工作和技术转让等方面的规划；⑦大量投资以改善水质。

墨西哥全国水利委员会于 1997 年 1 月 29 日宣布，墨西哥联邦政府 1997 年将投入 4.3 亿比索（约合 5500 万美元），在全国各大中城市建设一批污水处理系统，对 20 世纪 60 年代以来的下水道进行维修清理。其中，首都墨西哥城所在的墨西哥公地的污水处理系统是最大的一个项目。这个系统包括 4 座总处理能力为每秒 74.5m^3 的污水处理站，两条总长为 31km 的集水管道，总提水能力为每秒 120m^3 的水泵站和一条 28km 长的滤水管道。这个处理网建成后，将成为世界上最大的污水处理系统之一。处理后的水将用于农田灌溉。与此同时，墨西哥将与美国联合实施边界地区水治理计划。两国将在墨西哥的蒂华纳和新拉雷多等地建设一些污水处理站，改善和新建一些污水集水站，以减少对边界河流布拉沃河的污水排放。此外，还投资 3 亿美元用于边界环境基础设施计划。在沿海地带，墨西哥政府派军队对索诺拉的墨西哥一侧 6000m 宽的地带实行封锁，从事打捞海水中的垃圾的活动，以帮助保护和监督海洋生态系统（张禾佳，1989）。

另外，为提高公民保护和使用水资源的意识，政府正在逐步完善节水措施，而且政府与企业签订了保护水资源的“自律协定”，要求企业自觉控制排污，增加水的循环利用，对用水大户征收高额水费；鼓励使用各类节水器具，对厕所冲水量和淋浴、洗衣机及洗碗机等的用水量进行限制。这些措施每年将节水约 2800 万 m^3，可供 25 万多居民的家庭用水。对往排水网或露天垃圾场倾倒有害垃圾的责任者处以罚款，情节严重者还要追究刑事责任。

（3）制定严格的反空气污染法规，采取切实可行的措施，减少和防治城市污染。具体包括：①严格限制交通，把现有车辆按颜色和牌照号分成若干组，周一至周五只准许某种颜色和号码的车辆运行。同时严格控制汽车数量和使用型号。②逐步停止使用含铅汽油。早在 1991 年 6 月 13 日，墨西哥总统萨利纳斯在隆重纪念世界环境日大会上就声明，保护环境已成为国家的首要任务之一。他要求经济增长以不损害环境与生态为前提；还宣布签署“保护濒临灭绝生物的国际公约”，在 30 天内提出解决工业及消费产品中含铅问题方案并保证氧化汽油和高品位汽油供应。③采取具体和长远措施，敦促工业企业严格执行排污标准，对污染严重的工厂实行重点监督。1991 年 11 月当局曾因违反环保条约而关闭了 19 个州的 71 家企业。同时，要求墨西哥城 30%的热电设备改用天然气，减少热电厂 50%的发电设备。对存在严重污染问题的厂矿企业进行罚款，仅 1991 年就有 600 家国有或私人企业因缺乏防污染措施而受到处罚。同时，还计划把墨西哥城污染严重的钢铁厂和其他一些企业迁往远郊。④放慢城市发展速度，并使城市投资、基础设施和服务设施更加合理化。在离墨西哥城 70～100km 远的地方建立几座卫星城，并配以高速铁路网，以减轻 2000 年墨西哥城将容纳 2900 万人的巨大压力。⑤重建高效益的农牧业，改善郊区的生活水平，为农民提供就业机会并打下良好的经济基础，从而动员一些农民返回家园安居乐业，同时也将成功地阻止大量农民流向城市。此外，墨西哥政府经常采取紧急措施，以减少污染。例如，1994 年 3 月，宣布墨西哥城处于紧急状态，停止公共活动。各学校室外活动改在室内进行，取消课余活动；国家体育委员会把一级运动选手送到墨西哥城外围去训练。有关部门还不断进行监督检查。

（4）全民动员，绿化造林，美化环境，净化空气，减少污染。墨西哥政府在 1989～1991 年全国发展计划中提出了关于保护本国环境的政策，其中之一是在全国推行绿化运动。政府为此动员了大批人员绿化城市周围的山谷，建设人工公园，并设立专人看守森林。1989 年，各机关、学校和厂矿植树 4002 万棵。1990 年，墨西哥城推行“每户一树”运动，植树 145 万棵。1991 年在墨西哥城周围植树 10 万棵，计划在各州共植树 36.4 万 hm^2，以恢复森林本来面貌，而且决定将这一活动作为一项重要任务坚持下去。至今，墨西哥城（包括郊区）森林面积已达 1600 多万平方千米。根据新的森林法，在合理采伐的同时应加强植树造林。为此，计划新建苗圃 52 个。为了克服由于生态环境破坏而造成的贫困状态，《全国团结计划》中继续实行生态计划和森林计划，决定植树 1 亿棵。为了完成这一任务，已有 16 个地区性计划在推行，包括 12 个州的 400 个县，受益群众 900 万人。

（5）进行技术革新，更新设备，控制污染源。墨西哥从 20 世纪 70 年代就致力于改良汽车尾部排气管的工作。目前，有近百家企业从事环保设备生产。政府鼓励发明创造，其中有的专家发明了一种高灵敏度天然气泄漏检测器，它能在天然气泄漏后 40s 内迅速作出反应。国家除拿出 900 万比索资助环境合作活动外，还从国外进口大量环保设备。在环保总设备中，进口设备占 61%，而国产设备只占 39%。

（6）加强与美国的合作，共同努力改善两国边境地区的环境问题。现在环境问题成为墨西哥与美国关系中的一个敏感问题。美国的一些环境保护主义者竭力利用边境地区的环境污染问题指责《北美自由贸易协定》。因此，妥善解决墨西哥与美国边境地区的环境污染问题具有重要的意义。1993 年 8 月 13 日，墨西哥、美国、加拿大三国的贸易部长结束了有关北美环境合作协定的谈判，并签署了该协定，以便促进持续发展，加强在环境方面的国际合作，有效地实施和协调本国的法规，妥善处理跨国境和跨世界的环境污染问题。该协定规定，禁止一国向另一国出口对方禁止使用或严格限制使用的杀虫剂和其他化学药品。同时，墨西哥与美国双方还就边界地区环境基础设施项目的资金来源问题达成协议，以便尽快解决墨西哥与美国边界地区的废水处理、城市垃圾处理等问题。协议认为，边界地区的环境问题超越了任何一国的管辖范围，必须由两国政府共同解决，鼓励私人资本最大限度地参与环境的治理，并利用污染一方上缴的罚金和环境改善后的受益者上交的欲项来作为补充经费用于环境事业。

经过多年的综合治理，墨西哥城的努力现已取得了明显的成果，空气质量发生了可喜变化，从 1990 年至今，墨西哥城空气中铅含量已经下降了 90%；引发哮喘、肺气肿甚至癌症的悬浮颗粒减少了 70%；一氧化碳和其他污染物的排放也已经大幅下降；臭氧水平从 1992 年至今下降了 75%。尽管墨西哥城控制质量还不能让人百分之百的满意，但是起码情况已经不那么紧急。来自世界银行气候变化小组的信息称，墨西哥城已经不再位列世界十大空气污染最严重城市，尤其是墨西哥城已经做到了将绝大部分污染物的排放至少减半。从墨西哥环境污染到治理的整个过程中，我们可以看出，城市化不断扩大是今天墨西哥环境恶化的根源之一。要控制这一形势，首先，必须控制城市化的范围和速度，使城市化保持适度。其次，要合理分配资金，重视农业发展，扩大农业和基础设施的投入，控制农村人口及其流动。最后，要注意工业的合理布局。事实证明，21 世纪首要任务之一将是解决环保问题。因此，正确处理城市化、现代化、人与自然的关系是十分重要的。同时，提高公民的环保意识势在必行。自然环境是人类生存的基础，而各种资源又是人类生存的必要条件。更好地利用、保护和开发资源是延长人类生存期的必由之路，是关系到子孙后代的大事。随着经济的不断发展，人们的生活习惯也不断改变，这就要求在不断丰富人们物质生活的同时，还要不断提高人们的科学文化素质，加强人们的环保意识。因此，解决环保问题不仅是政府的责任，而且需要广大人民的积极参与。

（七）发达国家与发展中国家生态文明建设基础对比分析

综上所述，在严重的生态环境危机面前，不论是经济发展水平较高的发达国家，还是贫困落后的发展中国家，都不可避免地要经历从传统工业文明向生态文明的转型。但是，由于发达国家和发展中国家在工业化进程、经济发展水平、技术创新能力等方面存在较大差异，对全球环境危机的认知和对策也不尽相同，因此在生态文明建设进程中，发达国家和发展中国家的建设基础和方式方法等存在较大差异。

1. 现存环境问题

1）发达国家现存的环境问题

在发达国家，自 18 世纪下半叶起到 20 世纪初，英国、法国等欧洲国家及美国、日本等就相继开始了工业革命，形成了以煤炭、冶金、化工等为基础的工业生产体系。然而，在随后的三四十年里，这些享受了工业文明成果的西方发达国家遭受了严重的环境污染，环境公害事件频频发生。到了 20 世纪七八十年代，发达国家开始深刻反思，思考解决环境问题的出路，逐渐从观念、政策制度和技术等层面进行改革，严格控制污染物的排放，进行产业结构的调整，逐渐有效地遏制了环境急剧恶化的势头。在环境污染治理方面，先后经历了末端治理、源头控制到强调预防原则的转变。在环境与发展关系上，经历了环境与发展对立到环境与发展共赢的转变。进入 21 世纪后，发达国家已基本解决了工业化时期产生的传统的环境污染问题如水、大气、固体废物等的污染。随着旧环境问题的解决，新时期发达国家也面临着新的环境挑战。持久性有机污染物、重金属污染，以及全球性气候变化、臭氧层保护等环境问题都成为发达国家关注的新焦点，同时环境保护更加强调以保护人体健康为首要目标。由此可见，发达国家走过了一条先污染后治理、以牺牲环境换取经济增长的道路，造成了严重的环境危害，带来了无法弥补的损失。痛定思痛之后，发达国家通过采取严厉的环境保护措施，建立完善的环保政策法规及调整产业结构等，现已基本摆脱了工业发展导致的严重的环境污染问题，并逐渐实现了将环境管理问题融入其发展建设之中。不仅为国民提供了良好的生产和生活环境，保障了国民健康，而且极大地提高了国家的综合竞争实力，占据着世界产业分工和产品链的高端。经过几十年的努力，生态文明在西方国家已经初见端倪，为人类迈进生态文明新阶段准备了一定的物质和理论基础，为发展中国家的生态文明建设提供了宝贵的经验和启示。

2）发展中国家的环境问题

发展中国家多在第二次世界大战以后赢得了政治独立，但工业发展起步较晚，社会经济水平相对较低，通常包括亚洲、非洲、拉丁美洲及其他地区的 130 余个国家，中国是最大的发展中国家。当前，世界上的主要发展中国家都处于快速发展的阶段，基于人口增长、快速工业化和城市化建设、技术落后、贫富差距加大、与发达国家的矛盾等因素的综合作用，使得发展中国家的环境问题日益严重和复杂，主要包括以下方面。

水污染是发展中国家普遍存在的问题。水资源消耗量的增加减少了河流水量，同时人口的增加和快速工业化发展导致工业废水和生活污水的排放量大幅增长，使得水环境质量日益恶化，河流湖泊富营养化严重。有数据显示，在印度流入恒河的污水中有 80%是两岸居民的生活污水，15%是工业废水。水中重金属含量相当高，加上细菌污染，常在恒河中沐浴的人中有 40%～50%会患上皮肤病和胃部疾患，恒河已被列入世界污染最严重的河流之列。与恒河一样，发展中国家许多城市河流都成了流动的垃圾堆。

空气污染问题也逐渐成为发展中国家面临的重要环境问题，其主要原因：一是快速工业化进程带来的工业废气；二是机动车快速增长带来的机动车尾气；三是能源结构不合理导致的空气污染。当前，中国、印度、巴西等主要发展中国家的空气污染问题均呈现日益严峻的趋势，中国华北地区近几年出现大面积雾霾天气和空气污染问题。印度南部受煤烟和灰尘影响，天空常常“乌云蔽日”，导致水稻由于缺乏足够的阳光而大幅度减产。巴西城市空气污染品质平均水平比世界卫生组织可接受的污染标准高出 2 倍。

发达国家出于自身环境利益的考量，对发展中国家的污染转移日趋严重。一是污染物的直接转移，发达国家为保障自身环境利益，制定了越来越严格的环境标准和法规。一些部门和企业为逃避高昂的废物处理费用或者出于成本的考虑，将生活垃圾、工业废渣及放射性核废料等污染物直接或假借正常货物名义输出到发展中国家，使发展中国家的生态环境和公众健康受到直接或潜在的危害。二是污染产业的转移，发达国家从本国环境保护和产业结构调整的需要出发，纷纷将污染严重的产业或工厂转移到发展中国家，而广大发展中国家急于脱贫的愿望则给这种污染转移方式以可乘之机，给发展中国家造成了环境污染等环境问题。

因此，发展中国家的环境问题依旧严重而复杂，究其原因，可归纳为 3 个方面。一是由于不发达而产生的问题，如缺乏对水源的保护、土地利用不合理、土壤贫瘠、过度放牧等。二是由于盲目追求发展而引起的问题，如快速工业化发展带来的工业废气、废水的大量排放等。三是发达国家污染转移带来的环境问题，主要包括污染物的直接进口和污染产业的转移等。

2. 环境政策法规

1）发达国家的环境政策

发达国家迫于严峻的环境污染情况，普遍选择了牺牲短期经济利益，用强制性的法律政策和严格的环境标准来治理污染，使环境污染得到初步遏制。发达国家的环境保护法律不仅系统完备，呈现不断强化、细化的趋势，而且能够得到有效的实施。欧盟环境政策是较为全面和完善的，其政策制定的重点是欧盟环境一体化和可持续发展环境政策，其主要原则包括预警原则、防止及优先整治环境源原则、污染者付费原则、一体化要求原则等。美国自 1970 年开始大规模展开环境立法，到目前也已形成了较为完备的环境法律体系，仅在污染控制方面，就先后制定了《清洁空气法》《清洁水法》《固体废物处置法》《安全饮用水法》等十余项法律。除联邦一级法律外，各州也制定了相应的法律，有的比联邦法律更加严格。日本在频繁出现环境公害事件之后，出台大量各项环保法律、严格的环境标准和严厉的惩罚措施，迫使日本企业必须大力发展环保产业，减少废弃物的排放，增强对废弃物的处理，研发节能环保技术以达到环境标准、符合法律要求。

2）发展中国家的环境政策

发展中国家的环境政策较之发达国家，环保相关法规滞后，在政策体系的建立和执行力度上都存在较大差距。环境状况的持续恶化和自然资源的不断破坏，说明了发展中国家的环境政策的效果仍较为有限。首先，发展中国家仍以发展作为国之要务，对保护环境和资源节约的重视程度仍不够，只有敏感的环境公害事件才能激起人们对环境的关心和国家的重视。而当经济发展的需求与资源可承受力之间出现矛盾时，就会出现自然资源的破坏性发展。其次，发展中国家大都缺乏健全的环境管理体系，许多国家的环境立法、政策、标准是建立在发达国家的模式基础之上的，但它们不一定适合发展中国家的历史和实际情况。最后，发展中国家对环境政策的执行力度和环境违法违规行为的处罚力度还有待进一步加强，规范人们的社会生产行为，让环境违法者付出高昂的代价。

3. 公众环保意识

西方发达国家在经历了多次环境灾害事件后，提升了民众对生态环境的认知度及对生态环境的保护意识，包括环境非政府组织、跨国公司及有影响力的个人等在环境保护和促进可持续发展方面都作出了重要贡献。1962 年，美国海洋生物学家发表《寂静的春天》，揭示了环境污染对生态系统的影响，引发了人们对生态环境问题的关注和积极参与，群众性环境运动开始兴起。1970 年 4 月 2 日，美国爆发了 200 多万人参加的公民环境保护运动，后来这一天被称为“地球日”。这是人类有史以来第一次规模宏大的群众性环保运动。1972 年，斯德哥尔摩“人类环境大会”将全球性环境保护运动推向高潮。日本在经历了严重的公害问题后，促进了本国公众对环境问题的警醒，告发公害、追究相关企业作为加害者的责任、修复被破坏的环境、救济受害者等公众自发组织的运动蜂拥而起。公众环保意识的提升，对西方发达国家的环境保护决策的制定、整个社会环境保护意识的生成和传播产生了重要影响。因此在西方国家从工业文明向生态文明的历史性转变过程中，公众的环保意识也将发挥重大的引导和推动作用。

发展中国家环保意识较为薄弱。因为发展中国家与发达国家处在不同的经济发展阶段，各国国民对衣、食、住、行的质量和生活用品安全与卫生的要求，存在相当大的差异。发展中国家仍以快速发展为首要任务，因此整体上对环境保护的意识较为淡薄，相关法规落后，有的国家甚至以牺牲环境换取经济的发展，有的则沦为发达国家的“垃圾场”。很多发展中国家对环境保护不够重视，环境管理体制不健全，各管理机构和个人对环境资源使用和管理的权责不明确，导致社会公众长期以来形成的一种固定的思维模式，即政府才是环境保护的主导因素，与个人无关，因此公众的环保意识相对薄弱。

综上所述，通过对发达国家和发展中国家的生态文明建设基础对比分析，在工业文明向生态文明转变的过程中，发达国家比发展中国家的建设基础更加优越，传统工业污染产生的环境问题已基本解决，环境管理政策体系较为完善，环境管理能力较高，公众环保意识较强，具备良好的生态文明建设基础。未来发达国家将更加关注经济发展与环境保护之间的协调发展，关注全球环境问题，努力向低碳、绿色、高效、和谐的生态文明社会发展。而发展中国家因其发展起步晚，目前仍处在快速发展阶段，资源环境污染形势仍然较为严峻，环境管理能力不足，政策体系不完善，公众的环保意识也较为薄弱，因此发展中国家实现生态文明的进程仍然任重而道远。未来应加大力度惩治环境污染行为，完善环境政策法规标准制度体系，构建完备的环境管理体系，吸取发达国家“先污染，后治理”的教训，在保护中发展，在发展中保护，实现经济与环境相协调、人与自然相和谐的绿色发展道路。

二、典型生态文明建设事件分析

（一）伦敦烟雾事件

1952年的伦敦烟雾事件，是英国史上比较严重的一次空气污染事件，事件直接或间接导致多达12 000人丧生，被认为是20世纪十大环境公害事件之一。伦敦的大气污染历史悠久，早在工业革命以前就已出现了，但是大气污染日益严重并严重危害人体健康则主要是在工业革命以后才显现出来。造成大气污染如此严重的主要原因有：首先，来自于工业污染源。大气污染源主要来自于工厂生产，从蒸汽机开始的工业化大生产，使英国从一个田园牧歌的美丽乡村社会，变成了烟囱林立的城市社会。工厂与工业造就了“世界工厂”，但代价就是在以煤炭为燃料的英国城市，饱受数十年严重的大气污染之苦。其次，英国人的生活方式也在一定程度上加剧了空气污染。19世纪以后，英国人使用壁炉取暖日趋普遍，家用燃煤产生了大量的浓烟。特别是秋冬时节，气候寒冷，伦敦人就必须燃烧更多的煤炭取暖。于是，产生了更多的烟尘，加重了伦敦大气污染程度。最后，机动车的大规模使用加剧了伦敦的大气污染，并且有愈演愈烈之势，随着大型工厂外迁出城，人们对汽车的依赖性大大提高，再加上城市建筑物密度高且建筑物高度较高，汽车排出的尾气在地面不易扩散，汽车尾气也就成为城市大气污染的另外一个主要污染源。这样，工业用煤、家庭用煤所产生的烟雾和汽车所排出的尾气，再加上伦敦所处的独特的气候条件和地理位置，最终导致伦敦烟雾污染这一灾难性的事件。这次伦敦烟雾事件的凶手中，冬季取暖燃煤和工业排放的烟雾是元凶，逆温层天气是帮凶。煤炭燃烧产生的二氧化碳、一氧化碳、二氧化硫、氮氧化物、粉尘等气体与污染物排放到大气中后，会附着在飘尘上，凝聚在雾气上，人体或动物吸入呼吸系统后会产生强烈的刺激作用，引起发病甚至死亡（金博文，2014）。

在伦敦烟雾事件之后，类似的烟雾事件屡次发生，给英国造成了较为巨大的生命财产损失。之后，英国政府痛下决心整治环境。第一，加强环境管理机构建设。英国中央共设环境部、皇家环境污染监督局和全国河流管理局三大环境管理机构。各管理机构之间紧密合作，各执其能，各司其职，保证高效有序地处理环境事务。第二，进行环境保护立法。1956年英国政府颁布了首部空气污染防治法案《清洁空气法》（1958 年加以补充），该法案规定，在城市里划定“烟尘控制区”，区内禁止使用产生烟雾的燃料；大规模改造城市居民的传统炉灶，减少煤炭用量；推广使用无烟煤、电和天然气；冬季采取集中供暖；煤烟污染的大户——发电厂和重工业设施被迁到郊区。1968 年又颁布了一项《清洁空气法案》，要求工业企业建造高大的烟囱，加强疏散大气污染物。1974 年的《控制公害法》囊括了从空气到土地和水域的保护条款，添加了控制噪声的条款。第三，改变能源结构。烟雾问题实际上是能源问题，伦敦的烟雾控制主要是通过转换煤和石油等燃料构成。从 1965 年发现天然气开始，到 1970 年伦敦基本上用其他燃料代替了煤，到 20 世纪 80 年代前期，伦敦市区全部使用燃气和电力，在乡村地区若烧煤则只允许用经低温干馏的低硫煤，而非原煤。第四，开展城市美化行动，修建大型公园。扩建绿地是伦敦治理大气污染的重要手段。除此之外，英国政府还借助立法加强了对工业污染的控制。20 世纪 70 年代，英国政府推出《工作场所健康和安全法》，规定污染工业必须采取最有效的手段避免将有害气体排入大气，否则将对其予以严厉处罚。从 1995 年起，英国制定了国家空气质量战略，法律规定英国各个城市都要进行空气质量的评价与回顾工作，对达不到国家标准的地方，当地政府必须划出空气质量管理区域，并制定相应措施在规定期限内达标。

以上措施有效地减缓了煤烟大气污染，但污染仍未真正远去，20 世纪 80 年代后，数量持续增加的汽车造成的交通污染取代了工业污染成为伦敦空气质量的首要威胁。为此，政府相继出台了一系列措施来抑制交通污染。这些措施包括推广使用无铅汽油；对汽车排放尾气中的一氧化碳、氮氧化物及碳氢化物等成分进行严格控制，并在汽车年检中检测尾气中一氧化碳、氮氧化物等是否达标；另外伦敦市中心还设立了污染检测点，警察可拦截有过多排污迹象的汽车对其进行测试，并有权对未通过测试的车主实施罚款。从 1993 年年初开始，英国政府规定所有在英国出售的新车需加装催化器以减少氮氧化物污染。1995 年英国通过了《环境法》，该法要求制定一个治理污染的全国战略，根据国内、欧盟及世界卫生组织的标准，要求工业部门、交通管理部门和地方政府共同努力，减少一氧化碳、氮氧化物、二氧化硫、颗粒物、臭氧、苯等 8 种常见污染物的排放量。2001 年，英国伦敦发布了《空气质量战略草案》，政府将大力扶持公共交通，力求减少市中心的交通流量，并鼓励居民购买小排量的汽车，推广高效率、清洁的发动机技术，以及使用天然气、电力或燃料电池等低污染汽车。2003 年，伦敦市政府又出台了私家车堵塞费措施，对那些进入市中心的私车征收“买路费”，由此获得的收入完全用于改善伦敦的公交系统。2007 年，伦敦市还公布了更为严厉的《交通 2025》方案，限制私车进入伦敦。这个方案计划在今后 20 年里，把伦敦的私车流量减少 9%。同年伦敦政府宣布环保规划，计划在 20 年内将二氧化碳排放量减少 60%，根据规划，约 750 万伦敦市民将减少看电视的时间，换用节能灯泡。在商业领域，在节能和环保方面表现出色的企业和政府机构被授予绿色奖章。

同时，英国政府认识到，城市大气污染问题既与燃料结构有关，也是人口、交通、工业高度集聚的结果，需要综合性治理。其中产业转型是关键，不再单纯依赖制造业，而是大力发展服务业和高科技产业。借助高科技，实现资源节约和污染减少的绿色经济产业是目前较有发展潜力的经济增长领域之一。节能低碳早已成为英国社会生活时尚，低碳社区、“零碳”超市等低碳设计率先引领社会潮流。生态镇建设、房屋节能“绿色评级”“零排放”住宅免税优惠、煤炭火电站“绿色改造”、发展风电和太阳能等绿色能源等一系列的节能减排措施的推行均体现了英国政府打造生态文明国家的决心。

经过半个多世纪的不懈努力，伦敦的污染得到了富有成效的控制。从滚滚毒雾到蓝天白云，这也为世界其他国家的工业化、城市化进程提供了理念和实践借鉴。从中我们可看出：第一，强硬的法律手段是环境污染治理的强有力保证。吸取伦敦烟雾事件的惨痛教训，英国的立法工作一直走在世界的前列。第二，科学规划和管理。伦敦的泰晤士河治理就是一典型例子。首先，对违规排放污水的工厂等部门实施法律制裁之外，有关当局还对水质制定了严格的标准，同时定期对河流水质的达标情况进行彻底检测。其次，对水供给和管理行业进行了私有化改革，这些科学规划和管理措施确保了泰晤士河的水质。第三，英国的规划许可体系也是保证环境质量的重要环节。英国是最早在世界颁布了可持续发展规划的国家。英国规划的体系由国家级规划、区域性规划、郡级规划、区级规划组成。每一项土地开发利用，不论是居民住宅建设还是企业的扩建工程，都需要经过规划许可，申请规划许可必须有严格的环境影响评价，否则难以通过。

伦敦成功的大气污染治理工作被看作工业城市环境污染治理的经典之作，而其治理措施的重点又以立法为主。同时，由于我国正处于城镇化的进程中，人口基数大，经济仍以粗放型工业为主，加之技术和管理水平有限，我国城市大气污染已相当严重。因此，考察其治理模式无疑会给我国大气污染治理在法律制度方面提供有益的启示。

（1）建立完善的配套法律、法规。众所周知，执法人员的执法依据是法律、法规。虽说经过多年的努力，我国已建立了一套以《中华人民共和国大气污染防治法》（简称《大气污染防治法》）为主的适合我国国情的大气污染防治体系，但在法律和各项制度的实施过程中仍存在许多不足之处。例如，北京市制定的《北京市实施（大气污染防治法）办法》几乎是《大气污染防治法》的翻版，根本没有任何体现出地方性法规的特色，因而很难发挥出其作用。又如，我国《大气污染防治法》中规定了污染物排放总量控制制度、许可证制度、限期治理制度等，其对于以上制度仅仅是做了原则性的规定，而这些制度如何具体实施，不曾有任何提及。在实践中，由于这些制度的操作性不强，往往成为“花瓶”制度。

（2）严格环境执法，加大惩罚力度。在国外，排污未达标企业，除要承担罚金外，有时也会采取惩役手段进行惩罚。在法律责任方面，有时采取无过错原则。而根据我国《大气污染防治法》第四十八条规定“违反本法规定，向大气排放污染物超过国家和地方规定排放标准的，应当限期治理，并由所在地县级以上地方人民政府环境保护行政主管部门处一万元以上十万元以下罚款。”违反法律制度的最高罚款也不过十万元，这对于一些大中型企业来说，不过是九牛一毛，他们宁愿以罚款来换取更多的排污。如果我们只采取行政处罚和经济处罚措施，还远不足以遏制日益严重的大气污染趋势。除采取以上两种措施外，还应对造成严重大气污染者坚决追究其刑事责任，加快出台《中华人民共和国刑法》“破坏环境资源保护罪”的有关解释，加大刑罚的处罚力度。因此，加重法律责任，加重惩罚力度是当前我国环保立法的重点。

（3）建立环境公益诉讼制度。环境公益诉讼制度被认为是一项极其有效的防治环境污染的措施，其起源于美国。在英国，环境公益诉讼制度相对比较保守，但仍有所规定，1974 年的《污染控制法》就规定“对于公害，任何人都有权起诉”。在我国，有关公益诉讼的问题探讨已久，但是在立法上尚没有明确的规定。如果国家能够率先在大气污染防治立法中对此进行尝试性的规定，既对污染者有着相当的制约作用，也会对政府的执法行为起到更好的监督作用（张达明，2013；许建飞，2014）。

伦敦治理大气污染的经验告诉我们，只有做到有法可依，有章可循，加强环境法制建设，将有关城市环境管理的内容以法律的形式加以规定下来，才能使治理工作纳入法制的轨道，使治理工作顺利进行。目前，我国环境方面的法律、法规还不够完善，已颁布的也多是一些原则性的规定，这对于我们建设生态城市十分不利。因此，在我国有关大气污染防治的法律、法规中增强一些具有较强可操作性的具体制度和实施机制，对于我国城市环境污染的治理工作将起到不可估量的作用。

（二）鲁尔工业区的转型升级

德国鲁尔工业区，在 20 世纪 50 年代以前，曾以丰富的煤炭和钢铁资源为基础，依赖其便利的交通条件和早期资本主义国家成熟的工业技术和管理经验，以煤炭、钢铁、机械制造、化工为主导产业，逐渐发展成为德国乃至欧洲近代工业发展的重工业基地。从20世纪50年代末起，由于以煤、钢为主的单一经济结构受到新的经济发展形势和科技革命的冲击，鲁尔工业区经济发展速度放慢，生产萎缩，继而开始暴发了“煤炭危机”和“钢铁危机”，工业区的经济开始衰落，迫使传统产业转型。主要表现为：①资源递减与产业经济增长和需求之间的不平衡；②产业结构单一与综合经济发展的不协调；③环境环境质下降和生态恶化与人居环境改善的滞后相抵触；④失业人口的增加与社会稳定相矛盾等。解决资源枯竭型城市转型已成为鲁尔工业区经济发展的迫切要求（郭凤典和朱鸣，2004）。

为摆脱危机，德国鲁尔区开展了全面的调整与改造工作。其转型主要分为3个时期。第一，改造传统产业时期。以改造传统产业为主线，实现“再工业化”。具体实施则根据1969年鲁尔区制定的《鲁尔区域整治规划》，提出了“以煤钢为基础，发展新兴产业，改善经济结构，拓展交通运输”的目标，以及“稳定第一地带、控制第二地带、发展第三地带”的整治方案，“稳定第一地带”是鲁尔河的煤钢集中区域，“控制第二地带”是鲁尔区中部的重新规划区，“发展第三地带”是鲁尔河东西部的新兴工业和第三产业区。其最终目的是保护区内的以煤炭工业和钢铁工业为基础的传统产业结构，而不是要通过转变单一的产业结构来发展地区经济，因此，在这一阶段结构转型采取的措施是防御型的，其结果是经济不但没有恢复，而且还在持续衰落。第二，发展新兴产业时期。即在继续改造传统产业的同时，加大力度发展新兴产业，鼓励新兴工业迁入鲁尔区，将12个产业作为经济发展的重点，其中包括信息技术、新材料、医药技术、环保等。第三，产业结构多样化时期。即在原有产业政策的基础上，政府将这一时期产业政策的重点放在因地制宜实现产业结构的多样化上。例如，多特蒙德依托众多的高校和科研机构，大力发展软件业；杜伊斯堡发挥其港口优势，成为贸易中心；埃森市则凭借其广阔的森林和湖泊，成为当地的休闲和服务中心。

鲁尔区在整个升级转型过程中具体采取的措施主要有：第一，以法治区、整体规划。德国在鲁尔工业区改造振兴中先后制定了《联邦区域整治法》《煤矿改造法》《投资补贴法》等。有效保证各项整治政策的实施，纳入到法制轨道。第二，调整产业结构、发展新兴工业。采取改建、合并、合约、转让等多种形式，从企业与企业及企业内部两个方面来改造煤炭、钢铁部门的厂矿企业，原来单一产业结构的企业逐渐演变成了多产业的企业。同时引进和建立新的大、中、小型工业企业如化学、汽车、机械制造等新企业，极大丰富了鲁尔区的新工业结构。第三，重视高科技发展、产学研结合。20 世纪 60 年代以来，德国鲁尔区先后建立了一批高等院校和科研机构，各个大型公司都普遍建立自己的科研机构，重视专业中等技术学校建设。同时鲁尔区重视技术的市场化，建立一个从技术到市场应用转化的体系，所有大学和研究所都有“技术转化中心”，以帮助企业把技术转化成生产力。第四，提供特殊优惠政策、注重资金投入。例如，就钢铁工业采取了提供额外补贴、改善钢铁企业的利润、继续加强科研工作、增加投资补贴四项拯救措施；对煤炭工业也加以税收优惠和补贴；对采煤工业的资助重点从煤炭开采转向资助煤炭的气化和液化。另外，在就业方面政府对提供就业岗位的企业和工人的转岗培训都给予了较高的补贴和资助。第五，重视生态修复、改善投资环境。由于历史原因，在采矿开发过程中，对城市的地形、地貌、植被和大气环境的破坏比较严重，地质环境破坏诱发的各类问题日渐突出。为了根除危害，治理环境污染，州政府投资设立环境保护机构，颁布环境保护法令统一规划，决心花大力气修复环境。鲁尔区提出了“在公园中就业”的理念，在每一季度的区域形势分析、区域市场分析和区域经济分析中，都会有生态化指标和数据分析。所有的生产活动必须符合该区域的各项生态指标。对鲁尔工业区的生态修复主要有以下几方面措施（刘柏英和陈挥，2007）。

（1）对于空气污染的治理。长期以来，鲁尔工业区企业对环境的危害非常严重，环境污染大于国内任何一个地区。为此，20 世纪 70 年代，德国颁布了《洁净空气法案》。80 年代后期，鲁尔工业区向“生态城市”目标迈进。首先，整个鲁尔工业区以分片组团式的城市规划，从根源上改变大气环境。各城区之间由间距几千米、几十千米的山水、森林、田园所分隔。按功能建立了科学园区、发展园区、服务园区、生活园区等小区，使生活区和各类工厂彻底隔离；其次，严格治理企业污染，如关闭全部重污染性的工厂，把信息技术、新材料、医药技术、环保等 12 个产业作为开发的重点，成立大学企业合作的技术转化中心，改进能耗高、物耗高、污染重的落后生产工艺和设备。这里的企业必须遵守“欧洲环境管理系统”，如限制污染气体排放、在全区的烟囱建立自动报警系统、各工厂都建立了回收有害气体及灰尘的装置，使大气污染得到了有效的控制，遮天蔽日的浓烟已经绝迹。近年来，鲁尔区开始实施“10 年气候保护行动计划”，区内很多企业也越来越多地使用风能、太阳能等可再生能源，减少了传统能源燃烧造成的空气污染。鲁尔区还推行了严格的汽车尾气排放要求：两年一次排气检查，每年要淘汰 1 万多辆汽车，仅这一项，就减少了 8000 多吨空气污染物。同时，鲁尔区要求给轿车和卡车安装更加清洁的发动机，减少汽油和柴油燃料中的硫含量等。此外，他们还用“税收鼓励”的方式要求居民用环保要求高的汽车。

（2）对于污染水体的修复和雨水的利用。矿区长期排放的生产废水、污水严重污染水质，使鱼类曾一度绝迹。现在鲁尔河上建立了完整的供水系统，在长达 100km 的河道上先后建立起 4 个蓄水库、108 个澄清池，净化污水，在埃姆舍河口设立微生物净水站；设置雨水回收系统，回收的雨水不仅用于水景的营造、绿地的灌溉，还用作周边建筑物的内部清洁。高效率用水、减少水资源消耗是生态修复的重要体现。鲁尔地区大部分建筑都设置了雨水收集系统，收集约 5 万 m^2 屋顶和场地上接纳的雨水，用于建筑内部卫生洁具的冲洗、室外植物的浇灌及补充室外景观用水。据统计，光是这一项每年即可节约 2000 万 L 饮用水。水的流动、水生植物的生长都与水质的净化相关联，景观用水被理性地融合于生态原则之中，实现对城市洁净水资源的零消耗。

（3）煤矿山的改造。鲁尔区的煤矿开采每年大约产生 1770 万 m^3 的煤矿石，其中 70 万 m^3 用于井下采空区的填充，出售或者再利用 410 万 m^3，其余 1430 万 m^3 只能露天堆积，既占用大量耕地，也对周围环境和地下水造成严重污染。因此对于煤矿石的堆积后处理也是很重要的课题。首先，煤矿石山的选址需要企业与地方矿山管理局协商，并获得批准方可实施。堆积方案要依据矿山监察部门对煤矿石山的堆积、绿化、地表地下水的保护、堆积物的性质、安全性，以及对周围气候的影响等方面的规定来制定。堆放施工中要制定出矿石山的外形、结构、工艺和安全技术措施，要使矿石山与周围环境和谐统一，并为进一步绿化打下基础。地方法规规定，被破坏的土地应立即恢复原貌，其过程包括地面勘察、确定补救措施及复垦种植的可能性。泥土与细矿石混合堆在矿石上，形成人工土层后对其施肥，保证养分齐全。矿石山表土层形成以后，紧接着先种草，再进行植树。草皮对矿石山起保护作用，防止其表面被风蚀，并先形成腐殖质层。为尽快见效，先种一些松树。然后种上 3 年成林的落叶树。除了植草种树，还需进一步把煤矿石山建成一个完整的生态系统，包括湖泊陆地，为动植物生存创造条件。经过人工处理的煤矿石山变成了绿地溪流、树林等可供人们游玩的自然风景保护区。

（4）建立自然保护区，恢复植被和群落生境。为了美化环境，提高生活质量，在区域总体规划中制定了营造“绿色空间”的计划，在工业密集区建立自然保护区。在工业密集区建立自然保护区，其生态学意义是十分显著的。保留、开发和利用空闲地所采取各项措施的目的在于保护动植物多样性，持续维护自然及景观的独特性和完美性。在自然保护区设计中鲁尔区不仅考虑典型风景空间的保护，而且考虑构成尽可能完善的共栖体。因此，在考虑保护空间开发的可能性时，必须紧紧围绕群落生境保护的概念，特别要注意物种保育和养护措施规划。自然保护区规定要严格明确保护的种类，以便满足物种生存空间或共栖关系的产生或恢复。此外，在自然保护区内，人们尝试将“绿岛”相互连接起来并构成生态网络（自然保护区群），创造出一个具有重要意义的郊游和集会场所。

（5）制定相关法律或执行标准。鲁尔工业区在生态修复的过程中制定了完备的法律或管理标准，以解决企业生产过程中产生的生态问题和企业关闭后的生态修复问题。而当一个企业关闭后政府迅速组织人力物力对关闭后的企业进行科学的环境评估，制定出周密的整改规划。科学地对环境进行整体改造，并在企业原址上建设居民住宅小区、娱乐中心公园绿地等。

鲁尔工业区 40 多年的经济转型，已经从煤炭和钢铁制造中心发展成为以煤炭和钢铁为基础，以高新技术产业为龙头，多种行业协调发展的综合新经济区。鲁尔工业区的产业结构调整和转型升级主要体现在经济方面的成功，但更重要的是，没有生态修复和生态恢复的区域性政策，不采取强有力的措施，就不会吸引高新技术企业的进入，就不会吸引大量高知识高技术人员的入住，就不会吸引来自全世界的旅游者前往，最终区域复兴的目标就难以实现。所以，在产业结构调整和产业转型过程中进行生态修复和生态建设是一个非常重要的课题。德国鲁尔工业区的成功经验为我们提供了很好的借鉴。为了避免重蹈覆辙，付出更加昂贵的代价，我们应采取必要措施将社会发展的综合成本降到最低，实现可持续发展。具体包括以下方面。

（1）政府引导。在社会的发展进程中起到最大作用的是政府。政府可以利用资源组织起大规模的生产建设，为社会进步提供足够的收益并且分配给社会各阶层。如果在这个过程中政府能够提前引导社会生产从高耗能的资源型生产到高附加值的技术型生产，就能极大减少日后的修复工作。即使未来我国社会沿着这条路走到了必须要修复的地步，德国鲁尔区的相关政府部门在生态修复工作中积累的足够多的经验也能为我们提供范例。例如，成立主管部门、协会来引导对于生态修复的资金投入；组织环保和规划部门进行棕地再利用规划；确定修复后场地的产业发展方向；提出修复场地的具体措施和技术方法；解决因修复而可能产生的失业问题等。所以，政府在这些方面具有绝对的主导力和推动力。近年来中央提出可持续的科学发展观，正是引导我国社会走向正确发展方向的积极和有效的措施。

（2）公众环保意识。中国社会各阶层目前都能够意识到自然环境对社会发展的重要性，但是遇到与经济发展相矛盾时，人们普遍将天平倾向于后者。这是由于人们对物质的追求会对经济发展施加很大的压力。对在生产活动过程中发生的环境保护问题和对自然环境的破坏有意识地充耳不闻、视而不见，甚至将已经上升到法律层面的环境保护问题抛在脑后，采取各种手段规避法律的制裁。这样的例子不胜枚举，其后果已经大量显现。所以，这就需要社会上的每一个人在短时间内将建立起来的环境生态意识放在第一位，尤其是在生产活动中起到主导作用的决策者更应该如此。严格遵守《环境保护法》，才能从根本上有效解决生态问题。

（3）制度建设。产业结构调整、扶持新兴产业、创造就业、改善环境质量、环境保护等方面都需要相应的制度作为保障。尤其是对与生态环境质量密切相关的生产活动的约束则更需要完善的制度建设。我国在 1989 年就已经出台了《环境保护法》，1993 年，全国人大成立了环境与资源保护委员会，标志着我国环境资源立法日趋完善。但是，我们的生态环境没有因为法律的完善而有可喜的进步、改善，相反却在持续恶化。这对国家的大的政策方针不能不说是一个严峻的挑战，尤其是在执行这些具体政策和法规的层面上。所以，我们还应该在推进循环经济的立法，严格控制污染物排放总量的立法，协调推进区域环境保护立法，进一步加强国际环境保护方面的合作等很多重要的环节上加强制度建设工作。然而，制度建设只是一方面，制度的执行更是生态修复、生态环境改善的重要因素。我们只有通过强化法律的作用、强化相关法律的建设、强化执法力度、提高破坏生态者的成本，才能使生态环境向一个好的方向发展。

（4）产业调整和社会转型。产业调整和社会转型需要巨大的勇气，从物质产品为特征的自然资源消耗外生型的第二产业生产，向以内容为特征的精神文化消费内生型的第三产业生产进行转化，在转型的初期很可能会出现政府税收减少、失业人口增加等不利因素。但随着社会的进步，社会对第三产业的需求变得越来越旺盛，会逐渐形成产业转型的社会基础。我国在 2005 年出台了产业调整的目录，限制高耗能、高污染的产业。鼓励绿色、高附加值、高科技、生态产业的大力发展。同样，旅游业也是促进产业调整和社会转型的新兴产业，产业调整和社会转型是实现生态修复和建设的前提和基础。因此可以利用我国现在已经取得了一些经济成就的大好时机，全力引导社会向第三产业转型。

（三）日本琵琶湖治理

日本琵琶湖水污染始于 20 世纪 60 年代初，随着经济高速发展，公害事件频发、水污染问题加剧，如自来水的异味，淡水赤潮、蓝藻的产生，季节性的含氮量超标，微量元素混入湖水中，外来生物的繁殖和原有生物的减少等均有发生，同时在周边区域，由于芦苇群落、内湖、河边森林等减少，自然环境、景观和生态水循环等恶化的情况也日益明显。其污染治理则经历了一段很长的艰难历程，可划为两个阶段：第一阶段始于1972年制定实施的"琵琶湖综合开发规划"，该国家计划以保护琵琶湖自然环境与水质、开发流域水资源及防洪为主要目的，历时25年，于1997年结束。这一阶段在琵琶湖水资源有效利用及防洪防灾上取得很大成就，但水质与环境仍在恶化，并未从根本上解决琵琶湖的水环境问题。第二阶段为从1997～2020年，以"母亲湖21世纪规划"为最高指导，该规划的主要目标是水质保护、水源涵养及自然环境与景观保护。目前，琵琶湖富营养化进程得到了有效控制，水质得到较大改善（余辉，2014）。

琵琶湖综合治理措施主要包括以下几方面。

（1）依法治湖。自20世纪60年代以来，琵琶湖发生了多起公害和水污染事件，引发了一系列严重的社会问题。其中包括20世纪60年代出现的农药污染事件、上水道过滤受阻事件、蚬贝减少、水草异常繁茂和上水道异味事件等；20世纪70年代出现的水质恶化、PCB（多氯联苯）问题、锑污染、局部淡水赤潮等事件；20世纪80年代出现的富营养化和水质恶化、淡水赤潮暴发、蓝藻水华暴发、微型浮游植物异常繁殖及水位异常下降等问题。日本政府及其滋贺县政府均认识到在湖泊流域社会经济高速发展中人类的不规范行为是湖泊环境污染的重要原因，要治理好湖泊必须建立和完善相应的法律体系，依法治湖。为此，日本政府及其滋贺县政府采取了许多对应措施，制定了大量的法律法规和保护条例，对琵琶湖水环境的保护发挥了极其重要的作用。首先，1971年日本政府颁布了《水质污染防止法》，在此基础上，滋贺县地方政府颁布了比国家条例严格2～10倍的地方追加排污条例，该条例允许政府相关主管部门人员可不定期进入任何企业检查，当地环保部门有责任去指导达不到标准的企业改进技术、调整产业结构，对不执行琵琶湖保护条例者严厉处罚。其次，为有效控制琵琶湖的富营养化，1979年滋贺县政府制定了专门的琵琶湖富营养化防治条例，这是日本首例限制氮、磷排放的法规。该法规强制规范了琵琶湖流域内企业与居民家庭的氮、磷排放，目标是保证到1985年，琵琶湖全磷（TP）降到1965～1970年的水平，全氮（TN）降到1975年的水平。为此强制性地实施以下措施：①严格监控工厂和企业的氮、磷排放浓度；②禁止生产、出售和使用含磷家用合成洗涤剂；③规范农田化肥合理利用、推广有机肥的使用及水资源管理；

④规范家禽养殖行业废弃物处理设施；⑤规范流域内土地开发利用；⑥城镇居民生活污水集中处理等。为实施该法规，政府还采取了便于执行的具体有效的措施，如家庭用水分配、家庭含磷合成洗涤剂回收、指导工厂企业提高除磷脱氮技术和提供贷款等。再者，为保护琵琶湖水质，滋贺县政府在1972年发布环境污染控制基本法细则，规定了北湖及南湖水质目标为AA类，加大治理与保护力度。此外，滋贺县地方政府依据上述系列法规加强了湖泊环境执法管理，包括工业污染源排污监控及处罚制度、污水处理厂排水水质控制、环境监测，形成企业和民众自觉遵章守法，政府与民间协同保护环境、治理环境、依法治湖的法制社会环境（汪易森，2004）。

（2）制定面向未来的综合治理规划。琵琶湖流域治理规划系统全面、科学有序、重点突出。琵琶湖综合治理放眼于全流域，将琵琶湖流域生态系统作为整体进行治理，重点实施流域污染源控制工程（即流域点源控制工程和面源控制工程）。首先，全面铺设雨污分流制排水管网系统，建设大型污水处理厂，全面治理城市污水，有效控制湖泊流域点源污染；其次，对农田灌排系统、污染河流进行整治，在山坡及河流小流域实施大规模植树造林工程等控制面源污染；基于此再进行湖泊污染底泥疏浚，使湖泊的综合治理达到系统全面、科学有序和重点突出，充分体现了琵琶湖流域综合治理理念。

“母亲湖规划”全程规划为1999～2050年，分期分步实施。计划中明确了各阶段目标，为此规定了各阶段拟解决的主要问题，采取的主要对策措施，需开展的各项具体工程等。全程规划着眼于未来，是琵琶湖综合治理的行动指南。各类市政工程的规划也体现了长远考虑。城市分流制排水管网系统的截污能力、污水处理厂用地规模（土地资源非常紧张的情况下首先确保环保用地）均充分考虑了城市未来发展需求并进行充足预留，如琵琶湖湖滨城市排水主干管直径达4m，琵琶湖湖南中部污水净化中心现行污水处理规模仅为设计规模的1/4，能应对今后20年、50年和100年不同发展阶段城市的扩张、人口的增加而出现的污水量增大和处理深度要求不断提高等情况。

（3）构建完善的污染源控制系统。在点源污染控制方面，加大财政支出兴建下水道管网、污水处理厂，并对琵琶湖流域的污水进行全面脱氮除磷深度处理。现在琵琶湖流域城市下水道普及率及污水深度处理人口普及率分别已达85.8%和85.0%（2010年），高于全日本73.7%的平均水平。琵琶湖流域的污水处理厂及设施已全面实现除磷脱氮深度处理，污水深度处理人口普及率高达85.0%（2010年），遥遥领先于日本18.1%的平均水平，在世界上名列前茅。由于琵琶湖流域内污水处理设施的高度普及，点源污染得到了有效控制，琵琶湖的水质显著好转。流域污水处理的高度普及和深度处理在琵琶湖富营养化控制中发挥了极其重要的作用，也是琵琶湖治理与保护中最成功的经验之一。在非点源控制方面，琵琶湖流域污水处理范围及农村集落污水处理设施几乎覆盖了整个流域；在提高森林覆盖率、水源涵养林建设方面，几十年前就实施了植树造林工程，目前已形成以高大乔木为主的森林生态系统，植被覆盖率 90%以上，生态环境良性发展，很好地控制了流域山区地表冲刷和水土流失，大幅削减了非点源污染入湖量；农业面源污染控制中采取减少农用肥量，提高肥料使用效率、循环使用农田排水，减少农田废水排出等措施；通过将降雨初期的雨水暂时贮留在滞水池，经沉淀池净化处理达标后才能排放的方式削减城市街道径流污染负荷量。此外，众多大学及相关科研院所等机构在湖泊流域非点源污染控制技术方面开展了大量试验及示范研究，主要包括卫生旱厕技术、城市街道地表排水净化技术、农田排水净化和循环利用技术及河川水质净化技术等，对湖泊流域非点源污染控制提供了有力的科技支撑。

（4）建立自动监测系统及琵琶湖专门研究机构。为实时把握琵琶湖的水生态环境的变化，加强琵琶湖水质监测与研究，日本政府及其地方政府早在 1979 年开始在琵琶湖上建立观测站。现在琵琶湖设立 16 个断面、49 个监测点，配以环境基准点与氮、磷基准点，定期监测，在南北两湖各设自动监测站，进行连续自动监测，及时掌握湖泊水质动态，并在交通要道设立电子信息显示屏，每天向公众发布琵琶湖水质、水位等实时信息，唤起民众的环境保护意识。49 个监测点每月监测一次，由滋贺县政府与国家有关监测单位共同进行，所有数据无条件、无偿共享，通过网络、《滋贺环境白书》的发行等向社会公布，为众多科研机构及研究者提供丰富的研究数据资料。

（5）环境教育与公众参与。环境教育是琵琶湖治理与保护工作中十分重要的内容，只有极大地提高公众的环境保护意识，全民参与，公众监督，才能真正实现对琵琶湖的保护，这是几十年的琵琶湖治理艰难历程中得到的宝贵经验。大规模的环境教育始于 1980 年，以“为了清洁的、蓝色的琵琶湖”为主题，开始了崭新的琵琶湖环境保护计划，即“琵琶湖 ABC 运动”。环境教育从小学生做起，所有小学都要开设环境教育课程，政府设立了专门的琵琶湖环境教育基地，并配备了专门对学生进行环境教育的教师，提供专门的大型游船，供学生上船在琵琶湖上学习观测。污水处理厂等环境公共设施免费向公众开放，供学生、社会公众参观学习。针对一般民众的环境教育更是深入人心，公共媒体不懈地宣传，社会各团体无偿开设各类讲习班、讲座，通过深入工厂企业参观学习等方式，营造全民有责、全民参与的社会大氛围。此外，通过法规条例规范大众的环保行为，在人们日常生活中无不渗透着环保意识。针对企业、民众、学校不同群体等开设多种环境教育的学习渠道和模式，营造全民有责、全民参与的社会大氛围（陈静，2008）。

日本琵琶湖的治理给我们今后的湖泊治理和保护工作带来了较大的启示。

（1）治理湖泊富营养化，控制蓝藻水华暴发，首先要严格控制外源氮、磷负荷，管网建设、污水处理厂建设等要做好科学的长远规划，并且确保逐步实施。必须引入城市污水处理除磷脱氮深度处理技术。我国目前生活污水管网接管率低，城市集中污水处理设施排放标准还仅满足于一级 A（排水对湖泊水体而言仍然是劣Ⅴ类），处理技术及运营维护管理技术与日本相比还有很大差距，污染物削减能力有限，对氮、磷控制还远远不够。

（2）森林对减少面源污染、流域水源涵养、清水来源保障、陆域生态系统多样性及生境改善起决定性作用。在我国，许多湖泊流域土地资源过度开发，土地利用格局不尽合理，城市化扩张严重挤占流域生态用地，流域森林绿地覆盖率低，如太湖流域森林覆盖率仅为 14%，严重影响流域环境承载能力的提升。

（3）在日本有法必依，法令法规能得到极好的实施。而我国不少地方对经济利益的考虑仍大于对环保的考虑，违法成本过低使国家法规政策难于实施，需加大执法力度和对违法的惩罚强度，建立生态环境保护业绩和行政业绩的相关关系，确保执法必严，实现依法治湖。

（4）高度重视公众参与，全民切实参加，是琵琶湖治理与保护获得成功的最宝贵经验。环境问题的解决需要全民参与，我国在环境教育方面还需下大力气。

（5）积极地推动各科研机构对环境问题的研究，环境问题最终需依靠科学解决，如无大量研究机构及众多研究者专注于研究，就不可能确定科学合理的治理计划和拥有世界领先的环境技术。

（6）加大国际合作，积极吸取国外环保理念与先进技术，这对于缩短我国与国际环境先进国家间的差距，提高我国环境研究水平有极其重要的意义。

（7）治理湖泊水环境污染问题非一朝一夕所能解决。日本作为经济大国，投巨资花费三四十年时间，才取得现有成绩。我国经济基础相对薄弱，应更冷静地看待我国湖泊富营养化的严峻形势，采取综合对策，作长期的更大强度的资金、技术与人力投入，作长期努力的思想准备。

（8）湖泊治理要遵循科学发展观。琵琶湖综合治理非常成功，但仍有许多值得借鉴的教训，如琵琶湖面源污染控制与治理还存在许多问题，为防止水灾，过去在琵琶湖流域修建了许多灌排工程，但这类工程仅从水利角度设计，并未考虑对环境与生态的影响。湖堤河岸及农田排水渠采用混凝土护坡，不仅浪费财力与物力，还极大破坏了河岸湖滨的生态功能，影响了水体的自净功能。现在滋贺县政府不得不重新拆除混凝土护坡，恢复自然生态，但恢复工程本身又将是一项巨型工程，所带来的环境问题又将成为新的课题（蒋蕾蕾，2009）。

三、国外生态文明建设实践分析小结

（一）建立和完善生态保护法规体系，积极推行绿色新政

生态保护方面的法律法规在生态文明建设中起着至关重要的作用。主要发达国家对于生态环境污染和破坏的治理都是立法先行。例如，法国政府出台了一系列与工业、经济、百姓生活息息相关的环境保护法律、法规，从水资源保护、垃圾分类处理、废气排放及空气质量监督到环境噪声管理，从规范产品包装、生产和使用，电子废料回收，建筑节能，风力、核能等新能源开发等领域，都以立法的形式来保障和激励环保行动。2005 年 2 月 28 日，法国议会颁布了《环境宪章》，该宪章将环境利益上升到国家根本利益的高度。又如，日本政府于 1993 年颁布和实施了《环境基本法》，明确了日本环境保护的基本方针，将污染控制、生态环境保护和自然资源保护统一纳入其中。2000 年后，日本又颁布了《建立循环型社会基本法》《绿色采购法》《资源有效利用促进法》《促进包装容器的分类收集和循环利用法》《家电再生利用法》《建筑材料再生利用法》《食品再生利用法》《报废汽车再生利用法》等，有效地推进了日本循环型社会建设。

（二）综合运用多种环境经济政策，促进生态环境保护

主要发达国家采用的环境政策具有广泛、细致、极具操作性等特点。以美国为例，包括环境税、排污收费、生态补偿、排污权交易等。美国环保政策具有两个突出的特点：一是强调环保措施上的多样性、创新性和灵活性，力求充分发挥各级地方政府和企业的积极性；二是基本上立足于一种经济发展政策，即强调以开发新技术和新产品而不是以改变生活方式的方法来实现环境保护和经济持续发展，所以没有改变生产高效和消费低效及大量耗用能源资源的情况。此外，美国于 1977 年通过的《露天矿矿区土地管理及复垦条例》规定，矿区开采实行复垦抵押金制度，未能完成复垦计划的押金将被用于资助第三方进行复垦；采矿企业每采掘 1t 煤，要缴纳

一定数量的废弃老矿区的土地复垦基金，用于复垦老矿区土地的恢复和复垦。除此之外，排污权交易最早也是在美国实施，1990 年推出的二氧化硫排污权交易政策，有效地促进了二氧化硫减排。在流域生态补偿上，美国政府承担了大部分的资金投入，并且规定由流域下游受益区的政府和居民向上游地区作出环境贡献的居民进行货币补偿。在补偿标准的确定上，美国政府借助竞标机制和遵循责任主体自愿的原则来确定与各地自然和经济条件相适应的租金率。同时，日本的《森林法》也规定：国家对于被划为保安林的所有者予以适当补偿，同时要求保安林受益团体和个人承担一部分补偿费用。在瑞典，政府从税收上控制各种有害物质的无序排放，相关环保税费有 70 多种，年度环保税收高达 730 亿克朗，其中来自能源和交通领域的二氧化碳（燃油）税和能源（电力）税收占比高达 95%～98%。上述经验表明，政府可以有效利用市场手段和经济激励政策促进生态环境的保护。

（三）大力推进生态经济，实现经济结构的转型发展

循环经济、绿色经济与低碳经济都是生态经济的重要表现形式。当前，欧洲、美国、日本等主要发达国家纷纷制定和推行一系列以循环经济、低碳经济为核心的“绿色新政”，旨在将高能耗、高消耗、高排放的传统经济发展模式，转变为低能耗、低消耗和低排放的“绿色”可持续发展模式。例如，德国发展的重点是生态工业。在德国，循环是一种社会责任，废物的处理和再生利用是德国循环经济的核心内容。目前，废弃物处理已成为德国经济支柱产业，年均营业额约 410 亿欧元，并创造了 20 多万个就业机会。法国的发展则重点在核能和可再生能源的开发与利用。美国的“绿色新政”则包括：节能增效、开发新能源、应对气候变化等多个方面。日本则在建设循环社会的基础上，率先提出建设低碳社会。从 1997 年开始，日本政府先后批准建设了 26 个生态工业园区。采取政府主导、学术支持、民众参与、企业化运作的模式，通过建立“产、学、研”三位一体的生态园区，将技术研发和生产紧密结合起来，使资源利用效率大大提高，形成了完整的产业链，并最终使循环经济得到了快速的发展。

（四）高度重视国民的素质教育，强调培养生态环境保护意识

仅凭政府自身是不能解决环境问题的，只有政府、企业、社会团体和公众达成共识，携手合作，才是实现可持续发展的有效途径。在美国，早在 1970 年就制定了《环境教育法》，联邦政府教育署还设置了环境教育司。在日本，也已经形成了针对中长期目标的专业和非专业性正规教育，设立了对政府官员和企业管理人员的专门

环境教育，以及对公众的社会性教育等，通过提高各界人士对环境保护的认知水平，规范其在工作、生产、消费和生活过程中的行为，推进社会各阶层参与保护环境的行为。在瑞典，则通过教育入手培养全民节约资源、保护环境的意识。瑞典《义务教育学校大纲》的16门课程中，有9门涉及对环境与可持续发展教育的要求。同时，每年都要搞大型宣传活动来增强人们的生态环境意识，倡导节约资源，科学合理地利用资源。在法国，巴黎市推出了“自行车自由行”自助租赁服务，租用者可免费使用头30min，以吸引和鼓励大家少开私车、多用公交工具，以减少汽车尾气排放。由于良好的宣传和精细的管理设计，“自行车自由行”实施颇受欢迎，目前用户已超过13万，并扩展到其他城市。随着主要发达国家国民素质及生态环境意识的提高，低碳、环保、绿色、生态已经成为人们的一种生活习惯。

第二节　国外典型生态文明建设经验总结

西方生态文明建设理论认为，现代化进程中所产生的问题，只能在现代化进程中予以解决。基于这一理论支撑，形成了西方生态文明建设的基本主张。

一、推动技术创新

强调技术创新是西方生态文明建设自始至终的一个基本主张。早在西方生态文明建设的萌芽期，西方社会就一直强调技术创新在社会新陈代谢中的作用，并认为这是产生生态转型的根本。生态现代化首先关乎科学知识和先进的技术，先进的技术在任何成功的环境变革中都具有很强的相关性。技术创新是生态现代化系统中必不可少的子系统，在整个社会的新陈代谢中发挥着不可替代的作用。

在生态现代化的技术创新范畴内，存在着两种类型的技术创新。一是技术在环境问题中的作用，现已经从辅助性的末端治理技术转为预防性的、清洁技术的普遍发展。二是从单个技术的创新发展为一个复杂的社会——技术系统的发展和应用。这两种转变是技术创新在西方生态现代化背景下的新发展，也表征了当代科学技术发展的新方向。

二、重视市场主体

市场以其经济行为为主体被认为是生态重建与环境变革的承载者，在西方生态现代化实践中具有重要的地位。市场行为主体在西方生态现代化进程中产生了非常积极的作用。一方面，经济行为为主体的发展观念的转变，引导了整个市场乃至国家的生态转型；另一方面，实现了企业行为的改善。在企业内部建立新的态度、实施新的思想、调整管理技术并发展新的策略和手段。从企业的发展策略来说，如果能够开发和使用清洁技术及回收利用技术等，对于生态现代化进程将是十分重要的。

基于此，西方生态现代化十分重视市场主体的地位和作用。这些市场主体响应了环境议程，接受了关于环境问题的责任并采取相应的措施，生态现代化才有可能实现。需要注意的是，西方生态现代化所强调的成熟市场，并非是一种纯粹的自由主义市场，而是一个以环境关怀为基础、以环境政策为导向的规范性市场。

三、强调政府作用

针对早期的环境污染问题，政府虽然大力干预经济活动，却未能正确运用国家权力和职能控制环境问题，反而由于自身的事业和活动破坏了环境，造成了“政府失灵”。就长期的环境保护而言，不仅需要生态现代化及工业社会的结构性变革，而且需要政治行为系统的现代化。事实上，西方生态现代化也是一种政治规划，其有效的环境政策与环境治理少不了政府的支撑，西方生态现代化进程实现社会与政府的良好合作。

积极的政府在西方生态现代化进程中具有非常重要的作用。首先，政府的干预引导了有效的环境政策的制定。政府通过将环境关怀整合进自身决策的制定当中来推行生态现代化，实现政府干预。其次，政府严格地治理环境并能够激励创新是生态现代化的一个重要原则。政府对于环境治理的严格度，直接影响着一国环境质量的优劣。如果没有严格的法律法规和相关制度的约束，则很难有良好的自然环境。同时，政府激励试验和创新对于环境技术的发展也是必不可少的。没有国家的支持，环境技术创新与应用将是非常困难的。最后，西方生态现代化进程中提倡包括：政府官员、企业管理者和环境非政府组织在内的生态现代化联盟，促使政府在实现环境关怀的基础上，得以与企业、社会和环境非政府组织形成良好的关系，共同促进生态现代化的推进。

四、突出市民及社会的作用

有效的环境管理少不了公众领域的积极参与。西方生态现代化实践中十分注重市民及社会的作用，认为其是实现整个社会的生态转型所必不可少的要素，其在生态现代化进程中的意义和作用主要体现在以下方面。

首先，市民及社会是生态现代化进程中的一支重要构成力量。西方生态现代化的内涵之一就是一种对决策的更为开放的态度。这种参与在于出了政府之外，还包含有邻里、社区及环境非政府组织等第三方力量在内的一种伙伴关系。因此，推进生态现代化的进程中，市民社会是不可或缺的，它所发挥的作用是政府和市场所无法替代的。

其次，市民及社会在西方生态现代化进程中的具体作用主要体现为：①市民及社会是连接政府和市场行为主体的纽带。西方生态现代化强调环境保护和环境变革中形成新的国家-市场关系，而市民及社会正是促使这一关系实现转变的纽带。市民及社会逐渐进入国家的环境政策，并与市场行为主体发生相互作用，促使环境关怀在市场行为主体中内化，进而实现不同的利益方在生态现代化规划下的共同目标。②市民及社会对经济创新、技术创新的认可与压力是推动生态现代化发展的重要动力。在市民社会的构成中，环境非政府组织及其引导的环境运动占据很大的分量。摒弃了早期的激进环保主义，环境运动已经逐渐将自身的理念与生态现代化进程进行整合。③市民及社会对于整个社会的生态转型意义重大。市民及社会力量直接影响消费领域的生态转型，间接影响生产领域的消费转型，是连接生态现代化与生产和消费实践的纽带。尤其是生态理性等理念的运用，与市民社会关系紧密。因此，将市民社会看作西方的生态现代化的一个关键因素。

最后，市民社会的发展水平和成熟程度，是生态现代化实践发展水平的衡量指标。强而有力的生态现代化与市民社会的发展水平具有直接关联。因此，市民社会的发达与否，既是考察和衡量生态现代化发展水平的一个重要参考值，也是促进其发展的要素之一。没有良好的公众参与，也就不会有高水平的生态现代化。

正是基于以上原因，西方生态现代化进程中十分重视市民社会的发展及其作用。唯有发展良好的市民社会，才能认可、支持和促进生态现代化，进而实现资本主义的生产重建与制度重建。

五、关注生态理性

生态理性是西方生态现代化的核心，“生态理性”一词最终的含义是指人类在适应自身所活动的场所（环境）时，其推理和行为从生态学的观点来看是理性的，是一种关于在社会和生态系统之间维持一种稳定的新陈代谢的生态可持续性概念，是相对于经济理性和政治理性的一种形式。生态理性意味着有关现存生态问题的特点类型的一种社会性自我导向的指导原则。

西方生态现代化实践过程中充分地利用和发展了生态理性。生态理性在生态现代化的推行中也被广泛运用。首先，体现在一些环保标准的制定上，如预警原则、闭环系统、可再生能源的使用等。此外，现行的环境产品标准体系（如 ISO14000）、环境影响评估等，都是生态理性在现代化进程中的运用和发挥。也就是说，生态理性不仅仅存在于生产领域，也存在于消费领域。从 20 世纪 80 年代开始，生态现代化理论对生产和消费领域的社会实践，以及制度发展都产生了或多或少的影响，这种影响正是通过生态理性实现的。无论是技术创新，还是政府的环境决策；无论是市场行为主体的经济活动，还是市民社会的社会活动，在这些领域中，西方生态现代化都强调生态理性的运用。这样，从实践、生产和消费的立体层面上，西方生态现代化推动了生态理性在生态现代化进程中的完善和功能的实现。

六、促进生态转型

强调生态转型（或是环境变革），既是西方生态现代化的基本主张，也是以上诸项主张的落脚点。即西方生态现代化的最终目的是实现整个社会的生态转型，或者说是追求一种经济和社会的彻底的环境变革。

西方生态现代化所追求的生态转型是一项复杂的系统工程。第一，西方生态现代化所强调的生态转型，与生态理性是分不开的。这种转型，就是生态理性的运用。这种生态理性从20世纪80年代开始逐渐在一些西方国家的生产和消费中得到运用，在规制社会行为及制度设计中显得越来越重要，并不断地促成各种制度性变革。可以说，没有生态理性在经济活动、政府决策及社会生活中的运用，就无所谓整个社会的环境变革。第二，技术创新是手段。生态现代化之所以强调技术环境创新，就是认为通过技术，可以改变原有的事后补救性策略，走向预防性策略，即预警原则的运用，从而提升生态和经济效益。通过新的、整合性技术，可以减少各种污染物的排放及对稀有物质的消耗，同时产生创新的、具有核心竞争力的产品。因此，技术创新是实现生态转型的有效手段。第三，市场主体是载体。市场行为主体既可以是环境污染的制造者，也可以是生态现代化的有力推行者。生产领域的结构变革及技术创新，都少不了市场主体的承载。第四，政府决策是支撑。虽然政府不是唯一可以依赖的行为主体，但是如果没有公权力的介入，则很难有任何必要的进步和支撑。

第三节　西方生态文明建设面临的新挑战及未来发展

进入 21 世纪以来，西方生态现代化建设逐渐呈现了一些新的发展趋势。不论出于何种原因，随着世界各国对于现代化与生态化双重目标的不断追求，西方生态现代化理论和实践均在不断完善自身，呈现出新的发展态势与未来走向。

一、从生产领域到消费领域的转变

西方生态现代化建设从生产领域扩展到消费领域源于一系列现实因素。一方面，是为了弥补对于消费领域的不够重视。西方生态现代化最初的确存在忽视消费领域的现象。早期更多从生产力的视角出发，致力于修复现代生产领域中的“设计缺陷”，因此，从技术创新着手，试图改变生产链条中的不足，实现环境创新。而对消费领域的忽视，则很大程度上是由于决策者认为致力于寻求消费者行为的改变既困难又低效，而致力于生产者的改善的影响力则要大得多。因此，早期的西方生态现代化理论及实践存在对消费领域的忽视。另一方面，西方生态现代化在理论研究和实践过程中逐渐认识到，生态现代化进程毫无疑问包含有对消费领域的推进，消费者（或是末端使用者）显然包含于生态现代化的进程中。来自消费领域的动力既能影响决策，也能为环境创新给予反馈和参考。基于这样的现实，西方生态现代化理论及实践逐渐涉及消费领域，并将之视为环境变革的重要因素。

西方生态现代化对于消费领域的关注体现为理论和实践两个层面。在理论上，环境变革包含有生产重建与生态消费两个方面。就生产领域而言，就是对更为智能的、有益于环境的新技术的开发和运用；就消费领域而言，则体现在生态理性在消费领域中的运用。在实践上，对消费领域重视体现在实施生命周期分析（LCA）及变革消费结构等方面。通过对产品进行生命周期分析，消费环境的作用得以体现并上升，对产品的生态性设计和生态性消费都提出了新的要求。而变革消费结构，则体现在消费者需求对生产的反馈上。例如，消费者对转基因食品有所恐惧而选择有机食品，则对农产品的生产产生直接效果，促进绿色技术和绿色生产的推行，等等。因此，生态现代化领域开始逐渐关注生产-消费链，而不是单纯从生产入手谈技术革新等方面的内容。

西方生态现代化理论及实践向消费领域的扩展，既有利于理论自身的发展，也有利于生态现代化的实践。生态现代化需要生产和消费两种领域的参与，二者作为产品的进入端与流出端，对于环境的影响都不小。因此，如何对其进行生态重构，使生产和消费都更为理性和绿色，成为西方生态现代化未来的研究内容及发展方向之一。

二、从技术到政策的转变

除了关注技术创新，西方生态现代化也开始关注社会和政策方面，并将之视为实现环境变革的重要推动力量。

西方生态现代化进程逐步重视和关注社会和政策的作用，具有客观现实性。首先，将技术和社会、政策等要素结合起来，有利于理论的完善和实践的推行。在未来的发展方向上，西方生态现代化将把生态圈、技术创新，以及社会和环境政策等要素结合起来予以考虑，以促进生态重建的实现。其次，体现了国家和社会因素对生态现代化规划的影响。生态现代化是一项复杂的系统工程，不仅需要技术领域的创新，更需要国家的支撑和社会的认同。没有这几方面的因素，仅靠技术和经济领域的创新，难以实现环境变革这一事业。最后，这也是西方生态现代化影响政治领域的需要。生态现代化对政府具有一定的吸引力，双方具备合作的基础。具体表现在：①20 世纪 70 年代前后，针对在突出的环境问题均表现出“重批判轻对策”的特征。在零和博弈的传统背景下，政府亦认为若想获得环境改善必然要牺牲经济利益。然而，生态现代化理论提出了正和博弈：环境改善不一定要以对工业生产的限制为前提。②尽管西方生态现代化要求进行一种制度重建与生态重建，但并不主张碰触资本主义根本制度，以及进行基础性的结构变革，即主张一种温和的变革。③暗含一种伙伴关系，能够协调各方利益。西方生态现代化的提出使企业意识到，降低污染有利可图，不仅可以促进更为有效的生产，更能提高企业的竞争力；对于后者来说，生态现代化使得环保主义者的环境关怀在生态现代化的协调下能够在政府的经济需要中得以体现。因此，这与政府利益是相符合的。在此基础上，西方生态现代化试图影响政治领域，必然要将研究重点从技术维度延伸至社会、政策的范畴。

目前，西方生态现代化在欧洲一些国家已经同国家的环境政策及社会发展紧密联系起来。在这些欧洲国家当中，生态现代化对环境政策的制定与国家的环境治理，影响力很大。与此同时，生态现代化也被视为一种政策话语。此外，生态现代化还通过构建企业管理者、政府官员，以及环境非政府组织之间的联盟来促进生态现代化，这亦是转向社会和政策范畴的体现。鉴于经济发展与环境改善之间矛盾的日益锐化，这将会使发达国家乃至发展中国家的环境治理决策越来越紧密地结合在一起。

三、从西方到全球的转变

西方生态现代化的第三个未来发展方向就是其关于生态现代化的理论研究和实践操作的领域，从单一的民族国家及经济合作与发展组织（OECD）国家向全球的转变。

西方生态现代化得以向全球拓展，是有多方面原因的。一方面，西方生态现代化自身的发展要求其不能只限于OECD国家。同时，结合一些新兴经济体的形势及存在的问题对理论进行完善，积累实践经验。另一方面，经济全球化为西方生态现代化的全球发展方向提供了客观环境。经济全球化既造就了全球性的现代化和经济发展，也造就了生态危机的全球化。如何在全球化的趋势中破除环境问题的制约，既为西方生态现代化的发展提供了机遇，也提出了挑战。全球化的大背景，为西方生态现代化创造了全球化趋势下的新课题。

西方生态现代化从西方向全球的转变，体现在其发展的诸多方面。一方面，深化对于全球环境流程的理解，促进环境变革形成新领域。高度的全球化及日益形成的全球网络社会对于人类社会与整个生物圈来说都形成了许多的改变。因此，对于西方生态现代化来说，在接下来的时间里，致力于领会这种对于全球环境治理与变革来说十分必要的制度和社会关系的动态就成为了一种新的任务和挑战。生态现代化不再只针对一些OECD国家的环境变革进行研究与实践，而是扩展到全球环境治理与环境变革的高度。另一方面，扩展研究地域及实践范围。西方生态现代化发源于欧洲，因此其研究及实践一直都是以欧洲国家，尤其是西北欧国家为起点。进入20世纪80年代，其研究和实践开始扩展到一些OECD国家，开始了OECD国家环境变革和环境话语的进程。最新的研究及实践方向已经开始转向一些非OECD国家，如中东欧、东亚和东南亚，以及拉丁美洲的新兴工业化国家（NIC）。但与此同时，这些地区在理解生态现代化的标准方面有些还未达成共识。因此，未来针对这些地域的研究及实践对于西方生态现代化来说亦是新的挑战。

西方生态现代化实践向全球的扩展，既是其当前和以后相当长时间内的任务，也是生态现代化实践的发展趋势。现代化反映着人类劳动生产力的发展水平，生态化则反映着自然力的发展态势，因此，生态现代化就意味着对自然力与社会力的和谐化追求。从客观上看，生态现代化得以向全球扩展，正是世界各国追求现代化和生态化的双重目标的一种反应。

第四节　国内生态文明建设实践分析

一、重大环境事件分析

（一）京津冀雾霾

近年来，我国空气质量整体加速恶化趋势明显，极端大气污染事件频繁发生，京津冀、珠江三角洲（简称珠三角）、长江三角洲（简称长三角）、关中地区等城市经济带尤为显著，最典型且影响最大的地区为京津冀区域，近期根据环保部发布的数月全国重点区域和 74 个城市空气质量状况月报显示，京津冀地区空气质量最差，平均达标天数比例为 27.4%，低于全国 32.7 个百分点，全国污染最严重的 10 个城市中，京津冀地区占 8 个。其最主要的原因是京津冀区域集聚了大量的水泥、钢铁、炼油石化等高污染产业和遍布各地的无组织零散高危害产业，它们产生的大气污染物排放量非常巨大，而当地地形和气候系统又不利于污染扩散。在 2013 年 1 月，我国中东部地区发生了罕见的连续高强度的霾污染天气，造成大量航班延误、高速公路封闭、呼吸道疾病患者涌向医院急诊室。本次霾污染事件范围涉及 10 个省（直辖市、自治区），受害人口达 8 亿以上，其中污染最严重的是京津冀区。据统计，整个 1 月（1 月 1～31 日），共计 22 天 $PM_{2.5}$ 超过新修订的《环境空气质量标准》中 24h 平均浓度限值二级标准（75μg/m^3），27 天超过一级标准（35μg/m^3），只有 4 天晴好天气（王跃思等，2013）。在随后的几个月内，京津冀区域仍反复出现了数次严重的霾污染事件。霾污染事件的频繁发生为我国环境危机拉响了警报，解决经济发展与大气环境污染之间的矛盾势在必行。

关于京津冀区域霾污染成因：首先，我国近年来过快的城市化进程是城市霾大气污染的直接诱因。大城市高楼林立，地表粗糙度增加，城市冠层抬升，热岛效应显著，局地环流增强，扩散能力减弱。大气边界层结构日趋复杂，跨界输送、相互污染越来越严重；大、中、小城市并驾齐驱发展，缺乏城市群区域整体规划，使城市之间的缓冲带越变越窄，大气污染物容量急剧下降，造就了城市时常淹没于霾之中的视觉冲击。近年来各级政府一直致力于节能减排工作，但我国目前仍是耗能大国，能源消耗仍然有增无减，是全球大气污染物排放最严重的国家之一。根据中国科学院大气物理研究所的监测结果，后奥运会时期夏季京津冀区域大气本底背景 $PM_{2.5}$ 浓度反弹增加，2009～2011 年分别为 44.0μg/m^3、58.0μg/m^3 和 53.0μg/m^3。北

京大气 SO_2 浓度得到有效控制，并在非采暖季保持一个较低水平，但细粒子 $PM_{2.5}$ 中硫酸盐浓度仍占最高份额，在近 3 年来再次出现上升趋势，从 2009 年的 24.0μg/m^3，上升到 2011 年的 30μg/m^3；硝酸盐和铵盐在 $PM_{2.5}$ 中的浓度分别由 2009 年的 7.2μg/m^3 和 9.3μg/m^3 上升到 9.5μg/m^3 和 10.8μg/m^3；大气中挥发性有机物（VOC）居高不下，直接导致二次有机气溶胶（SOA）上升趋势明显，有机成分（OC）已跃居为细粒子中两大组成成分之一。北京大气 $PM_{1.0}$ 中，OC 含量占 50%，而 SOA 含量为 23%。气象条件和大气边界层结构的变化虽然是雾霾污染形成的外因，但在排放源相对稳定的情况下，外因往往是决定性因素。但一次污染物排放量过大仍是京津冀区域大气严重霾污染的本质内因，在外因不可控的前提下，内因是治理大气霾污染的关键因素（梁增强等，2013）。

总之，京津冀区域性霾污染是区域产业结构失衡，电力、钢铁、建筑材料和交通运输的旺盛需求，造成燃煤和燃油污染物的排放大大超过了区域大气负荷，加之不利于污染物扩散的气象条件和地理位置、燃煤和燃油污染物之间的非线性叠加，特别是污染物脱除执行力弱、监管不到位和严重的偷排偷放等多方面综合作用而形成的。解决问题的关键是科学研究和调控政策的紧密结合，需要根据国情长远规划，分步实施；打破区划，实现全区域的综合治理；全民动员，落实细节；科学实干，防止走过场。$PM_{2.5}$ 监控治理比以往任何一种污染物控制治理都复杂得多，根治 $PM_{2.5}$ 需要政治智慧、管理创新、科学支撑和全民参与。具体来说，有以下几方面。

（1）根治霾污染需政治智慧。正像联产承包、分产到户解决了我国改革开放初期的农业发展问题，市场经济和经济特区解决了改革开放初期的工业商业发展问题，一国两制解决了香港和澳门问题一样，根治霾污染需要在国家管理体制上有所创新，有所突破。如果没有突破性的管理体制改革，难以短时间彻底解决问题。应增加经济管制的份额，推进环境容量资源化进程，实现跨行政区划的排污、共同负担治理费用的政策。其中，首要的就是要健全排污收费制度，建立完善的污染物排放交易政策。

（2）必须实施区域联防联控。京津冀地区处于同一个气候带，故此形成了一个大的区域协同污染区，根治大气污染需要区域联防联控。这需要突破现有以行政单位各自为政的管理制度。欧盟协同治理酸雨和大气污染，美国南加利福尼亚州联防联控遏制光化学大气污染都是成功的范例。可以考虑成立京津冀大气污染联防联控委员会，将该区域作为大气污染防治的试点“特区”，并对联防联控委员会赋予相对独立的权力（类似司法独立），有固定的经费来源和补贴分配权力［例如，区域内各省市以每年一定比例的国内生产总值（GDP）进行匹配]，对于污染企业有一票否决权和处罚的权力等。

（3）防治霾要加强法治。仅靠政府部门、工厂企业和居民团体自觉自律地维护大气环境显然不够，要逐步制定落实相应的法律规章，依法治污才有长治久安的可能。具体来说，要强化电厂脱硫脱硝的监控，避免“三天打鱼两天晒网”的不彻底现象。同时，应建立第三方数据检测，加强油品质量管理。在今后的每个五年计划中，应将环境和能源指标更多地添加到各级领导的激励系统中。另外，要进一步明确环境负责机构为省级环保局，授予省级环保局更多地权利，为其提供更多的资金和更大的知识能力。保证实施效果的另外一个关键性因素是形成制衡系统，各机构及利益相关方可以藉对彼此进行监督以提高问责，共同发挥监督作用。

（4）区域源控制应以产业结构布局和调整为重。产业结构调整方面，加大第三产业比例，降低高能耗第二产业比例。产业结构布局方面，尽量将高污染企业迁至区域的下风场地区或高海拔地区，这有利于一次污染物的扩散和沉降。同时加强环保监管措施，控制新排放源的加入。

（5）霾治理需要公众参与。公众行为是面源强度大小的最重要控制因子，小到餐饮出行，大到择业置产，都要考虑到尽量减少污染排放，因此首先要提高公民整体素质，只有每个人都从自我做起，从点滴小事做起，才有可能保障我们有干净的空气呼吸。加大宣传力度，提高公民的环保意识，使公众有合理的参与途径和方式，能够从科学上认知正确防控 $PM_{2.5}$ 的方法，才能与政府部门一道控制 $PM_{2.5}$，保护生存环境，保护我们的家园。

（二）华北地下水污染

作为中国第二大平原，华北平原主要由黄河及淮河、海河冲积而成，面积约 31 万 km^2，人口和耕地面积约占全国的 1/5。据环保部在其官方网站上公布的检查情况，华北平原浅层地下水污染严重，44%受污染，可直接饮用的浅层地下水仅占 22.2%。华北平原局部地区地下水存在重金属超标现象，主要污染指标为汞、铬、镉、铅等，主要分布在天津市和河北省石家庄、唐山，以及山东省德州等城市周边及工矿企业周围；局部地区地下水有机物污染较严重，主要污染指标为苯、四氯化碳、三氯乙烯等，主要分布在北京市南部郊区，河北省石家庄、邢台、邯郸城市周边，山东省济南地区—德州东部，河南省豫北平原等地区。有报道称，从 2006 年开始，中国地质科学院水文地质环境地质研究所历时 5 年，完成了国土资源大调查计划项目《华北平原地下水污染调查评价》。结果显示，华北平原浅层地下水综合质量整体较差，且污染较为严重，未受污染的地下水仅占采样点的55.87%，遭受不同程度污染的地下水高达44.13%；深层地下水综合质量略好于浅层地下水，污染较轻、未受污染的深层地下水达87.14%。调查显示，华北平原浅层地下水综合质量整体较差，几乎无Ⅰ类地下水，仅在大清河冲洪积扇零星存在；直接可以饮用的Ⅰ～Ⅲ类地下水仅占22.2%；经适当处理可以饮用的Ⅳ类地下水占 21.25%；需经专门处理后才可利用的Ⅴ类地下水占56.55%。深层地下水综合质量分布基本与浅层地下水类似，但综合质量略好于浅层地下水。其中，直接可以饮用的Ⅰ～Ⅲ类地下水占26.45%，经适当处理可以饮用的Ⅳ类地下水占 23.13%，需经专门处理后才可利用的Ⅴ类地下水占50.42%。氟化物、碘化物和溶解性总固体等原生指标，是地下水质量差的重要原因。总的来说，华北平原浅层地下水不同程度受到污染，深层地下水总体较好；地下水"三氮"污染普遍，呈面状污染特征；（类）重金属呈点污染特征，砷、铬污染较严重；有毒有害有机污染呈点状分布，呈复合污染特征；地表水体污染严重，直接威胁地下水质量；生活垃圾场对土壤、地下水造成严重的点状污染；污水灌溉，对土壤、地下水造成极大的影响（车均和张蕾，2014）。

分析其污染原因得知，首先，海河流域受污染地表水入渗补给，是地下水污染的重要原因。工业、农业和城市生活污水，成了污染的三大"罪魁祸首"。工业上，华北平原石油化工行业（包括勘探开发、加工、储运和销售等）、矿山开采及加工、生活垃圾填埋场、工业固体废物堆存场和填埋场、高尔夫球场等重点污染源，对地下水产生点状、线状污染；部分中小型企业产生的废水，未加处理通过渗井、渗坑违法向地下排放，直接污染地下水。农业上，过量施用的化肥和农药，在降水或灌溉过程中，通过农田地表径流、排水和地下渗漏，大量进入土壤和地下水造成污染。其次，政府监管不严、执法不严也是造成环境污染的原因之一。对企业乱排乱放问题，大部分环保部门睁一只眼闭一只眼，政府为了发展GDP和解决就业，对这些企业采取姑息的态度。政府不让管，那么环保部门也就不敢管。对于违反环境法律法规的行为，环保部门没有依照法律及时采取有力措施。

华北地下水严峻的污染形势反映出我国目前地下水的总体污染现状。根据中国地质环境监测院公布的信息，目前我国地下水污染呈现由点到面、由浅到深、由城市到农村的扩展趋势，污染程度日益严重。全国 195 个城市监测结果表明，97%的城市地下水受到不同程度污染，40%的城市地下水污染趋势加重；北方 17 个省会城市中 16 个污染趋势加重，南方 14 个省会城市中 3 个污染趋势加重。在一些地区，地下水污染已经造成了严重危害，危及到供水安全。地下水超采与污染互相影响，形成恶性循环。水污染造成的水质性缺水，进一步加剧了对地下水的超采，使地下水漏斗面积不断扩大，地下水水位大幅度下降；地下水位的下降又改变了原有的地下水动力条件，引起地面污水向地下水的倒灌，浅层污水不断向深层流动，地下水水污染向更深层发展，地下水污染的程度不断加重。

从以上地下水污染情况可看出我国地下水污染防治工作仍有较多问题。

（1）法律法规不健全。目前，我国有关防治地下水污染的法律法规体系还很不健全，不仅有相互矛盾的内容，还有许多空缺之处。《中华人民共和国水法》和《中华人民共和国水污染防治法》是水环境保护的基本法律依据，虽然都将地下水保护纳入了水污染防治的范畴，但只是提出了地下水保护的一般原则，既没有具体明确地下水环境保护的责任划分，也缺乏地下水环境保护的具体内容，加之缺少相关配套的法律法规，缺乏可操作性。根据《中华人民共和国水法》，水利部门负责包括地下水在内的水资源的综合利用规划的制定。根据《中华人民共和国水污染防治法》，环保部门负责流域的水污染防治规划的制定。但在流域水污染防治规划中没有具体的地下水污染防治的措施与内容，使得地下水的开发利用与保护相脱节。在许多地区地下水管理条例与规定中，地方水行政主管部门负责本地区地下水的开发、利用与保护，但大多没有明确具体的监管责任和防治措施，使得地下水的保护很难落实。

（2）管理责任不明确，缺乏综合协调机制。我国的地下水管理涉及多个管理部门。建设部《城市地下水开发利用保护管理规定》（1993 年）第四条规定，国务院建设行政主管部门负责管理全国城市地下水的开发、利用与保护工作，县以上地方人民政府城市建设行政主管部门负责管理本行政区域内城市地下水的开发、利用和保护工作；2002 年国务院颁布的《取水许可和水资源费征收管理条例》规定，包括地下水在内的水资源取用与保护，由各级水行政主管部门按照分级管理权限，负责组织实施和监督管理；根据《中华人民共和国水污染防治法》，各级环保部门负责包括地下水环境在内的水污染防治的监督和管理工作。从以上可以看出，在地下水的管理与保护中，各管理部门的管理权限虽然有交叉，但地下水污染防治的监督管理的责任分工不明确，各个管理部门之间又缺乏有效的综合协调机制，人为地将一种资源的开发利用与保护割裂开来，造成多头管理，使得地下水污染防治的监管责任无法明确。

（3）地下水资源定价不合理。地下水资源的所有权属于国家，是公共资源。随着人口的激增与经济、社会的快速发展，水资源的需求量也随之有较大幅度的增长，但粗放的经济增长方式使得我国水资源利用率偏低，水资源浪费严重。尤其是在地下水开发利用中，对地下水资源的定价不合理，只考虑地下水的开采与管理成本，没有充分考虑地下水的资源环境价值，无法体现地下水资源的稀缺性，地下水的开发利用存在明显的外部不经济性，由此导致地下水资源的过度开采与浪费，严重威胁到地下水资源的可持续利用。

（4）地下水的监测网络建设滞后。各级环保部门、水行政主管部门和国土资源部门都开展对地下水的监测工作，存在重复建设的问题。但由于管理目的的不同，无论是监测频率、监测项目、监测密度与监测方法等均存在较大的差异，监测数据的可比性差，信息又难以共享，造成监测数据资源的巨大浪费。相比较而言，国土资源部门由于地质勘探技术与管理等方面的优势，成为地下水监测数据的主要来源。对地下水的监测始于20世纪50年代，虽然初步形成了一定规模的地下水监测网络，但监测点主要集中在城市与大型供水水源周围，国家级的监测网点数量不足，监测分布不均匀，数据非常有限，难以满足现代经济、社会发展与环境保护对地下水的信息需求，迫切需要尽快加强地下水的监测网络与监测能力建设。

（5）地下水污染预防与治理技术落后。由于复杂的地质水文条件，地下水流动极其缓慢，地下水污染往往过程缓慢、不易发现和难以治理。地下水一旦受污染，很难及时发现，治理难度大，治理成本高，水质的恢复往往需要相当漫长的时间。由于地表水污染问题十分突出，已成为我国当前水污染防治的中心工作，而相对隐蔽的地下水污染问题一直没有引起足够的重视。地下水污染防治既缺少预防的措施与技术，也缺乏有效的治理技术与方法，一旦发生严重的地下水污染，很难及时有效地进行处理，所造成的环境与生态破坏很可能是难以逆转的。

综上所述，面对我国日益严峻的地下水污染形势，地下水污染防治迫在眉睫，具体防治工作应该从以下几个方面加强（陈玉峰，2013）。

（1）完善地下水环境保护的法律法规体系建设。面对地下水污染的严峻形势，以及地下水环境管理中存在的诸多问题，应进一步加强地下水污染防治的有关法律法规体系建设，为地下水环境的保护提供完备的法律依据与政策支持。构建完备的地下水环境保护制度框架是地下水污染防治的首要任务。通过完善地下水环境保护的法律法规体系，尤其是在各地方政府有关地下水资源管理的法规中，要明确政府环保部门、水行政主管部门、建设规划部门和国土资源管理部门等在地下水污染防治工作中的相应责任，并建立起地下水环境保护的综合协调机制，使地下水的各项保护工作得到具体落实，并与地下水的开发利用协调一致，使地下水资源的可持续利用得到制度上的根本保证。

（2）将地下水、地表水污染防治纳入统一规划和管理。水污染防治应将地下水与地表水综合考虑，纳入统一的规划与管理之中。地下水与地表水的交换，保证了自然界水循环的连续性，构成了自然界水循环中相互影响与关联的重要部分。地表水的污染源往往也是地下水的直接或间接污染源。地表水与地下水污染的综合防治还有利于资源的优化配置。尤其是在流域水污染防治规划中，应综合考虑流域地下水污染防治措施与监管责任，并与流域水资源综合利用规划相协调，既要满足社会经济发展对水资源的需求，也要满足自然生态环境对水资源的需要。

（3）合理确定地下水资源价格。地下水资源在很大程度上是一种非再生性的资源，尤其是深层地下水，具有与石油、矿石等资源一样的不可再生性，地下水价格必须能够充分体现这一资源的稀缺性。只通过行政管理手段严格限制地下水超采，不仅监管成本高，管理的绩效也难以保证。在市场经济条件下，应充分运用各种经济手段来弥补行政管理的不足，提高水环境管理的绩效。应改革原有的地下水资源的定价理念与方法，建立地下水包括开采、输送、净化、分配、使用与污水处理等过程的全成本定价方法。价格中应包括体现地下水资源环境价值的地下水资源费，以此来激励人们提高用水效率，促进地下水的节约利用，从根本上遏止地下水的过度开采。

（4）加强地下水监测网络建设。针对现有地下水监测网络建设滞后，难以满足地下水资源开发利用与保护管理需要的现状，国家应加大对地下水环境监测基础设施的投入，建立完备的地下水监测网络，统一地下水监测的有关技术规范，不断完善水环境监测体系。对现有多部门建设的监测网络进行有效集成，建立国家地下水监测数据公用平台。对重点污染地区进行重点监测，系统掌握地下水水质、水量和地下水环境变化的动态特征，为地下水的开发利用和保护提供科学依据。

（5）加强地下水污染防治技术攻关。地下水污染的治理一直是世界性难题，缺少成熟的技术可供推广。我国的地下水污染防治工作才刚刚起步，还十分缺乏有效的地下水污染防治技术。因此，加大地下水污染防治技术的研发投入十分必要。一是可以由国家财政直接投资，开展地下水污染防治技术攻关，并将实验成熟的治理技术在全国进行推广；二是可以充分利用信贷、金融和税收优惠政策，吸引民间资金投资地下水环境的保护，对地下水污染防治技术进行研究与开发。

（三）癌症群集现象

自“癌症村”问题频繁曝光后，其报道数量之多、影响范围之广、持续时间之长尤其引人注目。经科学研究分析得知，目前国际科学界公认不存在所谓的“癌症村”，目前也缺乏“癌症村”认定的科技手段。媒体报道的“癌症村”通俗含义是指死于癌症的患者异常明显增多，媒体对“癌症村”多发的广泛报道实则反映的是公众对环境健康风险偏高的担忧，以及我国缺乏环境与健康管理机制，相关问题没有正常诉求和解决的渠道，同时也反映出国民环境与健康意识的觉醒。

环境污染是产生癌症等环境相关疾病的主要人为影响因素之一，环境污染的健康危害具有潜伏期长、群体效应、因果关联难以认定等特点。21 世纪是我国环境污染与健康问题的凸显期，环境与健康事件频繁见诸报端和媒体，包括：土壤污染、地下水污染、灰霾事件、重金属污染事件、镉米事件、“癌症村”和儿童铅中毒事件等，给人民生命财产安全造成了极大的损失。目前，我国环境健康问题已经成为影响国家科学发展的关键环节，主要表现在以下几点[①]（张金良，政策建议——构建国家应对环境健康风险的综合防控机制）。

（1）我国环境污染压力沉重，人群环境健康风险加大。经过 30 多年的迅猛发展，我国已经步入工业化中期阶段，发达国家上百年工业化过程中分阶段出现的环境问题在我国集中出现；相比而言，我国的城市空气污染的绝对压力更大、流域水污染的影响范围更广、区域土壤污染的持续时间更长、局部环境污染的综合影响结局更为复杂。大气 SO_2 的年度排放持续高位运行，水体化学需氧量（COD）的年度排放量依然巨大，土壤的重金属污染更是会持续百年时间，多年环境污染的累积状况难以估量，整体环境污染压力持续严重。另外，长期存在的大气污染、土壤污染及水污染给人民群众的身体健康带来严重危害，儿童血铅、环境癌症在局部地区集中出现，环境健康问题正在成为经济社会矛盾暴发的载体。“十一五”期间发生的 232 起较大环境事件中，56 起为环境污染导致健康损害事件，55%左右与重金属污染有关，超过 1/3 发展成为群体性事件。癌症是典型的环境相关疾病，局部区域的癌症异常多发是环境健康风险高发的典型现象。30 年来，我国人群恶性肿瘤死亡率从 83.67/10 万上升为 180.54/10 万。

（2）社会健康风险意识增强，公众环境安全要求提高。媒体对“癌症村”的持续广泛关注是社会健康风险意识增强的具体体现。媒体报道“癌症村”问题成为各方利益诉求的重要借口；环境健康风险问题应对和处理不当严重影响社会稳定，以江苏启东、四川什邡的群体性事件最为典型。媒体报道的所谓“癌症村”体现出新

① 张金良. 关于“癌症村”的核实调查报告、政策建议。

特点，涉及范围持续扩大，分布于我国大陆29个省（直辖市、自治区）218个县，相对集中于我国东中部地区；涵盖人群日益增多。同时，持续上升的环境污染投诉反映了公众对安全环境的热切期盼。"十一五"期间，我国公众环境污染投诉日益增多、投诉内容日趋广泛、涵盖范围逐渐扩大、涉及行业越来越多。网上广泛流传的遍布全国的"癌症村"，缺乏依据的"癌症村"流言，进一步加大了群众对我国环境健康风险的担忧。安全的生存生活环境在少数地方逐渐成为稀缺品，公众对安全环境的期盼前所未有的热切。

（3）国家环境保护力度有限，不能防范环境健康风险。以污染末端治理和污染物排放总量控制为核心的国家环境保护政策，体现的是在首先追求经济发展的同时，对环境污染一定程度的姑息和纵容。长期持续的污染物排放累积，对局部区域的环境质量造成了严重的损害。我国经济总量多年持续高速增长，环境污染物的持续巨量累积排放，对局部区域的环境质量造成了难以修复的持久影响。另外，现行环境保护制度不能防范环境健康风险。现行国家环境保护工作的政策起点、保护进程、结局归宿、效果评价等缺乏围绕保护人群健康的总体设计。环保工作目标未以保障人群健康为中心，环境机构行政职责缺乏保障人群健康的效果评价。环境管理缺乏对人群健康影响的考虑，环保措施缺乏与人群健康高风险污染物管控的直接关联。环保法规未以保护公众健康为核心，现行法律法规没有赋予环保工作为保障人群健康护航的政策内核。环保科研对人群健康风险的关注严重不足，部门缺乏长期持续支持环境健康风险防范交叉领域科研的动力。

环境安全是国家安全的重要组成部分，国家需要立足于科学发展的基本战略，将构建应对环境健康风险综合防控机制作为国家生态文明建设的抓手。为此，我们应该从以下几个方面努力①。

1. 在环境健康问题严重的区域尽快采取具体综合措施

在环境健康问题严重的区域进行统筹安排，尽快实施国家多部门参与的具体综合解决措施。在既往水污染严重的淮河流域，针对若干环境癌症异常多发的村庄，辖区政府负责采取综合治理措施。环保部门应该明确环境癌症高风险区及其主要环境污染因子，水利部门需要进一步扩大安全饮水的人群范围，卫生部门需要开展人群癌症的早期筛查和对癌症患者的救助补偿。政府需要提高公民的环境健康素养，及时公布环境健康风险管控措施。

---

① 张金良. 政策建议——构建国家应对环境健康风险的综合防控机制。

2. 在环境健康风险突出的区域建立环境健康风险防控体系

在污染重、质量差、人群多的区域进行统筹规划，尽快建立国家人群环境健康风险哨点防控体系。辖区政府负责对重点区域的环境健康风险进行防控，负责发布环境健康风险评估报告，掌握辖区内的环境健康高风险区、主要风险因子、主要风险行业和主要风险人群等。环保部门负责开展环境健康问题调查，建立环境健康综合监测体系，开展人群环境健康风险评估。卫生部门负责卫生宣教，定期开展环境相关疾病的筛查。

3. 从生态文明建设的全局逐步建立国家应对环境健康风险的长效综合机制

在全国范围进行统筹设计，逐步建立国家应对环境健康风险的长效机制。在法律法规方面，将保障公民健康作为国家法律法规的核心目标，在宪法中突出保护人群健康的具体内容，地方政府需要掌握辖区环境健康风险。在行政职责方面，以保障人体健康优化政府行政资源配置，政府负责制定辖区的生态文明建设规划，对辖区环境安全、饮水安全和食品安全负总责。环保部门负责提出环境健康高风险区，卫生部门负责开展环境相关疾病的早防早治，水利部门负责保障饮水安全等。在人员体制方面，国家需要建立环境健康风险委员会，明确相关组成单位。各级政府需要强化环境健康风险防范工作的人员队伍，在环保部门尽快成立环境健康司。在运行机制方面，国家负责发布环境健康风险评估报告，政府负责对辖区内的环境健康风险进行识别、评估和管控。在基础科研方面，强化环境与健康科学研究和基础状况调查，研究完善环境健康问题调查的技术体系，环境健康风险评估的技术体系，摸清国家大气、水和土壤的高健康风险特征污染物清单等。在信息交流方面，在提高公众环境健康素养的同时，辖区政府需要及时发布环境健康风险评估报告，抢占环境健康舆论的话语权。

二、大区域发展模式分析

对于我国这样一个区域差异巨大、整体上处于工业化中期阶段的发展中人口大国而言，生态文明建设与区域发展需要按照“以人为本”“五个统筹”“全面协调可持续发展”的科学发展观和十七大报告确立的生态文明建设目标的指引，在生态环境与区域经济发展的关系问题上，实现从现有的“并行性外部协调观”向“内在一体统筹协调观”的转变；需要分析不同发展阶段、不同地域的生态文明建设与区域经济协调发展的内在规律、发展模式、评价标准、调控机制。

（一）主体功能区战略的区域发展模式

空间开发无序，区域矛盾和冲突激化，各种问题区域凸显，已成为我国生态环境持续恶化、生态文明建设推进受阻的一个重要根源。主要表现在以下几方面（杨樱和古继宝，2009）。

（1）空间开发失衡导致生态系统功能退化、环境问题凸显。长期以来，由于缺乏对国土空间的合理规划和有效管治，加之现行分税制和绩效考评制度的引导，区域发展往往不顾自身的资源和环境条件的约束，竞相发展那些对地方经济增长和财政收入贡献大的产业项目，导致无序开发、盲目开发、过度开发的现象十分严重。例如，在能源短缺区域发展高耗能产业，在水资源严重匮乏的区域发展高耗水产业，在环境容量已经不足的区域继续发展高污染产业，由此造成森林破坏、湿地萎缩、河流干涸、水土流失、地面沉降、沙漠化、石漠化和草原退化、耕地减少过快过多、生物多样性锐减、各种自然灾害频发、污染排放量超过环境承载能力、部分地区环境质量较差。空间开发失衡导致生态系统功能退化、环境问题凸显，已成为当前生态文明建设面临的一个严峻问题。

（2）区域之间利益共享与损失补偿的矛盾。不同区域之间因为利益共享与损失补偿不对等，而使部分地区经济的高速增长建立在对另外一些地区资源占有和生态环境破坏的基础上，这与追求人与自然、人与人、人与社会和谐共生的生态文明宗旨相违背。这种不对等主要表现在资源开发与生态服务中。在我国传统的区域分工格局和资源价格体系下，中西部地区作为资源能源基地，向东部发达地区输出资源和初级资源产品，又从发达地区高价购买加工产品，不仅导致欠发达地区利益大量流失，而且高耗能、高污染的粗放式资源开发给当地带来生态环境破坏，加之欠发达地区资金缺乏，无力进行生态修复与环境治理，导致生态环境日益恶化，不仅不可能脱贫致富，反而会衍生新的生态灾难。在我国生态服务的空间格局中，西部地区（流域的上游地区）是生态产品和服务的提供者，东中部地区（流域的中下游地区）是受益者，但是由于各种原因，西部地区因为生态建设或环境保护而造成的经济损失，很难得到相应补偿，造成"贫困地区负担、富裕地区受益""上游地区负担，下游地区受益"的不合理现象。

（3）"污染转移"加重了欠发达地区生态文明建设的难度。相比发达地区，欠发达地区由于经济基础薄弱、自我发展能力不足、思想观念落后及体制机制僵化等，其生态文明建设面临更大障碍，而发达地区将一些污染严重的产业向欠发达地区转移，即所谓的“污染转移”，更加重了欠发达地区生态文明建设的难度。从全国来看，表现为东部地区向中西部地区转移污染。而在同一区域内，则表现为由城市向周边地区转移污染。

（4）存在多种问题区域。具体包括：①生态环境建设的跨界区。由于资源环境的“外部性”，以及我国行政区划和行政管理体制的分割，在流域上下游、左右岸和干支流及不同行政区交界处的跨界区，不仅存在资源的无序消费和过度消费现象，而且，各个相关区域相互博弈，致使跨界区生态环境建设处于“真空”。近年来，滇池、太湖、巢湖等相继发生蓝藻现象，长江、淮河、黄河水质下降，就是与流域治理范围内各行政区之间相互推诿、各自为政有关，成为我国推进生态文明建设的一个问题区域。②生态脆弱区。我国生态脆弱区域面积广大，中度以上生态脆弱区域占全国陆地国土空间的 55%，其中极度脆弱区域占 9.7%，重度脆弱区域占 19.8%，中度脆弱区域占 25.5%。生态脆弱区的自然条件较差，环境容量有限，支撑区域经济发展的自然基础薄弱。今后 15～20 年，我国经济发展仍然保持在较高的水平上，如何使这些生态脆弱的区域不至于发生崩溃，关系着国家和民族的地域空间安全和长期生存的资源保障。③环境敏感区。环境敏感区是指经济发展与资源环境承载力矛盾特别突出的区域，主要表现为以下几类：一是过度膨胀的大都市区，这些地区经济较发达、已迈入工业化中后期，但人口和产业大规模聚集，住房拥挤，交通堵塞，水污染和空气污染十分严重；二是以资源大规模开发为基础的地区，由于资源开发方式粗放引起水土流失、环境污染等严重环境问题；三是生态脆弱加上不合理开发利用的地区。④“老少边穷”地区。“老少边穷”地区自然条件恶劣，交通闭塞，基础设施薄弱，贫困人口比例高，社会发展程度低，有的甚至缺乏基本生存条件，这些地区生态环境问题往往与贫困问题、社会问题及政治问题等交织在一起，既有因为发展不足也有因为发展不当引发的生态退化和环境破坏。如何摆脱“贫困—过度使用自然资源换取生存条件—资源枯竭退化和环境破坏—进一步贫困”的恶性循环，是其生态文明建设的难点所在。

目前，我国主体功能区战略已进入实施阶段，规划和建设主体功能区，不仅成为我国未来区域协调发展的新模式，也对推进生态文明建设有着重要而独特的作用。主体功能区战略依据区域的资源环境承载力，要求把资源禀赋和环境容量作为国土开发的基础条件，坚持国土开发与资源环境承载力相匹配，引导经济布局、人口分布与资源环境承载力相适应，充分体现了“尊重自然、顺应自然、保护自然”的生态文明理念，不仅最大限度地解决空间开发无序问题，协调生态文明建设中的区域矛盾和冲突，而且凸显不同区域生态文明建设的差异性，为支持问题区域生态文明建设，提供了科学依据和制度保障。战略的实施即按照以下几方面展开。

1. 优化开发区生态文明建设重点

环渤海、长三角、珠三角地区等优化开发区域，经济发达，已迈入工业化中后期，环境恶化和生态破坏的趋势得到初步遏制，环境质量得到基本改善，但是，资源环境约束加剧、快速城市化挤占生态空间、人口膨胀及自然灾害频发等问题仍然突出。在全国生态文明建设中，优化开发区要发挥引领和示范作用，其重点在于实现转型发展，加快生产生活方式转型和产业升级，提高生态环境建设质量，大胆进行体制机制创新，率先实现生态现代化。同时，作为代表中国参与全球低碳发展和绿色发展的“第一方阵”，还承担着争取国际话语权的重任。

2. 重点开发区生态文明建设重点

重点开发区是我国新一轮工业化和城镇化发展的重点地区，经济结构对能源资源消耗高，经济增长、工业化和城镇化引起的资源环境问题突出。这些地区的生态文明建设，要坚持环境与经济协调发展、生态文明建设与工业文明并行融合，以加快转变发展方式、加快产业结构调整、加大节能减排力度为重点，最大限度减少经济增长对能源资源消耗的依赖和对环境的破坏，做到“增产”不“增污”。同时，在承接优化开发区的产业转移和限制开发区与禁止开发区的人口转移时，要按照建设资源节约型、环境友好型社会建设为指导，充分兼顾资源环境条件和经济发展两个方面，适度控制人口增长规模和防止一般性工业产业能力过度扩张，注意矿产资源、土地资源的集约、节约开发利用，科学规划、有序推进生态文明建设。特别是在西部地区，要防止部分地方干部在经济建设上好大喜功、急功近利等思想带来的建设冲动及其生态破坏风险。

3. 限制开发区生态文明建设的重点

限制开发区的生态文明建设应坚持保护为主，限制进行大规模高强度工业化和城镇化开发，合理选择发展方向，积极发展特色优势产业，加快建设重点生态功能保护区，确保生态功能的恢复和保护，逐步恢复生态平衡。

国家限制开发区包括限制开发的农产品主产区和限制开发的重点生态功能区。对限制开发的农产品主产区，生态文明建设应以保护耕地、发展现代农业、增强农业综合生产能力、增加农民收入为重点，保障农产品供给，确保国家粮食安全和食物安全。对限制开发的重点生态功能区，生态文明建设以保护和修复生态环境、提供生态产品为主要内容，适度发展不影响主体功能定位的产业，引导超载人口逐步有序转移。按照生态功能及生态建设任务的不同，限制开发的重点生态功能区又可分为生态保护区和生态防治区。对生态保护区，生态文明建设的重点在于加强生态保护和建设，减少或收缩人类活动范围，降低人口密度和开发强度，增强生态系统的自我修复能力。生态防治区是指目前已经遭受严重破坏、对人类生产生活产生显著影响的生态功能区，对于这类区域，重点在于加大生态防治投入，控制或扭转生态环境进一步蔓延恶化的态势，引导区域内产业和人口有序外迁，促使生态恶化趋势尽早得到遏制，逐步增强生态环境修复和承载能力。

4. 禁止开发区生态文明建设的重点

禁止开发区生态文明建设是“尊重自然、顺应自然、保护自然”生态文明理念最生动的实践，也是大力推进生态文明、建设美丽中国的有效保障之一。禁止开发区生态文明建设应依据法律法规规定和相关规划实施强制性保护，严格控制人为因素对自然生态和文化自然遗产的干扰，严禁不符合主体功能定位的各类开发活动。按照经营活动的程度，禁止开发区域可分为经营性的和非经营性的。对经营性禁止开发区域，生态文明建设的重点是，控制开发强度，严格限制娱乐设施建设，根据景区承载能力合理规划旅游开发和基础设施建设；对非经营性禁止开发区域，如自然保护区等，则要加大生态管护投入，严格控制核心区域人类生产生活活动的扩展，遏制人为因素对自然生态的干扰和破坏，促使各类挤占和影响自然保护区的开发活动得到有效防控，生物多样性和生态系统服务功能得到有效保护。

主体功能区战略能否顺利实施，达到规划的理想境界，同时构建高效、协调、可持续的国土空间开发格局，还有待于一系列配套政策措施的制定、完善和调整。例如，①建立健全科学的绩效考评体系。绩效考评体系是转变观念、改变行为的“指挥棒”，对生态文明建设起到牵引和保障作用。应进一步将生态文明理念和生态文明建设目标全面融入绩效评价体系，尤其要把资源消耗、环境损害、生态效益纳入评价体系，以此为基础，强化考核结果的应用，把推进主体功能区和生态文明建设的完成情况纳入地方党政领导班子和干部的综合考核评价结果中。②完善区域生态补偿机制。按照“谁开发谁保护，谁破坏谁恢复，谁受益谁补偿”原则，建立健全区域生态补偿机制。对自然保护区、重点生态功能区等禁止开发区和限制开发区的转移支付制度进行调整，以国家购买的方式，对限制开发区和禁止开发区因改善、恢复和维护生态系统服务功能所提供的生态产品和生态服务价值给予补偿，推进“生态脱贫”和“生态致富”的生态建设过程；对因保护生态环境造成经济发展受限和增收困难的区域、矿产资源开发及重点流域等区域，通过中央财政专项转移支付、开征国家生态税、改革排污收费使用制度等渠道，筹集资金，给予补偿。引入生态产品和生态服务市场交易机制，探索产业共建、生态合作、异地开发、生态资源交易等多种生态补偿方式，形成多元化、多层次的生态补偿渠道。③探索生态财富管理体制机制。开展生态财富计量、核算与运营管理相关理论研究，构建生态财富核算体系。率先在自然保护区、国家森林公园等生态财富富集的区域开展生态财富的计量、核算和运营管理研究，通过试点实践，逐步向限制开发区和禁止开发区推广。④实施差别化的区域援助政策。政府除了加强规划、政策和法制的引导约束外，还必须在转移支付、生态补偿、税收和信贷优惠、对口支援上加大扶持和倾斜力度。对限制开发的重点生态功能区，首先要落实国家有关政策，加大政策扶持力度，让保护生态者得到实惠。尽快制定与绩效考评体系配套的政策措施和体制机制，在实施《全国生态功能区划》的基础上，加快划定生态红线，实施生态评估和生态补偿，严格生态准入，强化生态监管。对禁止开发的自然保护区，坚持强制性保护，依据法律法规和相关规划严格监管，鼓励公众参与，加大舆论宣传，增强保护动力。对“老少边穷”地区，生态文明建设要与脱贫致富、多元文化建设、促进沿边开发开放等目标相结合。国家要加强对集中连片贫困地区的综合扶贫开发和治理，通过转移支付、发展生态经济、转移人口等，提高这些地区自我发展能力和公共服务水平。对环境敏感区，中央的各项援助政策应向中西部和东北地区倾斜，东部地区除特殊情况外，则主要依靠地方政府解决。

（二）低碳经济区域发展模式

由过度消耗化石燃料所导致的全球变暖引起了世界范围的广泛关注。而全球变暖又给社会经济的发展带来严重损失，深刻触及到能源安全、生态安全、水资源安全和粮食安全，甚至威胁到人类的生存。在我国，具体表现为：①巨大的温室气体减排压力。我国经济的快速发展导致对能源生产和消费需求的迅速增长。与世界其他国家相比，我国单位 GDP 的碳排放强度很高，2002 年为 605t/百万 GDP 美元，为印度的 1.86 倍，日本的 1.69 倍，西欧发达国家的 1.6 倍。由于我国经济规模的逐年增加及煤炭主导的能源结构，我国二氧化碳排放总量呈快速增长趋势（年均增长 2.6%），2020 年将达到 81.45 亿 t，届时将超过美国，成为世界第一大二氧化碳排放国。②能源安全面临严重威胁。能源安全是国家经济安全和社会安全的重要方面，它直接影响到国家安全、可持续发展及社会稳定。我国能源总量较为丰富，但由于人口规模庞大，人均能源可采储量远低于世界平均水平，2000 年人均石油开采储量只有 2.6t，人均天然气可采储量只有 1074m^3，人均煤炭可采储量 90t，分别为世界平均值的 11.1%、4.3%和 55.4%。随着经济社会的快速发展，我国对能源的需求不断增加。石油进口规模的不断增加势必使我国经济受制于石油出口国，也给我国经济安全带来一定的威胁。③自然资源超常利用，生态环境恶化。近年来，我国经济呈高速增长态势，资源消耗增长迅速，生态环境破坏严重。2006 年按现行汇率计算我国 GDP 总量大约占世界 GDP 总量的 5.5%，但是，能源消耗达到了 24.6 亿 tce（tce 为标准煤），大约占世界能源消耗的 15%，水泥消耗 12.4 亿 t，占 54%，与 2005 年相比分别增长了 9.61%和 18.1%。2003 年中国的单位 GDP 能耗为美国的 4.3 倍，日本的 11.5 倍，单位 GDP 水耗是发达国家的 5.1～35.8 倍。2006 年铁矿石对外依存度高达 50%，资源安全问题已经成为制约我国经济发展的一大瓶颈；淡水供应趋于紧张，水源危机来临，许多地区淡水供给不足，已成为经济增长和粮食生产的重大障碍；耕地面积持续减少，逐渐逼近 18 亿亩[①]的耕地面积警戒线；2007 年太湖、巢湖和玄武湖等内湖出现大面积蓝藻聚集，严重威胁着当地城市用水；沿海滩涂、湿地生态破坏加剧，海域和流域污染仍未好转。资源的超常利用，生态环境的恶化，严重威胁着我国经济的可持续发展。

因此，发展应对气候变暖，建设环境友好型的低碳经济模式，不仅有利于我国转变经济增长方式，保护生态环境，实现资源的可持续利用，还有利于化解因全球变暖所产生的国际压力，也是我国承担国际义务，提高国际影响力的重大战略举措。低碳经济的发展模式就是在实践中运用低碳经济理论组织经济活动，将传统经济发展模式改造成低碳型的新经济模式。具体来说，低碳经济发展模式就是以低能耗、低污染、低排放和高效能、高效率、高效益（三低三高）为基础，以低碳发展为发展方向，以节能减排为发展方式，以碳中和技术为发展方法的绿色经济发展模式。其中，低碳经济的发展方向、发展方式和发展方法分别从宏观层面、中观层面和微观层面论述了低碳经济模式。低碳经济的发展方式不同于具体的发展方法，它是指在实现低碳经济发展目标过程的基本操作手段，以及行为、态度和认知取向，是区域发展低碳经济过程中所采取手段的共同特征。在完成发展目标过程中，我们会采取一系列步骤或措施，每个步骤和措施称为发展方法。低碳经济的发展方式和发展方法不但具有尺度的不同，还具有战略和战术的关系，只有将不同的低碳经济的发

① 1 亩≈666.7m^2。

展方法成功运用到发展实践中，才能逐渐形成具有区域特色的、稳定的低碳经济发展方式，最终实现低碳发展的目标。

在我国，实行低碳经济发展模式的政策措施主要有：①节能优先，提高能源利用效率。我国经济发展速度的不断提高是以资源的大量浪费和生态的巨大破坏为代价的。研究表明，我国的能源系统效率为33.4%，比国际先进水平低10个百分点，电力、钢铁、有色、石化、建材、化工、轻工、纺织8个行业主要产品单位能耗平均比国际先进水平高40%，机动车油耗水平比欧洲高25%，比日本高20%，单位建筑面积采暖能耗相当于气候条件相近发达国家的2～3倍。这说明我国能源利用比较浪费，提高能源利用效率的潜力是巨大的。因此，提高经济活动过程中能源利用效率是控制碳排放量的重要战略措施。从生态文明的角度来看，更有效地利用每一度[①]电、每一桶石油和每一方天然气比开采更多的煤、石油和天然气更具经济价值和生态意义。在提高能源利用效率的前提下，必须坚持节能优先的发展战略。一方面，淘汰高耗能的产业和生产工艺；另一方面，在照明设备、家用电器、工业电动机和工业锅炉等领域进行技术改进，提高热的有效利用和提高能源转换效率。只有不断提高节能水平，才能有利于能源供应安全、环境保护和遏制温室气体排放等多重目标的实现。②化石能源低碳化，大力发展可再生能源。我国化石能源的“富煤、贫油、少气”的资源结构特征决定了煤炭是能源消费的主体。当前，煤炭在能源消费总量中的比例接近70%，比国际平均水平高41个百分点。虽然石油的比例有所上升，但只能以满足国内基本需求为目标，不可能用来替代煤炭。因此，以煤炭为主的能源消费结构难以在近10年得到根本改变。这就需要碳中和技术，在消费前对煤炭进行低碳化和无碳化处理，减少燃烧过程中碳的排放。在此格局下，加速发展天然气，适当发展核电，积极发展水电，深入开发风能、太阳能、水能、地热能和生物质能等可再生能源，减少煤炭在能源消费结构中的比例，将是发展低碳经济的主要方向。③设立碳基金，激励低碳技术的研究和开发。碳基金主要有政府基金和民间基金两种形式，前者主要依靠政府出资，后者主要依靠社会捐赠形式筹集资金。目前中国设立了清洁发展机制基金（政府基金）和中国绿色碳基金（民间基金），满足应对气候变化的资金需求。但是，现有的这两个基金主要资助碳汇的项目，还未将基金用于低碳技术研发的支持和激励上。碳基金的目标应该除了关注碳汇的增加外，还需要更加关注通过帮助商业和公共部门减少二氧化碳的排放，并从中寻求低碳技术的

① 1度≈1kW·h。

商业机会，从而帮助我国实现低碳经济社会。碳基金的资金用于投资方面主要有 3 个目标，一是促进低碳技术的研究与开发，二是加快技术商业化，三是投资孵化器。我国碳基金模式应以政府投资为主，多渠道筹集资金，按企业模式运作。碳基金公司通过多种方式找出碳中和技术，评估其减排潜力和技术成熟度，鼓励技术创新，开拓和培育低碳技术市场，以促进长期减排。④确立国家碳交易机制。在我国的不同功能区，一些区域是生态屏障区，一些地区是生态受益区，依照国际通用的“碳源-碳汇”平衡规则，生态受益区应当在享受生态效益的同时，拿出享用“外部效益”溢出的合理份额，对于生态保护区实施补偿。补偿原则是碳源大于碳汇的省份按照一定的价格（双方协商或国家定价）向碳源小于碳汇的省份购买碳排放额，以此保证各省经济利益和生态利益总和的相对平衡。

（三）循环经济区域发展模式

循环经济区域发展模式是指通过在既定区域建立生态工业、生态农业、资源化产业以形成可持续的生产模式与消费模式，促进区域可持续发展的实践模式。全国目前有 8 个省和直辖市、数十个城市开展了系统的实践探索，取得了实质性进展。其中，山东省、辽宁省和贵州省正处于实践阶段。从地区经济发展阶段、技术经济条件、资源环境形势和发展目标看，循环经济的区域发展模式为以下 3 种。

1. 自然成长模式

“自然成长模式”涵盖中国东部大部分发达省市，尤其以江苏省、山东省为典型代表。山东省将发展循环经济与生态省建设紧密结合，经过不断探索，初步建立了具有山东特色的“点、线、面”循环经济发展模式。该模式的特点是，“点”上的循环是以企业清洁生产为主，实现经济发展与环境保护的共赢；“线”上的行业循环是以清洁生产审核为基础，抓好 ISO14000 环境管理体系认证，逐步建立地方污染物排放引导性标准体系，推动行业主动优化产业结构，转变经济发展方式，走新型工业化道路；“面”上的循环是以“点、线”为支撑，以社会区域为单元，以循环经济规划为指导，以系列创建活动为载体，以建立循环型社会为目标，推进人与自然和谐发展。“点、线、面”构成循序递进、相互关联、共生共利的有机整体。

2. 结构转型模式

“结构转型模式”涵盖东北及中部大部分省份，尤其以辽宁省为典型。辽宁省发展循环经济的实践是在振兴东北老工业基地的背景下展开的，是具有一定的技术经济基础上的资源型地区的模式。辽宁省是国家环保总局批准的第一个循环经济试点省，通过循环经济发展试点方案的具体实施，辽宁省在实践中探索出了发展循环经济的“3+1”模式。所谓“3+1”模式，是指3个循环与1个产业相统一的模式。

小循环，是指结合技术改造，推行清洁生产和创建“零排放”企业，进而取得显著的经济效益和环境效益。中循环，是指结合资源枯竭地区（抚顺、阜新）经济转型、经济开发区（大连）整合提升和老工业区（沈阳）调整改造，建设生态工业园区。大循环，是指按照“减量化、再利用、再循环”原则，积极开展城市中水回用和废弃物分类回收利用，努力提高全社会可再生资源利用率；结合城市污水处理厂建设，大力开展城市中水回用。目前主要以粉煤灰和煤矸石为重点，开展资源再生利用，培育新的经济增长点。

3. 跨越发展模式

“跨越发展模式”主要体现在西部地区，以贵州省为典型。贵州省的模式可以概括为“1+1+1”模式。即创新一种发展理念，确立“环境立省”战略；实施一个突破，强化省内城市试点；完善一种工作机制，指导循环经济实践。贵州省是全国唯一没有平原支撑的内陆山区省份，生态环境相当脆弱，极易遭到破坏而难以恢复。鉴于贵州经济发展滞后，而能源和矿产资源比较丰富的自然禀赋，发展循环经济成为贵州实施可持续发展战略、生态立省战略的必然选择（曹旭，2011）。

综上所述，山东的模式与其自身的先天条件和优势相关，所以称为“自然成长模式”；辽宁的模式与结构转型和资源型城市建设相关，所以称为“结构转型模式”；贵州的模式与西部开发战略相关，而且措施比较超前，所以称为“跨越发展模式”。由于我国的生产力发展水平很不平衡，各地区的经济实力和工业化进程参差不齐，发展循环经济应该施行渐进型的差异策略。根据地区经济发展的不平衡性、区域发展所面临问题的差异性、环境承载力的差异性、资源禀赋的差异选择适合本地实际的循环经济发展模式。

三、小区域发展模式分析

（一）抚仙湖发展模式

抚仙湖作为云南省第三大高原湖泊，不仅以拥有巨大的淡水容量成为玉溪市乃至滇中经济持续发展重要的水源保证，而且在调节区域气候、改善生态环境、促进旅游业发展等方面起着不可估量的作用。然而，近年来，由于开发与环境保护失调，抚仙湖的水质污染日益加重。生活污水、农业泄水和工业废水几乎未经处理的任意排放，化学物质的污染，藻类植物的繁衍，使得抚仙湖正由贫向中营养湖泊过渡，营养积累和藻类增长过程正在加速进展，抚仙湖已经面临富营养化的严重性威胁。抚仙湖水生植物分布面积仅 20hm^2，不到湖泊总面积的千分之一。水生生态系统缺乏大型水生植物，营养循环以藻类为基础，且理论换水周期长达 167 年，生态系统更加简单和脆弱，一旦发生富营养化，将无法治愈。为确保湖区的可持续发展，对抚仙湖采取有效措施进行保护已经刻不容缓。

抚仙湖环境问题的产生基于很多社会的和经济的原因，是由于人们的行为和制度上出现了某些偏差而造成的。对于抚仙湖流域污染的原因，主要可以从以下几个方面探究。

（1）管理体制问题。20 世纪 90 年代初期，抚仙湖的开发利用没有一个统一的规划，导致湖滩地被乱建乱占，不仅破坏了旅游景观，也污染了湖泊水体。抚仙湖流域虽然从 1993 年起就设置了抚仙湖管理局，对抚仙湖的水政、渔政、旅游开发等进行综合管理，但由于政府授权不够，在管理中没有充分发挥自己的职能作用，缺乏权威性，反而形成多龙管水、关键问题谁也不管的局面。一些建设项目在没有办理任何手续的前提下就建设和投入使用，形成了管理中的很多盲区。对工业企业的管理也多是先污染后治理，而在面源控制中，非工程措施至今也没有得到认可和支持，宣传、管理的力度也未真正摆上议事日程。抚仙湖的污染防治管理，总的来说就是没有形成一个统一而有效的管理机制。

（2）市场导向失衡。产生水污染、水质性缺水的根本原因之一就是水资源质和量的非市场属性。水资源具有流动性大、分布广和公共物品的特性，决定了水资源产权界定和实施产权清晰的困难性，从而导致水资源不能在市场上得到优化配置。试图采取相应措施把水资源消耗和水污染控制在合理水平内的企业和个人，不仅得不到投入效益的回报，其产生的效益很大程度上被其他企业和个人所获得，由此产生的水环境恶化和资源稀缺费用却被生产外部化，市场在从社会最大利益角度进行资源配置时失灵，即形成市场失灵。抚仙湖流域分别归属澄江、江川和华宁 3 县，3 个县在抚仙湖的保护中，既希望他人污染物质减少，又不希望他人有较大的治理行动，自己想有较大的治理行动，又苦于无资金投入。而且，由于市场化机制不能很好地发挥作用，社会和企业在治理保护中的资金投入，既不能有资源的优先享用权，也没有投入回报的有力保证。

（3）产业结构不合理。抚仙湖径流区的 3 个县都存在产业结构单一的问题。工业主要以磷化工和水力发电为主，其工业总产值占工农业总产值的70%以上，并且都是原始的矿产资源开发，属高污染的粗加工行业。在农业生产中，坡耕地占耕地面积的一半以上，不仅土地过度开发，而且以水稻和烤烟为主的种植结构较为单一，虽然产量高，但耕种水平依然是原始的耕作方式。近几年来，虽然引进菜豌豆和花卉的大棚种植技术，但为了提高单产，采取化肥农药高投入，土地缺少轮作的生产方式，导致农田径流污染和土壤结构的破坏较为严重。

为减缓抚仙湖流域的污染，地方政府采取了一系列对应措施，其中主要包括以下几方面。

（1）充分应用市场经济规律防治污染。抚仙湖流域通过10年排污收费制度的实施，对污染治理起到了一定的作用，但排污费的收取存在很多突出的问题，不能体现收费是手段、治理是根本的管理目的。市场条件下，只有充分体现价格杠杆和市场机制的环境政策才是控制污染和合理配置资源的有力手段。建议以排污总量收取排污费，而且应当高于削减相应污染物治理的成本，以督促企业积极治污，改变为缴费而缴费的被动局面。对面源的管理措施，则主要针对大水大肥的耕作模式，依据其化肥施用量和水资源利用量收取面源排污费，用于鼓励农业垃圾堆肥还田和减少农药化肥的施用，以此倡导节约用水和发展无公害农产品的新型生态农业模式。对湖泊水体的管理，应拓宽水资源使用范围，既要包括生产生活用水，又要包含使用水面的各种旅游企业，并将水资源使用费改为水资源使用税，同时提高相应的标准，确保水资源税纳入湖泊保护的专项经费，真正体现立足于市场机制下“谁开发谁保护、谁破坏谁恢复、谁利用谁补偿”的政策原则。

（2）实施倾斜性政策，优化产业结构。湖泊保护具有很强的社会公益性，需要在财政预算、投资渠道和信贷市场等方面给予扶持。具体包括以下内容：首先，加快建立长期稳定的投资信息体系，允许地方开辟各种资金渠道，对环保投资项目在贷款利率、还贷条件和折旧等方面实行优惠性政策，以增加环保投入，使更多的资金投入到环境保护的领域中去。其次，全面推行环保投资有偿使用，对环保项目实行招标承包，鼓励私营企业参与环保服务，以引进竞争机制，促进经济结构的调整。此外，政府还应把产业政策与环境政策相结合，重点在于采用清洁生产技术、提高资源利用效率和提高产业的科技水平。同时，在选择环保建设项目时，优先选择单位投资对污染物去除率高的治理项目；在制定产业政策时，优先选择污染少、产值高的产业，以绿色产业的发展为选择方向，提高产业结构的整体竞争效率。

（3）流域环境管理。抚仙湖流域已制定了《抚仙湖管理条例》，成立了抚仙湖管理局和旅游度假示范管理委员会。如何充分发挥流域环境管理的行政管理权，需要改变过去单纯按照行政区域管理的模式，建立以流域为单位，流域与行政区相结合的新模式，为流域的环境管理提供有力的组织保障。而环境管理的关键在于完善环境法规体系，加大环境执法力度，应在现有环境保护专门法的基础上，结合地方实际，进一步细化有关环保法规和完善抚仙湖管理条例，以利于提高法律保障的可操作性，加强环境保护执法队伍的建设和提高行政执法能力。在非工程措施的管理中，一方面要在认真宣传国务院《全国生态环境保护纲要》的基础上，提高民众的环境意识，制定可行的管理措施和实施方案，签订相应的目标责任书，将面源削减的各项工程措施和任务分解到各相关行业部门，将非工程的管理措施分解到各乡镇、村、组以至相应的农户，以便于面源防治的操作和落实。另一方面要充分发挥经济手段在管理中的作用，加强植树造林和退耕还林的管理力度；鼓励农业垃圾堆肥还田，并通过改进施肥技术，帮助农民提高化肥农药的利用率，以减少垃圾入湖和农药化肥的流失污染；进一步做好流域内的禁磷工作等。对流域污染的工程治理，除加强点源的管理和治理工作之外，还应积极做好面源治理的重点工作，对老环湖路以下的湖滩地、鱼塘实行退垦还湖；新环湖路下的村庄，污染企业实行搬迁改造；实施主要入湖河口的人工湿地河道减污工程，削减面源污染；加快抚仙湖、星云湖出流改道项目的审批和实施进度，尽快解决星云湖富营养化对抚仙湖水质安全的影响。

（4）加强宣传，积极推动公众参与。多年来，环境保护的宣传方式较为单一，主要以城镇人口为宣传对象，收到的实际效果并不理想。今后应加强对领导干部的宣传工作，定期为县、乡、村、社各级基层领导举办环保知识培训班，只有让他们充分了解环保工作的目标和任务，充分认识地方可持续发展的重要性，才能有利于发挥各级政府的领导和带动作用。而包括城乡居民在内的广大群众既是环境污染的受害者，又是保护环境的主力军，环保部门应最大限度地实现环境信息的公开化，接受公众和舆论的监督，积极提倡节约资源的绿色消费方式。通过宣传环境权益才能提高全社会的环境意识，才能把环境意识提高的过程与人民切身利益的保护和改善联系起来，使广大群众自觉参与到对环境的社会管理和社会监督之中，对有害环境的行为形成社会性压力，真正把保护环境变成一个全民的行动过程（莫绍周和侯长定，2004）。

（二）洱海发展模式

洱海是大理市主要饮用水源地，也是苍山洱海国家级自然保护区和国家级风景名胜区的核心区域，具有调节气候、提供工农业生产生活用水、维持生物多样性等多种功能，堪称大理人民的“母亲湖”，不仅是大理人民赖以生存和发展的基础，也是滇西中心城市发展的重要淡水资源，更是国家西南桥头堡和西部大开发战略的重要支撑。

20 世纪 70 年代，由于对洱海资源的过度索取及不合理的开发利用，洱海滩涂和湿地大面积丧失，近岸湖滨区严重污染，生物多样性减少，生态环境开始恶化。进入 90 年代，随着洱海流域社会经济的快速发展，来自洱海周边地区的工业污染、农业面源污染、生活垃圾、旅游污染等对洱海构成严重威胁。1996 年和 2003 年，洱海两度发生大面积蓝藻暴发，水环境及其生态功能遭受严重威胁，特别是 2003 年水质急剧恶化，透明度不足 1m，降至历史最低，局部区域水质下降到地表水Ⅳ类，水质急剧恶化，引发大理饮水安全危机，洱海环保战打响。在云南省委、省政府的正确领导下，在国家和省有关部门的关心支持下，特别是自“十一五”以来，国家水专项支撑了洱海流域水污染治理与富营养化控制。自 2008 年以来，洱海水质连续五年总体稳定保持Ⅲ类，其中 26 个月达到Ⅱ类，2012 年更是有 7 个月达到Ⅱ类。洱海成为全国城市近郊保护最好的湖泊之一，“循法自然、科学规划、全面控污、行政问责、全民参与”的洱海保护治理模式已向全国推广。

回顾洱海保护与治理采取的策略和措施，可归结为以下几点（王圣瑞，关于云南洱海保护与治理情况的汇报）。

1. 科技支撑引领洱海保护与治理

洱海保护起步早，自 1973 年全国第一次环保大会以来，经历了水污染防治、保护与治理及生态文明建设 3 个阶段，科学技术引领和支撑了洱海保护与治理的各个阶段。中国环境科学研究院等单位在洱海流域连续近 30 年的不懈工作，为洱海的保护与治理提供了强有力的支撑，是洱海保护与治理取得成效的基石。其中水污染防治阶段（2002 年前）重点开展了水质监测与点源治理等工作，以“双取消”（取消网箱、取消机动渔船动力设施）和“三退三还”（退塘还湖、退耕还林、退房还湿地）等工作为标志。通过实施洱海富营养化调查及环境管理规划研究、洱海流域工业点源控制、农村非点源控制、生态系统保护及综合监控系统研究和中国湖泊生态恢复工程及综合治理技术研究等科研项目，开展了较为系统的现场水质、水生生物、底质、污染源、流域社会经济调查与分析，对洱海水生态及流域进行了较为系统的调查研究，首次较全面地掌握了洱海及其流域环境状况。保护治理阶段（2003～2008 年）是以实施城镇环境改善及基础设施建设工程、主要入湖河流水环境综合整治工程、生态农业建设及农村环境改善工程、湖泊生态修复建设工程、流域水土保持工程和环境管理及能力建设工程等“六大工程”为标志，中国环境科学研究院等单位编制了洱海水污染防治中长期规划，提出了以“湖泊卸载维护，避免事后治理”为核心思想的治理新思路，确定了以“控源+生态修复+流域管理”为核心的洱海富营养化治理总体思路，突破了污染控制与生态修复技术难点，形成了“污染源控制-低污染水生态处理-水体生态恢复”三位一体的富营养化初期湖泊成套治理技术，并在洱海保护和治理中成功应用。生态文明建设阶段（2009 年至今）的水环境特点是水质波动，水华风险较大，流域发展压力大，生态系统稳定性差。洱海保护与治理的工作重点是转变发展方式，以流域生态文明建设为标志，实施生态修复，建设生态屏障和绿色流域，构建洱海流域管理与保障体系，建设流域生态文明体系。

水专项等国家重大科技计划支撑和引领了洱海的保护和治理工作。研究提出了由单纯的水质管理向水生态系统综合管理转变的富营养化初期湖泊治理理念。洱海生物群落的退化程度较水质下降更为严重，湖泊生物群落的变化，最终导致湖泊生态系统质的变化。湖泊生物群落的变化需引起重视，洱海管理不应仅仅停留在水质管理，需要从水生态系统综合考虑，即洱海管理应该由单纯的水质管理向水生态系统综合管理转变，是洱海下一步保护和治理的重要依据。

单纯的水质管理并不能从根本上解决洱海水生态问题，而且是以牺牲部分生态系统功能为代价。修复洱海生态系统的结构和功能，降低其水华暴发风险必须从水生态修复入手。从长远来看，针对湖泊水生态系统的综合管理是保护和治理洱海的关键举措，并且可以保证水质长期稳定。洱海水生态系统综合管理的核心是改善湖泊生境，为水生态修复创造条件，充分发挥富营养化初期湖泊自然修复的功能，辅助以人工修复。洱海水生态系统综合管理的具体内容主要包括控制入湖污染负荷、改善水质、调整渔业结构、优化水位运行方式和修复沉水植被等关键措施，可有效改善水质、有效降低浮游植物生物量，同时可增加沉水植被覆盖面积，使草-藻比例发生变化，最终达到改善水质的目的。

从战略上制定了洱海流域 20 年中长期生态环境规划与近五年工程治理计划，提出了洱海流域水污染防治与流域生态文明体系建设的总体技术路线。开发了洱海流域以面源污染控制为重点的污染源系统控制整装成套技术，主要包括流域农业经济结构调整控污、农村与农田大规模面源防治、河道低污染水生态防治、湖滨带与缓冲区建设、湖泊内负荷变化与防退化与重污染湖湾水污染防治等六部分。在总体治理思路的指引下，以整装成套技术为支撑，大理州委、州政府通过实施相关工程措施，2010～2012 年，洱海污染较为严重的罗时江下游与沙坪湾水域（国家水专项核心示范区）水体水质分别达到总体国家地表水四类与三类标准，水生植物覆盖度分别达到 60%与 80%以上；终年实现了水体清澈见底，透明度 2m 以上；未发生局部湖区藻华暴发等重大成效，其水生态修复与水质改善效果明显优于瑞士苏黎世湖，得到当地政府、民众及媒体等的较高评价。

2013～2015 年，大理州政府提出了投入 30 亿元，以“二百个村镇两污治理、三万亩湿地建设和亿方清水入湖”等为核心内容的“洱海保护工程三年行动计划”。水专项等国家重大科技计研发的村镇污水生态深度处理技术、固体废弃物收集处理技术、生态景观湿地污染处理技术、入湖河道污染控制整装成套技术，以及缓冲区污染控制与低污染水处理技术等发挥了关键支撑作用，支撑了项目设计与实施，并将进一步向云南省九大高原湖泊的综合治理辐射推广。

2. 优化国土空间格局，进一步加大环境保护力度

洱海保护与治理经理了从湖泊到流域，进一步拓展到区域的不同阶段。洱海水污染治理首先从湖泊开始，以水质监测和点源控制为重点，逐步扩大到对流域内源、点源、面源的控制和治理。先后开展了沙村和团山口污染底泥疏浚、10 万亩农田控氮减磷、58km 西岸南岸湖滨带建设、流域城镇污水处理厂、垃圾收集及处置和入湖河道治理等项目。

随着洱海保护治理工作的深入，又提出了“两保护两开发”（保护洱海、保护海西、开发凤仪、开发海东）战略。流域经济社会快速发展，洱海保护压力凸显，流域发展容量不足，特别是流域产业结构调整空间有限的问题日益严峻。以保护洱海为目标，以产业结构调整为抓手，优化国土资源空间格局，向外流域拓展，加大发展方式转变力度，洱海西岸的部分功能向洱海东岸转移，把奶牛饲养和污染较大的蔬菜生产移至流域外，建立海东新区，构建以海东新区、凤仪和大理为支点的洱海流域空间发展新格局，建设周边奶牛养殖与蔬菜生产新基地，而在洱海流域内大力发展生态农业，为种养殖结构调整控污提供了较大空间，形成了以洱海为核心的流域国土空间发展新格局。把洱海的保护与治理纳入流域国土空间新格局中考虑，创新了洱海保护思路，拓展了流域发展空间，为保护洱海、保护海西基本农田和海西田园风光，为洱海流域可持续发展闯出了一条新路。

3. 依法治湖，建立了长效机制

（1）立法创新，依法治湖。洱海管理条例实施 20 多年来，随着洱海在大理州的作用、地位及对其认识的深化，地方政府及时调整法规所涉及的各方关系和利益，有效管理洱海，相继出台了《大理州洱海滩地保护管理办法》《大理州洱海水费征收标准及管理办法》《大理州洱海渔改管理实施办法》《大理州洱海银鱼管理暂行规定》《洱海区域山坡绿化、河道治理工程及财务管理的有关规定》《洱海机动船舶管理费征收使用办法》《洱海自然保护区环境保护暂行规定》和《洱海船舶管理规定》8 个行政性文件。1999 年，重新制定和修改了《大理州洱海水政管理实施办法》《大理州洱海油政管理实施办法》《大理州洱海水污染防治实施办法》《大理州洱海航务管理实施办法》，2003 年相继下发了《大理州洱海滩地管理实施办法》《关于加强洱海径流内农药化肥使用管理通告》和《洱海流域村镇、入湖河道垃圾污染物处置管理办法》等 7 个规范性政府文件。条例对保护管理的原则、水位调整、管理范围及机构设置，法律责任做了明确规定，用单行条例的形式，从国家整体利益出发，维护了社会主义法制的统一，又突出了地方的立法特色，解决了洱海及其流域保护管理的重大问题，体现了民族地区自治权和“一湖一条例”相统一的立法原则。条例经政府起草、州人大常委会审议、中共云南省委批复、州人民代表大会审查表决、省人大常委会批准、州人大常委会公布施行等程序，具有较强的权威性。条例立法后，根据变化及执法情况，进行了一次修订与一次修正，有效地调整了权力、义务和责任；规定管理机构相对义务的同时，又相应规定其应当享有的权利，使条例具有更强的操作性和时代性。条例的制定、修订和修正实践也是统一认识和深化认识的过程，充分体现了流域民众意志，使立法有了坚实的基础，条例为洱海保护管理提供了有力的法律保障。

（2）创新制度，建立长效机制。成立了州、县（市）洱海保护治理领导组，由主要领导任组长，人大、政府、政协分管联系领导为副组长，加强洱海保护治理的组织领导和指挥协调。层层签订洱海保护治理目标责任书，实行风险抵押金和行政问责制，形成重奖重惩激励机制。成立了洱海水污染综合防治督导组，加强监督检查，完善督查机制。流域 17 个乡镇都成立了洱海管理所或环保工作站，聘请垃圾收集员、河道管理员、滩地协管员共 1366 名，专门对流域村庄、河道和洱海滩地进行保洁管理。建立了“河（段）长制”，由州、县（市）领导分别担任主要入湖河道河（段）长，对河流水质负总责，并实行河（段）长公示及举报制度，让群众和新闻媒体参与河道监督。

实施洱海水量生态调度制度。先后两次对《大理州洱海管理条例》进行修订，将洱海正常来水年的最低生态运行水位从原来的 1962.69m 提高到 1964.3m，将西洱河电站放水调度权收归州直管，确保洱海生态用水。先后公布实施了洱海水污染防治、水政、渔政、垃圾污染物处置、保护区农药经营使用、滩地管理等单项管理办法，基本形成洱海保护治理的法规体系。调整了行政区划，将地处洱海边隶属洱源县的江尾、双廊两个乡镇划归大理市，把州洱海管理局调整为市属市管，实现洱海的统一管理。坚持规划引领，编制了《洱海流域保护治理》《洱海绿色流域建设与水污染综合防治》《洱海流域水污染综合防治“十二五”规划》《洱海生态环境保护试点实施方案》等一系列专项规划，科学指导洱海保护治理，组建了“洱海湖泊研究中心”，国家支持了重大水专项“洱海富营养化初期湖泊水污染综合防治技术及工程示范项目”等研究，用试验示范成果推动了洱海保护治理（段树军和李强，2008；张佩颖，2009）。

洱海的保护与治理的确取得了阶段性成果，水质总体较好，水生态系统的恶化趋势得到了初步遏制，是治理和修复的关键时期。此时用较少的投入，科学优化流域社会经济发展模式，可以做到投入少、见效快、发挥事半功倍的效果。如何进一步巩固成果，修复健康的洱海生态系统，是我们必须认真考虑解决的问题。由此我们可以知道，加强水质良好湖泊保护是国内外湖泊保护的重要模式。日本第一大淡水湖泊琵琶湖，湖泊面积 670km^2，总蓄水量 275 亿 m^3，是东京等地区近 4000 万人口的饮用水源地。从 1999～2020 年开始的“琵琶湖综合保全整备计划”的主要目的是保障水质安全，水源涵养及保护自然环境与景观。经过多年的综合治理，琵琶湖水质稳定维持在Ⅱ类水质，取得了世人瞩目的成功，为当地经济社会发展提供了重要支撑，也为世界湖泊保护提供了成功的范例。回顾“九五”以来的我国湖泊治理实践，结合国家“十二五”全面建设小康社会的总体要求和十八大提出的建设生态文明的总体部署，在深入研究和认识我国湖泊保护与治理规律基础上，以保护湖泊为目标，必须从优化流域国土空间格局、转变流域经济发展方式和提高经济发展质量的角度出发，探索一条投入小、见效快的湖泊生态环境保护新道路。

湖泊治理具有长期性、艰巨性和复杂性的特点，必须认真总结以往成功经验，充分发挥科技创新的引领和带动作用，转变发展方式，优化国土空间格局，建立流域与区域生态文明体系，把湖泊保护与治理作为最基本、最核心的任务来落实，实现洱海流域生态环境的健康与安全。

（三）伊犁河流域生态保护发展模式

伊犁河流域湿地分布广泛，具有抵御洪水、调节径流、蓄洪防涝、保护水体、净化水质、降解环境污染、调节气候、美化环境等多种功能，是我国重要的国土资源和自然资源，因此，加强对新疆伊犁河流域湿地资源的保护与恢复，不仅有助于推进新疆伊犁州走上生产发展、生活富裕、生态良好的生态文明发展道路，更是我国履行国际《湿地公约》在新疆伊犁州的具体体现，是实现流域生态平衡和社会经济可持续发展的前提和必然选择，也是生态文明建设的重要内容。

随着流域水土资源开发强度的日益加大，现在的伊犁河流域呈现出一些不良发展态势，如伊犁河谷土地盐渍化、面源污染严重等。这主要跟伊犁河谷地质地貌有关。首先，伊犁河谷新开发的土地集中于伊犁河谷三角楔形地带，位于伊犁河谷冲积平原的二、三级阶地洪积-冲积平原上，地形坡降较大，土层较薄，如果土地开发不当，可能引起严重的水土流失。其次，伊犁河流域新垦区大多分布于老灌区上部，加之土壤盐碱含量高，地形坡降大，土壤保水性差，地下含水层为砂砾石易透水层，灌溉渗漏严重。如果新垦土地的开发利用不当，极有可能引发老灌区的土壤次生盐渍化。最后，伊犁河流域地表水与地下水转化频繁，地表各种溶质大多被带入地下水并回归河道，从而造成河水污染。伊犁河污染主要是因为农业生产中农药化肥和流失水土所携带的土壤有机物进入河水所致，属于面源污染。如果处理不当，可能导致依托区域生态条件发展的农业经济系统失稳（乔木等，2010）。

针对伊犁河流域出现的情况，中央和地方政府采取了一系列应对措施，具体保护措施主要有：一是规划先行，项目支撑。2005 年，伊犁州林业局编制了《伊犁河流域湿地保护与恢复工程总体规划》，同时编制完成了 7 个湿地保护与恢复工程建设项目可行性研究报告，目前，这些项目正在逐步落实和实施中。二是立法保护，加强宣传。该州在每年 2 月 2 日“世界湿地日”，大力开展湿地保护的宣教和培训活动；州人大出台的《伊犁河流域生态环境保护条例》中有关于湿地保护的单独章节，对于规范该州的湿地保护和利用起到了很好的作用。

另外，针对伊犁河谷出现的污染问题，由科技部组织的经专家团队进行详细调研分析后，建立了示范区，实施一系列改良土质土壤、防范生态恶化的措施。针对盐渍化问题，采取对新垦盐渍化土壤开展快速脱盐方式，对中重度盐渍化土壤采取种稻改良利用方式，对中轻度盐渍化土壤采用抑制土壤积盐与巩固土壤脱盐效果技术等。试验点结果证明，种稻改良 3 年，盐碱地种植水稻即可产生可观经济效益，土壤含盐量降低到轻度水平。种植水稻 3 年后水田改旱田，作物成活率达到 80%以上，而且能有效降低地下水位，实现了经济和环境双赢的局面。针对盐渍化土壤排水渠道不畅、排水措施不力的条件，研究人员设计了暗管排水试验。基于盐渍化土壤主要分布在冲洪积扇的扇缘带的情况，通过集成了新垦重盐渍化土壤洗压盐、种稻洗压盐与土壤改良、暗管排水、中轻度盐渍化土壤水旱轮作、测土配方施肥、盐碱土壤改良剂应用技术等，形成新垦盐渍化土壤综合改良利用技术模式。在察布查尔县建设了3000亩核心示范区，辐射1.2万亩。测量后发现，试验区的农田耕层含盐量逐年下降，土壤肥力稳步提高，年增产20%，肥料利用率提高10%。

同时，专家组在流域产业发展方向与水土开发管理方面，结合伊犁河流域区位优势和资源环境特点，以及中亚5国经济社会发展的市场需求分析，对伊犁河流域产业发展方向进行诊断，提出伊犁河流域由传统农业向现代生态农业跨越的途径，实现产业规模化、品质优良化、产品品牌化，定位外向型经济，提出了流域产业可持续发展对策及流域综合管理的相关政策建议。除了对伊犁河谷的土壤进行详尽分析和研究之外，为了推动伊犁地方经济的发展，由政府引导、科研指导，在绿色农产品研究方面大下工夫。其中，重点研究了有机葡萄土壤培肥技术体系，病虫害综合管理技术体系和保鲜技术体系，包括有机葡萄养分平衡，果园生态调控等多重病虫害综合管理技术和新型生物保鲜技术等；重点研究了有机大豆土壤培肥技术体系和病虫草害综合管理技术体系，包括根瘤菌固氮、有机肥、生物肥、轮作等土壤培肥技术；研究了有机水稻土壤培肥技术体系，包括有机肥、生物肥、叶面肥等多种措施对有机水稻生产的影响，以及对地表水、地下水环境影响；通过对水蒸气蒸馏法、有机溶剂浸提法、超临界CO_2流体萃取法及超声波辅助提取4种方法，获得了精油的工艺条件优化，通过技术工艺优化和质量控制，得到了低萜含量、高品质的薰衣草精油，将传统薰衣草精油得率从1.2%左右提高到4.1%；建立了有机农产品追溯平台系统，制定了有机作物栽培、保鲜储运及加工技术规程等（李新安，2011）。

但是，由于伊犁河流域保护工作起步较晚，无论是在认识程度还是在发展条件上，都难以适应经济发展的要求，存在着较多的突出问题，如缺乏认识，保护缺位；面广量大，保护困难；管理薄弱，保护不力等，针对以上问题，今后还需在健全河流、湿地保护地方法律、法规体系、加强和完善长期保护与管理河流和湿地的政策及制度、加大宣传教育力度、提高全民环境保护观念等方面狠下工夫。

（四）草原生态保护发展模式

我国有4亿hm^2草原，占国土面积的41.7%，持续发挥着防风固沙、涵养水源、调节气候、固氮储碳、维护生物多样性等独特的生态功能。北方草原达3.13亿hm^2，从东到西构成4500km之长的绿色自然保护带，是我国乃至亚洲大部分国家重要的生态屏障。草原的经济功能十分突出，是发展绿色生态畜牧业的物质基础和农牧民赖以生存的生产资料，关乎牧区经济持续健康发展和农牧民增收致富。草原的社会功能十分显著，养育着我国 50 多个少数民族对维护边疆稳定与社会和谐意义重大。党中央、国务院历来高度重视草原保护建设，特别是进入 21 世纪以来，我国草原保护建设力度明显加大，草原政策体系和法律法规不断完善。2002 年 9 月，国务院颁布了《关于加强草原保护与建设的若干意见》；2002 年 12 月，新修订的《中华人民共和国草原法》发布，并于 2003 年 3 月 1 日起实行。草原家庭承包制稳步推进，广大农牧民保护建设草原的积极性明显提高。草原执法监督工作得到强化，依法打击草原违法行为的力度不断加大。草原防火防灾能力进一步增强，灾害损失大幅减少。草原生态建设工程扎实实施，退牧还草、京津风沙源治理等工程建设成效显著。在国家重点工程项目的带动下，各地开展草原保护建设的力度不断加大。截至 2007 年年底，全国累计种草保留面积达 0.28 亿 hm^2，草原围栏面积超过 0.53 亿 hm^2，禁牧、休牧、轮牧草原面积 0.93 亿 hm^2，年草种产量接近 10 万 t。随着草原保护建设工作的不断推进，草原畜牧业生产方式加快转变，效益不断提高，在促进牧民增收中的作用日益显著（徐柱，2009；许国成和谭成虎，2009；徐进才，2013）。

然而，在看到草原保护建设工作取得成效的同时，我们也要清醒地认识到，受气候和人为因素的影响，我国草原生态“局部改善、整体恶化”的局面还没有得到根本扭转，草原保护建设工作仍面临着许多亟待解决的突出问题。一是历史欠账多，投入不足。长期以来，由于投入力度不够，草原保护建设工作严重滞后，草原“重利用、轻保护”的问题比较突出，尽管近几年国家大幅度增加了草原投入，但与草原保护建设的实际需要相比差距很大。二是草原畜牧业生产方式落后，超载过牧问题严重。在草原牧区人口不断增加的同时，传统粗放的草原畜牧业生产方式还未得到根本转变，农牧民增加收入仍然主要依靠牲畜饲养数量的增加，造成草原严重超载过牧，进一步加剧了草原退化，生产力逐年下降，草畜矛盾日益突出。三是全球气候变暖，草原灾害频繁发生。受全球气候变暖的影响，草原地区干旱加剧，导致草原火灾、鼠虫灾害频发，我国 1/3 的草原属于火灾易发区，平均每年发生草原火灾 400 多起，草原鼠害每年危害面积在 0.4 亿 hm^2 左右，虫害危害面积 0.2 亿 hm^2 左右，而每年草原鼠虫害防治面积不足危害面积的 1/3。四是人为破坏草原的问题仍然突出。尽管各地不断加大草原执法监督力度，但受经济利益驱动，一些地方开垦草原、非法征占草原、非法采集草原野生植物等违法行为仍时有发生，对草原资源和生态环境造成了极大破坏，严重损害了农牧民的合法权益。

以内蒙古草原为例：内蒙古草原位于欧亚草原的东端，介于荒漠和夏绿阔叶林带之间。内蒙古草原降雨量小、蒸发量大、干旱寒冷，主要生长着几百种耐旱的多年生禾本科草本植物，生态系统极其脆弱，一旦大面积原生植被破坏，人工无法复原，改种其他植物成本巨大、效果不好。如今，内蒙古草原退化严重，已经到了惊人的程度。6359 万多公顷可利用草地面积中，目前退化草地面积已达 3867 万 hm^2，占可利用草原的 60%。素以水草丰美著称的全国重点牧区呼伦贝尔草原和锡林郭勒草原，退化面积分别达 23%和 41%，鄂尔多斯草原的退化最为严重，面积达 68%以上。以往沙尘暴基本上是从阿拉善盟和巴彦淖尔盟的沙漠地带发起，今年却东移到乌兰察布盟和锡林郭勒盟，向世人拉响了最令人担忧的生态警报：美丽的锡林郭勒草原也已严重沙化。内蒙古乃至世界上最为典型的草甸草原东乌珠穆沁旗，草场退化面积已占全旗可利用草场的 66%以上。以荒漠草原为代表的阿拉善盟和鄂尔多斯，草原退化、沙化之势更为严峻。与 20 世纪 50 年代相比，阿拉善左旗的草地覆盖度降低了 30%～50%，目前荒漠和半荒漠已占到了这个旗草地的 96.9%。内蒙古草原垦殖化进程主要是最近 100 年内迅速形成的。内蒙古现有人口 2300 万，其中有 1000 多万人在内蒙古曾经属于天然草原的土地上进行垦殖业生产。内蒙古现有 400 万蒙古族中的绝大部分人口已经主要从事垦殖业而不是传统游牧业。内蒙古草原原生植被已经遭到大面积的破坏。在年降水量 200～400mm 的半干旱地区属草原气候，自然植被是以干草原为主、多年生草本植物覆盖着草原，减少土壤水分蒸发。10～30cm 厚的草皮（牧草根系、腐殖质和微生物）维系着大草原的生态。薄薄的草皮下面是厚厚的碱性沙土。这层草皮（原生植被及腐殖质层）被大面积翻耕或破坏后，根本无法人工复原。春天的大风刮起裸露的表土必然会形成沙尘暴。

纵观我国大部分草原土地沙化、荒漠化的主因可归结为“五滥”，具体包括（杨振海，2009；洪绂曾，2009）如下几方面。

（1）滥垦：由于人口增加和短期利益驱动，我国许多地方在无防护措施的情况下，无计划、无节制地进行开垦，导致土地沙化。据全国农业区划办公室对黑龙江、内蒙古、甘肃、新疆四省区的卫星遥感调查，1986～1996 年，四省区调查区开垦的 2912 万亩土地中，有 1433 万亩沙化，被迫撂荒，占开垦总面积的 49.2%。当地群众痛心地说：“一年开草场，二年打点粮，三年五年变沙梁。”

（2）滥牧：我国沙区草场牲畜超载率为 50%～120%，有些地方甚至高达 300%，超载放牧使草场大面积退化、沙化。内蒙古草原牧草平均高度由 20 世纪 70 年代的 70cm 下降到目前的 25cm，昔日“风吹草低见牛羊”的地方，变成了“老鼠跑过现脊梁”。

（3）滥伐：青海柴达木盆地原有固沙植被3000多万亩，到20世纪80年代中期因滥伐造成植被破坏，使1/3以上的土地沙化。

（4）滥采：沙区滥采中药材、搂发菜及无序采矿工程建设的问题十分突出，使大量植被破坏，直接导致土地沙化。每年进入内蒙古自治区阿拉善盟搂发菜的农牧民就达10万余人，全区近几年因搂发菜破坏草原面积达1.95亿亩，其中6000多万亩已经沙化。

（5）滥用水资源：我国部分地区还沿用大水漫灌的落后灌溉方式，既浪费水资源，又造成土地盐渍化。

当前，我国草原保护建设已经进入一个新的发展阶段。全面建设小康社会对我国农业和农村经济发展下达了新的任务。全面推进依法行政和建设法治政府目标的提出，《草原法》的颁布实施为草原保护建设提供了法律保障，为草原监理工作创造了更加良好的执法环境，对依法管草、依法兴草提出了新的要求。在这一新的发展阶段，草原保护建设要从经济目标为主转移到生态、经济、社会目标并重、生态优先上来，正确处理好3个关系，实现3个战略性转变。

第一，正确处理牧区经济发展、社会进步与生态建设之间的关系，必须树立科学的发展观和正确的政绩观，促进经济社会发展，保护生态环境，要建立和实施基本草原保护制度、草畜平衡制度和禁牧休牧轮牧制度，以及采取舍饲圈养等重大措施，找到生态目标和经济社会目标的结合点，实现牧区经济社会发展方式的转变。要通过大力发展二、三产业，有效转移从事第一产业即纯牧业的劳动力，减轻人口对天然草原的压力，促进牧区经济社会和生态的协调发展。

第二，必须统筹考虑草原保护、建设与利用之间的关系，通过重点建设带动全面保护，通过全面保护巩固建设成果，实现草原的合理利用。实行全面保护，必须充分发挥农牧民群众的主体作用，通过完善草原家庭承包经营责任制，增强农牧民的主人翁意识，充分调动农牧民保护草原的积极性，同时切实加大草原监督管理力度，严厉打击各种破坏草原的违法行为。实行重点建设，必须建立多渠道投入机制，发挥各级政府投资的带动和导向作用，制定优惠政策，调动企业和农牧民投资的积极性，广泛吸引社会资金投资建设草原。实行合理利用，必须改变传统粗放的草原畜牧业生产方式，积极推行休牧轮牧、舍饲圈养，优化畜群结构，提高畜牧业效益，增加农牧民收入，实现草原畜牧业生产方式的转变，实现草原资源的永续利用和草原畜牧业的可持续发展。

第三，正确处理农牧民生产、生活与草原生态之间的关系，必须按照科学发展观的根本要求，统筹兼顾，正确处理草原生态保护与农牧民生产生活的关系。要围绕农牧民群众最现实、最关心、最直接的利益，努力把经济社会发展的长远战略目标和提高人民生活水平的阶段性任务统一起来，实现农牧民生产生活方式的转变。要坚持以人为本，把农牧民利益放在首位，通过落实草原家庭承包责任制，实现好农牧民的根本利益；通过完善草原项目建设政策，维护好农牧民的根本利益；通过推进草原畜牧业生产方式转变，发展好农牧民的根本利益，最终实现牧民增收、牧业发展和牧区稳定。其次，要切实加强草原保护建设工作的组织领导。要进一步提高认识，把草原保护建设和草原监理工作纳入重要议事日程，不断增强使命感、责任感、紧迫感，切实加强对草原工作的组织领导。对草原必须实行严格的保护制度，加强基本草原的保护，依法保护草原，草原法是草原保护建设的根本大法，要加强草原普法宣传，提高全社会的法律意识；加强制度建设，制定完善草原法配套法规规章；进一步加大草原执法力度，依法打击各种破坏草原的行为，实现依法治草、依法兴草，真正做到有法必依、执法必严、违法必究。近些年来，国家实施了退牧还草、天然草原植被恢复、草种基地等一批草原保护建设项目。各级草原行政主管部门要加强对项目实施的监督管理，要注重项目的示范带动作用，注重经济、社会和生态效益，真正给农牧民带来收益，也使草原生态环境得到改善。充分发挥广大草原科技工作者的积极性和创造性。认真组织研究草原生态演替规律和退化机制，积极开发草原生态系统恢复与重建的宏观调控技术，为加快草原植被恢复，改善草原生态环境提供理论依据和技术支持。要加快草原科研成果的转化，积极推广先进实用技术，提高草原保护和草业发展的科技含量。抓好技术培训工作，提高草原工作者和农牧民的科技素质。要按照草原法和国务院关于加强草原保护与建设的若干意见，加快草原监理体系建设步伐。不断提高人员素质和执法水平，完善各项制度，规范执法程度，切实做到严格执法、公正执法、文明执法，努力造就一支政治坚定、业务精通、作风过硬的草原监理队伍。要紧紧依靠各级政府，全面履行职责，进一步转变职能，转变作风，认真落实目标责任制。强化工作责任，分解任务，细化目标，加强考核，确保各项工作落到实处。草原保护建设事关农牧业经济的可持续发展，事关经济社会全面协调发展，事关国家生态安全，事关全面建设小康社会宏伟目标的实现。

（五）森林生态保护发展模式

森林资源对自然和人类的重要性不言而喻。森林能够对空气进行有效的净化，据测定，森林中空气的二氧化硫要比空旷地少 15%～50%，现代社会工业迅猛发展各种有害气体排放增加，因此森林的净化作用就现在来说极为重要。除了净化空气，森林资源还是天然制氧厂，每天会产生大量人体必需的氧气。对于土地资源来说，森林能够防风固沙，减少泥土流失等。而且，森林也是大量物种的栖息地，对于物种的保护和研究来说具有重要意义。

然而，目前我国森林资源问题十分严峻，森林资源总量持续减少，而对森林资源的需求依旧旺盛。这导致森林资源被严重破坏，大量的皆伐区使森林的可持续生产能力不断下降。主要暴露出以下几个问题。

（1）过大的森林资源开采量。由于森林开采企业并没有对采伐量作较为科学的计算，同时在片面的经济利益驱使下对于森林资源乱砍滥伐，据统计每年对森林的采伐超过限定额度达到了好几千万平方米，对森林资源造成了极大浪费。

（2）对于森林土地的征用与改造。我国目前的人工造林计划使得森林增加了大量的人工林面积，但从总体看森林资源的总量增长十分缓慢。这主要是由于目前物质生产力的提高带来的各类工程建设，以及对森林里的其他资源进行的开采。大量森林用地被征用，据统计，每年约有 56.20 万 m^2 的森林用地被变为其他用途。除此之外，由于对森林资源的保护并不完善，大量森林用地被非法破坏，并被用作非法用途。据统计，每年对森林的非法砍伐、运输、经营的各类案件高达约 50 万起，引起了社会的广泛讨论和中央领导的高度重视，因此对于森林资源的非法破坏问题势必得到解决。

（3）森林质量持续下降。森林三大效益的发挥是以森林质量为基础的，没有森林质量，就没有森林效益。主要表现为：天然林向次生林转化。我国现有天然林 1.00 亿 hm^2，除不足 20.0%为原始林外，多数均经人为破坏，有相当比例成为低质林，森林功能明显下降；林龄结构低林龄化，而且 73.0%的采伐面积，54.0%的采伐蓄积来自于中、幼龄林，造成了对后备资源的浪费；林木径阶逐年下降，而且日益加速；林木自然枯损率（量）增加；单位面积蓄积量低，仅为世界平均水平的 60.0%左右。

（4）各种病虫害对森林健康的破坏。人工造林的树种大多单一，对于虫害的防御水平并不完善，况且本身森林由于面积广阔等，防治难度很大。因而一旦发生虫灾事故将对森林资源造成极大的破坏，所以由森林虫害造成的严重后果，这个问题必须得到关注与解决（任慧，2014）。

面对当前严峻的森林产业形势，我们应该加大对于森林保护意识的普及工作，加强政府对于森林保护的立法及监督工作。在进行森林开发时要符合科学发展观，用科学合理的开发方式取代以往的乱砍滥伐，让森林的开发始终处在一种良性的循环状态当中。需要采取的具体措施包括如下几方面。

（1）切实加强对森林保护的宣传工作，提高民众对森林资源保护的参与感。森林的保护需要投入一定的人力物力，在投入人力的过程中，要对人员进行相关的安全培训，提高其安全意识，尤其是要提高防火意识。森林火灾的引起往往只需要一点火星，但造成的损失会将多年维护的广袤森林夷为平地，造成重大的资源和财产损失。因此在对维护人员进行安全培训的同时，也要对广大民众进行安全知识普及，使人为伤害降到最低程度。

（2）合理使用森林资源，对开采资源进行现代化加工。目前，林木产业主要以粗放的加工为主，经济效益不高，而且对资源的使用率偏低，一定程度上造成了资源的浪费。作为林业部门应该大力倡导运用现代先进技术对木材产品进行精细的深度加工，增加产品的附加价值，提高对森林资源的使用效率。当然，政府部门要对深加工企业提供便利，如政策倾斜等。提高深加工企业的积极性，并让对木材的深加工在未来形成一种趋势，吸引更多的企业参与其中，让森林资源得到最大化的利用。

（3）加大林业行政执法力度，提高林业行政执法水平。进一步加大执法力度，完善执法体制，强化林业行政执法和执法监督体系建设。加强执法队伍的交通、通信建设，提高林业行政执法能力和行政执法水平。严力打击毁林犯罪行为，根据道路网建设发展变化情况，结合重点林业建设工程的实施，对重点林区建设临时木材检查站和进行必要的通信网络建设，形成木材运输过程的网络化体系。在具体实施过程中应注意：①加强林业法制建设，促进林业法制建设，落实建设现代林业的法律法规。林业建设是一项意义深远的事业。因而，必须落实《中华人民共和国森林法》（简称《森林法》）、《中华人民共和国物权法》（简称《物权法》）等有关法律法规，规范林业建设管理规范和保障。通过这些规范，把林业的建设和管理纳入法制轨道，做到有法可依，违法必究，确保现代林业建设有序进行，顺利实施，达到预期的目标。②严肃政策法纪，实施规范化监管。组织涉林部门和单位人员定期进行政策法纪教育和勤政廉政教育，通过专业技术培训提高人员素质，同时应该利用行政法规手段，规范林业行政执法行为，落实和完善执法责任考评考核制度，奖罚分明。③严格实施林业行政许可。对省政府已经确认的林业行政许可项目和行政许可审批项目，以多种方式进行社会公示，强化对林业依法行政的监督。除了抓好内部监督外，通过广播、电视、报刊等媒体和网络等公共渠道，及时颁布林业法律法规、行政许可、代缴收费和其他行政管理的相关内容，接受社会监督。重视各级人大、政协对林业行政的监督，对人大建议、政协提案及时办理落实。进一步畅通群众来信来访渠道，落实信访件限期办理制度，对林业行政过程中的偏差和失误及时进行整改。

（4）加强森林环保意识和森林管理水平。森林的保护需要从业人员加强对于工作的认可度，提高对于森林工作的荣誉感。因此，要对林业一线从业人员进行适当的宣传培训，让从业者更加积极地进行森林保护工作。在培训中同时也要加强专业知识的培训，尤其是对于森林中病虫害的防治问题要给予重点培训，使得森林在发生病虫害时工作人员能够对其进行专业的处理，将森林资源的损失降到最低限度。除此之外，森林的整体管理水平需要不断提高，让森林在生长环境的各个环节得到专业有效的呵护，让森林资源总量能够不断地增加，缓解现今的森林资源危机（侯绪波和陈超，2014）。

四、典型行业发展模式分析

（一）化工行业

以石油化工行业为例，“十二五”及未来一段时期，我国石油化工行业既面临世界经济缓慢复苏、国内经济持续平稳增长带来的良好发展机遇，又面临全球能源格局深刻变化带来的全方位挑战。这主要体现在以下几方面。

（1）新一轮工业化浪潮不可逆转，世界经济格局将发生重大变化。预计未来 20 年，世界人口将增加 14 亿，GDP 将增长 100%，非经济合作与发展组织（OECD）国家经济总量将超过 OECD 国家。全球更多的人口和更大的经济总量意味着更高的能源生产和消费。未来 20 年，包括“金砖五国”在内的近 40 亿人将全力致力于工业化，非 OECD 国家能源消费将占到全球能源消费的 65%，传统的对资源、能源、环境破坏性发展模式将难以为继，迫切需要开发新的资源，创新发展模式，创建新的生产和生活方式。我国未来 20 年将是经济发展的战略机遇期，能源需求持续增长，提高能源效率、调整能源结构、发展低碳燃料，将成为事关成败的关键课题（江惠忠，2012）。

（2）传统能源发展模式难以持续，世界能源消费格局将发生深刻变化。当前世界能源结构以化石能源为主，石油仍然保持了第一的位置，形成了油、煤、气三分天下，辅以核电和水电的基本格局。预计到 2030 年，石油所占比例将下降 5 个百分点左右，煤炭下降 2 个百分点左右，天然气提高 3 个百分点左右，水电、核能、风电和生物燃料等非化石能源的比例将提高 4 个百分点左右，逐步形成油、煤、气、新能源四分天下的格局。传统能源发展模式难以持续，世界能源消费格局将发生深刻变化。

（3）安全、经济、稳定地获取资源的难度不断加大。过去，世界能源消费由发达国家完全主导，发达国家在优质能源消费中占据主要份额。目前，亚洲已取代欧洲和北美地区，成为世界三大能源消费区域中总量最大、增长最快的地区，我国已经成为世界能源市场不可忽视的重要因素。中东产油国本地石油石化工业的快速发展，也在一定程度上影响了市场资源量。受资源和地缘政治条件等因素影响，世界石油供需平衡十分脆弱，发展中国家大规模使用优质化石能源，将面临市场资源平衡进一步趋紧、国际能源价格飙升等不利条件，已经没有使用廉价能源的机会了。此外，自 20 世纪后半叶以来，油气资源丰富的中东地区战事不断，尤其是“9·11”事件以来，非对称冲突出现扩张态势，伊拉克战争、阿富汗战争、利比亚战乱接连不断，非洲大陆油气供应来源地动乱也此起彼伏。石油的安全稳定供应受到较大影响，国内石化企业实施“走出去”战略也面临着越来越大的挑战。

（4）国内外石油替代产业快速发展，不断冲击传统石油产业。高油价时代的到来，加之全球资源总量预测的不乐观，推动了替代能源发展。美国页岩气开发技术取得突破后，对传统天然气市场及以石油为原料的乙烯生产带来较大冲击，也在一定程度上影响着原油价格和消费。阿根廷、墨西哥、澳大利亚、加拿大、阿尔及利亚、巴西等拥有丰富页岩气资源的国家，都在积极准备大规模开发。国内生物燃料与生物化工技术研发及产业发展越来越受到重视，生物柴油、燃料醇已经实现工业应用，生物喷气燃料、纤维素制乙醇技术研发初步成功，生物油藻技术、生物丁醇技术不断有新的突破报道，1,3-丙二醇、长链二元酸、乳酸、聚乳酸等生物化工技术也已有工业化报道。

（5）节能减排、绿色低碳、应对全球气候变暖，对化石能源的开发和使用提出了越来越多的限制条件。以往粗放的能源开采方式造成了严重的环境污染和生态破坏，人们在生产和使用能源的同时造成了一定程度的污染。未来我国将成为全球最大的碳排放源，在国际社会也将面临巨大的压力。我国空气污染类型已由煤烟型向煤烟-机动车尾气复合型污染转变，空气中细颗粒物和有机污染加重。石油石化行业既是能源生产行业，也是能源消费大户。随着能源供应日趋紧张，环保呼声日益高涨，环保法规越来越严格，排放要求越来越高，传统石油化工产业的发展空间受限。

环境变化将影响整个石油化工行业发展进程，特别是碳减排问题。控制和减少温室气体的排放，主要靠能源领域的转变。节能和提高能效是最重要的减排措施，发展各种可再生能源也是重要途径。低碳消费和低碳能源技术的发展将不可避免地成为全球性的发展方向。

（6）信息化和工业化深度融合将对生产方式、生活方式产生深刻影响。党的十七大报告提出“发展现代产业体系，大力推进信息化和工业化融合，促进工业由大变强”的要求。“十二五”期间，国家要求实现信息化与工业化的深度融合，信息技术在企业生产经营和管理的主要领域、主要环节得到充分有效应用，业务流程优化再造和产业链协同能力显著增强，信息化成为新型工业化的重要特征（戴厚良，2012）。

面对如此严峻的形势，机遇与挑战并存，国内石化工业需要充分把握机遇，迎接挑战，利用国内外资源和市场，依靠科技创新，加快实施结构调整、产业升级，加强节能环保与资源利用，加快发展方式转变，建设科技含量高、资源消耗低、经济效益好、与环境协调发展的现代化石化工业。具体可依据如下思路。

（1）通过技术创新，不断提升劣质油加工水平，提高油品质量。对于炼油的定义，传统的说法是通过蒸馏把各种馏分进行分离；现在新的说法是改变碳氢比的重排过程。前者是物理过程，后者是化学过程。

随着我国炼油产业的快速发展，产能大幅增长，逐渐呈现了装置大型化、运输管道化、原油品种多样化的趋势。但是，世界原油不断趋于劣质化，可供贸易的优质原油资源越来越有限。随着石蜡基原油、轻质原油减少，重质、稠环、芳环原油增加，国内炼油企业运行难度不断增大。过去提出了炼化一体化的思路，宜烯制烯，宜芳制芳，宜油制油；但是，随着原油品种多样化，某些原油既不宜烯也不宜芳，给实际生产带来很大困难。另外，随着成品油质量标准提升，炼油行业将面临燃料产品烯烃、芳烃含量超标、辛烷值不足、十六烷值不足等问题，装置结构亟待升级。特别是柴油十六烷值低的问题更加紧迫，需要抓紧解决，为国内油品质量升级做好技术储备。未来炼油领域亟待突破和提升的技术主要有：一是在分子层面认识原油，强化分子炼油，发挥每一个分子的最大作用；二是低成本生产氢气的技术；三是劣质重油加工技术；四是新一代催化裂化技术；五是新一代催化材料技术。

（2）通过技术创新，发展高端化工业务，提升竞争能力。目前，国内石化企业业务面较宽，主要涉及基础化学品、有机化工品、合成树脂、合成橡胶、合成纤维、化工特殊化学品、精细化工品等几大类。随着我国经济快速发展，社会对化工产品需求越来越大，尽管国内企业能够基本满足主要化工产品的生产和供应，但仍有部分产品产量不足，部分产品的生产技术存在空白，国内总体对外依存度仍有40%左右。中东石化企业的目标市场是中国，日本和韩国的很大一部分目标市场也是中国。目前，国内石化企业主要生产通用产品，产品的差别化不强，高端产品较少。为了更好地满足社会需求，提升企业效益，国内企业有必要积极筹划和部署产品结构调整，通过开展技术创新，发展高端业务，提升化工业务竞争力。此外，应积极开发储备单体化工、煤化工、生物化工和精细化工技术。

（3）发挥技术与产业优势，积极发展煤化工，推进资源多元化。我国化石能源结构中，多煤、贫油、少气，发展煤化工，将我国相对丰富的煤炭资源转化为液体替代燃料和化学品，可以部分缓解我国石油短缺。以煤炭替代石脑油，采用煤化工工艺路线生产乙二醇、乙酸等含氧化合物，分子层面利用效率较高，是一条可行的路线。发展煤化工业务，有利于发挥石化企业自身优势，推进资源多元化，统筹兼顾利用石油、天然气、煤炭资源，实现油、煤、化产业链的优优组合。与此同时，应加强煤化工下游产品与石油化工下游产品的有机结合、有序分工、错位发展。煤化工应突出专业化特点，石油化工应突出一体化、资源综合利用的特点。

（4）发挥一体化优势，统筹多种资源的有效利用。所谓一体化，是指大型化的石化基地，其最大的特点是能量平衡，尤其在炼化企业规划布局中，要统筹考虑煤化工和石油化工，实现炼油化工一体化，加强能源资源的有效利用。

（5）解放思想，勇于创新，积极推进技术进步。科技创新是企业发展的动力，包括自主创新和引进消化吸收再创新。实现技术进步，除了依靠自主创新，还可以充分利用外界的科技资源。管理创新可以降低企业的交易成本，而技术进步可以降低企业的生产成本。所以，科技人员要以开放的思维搞创新。并在创新工作中加以运用。作为科技管理人员，需要将知识和经验融会贯通，从技术层面和管理层面加强对企业运行规律的研究与探索，把公司的发展目标和企业的实际情况结合起来，站在全局的角度考虑问题。任何企业都有其运行规律，这也是思维方式的问题（申桂英，2013）。

（二）煤炭行业

煤炭资源作为一种不可再生资源，既是工农业生产和日常生活的主要燃料，又是化工生产的重要原料，是中国能源安全的基石，在国民经济中具有重要的战略地位。煤炭在我国能源结构比例中占绝对优势。分析现状，我国煤炭行业具有以下几方面的特点：①煤炭行业极度分散，市场集中度低。我国目前仍有各类煤炭3万多处。世界主要采煤国家的煤炭企业，都以经营规模大、经济实力强的大集团和大公司为主。在美国等工业国家，市场集中度小于40%的产业往往被视为分散型产业，而我国煤炭产业的市场集中度约为10%。由此可见，我国煤炭产业是一种分散型产业，没有一家企业占有显著的市场份额，也没有一家企业能对整个产业的发展产生实质性的影响。②煤炭行业供大于求，竞争激烈。我国煤炭市场总量过剩，供求失调。③煤炭企业经济效益低下。我国煤炭市场的过度竞争，导致煤炭企业经营环境进一步恶化，企业经济效益持续下降。目前，造成我国煤炭企业效益低下的原因主要包括：一是煤炭经营秩序混乱。由于宏观调控不力，导致了大量非法小煤窑的出现，小煤窑对矿山进行掠夺性开采，安全条件差，环保问题多，非法雇用廉价劳动力，这些低成本非法生产的煤炭，以极低的价格和不正当的手段大量进入市场，严重扰乱了煤炭经营秩序。二是国家有关政策的影响。从能源和环保政策来看，1994年以后能源政策从注重发展的数量方面转向注重工业增长的效益方面，1998年以后又制定了重点发展新能源和可再生能源的政策，国家从国民经济可持续发展的高度，降低煤炭在一次性能源结构中的比例。能源政策的调整，限制了原煤直接进入终端消费，使得煤炭消费和煤炭生产受到一定的约束。三是国际市场煤炭供大于求。目前，国际煤炭市场供应充足，已呈买方市场态势。国际煤炭市场供应者除原有的澳大利亚、美国、俄罗斯、中国、加拿大以外，新兴的煤炭出口国如印度尼西亚、越南、哥伦比亚等纷纷崛起，各煤炭出口国普遍有扩大出口量的倾向。从煤炭进口看，各煤炭进口国普遍重视节能与生态环境保护，努力控制煤炭进口量，煤炭市场竞争日趋激化，价格战愈演愈烈（白玥，2010）。

但是，目前我国煤炭资源形势不容乐观，勘探程度低、经济可采储量和人均占有量少、资源浪费严重、生态环境差、水资源短缺等问题严重制约着煤炭资源的开发。尽管近年来中央政府及各地方政府均采取了多项应对措施，但整个行业的深层次问题和矛盾仍没有得到根本的解决，主要归结为以下几点：首先，煤炭资源的开发利用面临环境保护和生态文明建设更加严峻的挑战；其次，存在煤炭行业产能建设超前、整个国家经济发展速度变缓及雾霾天气等因素导致的比较严重的中长期煤炭供过于求的问题；最后，产业结构和产品结构还应进一步优化。具体来说包括：①资源开发秩序乱，资源回收率低；②矿区环境恶化，环境保护投入少，综合治理滞后；③安全基础依然薄弱，安全生产形势严峻；④科技水平差距大，创新能力不足；⑤生产力落后，产业集中度低；⑥企业负担沉重，职工收入水平低。这些问题严重影响煤炭工业可持续发展（张伟和吕钢，2011）。

随着煤炭开采对环境的破坏和影响的不断加剧，制定矿业社会经济环境战略和政策，综合评价煤炭资源开发利用项目的可行性，有效的保护和整治矿区生态环境，以及构建资源节约型、环境友好型矿区和实现矿区和实现矿区可持续发展，具有重要的理论价值和实际意义。

煤炭工业的可持续发展是国家可持续发展战略的重要组成部分，能够找到合理开发和利用资源的有效方法，关系到国家的长远利益。整顿和规范煤炭资源开发秩序，关系到经济社会发展全局，关系着煤炭工业可持续发展。认真做好这项工作，对合理开发利用矿产资源，加强矿山生态资源保护、维护矿工群众生命财产安全，促进地方经济发展，繁荣和规范煤炭市场都具有重要的意义。

第一，要将规划可采上升到立法保护。强化煤炭资源的勘探，开发和监督，加强和提高国家的控制力，促进煤炭工业发展刻不容缓。而这种调控力，必须是国家意志，必须由全国人民代表大会立法进行专项保护。这种法律不是为垄断而设，而是为了使竞争更有序更规范，既要担负起合理规划，开发煤炭资源的任务，同时又是最具国家权威性的，既能对整个行业进行“刹车”，又能对整个行业进行快速“发动”。

第二，要进一步强化资源管理。煤炭是不可再生资源，属于国家所有。必须对煤炭资源按照赋存条件进行分级管理。对优良资源应由国家或省级统一管理，根据国家大型煤炭基地建设需要，优先保证大型煤炭企业的资源需求，除了大煤矿开采后的边角资源外，严禁地方擅自分割审批大型煤田资源小煤矿开采，已经审批的资源要收回并通过大型煤炭企业收购、兼并等方式转变归属。

第三，要加强推进煤炭资源整合。煤炭资源整合是国家在新的历史时期为保护和合理利用煤炭资源，提高资源对全面建设小康社会的保障程度，实现经济社会可持续发展的一项重大举措，而要强力推进资源整合，就必须依附政府的主导作用，寻求政府的政策支持和制定保障，国有重点煤炭企业实施资源整合，一方面是在兼并中小煤矿中把企业做强、做大，同时要拓宽发展渠道，延伸产业链条。

第四，要改革传统的生产工艺和落后的采煤方法。煤炭企业必须将改革采煤方法作为提高生产力水平，改善矿井安全状况的根本大计来看待，要立足于提高矿井机械化水平，区别情况实施综合机械化采煤，长臂悬移式开采等先进的采煤方法，切实提高资源回收率。

第五，要建立提高资源回收率的激励惩处机制。国家省、市、县政府应建立提高资源回收率的激励机制，对资源回收率在75%以上的企业给予奖励，对资源回收率不足75%的企业给予处罚依法整治，直至关闭。对于资源回收率高的煤矿从政策上、资金上、项目的扶持上给予倾斜。

第六，要建立资源回收的动态管理机制。煤炭管理部门要认真抓好生产源头上资源的节约和保护，根据煤炭储量、生产能力和服务年限，计算出单矿、单井、单面资源回收率并以此作为生产资源证年检的依据，煤炭安全生产专项整顿和复产验收达标的主要条件，并要建立资源保护责任制，按照分级负责的原则，将资源的保护责任落实到实处年度核查，资源保护与政绩挂钩。

第七，要处理好资源保护和环境治理的关系。以“黑”补“绿”，大力发展生态经济（张乃荣，2010；张勇，2011）。

煤炭资源是一种非常重要的非再生能源，它既是人们生活资料的重要来源，又是非常宝贵的社会生产资料，是人类社会赖以生存和发展不可或缺的物质基础。我们只有强化科学技术开发，提高资源利用效率，加强资源供求形势分析，强化对资源开发利用的宏观调控，实现资源开发与环境保护的协调发展，加强对煤炭资源开发的监督管理，才能使煤炭工业健康、稳定、持续的发展，才能满足国民经济发展的需要。

（三）钢铁行业

近年来，我国钢铁工业在21世纪取得了持续高速增长的举世瞩目的成就，为中国经济的持续高速增长作出了重要的贡献，但存在的问题也比较严重，主要是生产布局不合理，产业集中度低，产品结构矛盾突出，技术创新能力不强，低水平能力所占比例很大等。特别是近年来一些地方和企业不顾资源、能源、环境、运输条件，盲目投资，竞相扩大低水平钢铁生产能力，加剧了产业结构不合理的矛盾。这些都是我国钢铁工业由“钢铁大国”向“钢铁强国”迈进的“拦路虎”，同时也制约着国民经济的健康运行和发展。具体表现为以下几个方面（周维富，2007；赵征志，2008；姜增平，2011；严文庆等，2012）。

第一，市场需求开始减弱。需求的高增长是钢铁工业近年来快速发展的主要原因之一。但是，随着国内外宏观经济环境的改变，钢铁工业的市场需求增长速度未来几年有可能大幅减速。首先，从国内需求看，目前我国一些耗钢强度大的产业已经出现过热和产能过剩的苗头，其对钢铁需求的强劲拉动作用已是强弩之末，未来很难再度发力，加之国家对钢铁行业实行宏观调控，压缩固定资产投资和过剩的生产能力，执行更加严格的税收、环保和土地政策，这些都将使未来国内钢铁需求明显减弱。其次，从国外需求看，由于近年来我国钢铁出口量的大幅增长，打破了世界钢铁工业的现有贸易格局，对出口对象国的钢铁企业造成相当大的竞争压力，外国政府迫于利益集团的压力，挥舞起了反倾销的大棒，打压我国钢铁工业出口的空间。因此，无论从国内市场还是是从国际市场看，未来我国钢铁工业市场需求继续保持快速增长的难度将越来越大。

第二，产业组织结构不合理的制约开始凸显。钢铁工业是规模经济效应比较显著的流程性产业，联合、兼并与重组以壮大规模一直以来都是世界钢铁工业发展过程中永恒的主题之一。近年来我国钢铁工业兼并重组屈指可数，钢铁企业之间的强强联合更是难得一见，结果近年来我国钢铁工业产业集中度不仅没有上升反而大幅度下降。我国钢铁工业产业集中度远远低于世界其他主要产钢国。在世界钢铁企业产量的前 10 名中，我国仅有宝钢和唐钢入围，这与我国占世界 1/3 的钢铁产量形成了强烈的反差。在国际铁矿石市场处于三大铁矿石供应商高度垄断、米塔尔与阿赛乐组成产能过亿吨的超级钢铁航母的大背景下，我国钢铁工业这种小而散不合理的产业组织状况，不仅会导致规模经济效益的丧失，容易引发低水平过度竞争和惨烈的价格战，而且会导致我国钢铁工业在国际铁矿石谈判中话语权的丧失，在与国际钢铁巨头的竞争中劣势地位更加凸显，最终危及我国钢铁工业的长期可持续发展。

第三，研发投入不足，重大装备对外依赖程度大。与世界先进钢铁国相比，我国钢铁工业研发投入力度还存在较大差距。研发投入的不足，直接导致了我国钢铁工业创新能力低，进而导致产业和产品的结构升级缺乏技术支撑，企业推行产品差异化战略有心无力，只能在低端产品“扎堆”，结果一方面使得低端产品产能过剩，大家只能一味地拼成本、拼价格，企业利润空间变得十分稀薄，企业生产经营举步维艰；另一方面价高利大的高端技术装备、高端产品国内企业难以满足市场需求，只能依靠进口。

第四，铁矿石供应的风险加大，产业发展面临严峻挑战。随着钢铁工业近年来的快速增长，国内铁矿石的供需矛盾日益突出，钢铁工业的发展对进口铁矿石依赖程度日益加深。同时，随着我国钢铁工业的原料成本近几年持续走高，产业发展的成本和价格风险日益凸现。未来几年，一旦进口铁矿石供应赶不上我国钢铁工业发展的进度，或者进口铁矿石价格上涨过快，超过了企业的承受能力，届时我国部分钢铁企业将不得不或者以矿定产，或者干脆停产大吉。

由此可见，铁矿石供应问题已经成为悬在我国钢铁企业头上的达摩克利斯之剑，未来随时有掉下来的风险。面对上述种种风险与挑战，我国钢铁工业必须要制定相应的对策。

（1）加大技术开发投入力度，提高钢铁工业自主创新能力。一方面，作为微观经济主体的钢铁企业首先责无旁贷；另一方面也需要政府发挥积极作用。在市场经济条件下，企业是技术创新的投入主体和受益主体。而目前我国大中型重点钢铁企业的研发投入总量尚不到销售收入的1%，不仅低于国际同行水平，也低于我国工业的平均水平。这种短视行为亟需加以改变，否则我国钢铁工业未来的效益提高就会成为无源之水。同时，要发挥政府的积极作用，尤其是要使政府在解决行业发展所面临的共性技术方面“有所为”。由于行业发展所面临的共性技术一般具有公共产品的性质，企业往往没有动力也没有能力去承担，因而需要政府的介入。

（2）采取适当激励措施，加快钢铁工业的兼并重组，提高产业集中度。从国家政策层面看，改革开放以来特别是近年来，国家为了鼓励钢铁企业做大做强，尽快提高产业集中度，出台的政策措施不可谓不多，政策力度不可谓不强，然而其实际效果却并不十分理想。近年来国家对钢铁工业产业组织结构调整的宏观调控政策在实施中大打折扣，除了国家宏观管理体制和机制还没有完全理顺的因素外，更重要的原因在于目前的政策措施还不太完善，使得宏观调控者和被调控者在利益上还没有找到有效的耦合点，二者之间存在激励不相容。以淘汰落后企业为例，虽然调控者为了达到淘汰落后产能的目的，出台了一系列政策措施，从土地、税收、信贷、能源供应等方面对被调控者（落后产能）进行打压，但是，在钢铁市场需求旺盛、经济效益趋好的宏观背景下，上述“大棒”政策措施只能压缩被调控者的利润空间，而不能使其彻底退出市场。而且，被调控者往往还可以找到一些对策（如减少对排污控制的投资、变相降低工人工资）来抵消宏观调控政策的不利影响。其结果是淘汰落后产能的政策目标落空。要打破这种僵局，除了继续强化“大棒”政策外，同时需要有“胡萝卜”政策，即在政策措施中设计出一套对被淘汰的落后产能进行适当补偿的机制，使被调控者有足够的激励按照调控者的步调“起舞”。

（3）积极应对可持续发展的社会诉求，发展绿色产品和绿色制造钢铁工业急需把推进清洁生产、实现循环经济加速提上工作议程，最大限度地减少资源投入，最大限度地实现生产过程资源循环利用，提高资源有效利用率，最大限度地减少废弃物排放和实现废弃物回收利用，使钢铁工业成为资源节约型和环境友好型产业。为此，一是要树立清洁生产观念和意识。要通过宣传教育，不断提高钢铁企业的清洁生产意识，树立生产全过程中的污染预防思想，把清洁生产作为提高企业整体形象、增强企业竞争力的重要手段来对待。二是要加强企业技术改造。钢铁工业绿色化对策的重要依托是绿色化技术，只有采用绿色化技术，才能保证绿色化对策的实施，最终实现绿色化的战略目标。建议普及、推广一批成熟的节能环保技术，如熔融还原炼铁技术及新能源开发、新型焦炉技术和处理废旧轮胎、垃圾焚烧炉等与社会友好的废弃物处理技术，通过短流程研究，广泛应用高效单体熔炼精炼、连铸连轧、控温控轧等技术，实现低能耗、少物耗。三是要强化科学管理，改进操作。国内外的实践表明，落实岗位和目标责任制，杜绝跑冒滴漏，防止生产事故，使人为的资源浪费和污染排放减至最小；加强设备管理，提高设备完好率和运行率；开展物料、能量流程审核；科学安排生产进度，改进操作程序；组织安全文明生产，把绿色文明渗透到企业文化之中等。

（4）探讨建立铁矿石战略储备制度解决铁矿石的稳定供应问题，钢铁企业理所当然应该是第一责任人。但是，也应该看到：在铁矿石资源越来越稀缺的情况下，铁矿石资源日益成为一种战略性资源；而且，国际铁矿石贸易高度操纵在淡水河谷、必和必拓和力拓三大寡头手中。目前上述三大寡头掌控着70%以上的世界铁矿石贸易，其垄断程度远远超过OPEC对国际石油贸易的垄断程度。在这种背景下，如果不发挥政府的力量，而听任国内钢铁企业去与三大寡头博弈，其结果只能是被其一一击破，最终受损的将是我国整个钢铁工业。因此，在铁矿石贸易上，我国政府应该从“无所为”转变为“有所为”。而有所为的一个主要方面，则是在国家层面上考虑择机建立铁矿石战略储备制度。在此，建议有关部门尽快对建立铁矿石国家战略储备制度进行调研，争取能早日付诸实施。

五、典型省份生态文明建设实践分析

（一）河北省

目前，河北省正面临着经济发展的迫切需求和生态环境制约之间的博弈，生态文明建设既取得了突出成就，也存在一些问题。河北省生态文明建设实践主要包括以下内容（高士平等，2007；河北省科技厅2010年软科学课题组，2010；刘雪梅和田悦芳，2011）。

（1）政策法规逐渐完善，生态监察功能高效发挥。一是政策法规相继出台，实现有法可依。近年来，河北省重点完善了节能环保、清洁生产、文明生态村建设等方面的法规或条例，11个设区市也制定了地方性制度，把生态文明建设纳入依法管理轨道。二是严格按章办事，实现有法必依。例如，在矿山开采生态补偿方面，依法要求企业在开发前制定环保治理方案、签订治理责任书并缴纳保证金，否则绝不允许开工。三是政策贯彻到位，实现执法必严。例如，在节能减排中，凡列入“双三十”的单位不能如期完成任务的，所属地县（市、区）长、企业法人代表、民营企业就地惩治，绝不姑息。四是紧扣“三严”突出“六制”，实现违法必究。例如，2010 年，省环保厅对宽城县、三河市、涿鹿县等多个采矿企业污染问题挂牌督办，用问责推动企业整改落实到位，力度大，效果好。

（2）生态省建设勉励进行，生态环境质量明显改善。目前，全省林地面积达 6512 万亩，森林覆盖率达到 23.25%；京津风沙源重点治理、太行山绿化、三北防护林、21 世纪首都水资源可持续利用等重点生态工程稳步推进；太行山燕山地区森林植被涵养水源的作用日益增强，沿海地区建设生态防护带和生态隔离带趋于完善，防灾减灾能力逐步增强。2010 年河北省七大水系总体为中度污染，Ⅰ～Ⅲ类水质比例为 47.2%，比 2009 年提高 4.8%；全省空气质量总体良好，11 个设区市平均达到或优于Ⅱ级的优良天数为 337 天，比 2009 年提高了 3 天；化学需氧量和二氧化硫排放量分别比 2005 年削减了 17.34%、17.53%，均超额完成国家下达的目标任务。

（3）环保创建活动逐步推进，生态文明能效显著增强。环保创建，主要包括创建环境保护模范城市、生态示范区、环境优美城镇、环保先进企业和绿色单位等。环保创建借力使力，坚持以保护环境优化经济增长，努力建立一种梯次推进、链式发展、互为基础、全面展开的“大环保”格局，实现经济和社会协调发展，树立了一批区域经济社会与环境协调发展的典型，使河北省森林覆盖率、人均公共绿地面积、公众对环境的满意率等指标大大提高，生态文明能效显著增强。

（4）政府作为力度增大，生态文明水平大幅提高。自 2004 年以来，河北省不仅开展了生态文明战略研究，而且各级政府在思想认识、行为方式、制度建设和产业发展等方面都加大了措施实施力度，生态文明水平大幅提升。例如，“双三十”、信贷项目审批中的环保“一票否决制”等“硬措施”，引领河北省节能减排向纵深推进；率先在全省七大水系实施的生态补偿机制成效显著，截至 2010 年 12 月底，全省共扣缴生态补偿金 8440 万元，七大水系污染程度总体上呈下降趋势。

（5）生态文化建设逐渐加快，生态文明氛围明显增强。一是初步形成了以森林公园、自然保护区为主体的生态旅游景区，红色旅游功能圈正逐步形成。二是组织编制了《生态文明论》和《河北生态省建设知识读本》，重点实施了环境保护“十百千”宣传教育工程，开展了“五绿”创建活动和生态知识进街道、进社区、进家庭系列活动，改善了人们的生态行为。三是广泛开展生态教育，营造人人参与生态建设氛围。四是组织召开生态文明建设高端会议，引导生态建设路向。

同时，河北省生态文明建设实践中也存在着一些突出问题，具体包括：①生态环境严峻，生态承载能力受考验。一是全省七大水系水环境质量有很大改善，但流域水污染问题仍很突出，有三成水质为Ⅴ类或劣Ⅴ类。二是工业固体废物综合利用率为71.06%，刚超过七成，亟待提高。三是污染排放总量仍然偏大，人均二氧化硫、化学需氧量排放量分别达17.9kg、8.1kg。四是海洋污染面积和耕地污染面积仍很大。五是全省11个设区市平均污染物浓度刚达到国家二级，仍需提高。六是全省森林覆盖率还不高，仅是全国平均水平的1/3。此外，水土流失、沙漠化、草原退化等问题依然严峻。②生态问题突出，生态系统良性循环受制约。一是经济发展与生态环境发展矛盾突出，特别是能源需求与污染物排放之间矛盾突出。二是基础生态设施建设及社会保障事业较薄弱，垃圾、污水、废气、农药残留等问题尚未根本解决，严重影响生态安全。三是生态环境管理分散。特别是广大农村地区，传统粗放的发展模式和散居型的民居环境使管理难度很大。四是水土流失、生活污染、面源污染、工矿污染、生态退化及农药、化肥、农膜的过度使用，使生态环境破坏和污染形式多样化。五是环境项目实施和管理执行力不强，如环境监测体系不完善、环保科技支撑体系不健全、环保适用技术创新和推广力度不够等。六是政府、企业、社会多元化投入机制不完善，环境建设资金投入总量不足，特别是社会资金参与农村生态建设资金紧缺。③生态意识淡薄，生态文明的精神理念建设受制约。一是公众参与程度低，表现为公众生态责任意识不强、公众生态认知素质尚待提高、公众生态文明意识存在片面性。二是企业角色定位不准，表现为企业生态意识缺乏、企业创新生态模式缺乏，以及企业生态机制不完善、企业生态科技观念不明确。三是有些政府部门存在作为“缺位”现象，主要指在确立和监管相关生态建设的技术、措施、方法和安全标准等方面执法不力。

针对以上存在的问题，河北省对今后的生态文明建设提出了新的思路和方向，主要是体现在以下几个方面。

（1）创新制度建设，形成“推力”。具体包括：①完善机构和规划，建立综合性决策与调控制度。一是整合部门，组建管理机构。组建由环保、建设、能源、宣传等部门和科研单位人员构成的常设性机构“生态文明建设办公室”，负责整体规划、方案实施、协调和监督职能，并作为宣传、交流和推广中心。二是出台《河北省生态文明建设规划》，制定长期发展战略，结合主体功能区区划建立因地制宜的空间规划和产业规划。三是编制《河北省生态文明推进行动方案》，提出今后五年的目标任务和具体措施，细化各项指标和任务。②强化政府治理，建立政府主导型管理体制。一是重视生态行政建设，发挥政府的宏观管理职能。政府应协调部门间的合作与联动，从宏观上发挥监管区域内自然资源的开发利用、环境的治理保护、产业结构生态化调整等工作落实情况的职能。二是适时调控市场，发挥政府主导作用。要适时调控市场对生态经济发展的杠杆作用，从主要由政府负责向政府主导、全社会共同参与转变。三是政府要为生态文明建设提供政策支持，包括财政、税收、投资、技术等政策，对一些重大环保项目采取直接投资、资金补助、贷款贴息等形式予以支持，并发挥好对社会投资的引导作用。③强化生态法治，建立生态法制化监管制度。一是加强重点区域、重点领域生态环境保护专项立法，建立起政府负责、环保部门监管、有关部门齐抓共管的监管体系，切实解决法律法规空白、失当、乏力、操作性差等问题。二是增强执法力度，提高执法效力，解决有法不依、执法不严、违法不究、不作为、乱作为等问题。④强化机制推动，完善生态文明建设的运行机制。一是完善生态补偿机制和节能减排分配机制。核定全省各市的生态容量，依据污染者负担、开发者保护、破坏者恢复、受益者补偿等原则完善生态补偿机制，建立污染补偿、资源补偿和区域补偿等多种补偿形式。同时，按生态容量和行业标准，采取差别化节能减排分配机制。二是健全生态环保财政转移支付机制。逐步提高财政转移支付力度，确保生态保护地区的公共服务均等化水平达到全省平均水平。三是完善市场化要素配置机制。完善土地、水、电、森林等要素的市场化配置机制，促进其制度改革、分类定价和使用、交易机制等。四是完善干部绩效分类考核机制。按照各市县主体功能定位，实施干部政绩分类考核，落实责任制，突出强调生态建设、改善民生。⑤创建民间机构团体，建立公众参与机制。创建由保护生态环境的志愿者自愿组成的民间机构团体，调动社会各界参与生态文明建设的积极性，建立公众参与机制。例如，2010 年 12 月成立河北省生态文明建设促进会后，还可建立行业环保协会、大学生环保协会等特定行业或群体性民间机构团体，发挥全民参与和督促生态文明建设的作用。

（2）深化生态产业建设，发挥“动力”。①加快生态产业培育。一是创新新型工业化道路。充分发挥各地区自然资源的比较优势和经济的后发优势，着力培育光电子信息、生物医药、可再生能源和新能源等具有持续发展优势的产业，构建新型“生态经济高地”。二是发展生态农业。加强农业产业化发展，推进农业规模化集约化经营，创新农业社会化服务体系，尤其要发挥好农业产业首席专家的作用。三是坚持绿色发展导向，大力发展现代服务业，如金融、物流、旅游、会展、信息、咨询、文化创意等，要把生态旅游业作为第一大龙头来抓。四是抓好生态工业、生态农业和生态旅游业等三大产业的区域性品牌建设，开创工业产业品牌和绿色有机农产品“河北制造”品牌及“河北山水灵秀韵、燕赵风光侠骨情”旅游品牌。②促进产业和工业结构生态化调整。将“节能减排”作为转变经济增长方式和消费方式的重要抓手，推行产业清洁生产，不断延伸产业链，将生态化、信息化与工业化相融合，扩大物质的有效循环利用，降低污染物对自然环境的负影响，形成资源节约、环境友好的经济发展方式。③大力发展循环经济。一是发展生态循环农业，加快推广种养结合、农牧结合、林牧结合的生态农业循环模式，建设一批示范区和示范项目。二是发展工业循环经济，加强循环经济骨干企业、示范园区和基地建设，逐步在化工、石化、造纸等行业全面推进循环经济发展，形成循环经济产业链。三是加强资源的综合利用和再生利用，有序推进工业“三废”综合利用项目建设。④加强生态环境基础设施建设。一是推进让河流湖泊恢复生机工程，构建入水和谐的水生态系统。二是加强山区、平原的绿化及道路、河湖美化，构建功能完备的森林生态系统。三是加强通景区道路建设，实现旅游交通“县县相通”“景景相连”，以及铁路、空港、航运的“路路相通”。四是推进城市环保、公交、地下管网等配套建设，构建生态宜居的城市环境。五是加强通水、通路、通电、改厕、改圈等为重点的生态家园建设，构建优美的农村环境。

（3）开展生态文化建设，增强“引力”。一是树立生态文明观，强化公众生态保护意识。开展多层次、多形式的生态文明宣传教育活动，扎实推进环保创建活动，倡导勤俭节约的低碳生活，培育绿色消费模式来引导生产消费行为，加强生态公益广告宣传。二是强化文化公共服务能力建设，不断满足人民群众的精神文化需求。充分发挥图书馆、博物馆、科技馆、体育中心等传播生态文化的作用；强化各中心城市的文化集聚和辐射功能，着重抓好一批区域性、群众性文化设施的建设；加强森林公园、湿地公园、矿山公园、遗址公园、海洋公园和动植物园的建设和管理，使之成为弘扬生态文化的重要阵地。三是深化燕赵文化和民间艺术之乡建设，着力构建独具魅力的区域文化。围绕发展燕赵古文明，对河北省特有的文化元素加强研究和整合、开发、利用，促使文化资源优化重组，构建河北省独具风格的区域文化。

（4）加强保障体系建设，强化“保障力”。一是提高生态保障水平。以《河北省“十二五”环境保护规划》为指导，力争生态环境指标全部达标，促进生态环境质量进一步改善，腾出环境容量。二是提高社会保障水平。加强“大社保”体系建设，加快建立覆盖城乡的社会保障制度，提高生态文明建设的惠民度。三是提高科技保障水平。推动科技创新要素向企业集聚，重点做好科技要素的整合，使资源向有利于生态文明建设的重要项目、重点产业集中。同时，引导各类创业主体加大科研投入，增强与高校、科研院所的科技合作与交流，发挥科技创新对经济发展的作用。四是提高人才保障水平。积极培养、引进人才特别是学科带头人和高层次创业人才。同时，联合高校、科研院所、企业成立“河北省生态产业发展实验室”，负责生态文明建设专门人才的培养、指导与实践，为生态文明建设提供智力支持。

（二）江苏省

在新的历史阶段，面对日益趋紧的资源环境约束，江苏的生态文明建设比以往任何时候都更加紧迫。近年来，江苏省委、省政府紧紧围绕实现“两个率先”的目标，坚持以推动科学发展、建设美好江苏为主题，以转变经济发展方式为主线，以生态省建设为载体，以生态文明建设工程为抓手，统筹推进经济社会发展与生态环境保护工作，为提升生态文明建设水平奠定了坚实基础。但是，江苏有着“人口密度大、人均环境容量小、单位土地面积污染负荷高”的特殊省情，随着工业化、城镇化的加速推进，资源环境约束愈加明显，推进生态文明建设的任务十分艰巨。其中的原因主要是经济社会快速发展与资源环境承载能力不足的矛盾、群众不断增长的环境需求与环境公共产品供给不足的矛盾尚未根本解决。在“两个率先”进程中，生态文明建设依然是“短板”和薄弱环节，保护和改善生态环境是躲不开绕不过的一道“坎”。具体表现在如下几方面。

（1）破解资源能源约束难度加大。土地、水、林业、矿产等资源总量较小，支撑保障能力不足。耕地资源紧缺，后备资源数量少，建设占用耕地占补平衡难度加大。江苏全省土地开发强度接近21%，苏南地区接近28%，建设用地刚性需求与耕地保护矛盾突出。能源消费结构不合理，煤炭和石油分别占一次能源消费的75%和16%。能源消耗总量大，利用效率较低，供需矛盾十分突出，92%以上的煤炭、93%以上的原油和99%以上的天然气依靠外省或者进口。随着工业化、城市化加速推进，资源能源约束将不断加剧。

（2）转变发展方式难度加大。经济发展方式尚未根本转变，结构性矛盾依然突出，产业结构仍然偏重，高污染、高能耗行业仍占有较大比例。第一、三产业对经济增长的贡献率较低，过高依赖第二产业的发展。新兴产业尚未形成主体支撑，现代服务业发展不快，服务业增加值占地区生产总值比例明显低于发达国家60%的平均水平。提高自主创新能力需要较长过程，科技进步贡献率、全社会研发投入占地区生产总值比例和有效发明拥有量等与创新型省份建设的要求还有一定差距。

（3）改善生态环境质量难度加大。生态环境总体上仍没有迈过高污染、高风险阶段，环境问题呈现压缩型、复合型、结构型特点，部分生态敏感地区和重要生态功能区遭到破坏，重金属、持久性有机物和土壤污染等环境问题将集中显现，突发性环境事件呈增多趋势。实现太湖水质全面改善、淮河流域水质稳定达标、灰霾天数大幅减少、农村环境明显改善、重要生态功能区有效保护等目标，需要在更加广泛的领域和更加深入的层面推进污染治理及生态修复。

（4）生态文明制度建设有待加强。生态文明建设考核奖惩机制不完善，政绩考核体系仍然侧重于考核经济发展指标。生态文明法律法规不健全，循环经济、生态修复、环境公益诉讼、生态补偿等重点领域的地方法规尚未出台，环保责任追究和环境损害赔偿制度有待进一步加强。生态文明建设投入与实际需求还存在较大差距。资源有偿使用和生态补偿等机制没有全面建立，排污权交易、绿色信贷、环境责任保险等仍处于探索与试点阶段。

（5）全社会生态文明意识有待加强。部分领导干部对生态文明建设的重要性认识不足，执行节约优先、环保优先方针不坚决，少数地方还存在牺牲环境利益换取经济增长的现象。企业环保责任意识不强，超标排放、非法排污、恶意偷排等行为依然存在。全社会生态文明理念还不牢固，尊重自然、顺应自然、保护自然的意识还没有真正形成。传统的生活方式和消费理念尚未转变，绿色消费、绿色出行等还没有真正成为人们自觉遵守的道德准则和行为规范，提高全社会生态文明意识任重道远。

面对新的严峻挑战和历史机遇，江苏省紧紧抓住机遇，勇于面对挑战，切实破解难题。首先，江苏按照十八大提出了“五位一体”总布局和推进“两个率先”的要求，确立了生态文明建设的总体目标：经过 10 年左右的努力，实现生态省建设目标，率先建成全国生态文明建设示范区。到 2017 年，80%的省辖市建成国家级生态市。到 2022 年，全省所有省辖市建成国家级生态市，实现“四个显著”——生态文明理念显著增强、绿色发展水平显著提升、污染排放总量显著下降、生态环境质量显著改善。

为了率先建成生态文明建设示范区，江苏省还确定了生态空间保护、经济绿色转型、环境质量改善、生态生活全民、生态文化传播、绿色科技支持、生态制度创新“七大行动”。此外，为了让生态文明可观可感，按序时进度推进，江苏省制定了“推进生态文明建设指标体系”，涵盖生态空间、生态经济、生态环境、生态生活、生态文化和生态制度、百姓满意度等七大类 20 项 46 个指标。该指标体系以生态文明建设工程指标为基础，参考了全国生态文明建设试点示范区指标，与江苏省“八项工程”指标体系、“十二五”规划指标体系、苏南地区现代化建设指标体系和新修订的基本实现现代化、小康指标体系相衔接。其中，46 个指标中有 21 个是“约束性指标”，如耕地保有量保持在 475 万 hm^2 以上等；到 2015 年，单位 GDP 能耗从目前的 0.57tce/万元降低到 0.51tce/万元、水耗从目前的 $102m^3$/万元降低到 $90m^3$/万元。同时，针对约束性指标实行“一票否决”制，对不顾生态环境盲目决策、造成严重后果的，严肃追责。

另外，生态文明建设并非孤立而行，在保持与全面小康、基本现代化等的继承延续的同时也有创新。例如，针对国土开发强度过高的情况，率先制定生态红线保护规划；针对生态文明建设顶层设计难点问题，提出完善绿色发展评价体系、建立生态决策机制，从根本上扭转“GDP 至上”的传统观念。由于消费行为直接影响资源环境，生态文明建设特别强调社会公众参与，提出引导居民树立健康消费理念，形成合理消费行为，反对铺张浪费、过度包装等奢华消费。具体的细化指标也纳入了生态文明建设的“硬约束”：到 2015 年，全省 8%的人口实现垃圾分类收集、23%的城市居民出行将依靠公共交通；到 2022 年，两者分别达到 30%、26%。为保障居民健康生活水平，江苏省还确定了区域统筹供水、绿色建筑比例、食品安全等系列指标，如城乡统筹区域供水覆盖率至 2015 年达 92%、食品及鲜活农产品抽检质量安全平均合格率保持在 93%以上。同时，指标设定时，充分考虑我省生态文明建设的热点问题，设置了“自然湿地保护率、城市（县城）污水处理厂尾水再生利用率、村庄环境整治达标率”等特色指标。同时设置了“人民群众对生态文明建设成果满意度”指标，2022 年率先建成生态文明建设示范区时需得到 80%的人民群众认可。

（三）浙江省

建设生态文明，实质上就是要建设以资源环境承载力为基础、以自然规律为准则、以可持续发展为目标的资源节约型、环境友好型社会，实现人与自然和谐相处、协调发展。自 2002 年起，浙江省委先后提出“建设绿色浙江、建设生态省、建设全国生态文明示范区”的战略目标。在全面分析形势和任务，认真总结生态省建设经验后，浙江省关于更好的推进生态文明建设，作出如下举措。

1. 全方位推进生态文明建设

坚持生态文化、生态经济、生态环境“三位一体”，全方位推进生态文明建设。

浙江省先是在国家确定的安吉县试点中探索。试点初期，安吉县在编制生态文明规划时，从生态文明的意识、行为、制度三方面来设置指标、提出任务，按照“以生态文化为先导、以生态经济为支撑、以生态环境为保障”的思路来推进。以生态文化为先导，就是首先解决生态文明的信念支撑、道德规范和制度约束问题；以生态经济为支撑，就是坚持绿色引领，走人与自然和谐的可持续发展之路，重点是要优化经济布局，调整产业结构，淘汰重污染产业，建立资源节约型、环境友好型的生产方式和消费模式；以生态环境为保障，就是加强污染防治，保护生态，营造宜居和可持续发展的自然环境。这些工作都是有形的，可以结合我们的日常经济社会活动，分解为具体任务，其结果是直观的、可考核评价的，所以群众普遍接受并践行在日常生产生活之中。实践证明，安吉县的生态文明建设取得了明显成效。特别是生态经济的发展和生态文化的倡导走在浙江省乃至全国的前列。作为一个山区县，全县农民人均纯收入超过 13 000 元，达到全省平均水平，在生态环境改善的同时，经济持续得到发展，人民福利得到提升。2010 年 7 月，浙江省委在第十二届七次全会上讨论通过了《关于推进生态文明建设的决定》。《决定》阐述了推进生态文明建设的重大意义，明确提出了建设的主要目标，就是要实现生态经济加快发展，生态环境质量保持领先，生态文化日益繁荣，体制机制不断完善。在此基础上，浙江省委、省政府制定了为期五年的“811”生态文明建设推进行动方案，提出节能减排、循环经济、绿色城镇、美丽乡村、清洁水源、清洁空气、清洁土壤、森林浙江、蓝色屏障、防灾减灾和绿色创建等 11 个专项行动，基本囊括了经济社会发展的重要领域，同时，建立了 11 项保障措施，研究制定生态文明建设评估指标体系和考核体系，保障生态文明“三位一体”协同推进。

2. 形成共建共享生态文明的社会行动体系

生态文明涉及经济社会发展的方方面面，必须由全社会共同参与，形成共建共享的社会行动体系。浙江省成立了以省委书记为组长、省长为常务副组长、40 个部门主要负责人为成员的生态省建设工作领导小组，各市县也层层建立领导小组。各级领导小组办公室（生态办）设在环保部门，承担制订计划、分解任务、考核落实等日常事务，赋予了环保部门指导、协调和督促生态文明建设的职能。这样，基本构建起党委领导、政府负责、部门协调、全社会共同参与的大工作格局。在考核体系上，浙江省每年都要召开生态省建设工作领导小组会议，进行总结评价，评定各市和各部门的考核名次，考核结果作为评价党政领导班子实绩和领导干部任用与奖惩的重要依据。在共建共享载体设计上，开展了绿色系列创建活动，从生态市、县

（市、区）创建，环保模范城市创建和绿色细胞创建等3个层面加以深入推进，从而调动了各个方面的积极性，促进了生态环保各项目标任务分解落实，也让广大公众得到参与、得到实惠。在制度框架建设上，按照环保监管主体是政府、污染防治主体是企业、环保监督主体是公众的三大责任主体定位，构建环保制度框架体系，从政策、法规、标准、规划等4个方面加以约束和引导，推动环境保护和生态文明建设从部门走向社会、从政府走向民间。

3. 治理突出环境问题

发展的最终目的是为了改善人民的福利，提高人民的生活水平。如果经济发展破坏了自然环境，损害了公众健康，影响了社会和谐稳定和可持续发展，那是一种发展的异化，背离了发展的初衷和终极目标。这样的发展必然导致灾难，最终要遭到抛弃。基于环保基础上的生态文明，就是要着眼于经济社会与环境相协调，改变高消耗、高污染、以牺牲环境为代价的传统发展方式。所以，解决突出环境问题是推进生态文明建设的首要任务和基本要求，也是关系公众切身利益的最现实、最直接的问题，是公众的基本诉求。浙江省从2004年开始，连续开展了“811”环境污染整治行动和“811”环境保护新三年行动，将之作为生态省建设的标志性工程，重点解决了一批流域性、区域性、行业性的突出环境问题。新一轮的“811”生态文明建设推进行动尽管涉及领域很广泛，内容大大拓展，但依然把深化重点流域、重点区域、重点行业、重点企业污染整治，解决突出环境问题作为一个基本着力点。在强化污染防治的同时，也十分重视环境监管，维护环境安全，保障公众环境权益。坚持把规范环境行为、建立良好环境秩序作为生态文明建设的一项基础性工程，实行最严格的环保制度，切实加大执法监管力度。2011年浙江全省环境违法处罚额超过4亿元，平均个案罚款4.4万元，刑事、行政拘留了170多人。省环保厅还加强与公检法的联动协调，与法院开展了环保非诉案件强制执行，与检察院开展了环保公益诉讼，公安机关在环保设立联络室并联合开展执法行动，出重拳、打组合拳，始终对违法行为保持高压态势，守牢生态文明建设的法律底线。

4. 构建科学合理的生产生活方式

生态文明建设本质上着眼于实现人与自然、经济社会和环境协调发展，是为了构建科学合理的生产生活方式和社会行为体系。特别是像浙江这样资源匮乏、环境承载能力弱的省份，在推进工业化、城镇化的过程中，必须把转变发展方式、破解资源环境瓶颈制约作为生态文明建设的关键之举。所以要坚持绿色引领发展、环保倒逼转型的理念，走环保优化发展之路。一是优化空间布局。全面实施生态环境功能区规划，实行严格的环境空间管制，使人口集聚、经济活动、城市化推进与生态环境承载相适应。二是加强标准引领。建立“阶梯型”的环境标准引领体系，逐轮淘汰落后产能。“十二五”期间着重开展铅蓄电池、电镀、印染、化工、造纸、制革等六大行业的整治提升工作。2011 年已完成铅蓄电池整治，全行业 273 家企业关闭了 211 家。通过标准引领、依法管制，促进结构调整、产业升级。三是严格准入把关。出台政府规章，确立空间准入、总量准入、项目准入“三位一体”和专家评价、公众评议“两评结合”的环境准入制度，落实对建设项目的全方位、全过程监管。四是严格公正执法。坚持“零容忍”，坚决打击转嫁环境成本、逃避监管、维持落后产能的违法经营行为，营造公平公正的市场竞争环境，促进转型升级。

（四）福建省

福建省的生态省建设是该省生态文明建设的重要载体，早在 2002 年，福建成为全国第四个开展生态省建设试点的重要省份。生态优势是福建最具竞争力的优势，具体表现在以下几方面：①生态环境质量位居全国先进水平。全省森林覆盖率从 2001 年的 60.5%上升到目前的 63.1%，连续 35 年保持全国第一；已建成自然保护区 93 个、风景名胜区 51 个、地质公园 12 个、森林公园 105 个、国家湿地公园 3 个，受保护地区占全省土地面积的比例达到 12%。②城乡人居环境比较优美、舒适。福建是全国唯一水、大气、生态环境全优的省份。2011 年，全省 12 条主要水系水域功能达标率为 96.5%；23 个城市空气质量均达到国家环境空气质量二级标准，全省城市环境空气质量保持在优良水平；近岸海域Ⅰ、Ⅱ类水质面积所占比例达 57.2%，居全国前列；拥有 3 个国家环保模范城市、2 个国际花园城市、8 个国家园林城市（县城）。③生态效益型经济初具规模。全省已有 300 多家重点企业开展清洁生产审核，100 多个组织通过 ISO14000 环境质量体系认证，单位 GDP 能耗降至 0.783tce/万元，居全国第六位。④生态安全保障体系基本形成。全省建成江海堤防总长达 5800 多公里，沿海防护林基干林带达 3037km；综合气象服务、海洋环境监测网络更加完善，气象预警信息覆盖率达 90%以上；地质灾害综合管理信息系统和群测群防网络初步建成。

从 2002 年开始，福建省政府大力推进生态省建设，把增创生态发展新优势作为推进科学发展、跨越发展的重要着力点。2004 年出台《福建省建设总体规划纲要》，2010 年省人大常委会在全国率先作出《关于促进生态文明建设的决定》，2011 年出台《福建生态省建设“十二五”规划》，并在省九次党员代表大会上进一步提出“建设更加优美更加和谐更加幸福的福建”的目标要求。10多年来，围绕生态省建设采取了一系列有力措施，为今后建设“美丽福建”打下了坚实基础。

第一，突出自然生态系统建设。福建省委、省政府认真总结推广长汀经验，把水土流失治理作为生态省建设的突破口，在全省22个水土流失重点县开展声势浩大的治理工程，全省已累计治理水土流失面积1.23万km^2。同时，把造林绿化作为生态省建设的重点任务，先后作出建设海西林业、实施“四绿工程”、开展“大造林”活动等部署，仅2011年以来就完成造林1000多万亩；推行海域资源有偿使用制度，严格控制围填海工程，建立海洋生态保护区，海洋生态环境总体较好。

第二，突出发展绿色经济和循环经济。省委、省政府一直注重处理好经济建设与生态建设的关系。例如，严格项目准入门槛，坚持“宁可少一点也要好一点，宁可少一点也要实一点”，把环境容量作为项目引进的重要依据，把环境准入作为项目取舍的重要标准；推动产业优化升级，大力改造提升传统产业，积极发展高新技术产业和现代服务业，2011年全省高新技术产业增加值占国内生产总值比例达到13.4%；大力推进节能减排，淘汰落后、低效产能，“十一五”期间全省共关停并转“五小工业”1.35万家。

第三，突出创新体制机制。积极探索建立生态补偿机制，2003年起先后在九龙江、闽江等流域开展生态利益共享、治理共担的补偿机制试点工作；制定出台《福建省环境保护条例》《福建海洋环境保护条例》等地方性法规，并建立生态环境保护行政执法责任制；推行领导干部环保“一岗双责”，把环境保护列入各级政府绩效考核，并将考核结果作为评先选优和干部提拔任用的重要依据；在全社会强化生态文化理念和行为养成，积极开展文明城市、卫生城市、园林城市、环保模范城市创建工作，开展绿色机关、绿色学校、绿色社区等群众性创建活动。

为进一步更快更好地推进生态省的建设，以更加科学的精神完成生态文明建设各项任务，建设美丽福建，就需要做到如下几方面。

（1）坚持以转方式调结构为核心，大力发展生态效益型经济。推进生态文明建设，建设美丽福建，核心问题是转变发展方式。福建是能源资源相对短缺的省份，绝不能再走依靠资源消耗的粗放发展之路，而要走资源节约、环境友好、可持续发展的绿色之路。必须坚持绿色低碳发展导向，着力调整优化产业结构，加快构建绿色低碳产业体系；把发展战略性新兴产业和高新技术产业作为加快转变经济发展方式的重要突破口，着力培育壮大新一代信息技术、生物医药、新材料、新能源、节能环保、高端装备制造、海洋高新产业等战略性新兴产业。

（2）坚持以生态建设与环境保护为重点，努力构筑生态屏障。要强化生态功能区划的实施和管理，积极推进重点生态功能保护区建设，加强生态保护和修复，确保生态功能基本稳定。要持续推进林业发展，提高林地保护和管理能力，提高森林资源质量，强化森林资源的生态功能。要完善流域生态补偿具体实施办法，推进生态环境跨流域、跨行政区域的协同保护。要加强湿地和自然保护区管理，实施生物多样性保护工程建设和对重要生态功能区的抢救性保护。要按照福建“十二五”规划要求，切实做到两个保持：继续保持森林覆盖率居全国首位，继续保持生态环境质量居全国前列。

（3）以坚持优化城乡人居环境为落脚点，促进人与自然和谐发展。要扎实推进生态镇村、生态县市区建设，打造具有福建特色的人居环境品牌。要结合社会主义新农村建设，加快推进农村环境连片综合整治。要加强城市生态社区建设，做好城市景观道路绿化美化亮化，增加城市健康锻炼场所，发展步行栈道和森林公园，使生态环境成为百姓的最爱。

（4）坚持以大力弘扬生态文化为基础，培育良好社会风尚。要加强生态文明建设的基础教育，组织开展以提高人的素质和全社会文明程度为主要内容的宣传活动，弘扬生态文化，强化全社会生态文明意识。要加强“消费要对环境负责”的思想教育，倡导节俭文明的生活方式，减少消费过程产生的废物和污染物。特别要重视抓好生态诚信教育活动，治理餐桌污染，保证食品卫生安全。要推进生态文明建设中生态环境的信息公开化，调动全社会力量开展环境保护活动。要建立社会公众参与生态文明建设的有效机制，扩大和保护社会公众享有的生态环境权益，使公众成为福建生态文明建设的重要力量。要引导和规范民间环保组织的发展，使其成为推动环境保护和生态文明建设的重要力量。

（5）坚持以制度化建设为支撑，为建设美丽福建提供制度保障。要研究建立符合不同区域、不同层次、不同类型领导班子和领导干部特点的绩效考核评价体系，将不同主体功能区各有侧重的绩效考核评价结果，作为地方党委、政府领导班子和领导干部选拔任用、培训教育、奖励惩戒的重要依据；要探索制定促进主体功能区划落实的相关配套政策，包括建立规范的财政转移支付制度、建立常态化和激励性的生态补偿机制，提高现行生态补偿标准，设立限制发展区发展与保护专项资金和“飞地经济”激励资金，扩大资源税征收范围，探索开征环境税等，以更好地激发生态保护的积极性；要健全生态环境保护责任追究制度和环境损害赔偿制度，努力增强企业法人的生态环境保护意识和生态环境保护的责任感与使命感；要创新山海协作模式，深入实施“人往沿海走、钱往山区拨，沿海主要发展产业、山区主要保护生态，发展飞地经济、促进山海互动”的山海协作新模式，推动区域统筹协调发展。

（五）广东省

建设生态文明是人与自然依存关系的必然要求，也是当今世界文明发展的必然趋势。改革开放以来，广东经济社会发展取得的成就举世瞩目，但也付出了相当沉重的代价。这就是资源的巨大浪费和生态环境的严重恶化，人们的身心健康受到严重威胁和经济社会的发展难以为继。其存在的主要问题表现在如下几个方面。

（1）能源匮乏、消耗巨大，空气、酸雨污染问题突出。广东省的人均一次性能源储量不到全国的1/20，2010年单位GDP能耗约是日本的4倍、美国的2倍、世界平均水平的2倍，由此造成二氧化硫和烟尘等污染物排放居高不下。

（2）水资源量有限，但浪费大，水质污染严重。全省人年均水资源量低于全国平均水平，但用水量则高于全国水平，万元GDP用水量约为发达国家的近10倍。2010年全省污水排放总量79.48亿t，较上年增长9.93%。主要城市水源地水质还未完全达标，珠三角等城市江段水质大部分属劣于Ⅴ类，水质污染严重，资源性与水质性缺水并存。

（3）土地资源紧缺、生态受到严重威胁。广东人均土地和耕地资源不到全国人均水平的一半，但局部地区土壤污染、水土流失严重，生物多样性受到严重威胁。

上述触目惊心的数据，显示了广东省资源、生态、环境乃至生存的重重危机。产生的原因主要包括：一是粗放型经济发展方式仍未根本改变；二是生态、环境立法体系不完善；三是公民生态意识还比较淡薄；四是有关激励政策还不够完善。如果不认真反思人与自然关系中的资源环境代价，必然会使“资源难以支撑、环境难以容纳、健康难以承受、发展难以持续”。

针对以上存在的问题，广东省积极作出对应措施，主要有如下几方面。

1. 树立科学发展观，完善干部政绩考核体系

能否把科学发展观切实落实到位，关键在于各级领导干部。从某种意义上来说，他们的政绩观和发展观相互影响，并直接决定生态文明建设进程。广东省目前推行以GDP为主要考核指标的干部政绩考核体系，并要建立强有力的约束机制，即领导干部的生态环境问责制，建立生态文明指标体系，按照不同的生态功能区，将其中的主要指标真正纳入领导干部的政绩考核体系之中，对于重要指标甚至可以采取一票否决制。

2. 建立科学决策监督机制，完善相关法律法规体系

科学决策、民生监督和法律法规是生态文明建设的保障。一是对于重大决策、政策的出台及重大建设项目的布局和建设，要广泛听取社会各界，特别是人大、政协、民主党派、专家学者的意见，同时还应该进行环境影响评估，实现决策的科学化、民主化、规范化、制度化；另外在决策和项目的实施过程中，还要加强民主监督，发现问题，及时纠正。二是在现行法律法规的基础上，加快制定促进循环经济发展，有利于资源节约保护、废物回收利用、鼓励绿色消费、政府采购，以及公众参与环保、生态用地保护、土壤污染防治、建筑节能等比较完整的生态文明建设政策法规体系。三是加大执法力度，淘汰落后产能，提高违法成本，强化相关部门的监管职能，严格环保准入，杜绝各种过度包装等浪费资源的现象。

3. 发挥政府主导作用，加快生态文明建设步伐

生态文明建设的紧迫性和复杂性，决定了它必须由政府来牵头和主导。政府的主导作用应体现在以下几个方面：首先，各级党委政府需把生态文明建设工作列入重要议事日程，成立生态文明建设领导小组，加强对这项工作的指导、协调和督促。其次，启动生态文明建设规划，明确生态文明建设的目标意义、战略步骤、战略重点和政策措施。最后，建立相应的激励和约束机制。深化资源价格制度改革，建立能反映资源稀缺程度的价格形成机制；建立资源、环境容量（排污权）交易制度；对采取清洁生产工艺和资源循环利用的企业，加大税费减免力度，对环境友好型企业或机构，提供贷款扶持并实行优惠利率；对欠发达地区加大生态建设的财政转移支付力度，在实现生态保护目标的前提下，实施生态补偿制度。

4. 贯彻落实科学发展观，转变经济发展方式

加快转变经济发展方式，大力发展循环经济，是迈向生态文明的重要途径。一是要加大科技投入，提高自主创新能力，充分利用国内外先进技术，努力推进传统产业向高新技术产业升级，转变粗放的经济发展方式。大力发展以“减量化、资源化、再循环”为原则，以低消耗、低排放、高效率为特征的循环经济。二是提高能源利用率，改善能源结构。研究和推广应用新的节能技术，提高能源利用水平，强化节能降耗目标管理，加强对重点耗能企业的监控。同时，加快发展核能，加大对太阳能、风能、水能、潮汐能、生物质能等可再生能源的研究和开发利用力度，优化我省的能源结构，保障能源供给安全，建立可持续发展的能源体系。三是重视建筑、交通节能，积极发展绿色建筑和低碳交通。加大植树造林和森林植被保护力度，以增加森林碳汇。逐步推广排污权交易、碳交易等市场化交易平台，提高节能减排的管理效率；在生态建设方面，通过创新体制与机制，引入多元主体、形成全社会参与的环境保护与生态建设新格局。

5. 加快发展生态化的服务业和生态农业

发展生态化的服务业，一是加快发展生态旅游业。二是加快推进制造业产业链向高附加值、环境友好的环节延伸。发展生态农业一是推广农业产业化和生态农业模式，实现农业生产的科学化、标准化、规范化，以减少引起面源污染的农药、化肥、地膜的使用。二是加快形成绿色农产品体系，加强农产品质量监管。突出发展适应国内外市场需求的绿色名特优农产品，实现品种优质化、生产集约化、产品安全化和管理科学化。建立农产品生产、加工绿色认证体系。重点解决动植物病虫、畜禽药物残留与卫生质量、大宗农产品的农药残留和重金属污染等问题。

6. 开展生态文明教育，提高公民生态意识

建设生态文明，离不开每一位公民的积极参与。因此我们应当开展形式多样、丰富多彩的教育活动，普及生态科学知识，将生态文明的理念渗透到生产、生活的各个方面，增强全民的生态忧患意识、参与意识和责任意识。要积极倡导绿色消费，在日常生活与消费中，培育节约与环保理念，鼓励使用绿色产品。形成节约环保光荣、浪费污染可耻的社会风尚。要加大环保公众参与的宣传力度，让每一位公民都愿意和能够充分地履行自己的环保参与权和监督权。

（六）辽宁省

以辽宁省对于辽河流域的生态文明建设实践为例，辽河流域位于我国东北地区的西南部，包括辽河和浑太河两大水系。辽河流域是我国经济较发达的地区，随着经济的不断发展，流域环境也不断遭到破坏，具体表现在如下几方面（张小光，2011）。

（1）在水生态环境方面：中部城市群的工业污水和城市生活污水及农业的面源污染，使河流水质污染严重，水生态系统严重退化。特别是辽宁省近年来以能源、冶金、机械、建材为主的重工业的快速发展，为推动我国的城市和工业化进程作出了历史性的重大贡献。但是，经济的快速发展给环境带来了巨大的冲击，经济的增长对水资源的需求量大大超过了生态系统的更新量，造成了辽河流域水体的严重污染是必然的结果，辽河流域已有70%以上的河流断面为Ⅴ～劣Ⅴ类水质，可见辽河流域的水体污染状况十分严重。

（2）在土壤生态环境方面：辽河流域位于我国东北地区的西南部，是东北地区重要的工矿区业经济区，在我国国民经济中占有重要的地位。然而，工农业生产活动产生的大量有机污染物却使辽河流域土壤受到严重的污染。由于工农业生产活动的增加，会产生大量的不完全燃烧产物、工业废水和石油污染等，而这些工业废气物中往往含有大量的多环芳烃污染物，这类化合物具有疏水性和难降解性，会在土壤环境中会长期滞留，并且很多种类的多环芳烃具有致癌、致畸、致突变性，对生物和人类的生存和健康会构成威胁。对辽河流域表层土壤多环芳烃污染现状的研究发现，辽河流域表层土壤生态环境的污染主要是由农工业生产产生的燃烧污染和交通污染造成的，这些污染严重破坏了土壤的生态环境。辽河流域土壤中除多环芳烃污染物外，土壤养分分布也极不平衡，据调查显示，辽河流域土壤总体表现为富甲，磷氮相对缺乏。流域内的水土流失现象也较为严重，特别是坡耕地的流失，是富含养分的有效土层随径流大量流失，这些土层很难再生恢复，土壤地力也大大减退，干旱威胁也随之增加，这些都严重地威胁着辽河流域土壤的可持续发展。

（3）在植被生态环境方面：随着国民经济的迅速发展，人口、资源、环境的矛盾日益突出，由于人为造成的生态环境破坏现象日益凸显：在山坡、沟头等乱开荒，坡耕地垦殖指数增高；森林、防护林被滥砍滥伐，降低了蓄水保土能力，加速了土壤侵蚀；加上过度放牧，造成草场沙化和退化。

基于以上对辽河流域水生态环境、土壤生态环境和植被生态环境的现状分析可知，目前，辽河流域的生态环境处于极度恶化状态。大量的农工业生产造成的水体污染，不仅影响了辽河流域居民的健康生活，还造成了水资源的严重短缺，这给人民的生活和生存带来了不可想象的威胁；生产活动的增加，工业废弃物的不断排放，加速了土壤养分平衡分布的破坏，造成土壤地力的严重减退；由于人为的乱砍滥伐活动的增加，流域内植被的数量和质量受到空前的破坏，这些都加速了流域内生态环境的恶化。

辽宁省对辽河流域的环境治理和生态文明建设从激励和约束两方面全面展开，“源头严防、过程严管、后果严惩”，已在自然资源资产管理体制、资源环境有偿使用及产品价格改革、生态环境保护管理体制、生态文明技术创新支撑机制、生态文明建设考核评价机制和法规保障机制等方面展开行动，正快步形成一套系统完整的生态文明制度体系。

按照控源、截污、生态恢复和优化发展“四位一体”的原则，辽宁省重点组织实施了污染源头治理、干流重点生态保护与恢复、支流河口湿地建设及垃圾处理等197个治理项目；在“大浑太”治理歼灭战中，以水污染防治带动城市布局和产业结构调整，实现水环境、景观环境、生态环境和城市发展环境4个环境的推升，重点实施了污染源头治理、河流综合整治和农村环境治理等135个项目。

目前，辽河流域生态文明建设规划已初步形成。辽宁省编制了《辽河流域生态带规划纲要》，辽河保护区内市、县均制定了生态带建设规划；通过实施河道清淤、生态护岸、恢复水生植物等工程，整治河道167km，将石佛寺水库由滞洪功能转为生态功能；实行退耕还河、自然封育，从沿河农民手中回收回租河道内侧河滩地58万亩；编制了《辽河生态文明示范区旅游发展规划》，将辽河干流自身的旅游资源系统梳理整合推出，展示了辽河生态文明示范区的建设成果。

六、典型生态文明城市建设实践分析

城市是生态文明战略得以实现的主要载体之一，我国自从提出生态文明战略以来，就有很多城市开始积极探索、试验，以建设生态文明城市为重要形式来实现这一战略目标。其中，最具代表性的城市有贵阳、厦门、深圳等。因此，本节选择以这3个典型城市来进行生态文明建设的具体分析，试图总结各自的生态文明建设模式，并加以比较。

（一）贵阳

贵阳是属于依托生态优势发展模式的典型城市代表。它的生态文明建设，可以追溯到贵阳作为全国最早的循环经济试验城市之一，当时因成效显著而荣获“中国城市管理进步奖”。由此，贵阳定下更高的发展目标：建设生态文明城市。在中共贵阳市委八届四次全会审议通过了《中共贵阳市委关于建设生态文明城市的决定》，正式提出把贵阳建设成为生态文明城市，并作出了全面部署。贵阳是党的十七大报告提出“生态文明”理念之后，首个明确将其作为总体战略目标的城市。

贵阳在生态和气候上具有很大优势：它是国家首座森林城市，林业用地占全市土地面积的40%，森林覆盖率为34.76%；并且具有独特的“夏季避暑舒适型气候资源”，它是由中国气象学会授予的“中国避暑之都”，以及联合国组织直属机构中国城市竞争力研究会等授予的“2006中国十佳避暑旅游城市”。正是在气候和生态上所具有的“比较优势”基础上，贵阳市委借鉴世界先进城市的成功经验，率先提出了把贵阳建设成为生态文明城市的战略构想，并将发挥比较优势，做大做强生态产业。

（二）厦门

厦门属于生态优先发展模式的典型城市代表。2001年厦门就提出了“生态立市”的战略目标，率先提出“努力创建生态型城市，促进人与自然和谐相处，发展生态文明”的理念和政策措施；率先制定了“生态文明（城镇）指标体系”，并制定和实施《厦门生态文明市建设纲要》，成立市生态文明建设领导小组和办公室，推动全民参与生态文明创建活动。厦门经济特区一直是我国改革开放和现代化建设的重要窗口和试验区，在它的实践发展中走出了一条物质文明、政治文明、精神文明与生态文明协调发展的道路。厦门制定的“生态立市、文明兴市，保护优先、科学发展”方针，为其建设生态文明城市奠定了良好基础。这些年来，厦门不仅实现了经济社会的繁荣，在生态环境方面也成绩优异，获得了“中国环境保护模范城市”“国家卫生城市”“国家园林城市”“中国优秀旅游城市”“全国人居环境奖”和“联合国人居奖”等一系列称号。厦门的发展模式，实际上就是一种不断探索建设生态文明，努力实现可持续发展的模式。

厦门生态文明建设的基本经验可以归纳为7个方面：一是着眼于社会自然生态一体化，树立生态城市建设理念；二是坚持以制度保障为先，积极构建生态城市治理结构；三是积极调整产业结构，大力发展生态经济；四是注重节约资源，通过资源集约化利用来拓展城市发展空间；五是自觉进行生态修复，实现生态与人居环境和谐；六是主动开展区域综合整治，勇于承担生态共同责任；七是坚持以人为本，推动公众参与群众性的生态文明创建活动。

（三）深圳

深圳属于提高品位内涵发展模式的典型城市代表。2008年2月29日，深圳市政府四届八十七次常务会议，原则通过了《深圳生态文明建设行动纲领（2008-2010）》（以下简称《纲领》）及9个配套文件和80个生态文明建设工程等系列文件。根据该系列文件，深圳将采取切实措施加强城市生态文明建设，力争用2～3年的时间，全面推动城市品位和内涵迈入新境界。这是全国首个专题围绕生态文明城市建设而提出的地方政府文件。

深圳推出《纲领》及系列配套文件的目的，是要通过长期不懈的努力，加强城市生态文明建设，全面提高城市品位内涵，全力推动深圳向国际一流城市靠拢，努力把深圳建设成为中国最美丽、最干净、最生态化的城市，建设成为中国风格、中国特色、中国气派的现代化国际化城市，建设成为可持续发展的全球先锋城市。

总之，各个城市在推进生态文明建设，努力实现生态文明战略目标的过程中，一定要结合自身实际，从基本条件和现状出发，因地制宜地制定行动纲领，实施途径与发展模式。例如，生态资源丰富、而经济发展欠发达的地区，应依靠生态优势发挥潜力，做大做强生态产业，推动城市转型，同时做好生态保护。有一定生态条件、经济基础也较好的城市，应以生态发展为先，促进人与自然和谐相处，实现生态文明。经济发达、生态受忽略的城市，要通过走生态优化的道路实现城市品位内涵的提升，进而实现生态文明战略目标。总结即为：以生态文明理念协调城乡规划与其他相关规划；以创建生态市为载体推进生态城市建设；发展循环经济、低碳交通与生态社区；鼓励公众参与生态文明与生态城市建设。

第五节　我国生态文明建设经验总结与分析

一、我国生态文明建设的实践探索

（一）建立生态文明建设法规和政策体系

从20世纪70年代开始，我国开始关注环境问题，党和政府对环境问题的认识逐步上升到生态文明的高度，并将其作为党的纲领和国家战略。从1979年《环境保护法》颁布以来，国家先后颁布实施一系列生态、环境、资源保护的法律法规，初步形成了国家的环境法规体系。制定实施《全国生态建设规划》《全国生态环境保护纲要》《全国生态功能区划》等一系列重要规划，强化生态和环境保护的执法和监督力度，建立了科学、合理、有效的执法和监督机制。环保部门认真履行职责，形成内部互动、上下联动的整体执法机制；环保、工商、公安、安检和各经济主管部门之间加强协调，建立了案件移送制度和联合执法机制；加强人大监督，开展舆论监督，发动群众监督，健全了资源环境执法监督机制。各级在执法过程中，坚持依法行政，坚决克服和纠正环境执法中的地方和部门保护主义，打击权法交易、钱法交易行为，维护了环境法治的统一和尊严。

（二）大力推动经济结构调整和发展方式转变

一是加快落后产能淘汰。制定了有关法律法规和政策标准，加快淘汰了一大批落后生产能力。特别是抓住落后产能相对集中的重点行业，依法淘汰了一批破坏资源、污染环境和不具备安全生产条件的小钢铁、小焦炭、小水泥、小电石、小火电和小煤炭。二是加快传统产业升级。组织实施了一批重点工业产业调整振兴规划，支持企业技术改造，促进淘汰落后产能和企业兼并重组，提高先进生产能力比例和资源能源利用效率。三是大力推动绿色、循环、低碳发展。2005 年国务院印发了《关于加快发展循环经济的若干意见》，2006 年将循环经济关键技术列入《国家中长期科学与技术发展规划纲要》，2008 年发布了《循环经济促进法》，组织开展国家循环经济试点示范。2010 年发布了《国务院关于加快培育和发展战略性新兴产业的决定》，明确将节能环保等 7 个产业领域作为战略性新兴产业发展方向。启动了新兴产业创业投资计划，支持节能环保、新能源等领域创新企业的成长。四是促进区域协调发展。实施区域发展总体战略和主体功能区战略，推进西部大开发、振兴东北地区等老工业基地、促进中部地区崛起、鼓励东部地区率先发展（舒基元和杨峥，2003）。

（三）全面促进资源节约集约利用和节能降耗

一是大力推动节能减排。2007 年，中央 17 个部门在全国范围内组织开展了“节能减排全民行动”。在工业锅炉、热电联产等领域实施十大重点节能工程，开展千家企业节能行动，加强重点能耗企业节能管理，推动能源审计和能效对标活动。积极推动制造技术领域、建筑节能领域、交通运输领域的专项行动。推进传统能源的清洁化利用。发布了《“十二五”节能减排综合性工作方案》。二是开发和推广节约、替代、循环利用的先进适用技术。各级抓紧编制实施能源资源节约、替代和循环利用的科技规划，大力开发和推广节水、节能、综合利用等关键技术实，实施能源领域重大科技专项和重大技术改造。支持了一批节能、节水、清洁生产和资源综合利用的技术开发、推广和产业化项目。三是大力发展清洁能源和可再生能源。积极开发利用水电，大力发展风电产业，广泛应用太阳能，安全高效发展核电，开发利用生物质能等其他可再生能源，促进清洁能源分布式利用。四是加强资源节约集约利用。强化矿产资源集中统一规划与管理，鼓励和支持大中型矿山开展综合勘查、综合评价和综合开发，建立了矿山环境恢复治理保障金制度，深入推进矿山环境整治工作，开展绿色矿山试点单位建设。建立最严格的耕地和水资源管理制度。开展节水型社会建设试点，开展节水产品认证，逐步完善农业、工业和城镇生活节水技术标准体系。发布实施了《海域使用管理法》《全国海洋功能区划》《海岛保护法》《海水利用专项规划》，开展各种类型海洋自然保护区、海洋特别保护区、海洋水产种质资源保护区和海洋公园的建设，建立海洋牧场示范区，合理开发与积极保护海洋资源（杨东平，2008）。

（四）稳步推进污染防治和生态修复

一是健全污染防治制度和标准体系。2008 年，中国将原国家环保总局升格为环保部，进一步强化了政府环境保护职能。颁布实施《环境影响评价法》，预防因规划和建设项目实施后对环境造成的不良影响。修订了《水污染防治法》，强化了重点水污染物排放总量控制、排污许可和饮用水水源保护区管理制度，增加了农村面源和内河船舶污染防治、水污染应急处理等重要内容。颁布和修订了室内空气质量、火电厂、水泥工业、机动车等污染物排放国家标准。二是全面清查环境污染状况，组织开展全国污染源普查、全国土壤污染状况调查和超标耕地综合治理。三是大力开展污染防治。采取工程减排、结构减排和管理减排等综合措施，大力推进主要污染物总量控制，以城乡居民饮用水水源保护、重点流域污染为重点加强水环境治理，以实施除尘脱硫工程、淘汰落后产能、联防联控、机动车污染防治和扬尘治理为重点推动大气环境改善，加强工业三废、生活垃圾、电子垃圾、危险废物和危险化学品管理和安全处置。开展了农村环境综合整治和连片整治，建成一批土壤污染防治国家重点实验室和土壤修复工程技术中心，提升了土壤污染防治的科技水平和支撑能力。四是加强生态保护和恢复。《全国主体功能区规划》明确提出了构建“两屏三带”生态安全战略格局的目标和任务，造林步伐继续加快，继续实施林业六大工程；“十一五”以来，先后发布了《国家重点生态功能保护区规划纲要》《全国生态功能区划》《生物多样性战略行动计划》等一系列生态保护的政策文件。通过建设湿地保护网络体系、防沙治沙工程、生物多样性保护等措施，使生态恶化的趋势得到控制。五是积极应对气候变化，相继成立了国家气候变化对策协调小组、国家应对气候变化领导小组、国家发展改革委应对气候变化司、国家气候变化专家委员会等机构，颁布实施了《中国应对气候变化国家方案》和《“十二五”控制温室气体排放工作方案》，积极开展适应行动（杜鹰，2012；张美君，2014）。

（五）积极推动绿色消费

一是倡导绿色消费理念，组织开展节能减排全民行动、全国节能宣传周、全国城市节水宣传周及世界环境日、世界地球日、世界气象日等宣传活动，加大资源环境国情宣传教育，提高全体公民节能环保意识，为树立“绿色消费”理念创造了良好氛围。二是发挥政府节能示范带动作用，2004 年，中国政府开始实施节能产品优先采购政策；2007 年，建立了政府强制采购节能产品制度。三是实施标准、认证和能效标识制度。四是实施节能产品惠民工程，2009 年开始以财政补贴方式推广高效节能产品。五是大力发展公共交通。城市轨道交通和快速公交迅速发展，以步行、自行车为主的慢行交通系统建设进展加快（李学军，2009；解振华，2013）。

（六）深入开展生态文明宣教和示范创建

一是开展多种形式宣教，党和国家注重运用各种教育手段和大众传媒工具，加大生态文明建设的宣传教育力度，营造了有利于生态文明建设的社会氛围。2011 年 4 月，环保部、中宣部、中央文明办、教育部、共青团中央、全国妇联等部委共同发布《全国环境宣传教育行动纲要（2011—2015）》，部署展开了新一轮生态文明宣传教育工作。二是大力建设生态文化载体，各地积极加强公园、植物园、动物园、博物馆等建设，国家林业局、教育部、共青团中央持续开展“国家生态文明教育基地”创建活动，各级举办了多期生态文明高层论坛、生态文化论坛等，创作了一批富有震撼力的生态文学、影视和艺术作品。三是各部委积极开展多种形式的生态文明示范创建活动。环保部组织开展了生态示范区、环保模范城、生态省市县及生态文明示范创建。国家发改委组织了西部生态文明示范，水利部组织了水生态文明示范，农业部组织了美丽乡村示范创建，发改委联合六部委组织了生态文明先行示范区建设。此外还有两型社会、节水型社会、低碳城市、园林城市、森林城市等试点示范（马健芬，2008；崔如波，2008；环境保护部，2014b）。

（七）注重发挥市场和公众作用

一是加快探索生态补偿机制，在森林、草原、湿地、流域和水资源、矿产资源开发、海洋，以及重点生态功能区等领域取得积极进展和初步成效。二是强化税收和价格手段，改革不合理的资源定价制度，使资源价格正确反映其市场供求关系、资源稀缺程度和环境损害资本。逐步扩大资源税征收范围，提高征收标准并实行有利于资源节约的计税方法，合理提高了各类排污费征收标准。三是综合利用多种环境经济手段，绿色保险、绿色信贷、绿色金融、环保上升审核等有序开展试点。四是注重市场化手段，排污权、碳排放权交易开始试点，探索推行资源环境资产化管理和环境产权、使用权交易制度。在城市污水、垃圾处理、集中供热、供气等市场化条件较好的领域，推行政府特许经营制度，鼓励社会资本进入，推动企业成为节能环保的实施主体和投入主体，初步形成了市场化、社会化运作的多方并举、合力推进的投入格局。五是加强公众监督，2001 年在全国 3000 个县级以上环保部门开通了“12369”环保举报投诉热线电话，建立环境信息公开机制（段小莉，2007；朱芳芳，2013；卢黎歌等，2011）。

（八）加强可持续发展能力建设

一是不断加大环保投入，国家采取一系列政策措施，进一步拓宽环境污染治理投资的资金渠道，强化环境污染防治管理，污染治理投资保持较快增长，重点领域投入力度不断加大。全国已建成343个省、地市级污染源监控中心，15 000多家企业实施自动监控，环境监测、在线监控、执法监察能力显著增强。二是加强科技支撑。随着科教兴国战略的实施，中国科技投入强度持续提高，一批标志性的重大科技基础设施建设完成。2006年，原国家环境保护总局（现为环保部）组织召开了第一次全国环保科技大会，出台了《关于增强环境科技创新能力的若干意见》，确立了科技兴国环保战略。环境科技创新工程、环境标准体系建设工程、环境技术管理体系建设工程取得明显进展。实施了“水体污染控制与治理”科技重大专项，公益性行业科研专项有序开展（段知壮，2014；王宏斌，2014）。三是积极开展交流合作。

二、我国生态文明建设的经验总结

（一）坚持生态优先，加快经济社会转型发展

必须把生态优先的理念贯穿到经济社会发展的过程中去，在保护中发展，发展中保护，推动经济、文化、政治、社会、生态五位一体全面融入，坚持绿色发展、低碳发展、循环发展，加快经济社会转型，推动建立人口、资源、环境相统一，自然、经济、社会相协调的发展模式，才能真正促进生态文明的长效发展，提高可持续发展能力。

（二）坚持政府引导，注重市场调节作用

外部性、社会性、公共性是生态环境保护的内在特点。作为公共产品，政府需要作为环境管理的主体地位，促进环境问题的解决。如何通过法律、经济和行政等综合措施，建立健全有利于保护生态环境的体制和机制，促进外部成本内部化、社会成本企业化是生态文明建设的重要任务。从外部性出发要完善有利于环境保护的价格、税收等政策，积极促进污染外部成本内部化；从社会性出发要坚持“污染者付费”；从公共性出发要充分发挥市场机制在污染治理中的作用。

（三）坚持制度保障，强化能力建设

在生态环境保护方面，注重制度建设，构建高效的体制机制，是加强生态环境

保护的一条鲜活经验。我国按照可持续发展战略要求，相继颁布实施和修订了一系列相关的法律、法规。在环境立法中，强调预防为主原则，初步形成了源头减量、过程控制和末端治理的全过程管理思路。坚持依靠科技支撑可持续发展，不断加大相关领域的科技投入和科技人才的培养。通过媒体宣传、教育培训等各种途径，在全社会广泛普及可持续发展理念，引导社会团体和公众积极参与。健全新闻媒体监督机制，保障可持续发展取得预期成效。

（四）坚持试点示范，积极探索生态文明建设模式

生态文明建设不可能一蹴而就，需要不断探索，开展试点示范是探索生态文明建设的有效模式，通过广泛开展《中国21世纪议程》地方试点、国家可持续发展实验区建设、循环经济试点、资源节约型和环境友好型社会建设试点、生态示范区建设等工作，探索形成了一系列创新性的、符合区域特点的可持续发展模式。

（五）坚持务实合作，共享可持续发展经验

通过加强与国外政府机构、国际组织、企业、研究咨询机构等的深层次、宽领域、多方式的交流与合作，共享各方的经验与教训，提高可持续发展的国际合作水平。

三、生态文明建设面临的问题及未来发展

（一）生态文明建设面临的瓶颈及问题

1. 法律法规存在较大局限性

首先，我国没有统一的生态管理法律和相关组织法、程序法，各种关于生态文明建设的法律都分散到专门法中，现有的生态环境保护的立法理念陈旧、立法技术不高，现有立法缺乏顶层设计、宏观规划和整体协调。同时某些领域尚存立法空白。《环境保护法》起不到对生态文明建设的统一制约作用。同时，地方和部门法规、规章泛滥，有的与法律发生冲突，导致生态文明建设职能不清、责任落实不到位。与廉价或无偿的环境使用制度相对应，生态环境违法处罚标准过低的情况在客观上进一步助长了企业过度污染环境。

2. 生态文明建设管理存在体制瓶颈

首先，生态环境管理职能部门分散、权责重叠交叉严重。目前，我国污染防治职能分散在海洋、港务监督、渔政、渔业监督、军队环保、公安、交通、铁道、民

航等部门；资源保护职能分散在矿产、林业、农业、水利等部门；综合调控管理职能分散在发改委、财政、经贸（工信）、国土等部门。“部门分散、地方分割、条块分离”现象严重，难以对区域生态文明纷繁复杂的建设内容统一监管到位。其次，政府对生态职能的重视和引导不够，唯GDP主义盛行，生态政绩观没有形成，忽视环境保护或者环境保护让位于经济社会。再次，手段单一，长期以来，我国各级政府和生态管理部门习惯于用权力管制行为来约束生态破坏、环境污染、资源浪费和能源过度消耗等行为，缺乏综合治理手段。最后，制度不全，缺乏有效监管，某些层面，政府既当运动员，又当裁判员，既是规则的制定者，又是规则的执行者和监督者，同时，缺乏相对完善、具有可操作性的生态文明建设绩效考核体制和考核方式。

3. 生态文明建设科技支撑瓶颈

尽管我国的环境科技取得了长足进展，获得了一批重要成果，但是与科技发达国家相比尚有较大差距，环境管理决策中部分热点问题的科技支撑能力尚需进一步提高，基础性研究需要进一步加强，现有环境科技体制机制和人才队伍难以适应科技创新需要，环境基础信息获取与共享能力相对薄弱，应对国际环境问题的科技支撑能力尚显不足。目前，我国生态文明技术支撑体系尚未建立，有利于生态文明建设的财税、投融资政策还不完善，生态文明建设科技创新机制尚未形成，进而在一定程度上制约了生态文明建设的发展进程。

4. 跨区域生态环境保护问题阻碍生态文明建设发展

跨边界区域生态环境保护工作涉及若干个互不隶属的行政区域或利益集团之间的利益协调，长期以来，特别是在我国经济体制由传统的中央计划经济模式向社会主义市场经济模式转化的过渡时期，跨边界区域的环境保护问题一直没有得到很好解决。在未来的一段时间内，跨边界区域的环境保护问题不仅是中央政府而且是地方环境保护目前面临的重点和难点。

（二）未来生态文明建设的发展需求

1. 深化体制改革是生态文明建设成败的关键

我国环境形势依然严峻，老的环境问题尚未得到解决，新的环境问题又不断出现，呈现明显的结构型、压缩型、复合型特征，环境质量与人民群众期待还有不小差距。现行生态环境保护管理体制的权威性和有效性不够，难以对生态文明建设进行科学合理的顶层设计和整体部署，难以形成生态文明建设合力，迫切需要进行改革生态环境保护管理体制，充分发挥体制的活力和效率，为解决生态环境领域的深层次矛盾和问题提供体制保障。要以生态环境的完整性和生物安全的生存环境为核心，作为构建生态环境保护管理体制的基本思路和科学目标，打破现行的行政和地域限制，赋予环保部门更多的生态保护的权力和责任，建立统一监管所有污染物、所有自然资源的陆海统筹、区域协调、天地一体的监管体系。生态文明体制改革主要有 3 个重点：①健全国家自然资源资产管理体制，核心是建立统一行使全民所有自然资源资产所有权人职责的体制；②完善自然资源监管体制，核心是建立统一行使所有国土空间用途管制职责的行政部门，并使其同前者形成一种相互独立、相互配合、相互监督的管理体制架构；③改革生态环境保护管理体制，核心是建立独立监管和行政执法的体制。

2. 加快制度建设是生态文明建设的突破口

深化生态文明体制改革，必须建立系统完整的制度体系。加强生态文明制度建设，需要做好顶层设计，把生态文明建设纳入“五位一体”总体布局，放在突出地位。十八届三中全会指出建设生态文明，必须建立系统完整的生态文明制度体系，实行最严格的源头保护制度、损害赔偿制度、责任追究制度，完善环境治理和生态修复制度，用制度保护生态环境。需要从资源管理、环境管理、生态管理 3 个视角创新人与自然之间的关系。需要重点加强健全自然资源资产产权制度和用途管制制度、主体功能区制度、国土空间开发保护制度、生态红线制度、资源有偿使用制度和生态补偿制度、生态环境损害责任终身追究制度、自然资产统一监管制度。同时需要加强公众参与制度、生态文明教育制度、全民节约制度、环境信息公布制度和社会监督举报制度等建设。

3. 完善发挥市场作用是生态文明建设的重要基础

生态环境是生产力要素，是一种稀缺资源。保护生态环境就是保护生产力，改善环境就是发展生产力。与此同时，环境保护是“市场失灵”的领域，是一种公共物品，应发挥政府的管理和调控作用。自然资源价格扭曲、环境成本没有内部化，是我国环境污染形势严峻、生态系统退化的重要原因。政府在生态文明建设中的作用是弥补市场失灵，促进可持续发展。加快资源价格形成机制改革，使其反映资源稀缺程度、市场供求关系、环境污染代价、生产安全成本；加快垄断行业改革，为资源价格市场化改革提供可能；加快资源产权制度改革，建立边界清晰、权能健全、流转顺畅的资源产权制度；加快资源税费制度创新，以资源保护和节约为宗旨，系统优化税收结构；调整资源税费结构设计，调整水资源费、矿产资源补偿费、耕地征占补偿费标准。坚持使用资源付费和“谁污染环境、谁破坏生态谁付费”原则，逐步将资源税扩展到占用各种自然生态空间中。坚持“谁受益、谁补偿”原则，完善对重点生态功能区的生态补偿机制，推动地区间建立横向生态补偿制度。要运用经济和社会力量，推动发展环保市场发展，推行节能、碳排放权、排污权、水权交易制度，建立吸引社会资本投入生态环境保护的市场化机制，推行环境污染第三方治理。

4. 推动科技创新是生态文明建设的重要支撑

根据党的十八大对生态文明建设的总体要求和战略部署，当前和今后一个时期，应该把生态文明的建设任务作为我们科研工作的重要出发点，围绕国土空间开发格局、全面促进资源节约、加大自然生态系统和环境保护力度、加强生态文明制度建设四大核心任务，在区域发展政策、低碳技术、绿色经济、生态恢复和环境治理技术等重要领域瞄准核心问题，加强科技战略布局。围绕优化国土空间开发格局、发展资源集约化利用模式，完善循环经济技术体系、探索退化生态系统恢复的有效路径，加强生物多样性的保育、加强环境污染机制研究，完善污染控制与修复体系等方面开展战略研究，用科技创新提升绿色产业发展水平，用科技创新支撑生态环境安全保障。用科技创新促进社会管理创新，使科技创新适应国际形势的新变化。

第二章　生态文明建设的现实判断与重大挑战

第一节　生态文明建设的现实判断

一、过去 30 年发展与环境问题的回顾分析

（一）经济发展

1. 经济规模不断扩张

改革开放以来，我国国内生产总值持续增长，2013 年国内生产总值达到 566 130.18 亿元，是 1978 年的 155 倍，年均增长 9.8%。人均 GDP 达到 41 907.59 元，是 1978 年的 110 倍（图 2-1）（国家统计局，2014b）。2010 年，我国成为仅次于美国的世界第二大经济体。

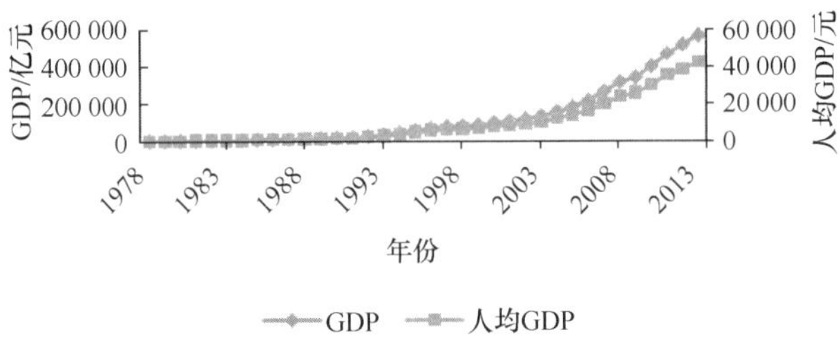

图 2-1　1978～2013 年我国 GDP 和人均 GDP

2. 产业结构长期以第二产业为主

1978 年以来，我国第一产业比例总体呈波动下降趋势，第三产业比例总体呈波动上升趋势，而第二产业比例呈小幅波动态势。第一产业比例从 1978 年的 28.2%下降至 2013 年的 10.1%，下降了约 18 个百分点；第三产业比例从 1978 年的 23.9%增长至 2013 年的 46.3%，提高了约 22 个百分点；第二产业比例基本保持在 45%上下，波动幅度在 3%～6%。三次产业结构由 1978 年的 28.2∶47.9∶23.9 调整为 2013 年的 10.1∶44.6∶46.3（图 2-2）。

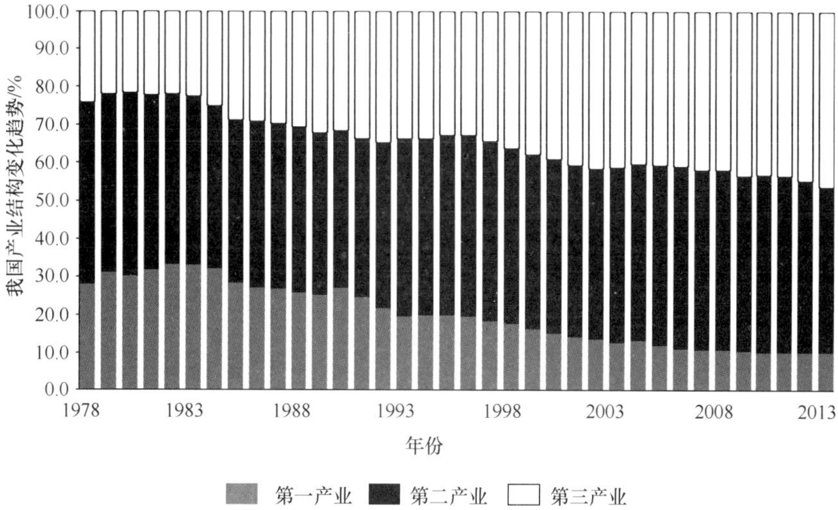

图 2-2　1978～2013 年我国产业结构变化趋势

过去 30 多年，第二产业一直是我国经济增长的主要动力，特别是重工业发展迅速，其增速高于第二产业平均增速和轻工业增速。1998～2012 年，重工业年均增速为 14.1%，分别高于第二产业平均增速和轻工业增速 0.8 和 2.1 个百分点。轻纺制造业工业增加值的比例由 1987 年的 33.8%下降到 2003 年的 27.2%，同期重化工业所占比例由 49.2%上升到 54.%，轻重工业的霍夫曼比率从 1998 年的 0.97 降到 2007 年的 0.42。2007 年之后，为了应对金融危机，我国出台了经济刺激计划，使得我国重工业得到了进一步快速发展，六大高耗能制造业发展迅速，钢铁、石化、有色、建材等高耗能、高污染、资源密集型行业的平均增长率在两位数以上。

我国第三产业发展较快，但发展潜力和空间仍然较大。1978 年，我国第三产业产值仅为 872.48 亿元，占国民生产总值的 23.9%。到 2013 年，第三产业产值达到了 262 203.79 亿元，占国民生产总值的 46.3%，年均增长 13.1%，第一次总量和增速双双超越第二产业。与 1978 年相比，第三产业产值增长了 300 多倍。

无论从发展速度、质量，还是从产业结构、竞争力方面看，我国服务业发展相对滞后，处于全球产业链低端水平，尚未形成对国内经济结构优化升级的有力支撑。从国际竞争看，我国服务业发展水平整体上低于发达国家，特别是生产性服务业的国际竞争力较弱，缺少大企业、大集团和知名品牌，服务贸易逆差短期内难以扭转。从国内需求来看，生活性服务业有效供给不足，不能满足人民群众日益增长的服务需求；生产性服务业发展相对滞后、水平不高、结构不合理等方面的问题较为突出。此外，服务业人才不足，标准化水平不高，科技含量和服务水平有待进一步提升。

3. 区域差异明显

中国经济发展的区域特征显著。根据国家统计局对中、东、西地区的划分，1993年东部地区 GDP 占全国 56%，中部地区 GDP 占全国 25%，西部地区 GDP 占全国 19%；2013 年东部地区 GDP 占全国 55%，中部地区 GDP 占全国 25%，西部地区 GDP 占全国 20%（图 2-3）。为了推进中西部和东北地区的经济发展，自 1998 年起，国家相继制定了实施西部大开发、振兴东北老工业基地、促进中部地区崛起等重大区域发展战略，自 2006 年开始，中西部经济实现快速发展，主要经济指标增速快于东部地区。

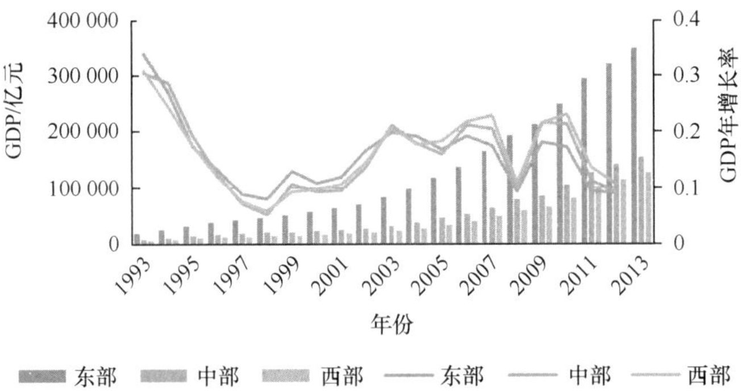

图 2-3　东部、中部、西部 GDP 及增速（彩图请扫文后白页二维码阅读）

4. 城镇化发展加快

我国城镇化率从 1978 年的 17.9%提高到 2013 年的 53.7%，年均增长约 1 个百分点（图 2-4）。1996 年之后，我国城镇化进入快速发展阶段，城镇化率年均提高 1.4 个百分点，到 2013 年，全国城镇人口总数达到了 7.3 亿人。

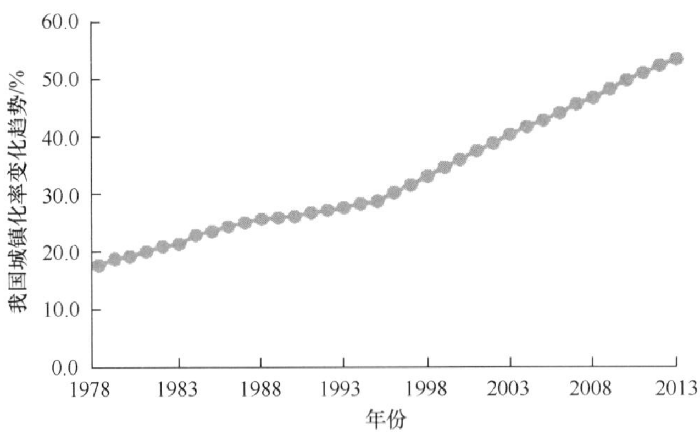

图 2-4　1978～2013 年我国城镇化率变化趋势

改革开放以来，我国东部沿海地区率先开放发展，形成了京津冀、长三角、珠三角等一批城市群，有力推动了东部地区的快速发展，成为国民经济重要的增长极。但与此同时，中西部地区发展相对滞后，城镇化发展很不平衡，中西部城市发育明显不足。目前东部地区常住人口城镇化率达到 62.2%，而中部、西部地区分别只有 48.5%、44.8%。

（二）资源能源消耗

1. 水资源

我国水资源总量在世界上处于前列，2013 年水资源总量为 27 860 亿 m^3，但是人均水资源量仅为 2052m^3，只有世界平均水平的 1/4，属于缺水国家。

随着人口和经济增长，用水总量持续增加。据《中国水资源公报》统计，到 2013 年，全国用水总量达到了 6170 亿 m^3（图 2-5），比 2004 年增长了 11%，年均约增加 62 亿 m^3。我国用水效率逐年提高，2013 年万元 GDP 用水量达到 108.5m^3（图 2-6），比 2004 年降低了 68.7%，但仍然为世界平均水平的 5 倍（水利部，2014）。

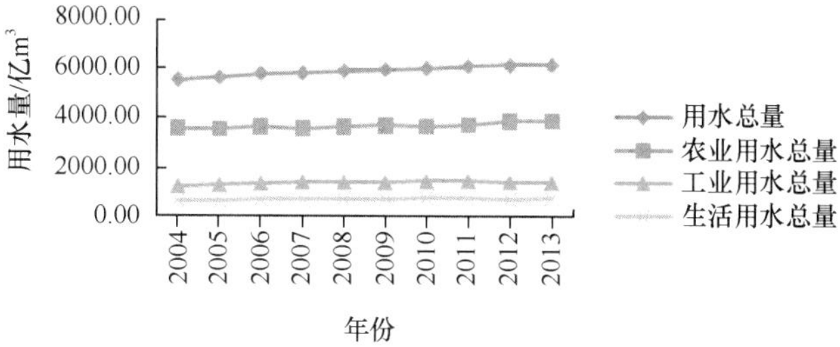

图 2-5　2004～2013 年我国用水量变化趋势

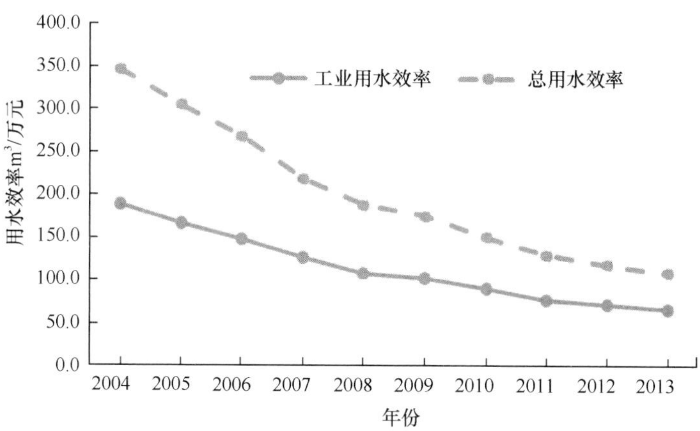

图 2-6　2004～2013 年我国工业用水效率变化趋势

农业用水量占比最大，用水总量居高不下。2013 年农业用水量为 3900 亿 m^3（图 2-5），占全国用水总量的比例为 63.2%。中国农业用水的有效利用率为 40%左右，远低于欧洲发达国家 70%～80%的水平。由于水资源短缺，加之水资源利用效率低，我国许多地方的农业发展过度依赖地下水，华北平原每年的农业用水约占地下水开采量的 70%。超采地下水，导致地下水位迅速下降，进一步加剧水资源短缺对农业发展的制约。

工业用水增长速度较快，用水总量持续增加，重点行业用水量份额大，用水效率总体水平较低。2000 年以后，工业用水量年均增速将近 3%，2013 年工业用水量为 1400 亿 m^3（图 2-5），占全国用水总量的比例为 22.7%。

2013 年生活用水量为 760 亿 m^3（图 2-5），占全国用水总量的比例为 12.3%。

随着经济发展和城市化进程的加快，我国缺水范围在不断扩大，缺水程度日趋严重。据统计，全国 662 个城市中，400 个城市常年供水不足，其中有 110 个城市严重缺水。

2. 能源

中国能源需求总量大、增长快、结构重。虽然能源利用效率不断提高，但随着经济快速增长，全国能源消费总量屡创新高。

2013 年，我国能源效率达到了 0.66tce/万元，比 2000 年提高了 55.2%，但由于经济快速增长，全国能源消费总量持续增长，到 2013 年达到 37.5 亿 tce，比 2000 年增长了 1.6 倍（图 2-7）（国家统计局，2014a）。

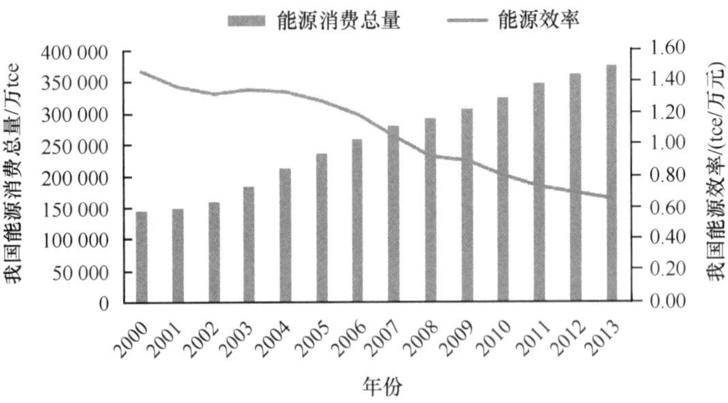

图 2-7　2000～2013 年我国能源消费总量和能源效率

2010 年我国 GDP 占全世界 9%左右，但能源消费占世界的 19%，单位 GDP 能耗是世界平均水平的 2.5 倍，美国的 3.3 倍。

工业耗能增速快、总量持续扩大。1981～2000 年，我国工业能源消耗年均增速为 4.6%，进入 21 世纪，工业能源消费年均增速攀升至 9.2%。1980～2010 年，我国工业耗能增长速度快于同期能源消耗年均增速。工业耗能的快速增长使得工业耗能总量大幅攀升。2010 年我国工业耗能总量达 23 亿 tce，将近 1980 年工业耗能的 6 倍，其中六大高耗能制造业能源消费总量为 16.8 亿 tce，占工业耗能的 73%（图 2-8）。

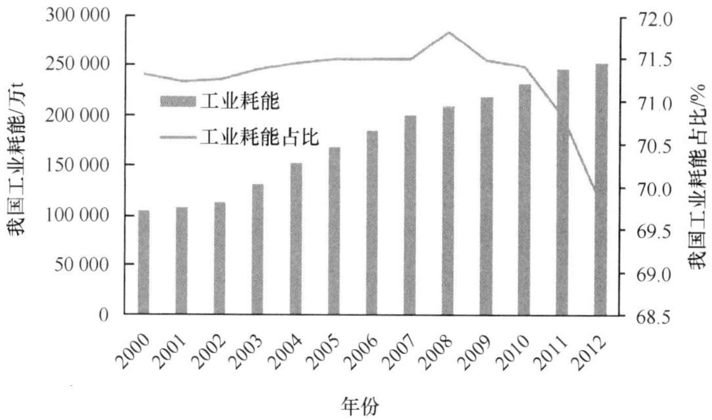

图 2-8　2000～2012 年我国工业耗能及其占比

能源进口量增加，能源对外依存度提高。世界银行数据显示，1978 年到 20 世纪末，我国能源生产和消耗基本平衡，进入 21 世纪，我国能源消耗增速显著快于能源生产速度，2005～2010 年，我国能源消耗年均增速为 7.5%，比同期能源生产年均增速高 0.7 个百分点。

随着能源消耗的快速增长，我国能源净进口量占能源消耗的比例快速提高，能源对外依存度快速提高。1998 年之前我国能源供应维持自给自足，1999 年之后我国能源缺口逐步扩大，净进口占能源消耗的比例迅速提高，由 1999 年的 2.2%增加到 2010 年的 8.6%，其中 2009 年最高点达 9.1%。

化石能源消耗比例提升，可再生能源比例下降。化石能源占能源消耗的比例稳步提升，可再生能源和废弃物能源的消耗占比例却显著下降，“剪刀差”明显。世界银行数据显示，我国化石能源占能源消耗的比例由 1978 年的 70%提高到 2010 年的 88%，替代能源和核能的消耗比例仅由 0.7%提高到 4%，而可再生能源和废弃物能源的消耗比例却由 30%下降到 9%。

3. 矿产资源

矿产资源开采量大，利用效率低，生态破坏和环境污染严重。为了加快经济发展，提高资源保障程度，我国矿产资源开发强度日益加大，1999～2008 年我国非油气矿产

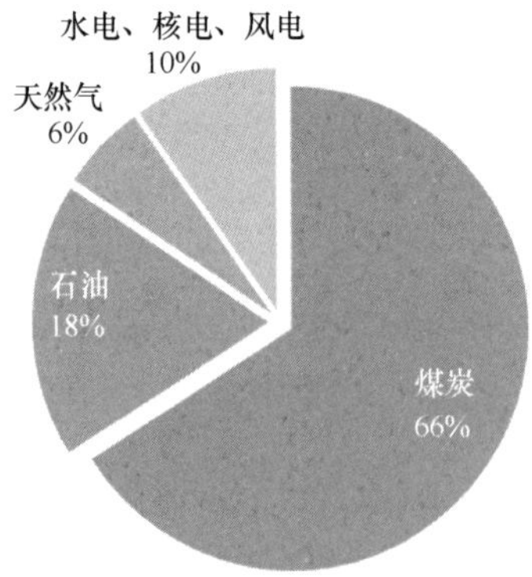

图 2-9　2013 年中国一次能源结构

资源开采量从 41.84 亿 t 增加到 67.20 亿 t，年均增长 5.4%。我国的矿石资源的开采效率较低，产值也较小，2008 年每吨金属矿石开挖量创造的价值为 26 美元，比世界平均水平低 26%。其中，铁矿开采的资源效率分别是美国、日本、德国的 37.7%、76.9%、62.8%。同时，我国矿产资源开采造成的环境污染问题十分严重，2008 年，每开采 1t 矿产资源的废水、COD、氨氮排放量分别是 0.21t、0.22kg、0.01kg，远高于发达国家水平。

矿产资源消费增长较快，消费规模庞大。据国际钢铁协会数据，2011 年我国粗钢表观需求量为 649 85 万 t，是 1990 年消费量的 10 倍；20 多年我国粗钢表观需求量年均增速为 12.2%，而同期世界平均增速仅为 3.3%。2011 年我国粗钢表观需求量占全球需求量的 44%，而 1990 年该比例仅为 9%。2000 年之后我国粗钢需求增长成为带动全球粗钢消费增长的主要力量。

有色金属消费量快速增长。2006 年我国精炼铜、精炼铝、锌锭、精炼铅、精炼镍、精炼锡和精炼镉 7 种有色金属消费量占同期世界消费量的比例平均在 27%，2012 年这个比例提高到 44%，对应消费量分别为 884 万 t、2027 万 t、540 万 t、467 万 t、84 万 t、18 万 t 和 5407t，其中精炼镍和精炼锡的消费量已接近全球消费量的一半。

金属产品的自给能力逐渐削弱。2012 年我国锌供给缺口达 11 万 t，其他主要金属的供应显露趋紧迹象。今后 10～15 年我国铁、铜、铬、钾盐等大宗矿产将延续刚性需求，进口量持续扩张，对外依存度不断攀升。到 2020 年，中国 45 种主要矿产中约有 25 种会出现不同程度的短缺，其中 11 种为国民经济支柱性矿产，包括铁、铜、铝、锰、铅、锌、镍等主要金属原料和传统优势矿产锡、锑等。

4. 土地资源

我国耕地面积持续减少，后备土地资源开发潜力小。根据第二次全国土地调查，截至 2012 年年底，我国耕地面积 1.35 亿 hm^2，人均 0.09hm^2。森林面积 2.53 亿 hm^2，占国土面积的 26.7%，但林地单位面积蓄积量只有世界平均水平的 78%。草原面积 2.20 亿 hm^2，占国土面积的 23.2%，存在持续性的大范围退化现象。未利用土地面积 2.64 亿 hm^2，占国土面积的 27.9%，基本为荒漠化土地、盐碱地等难利用土地，开发潜力很低。

（三）环境质量

1. 水环境质量

《中国环境状况公报》显示（环境保护部环境规划院，2013），我国目前的水环境状况是：江河水体有机污染仍然较重，污染尚未得到全面遏制；湖泊水库富营养化问题突出，总氮、总磷浓度偏高是导致富营养化的重要内因；近岸海域赤潮暴发形势仍然严峻，近 20 年来，河口无机氮、活性磷酸盐浓度不断上升；地下水超采严重且水质堪忧；水体中新型污染物成为潜在隐患，新型和有毒有害污染物（POPS）的影响日益显著；生态流量缺乏保障加剧了生态退化；饮用水源地服务功能受损。

（1）我国饮用水源地水质安全总体不乐观，服务功能不同程度受损。城市水源达标率为 82.8%，达标供水 278.3 亿 m^3，占总供水量的 88.6%；农村饮用水以地下水为主，超过四成水源水质不能满足功能要求。

（2）2013 年，全国地表水总体为轻度污染，部分城市河段污染较重。长江、黄河、珠江、松花江、淮河、海河、辽河、浙闽片河流、西北诸河和西南诸河等十大流域的国控断面中，Ⅰ～Ⅲ类、Ⅳ～Ⅴ类和劣Ⅴ类水质断面比例分别为 71.7%、19.3% 和 9.0%，其中，淮河、黄河、松花江和辽河为轻度污染，海河为中度污染，其他为良好。与往年相比，十大流域的干流水质均有所提高，Ⅳ～Ⅴ类和劣Ⅴ类水质断面比例逐年下降。黄河、淮河干流水质从总体轻度污染提升到优；松花江、辽河干流水质分别从中度污染、重度污染提升到轻度污染。

2013 年全国省界断面水质状况为中，Ⅰ～Ⅲ类、Ⅳ～Ⅴ类和劣Ⅴ类水质断面比例分别为 62.3%、18.2%和 19.5%，主要污染指标为氨氮、化学需氧量和高锰酸盐指数。七大水系的省界断面水质状况如表 2-1 所示。

表 2-1　2013 年省界断面水质状况

流域		珠江	长江	黄河	松花江	淮河	辽河	海河
总体水质		良好	良好	轻度污染	轻度污染	轻度污染	轻度污染	中度污染
断面比例/%	Ⅰ～Ⅲ类	85.1	78.0	45.3	73.5	31.4	21.4	27.1
	劣Ⅴ类	6.4	7.5	33.3	—	25.5	42.9	62.7

数据来源：《2013 年中国环境状况公报》

从支流水质来看，十大流域的水质状况并未得到改善，尤其是北方河流，支流水质改善速度滞后，一些支流水质污染重于干流。例如，海河主要支流为重度污染；黄河和辽河支流总体为中度污染；松花江和淮河主要支流为轻度污染，某些河段为重度污染；西北诸河流域中克孜河喀什段为重度污染。因此，支流的问题需要引起重视，支流污染若长期得不到解决，将最终影响干流的水污染治理成果。

（3）我国地下水污染严重。2013 年，全国 203 个地市级行政区开展了地下水水质监测，监测点总数为 4778 个，其中国家级监测点 800 个。依据《地下水质量标准》（GB/T 14848—1993），综合评价结果为水质呈优良级的监测点 498 个，占监测点总数的 10.4%；水质呈良好级的监测点 1287 个，占 26.9%；水质呈较好级的监测点 148 个，占 3.1%；水质呈现较差级的监测点 2095 个，占 43.9%；水质呈极差级的监测点 750 个，占 15.7%（图 2-10）。

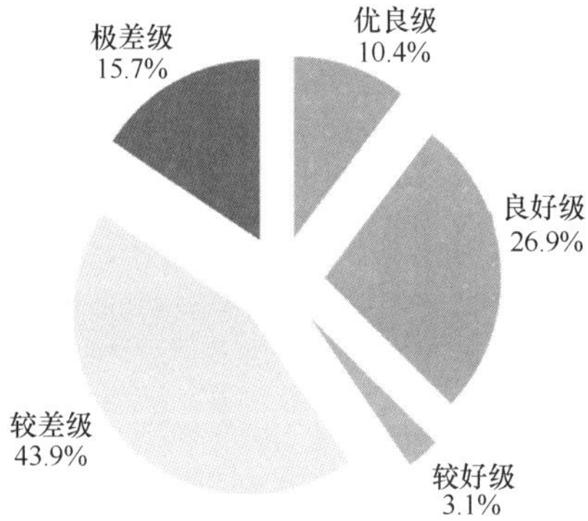

图 2-10　2013 年全国地下水水质状况

（4）2013 年，水质为优良、轻度污染、中度污染和重度污染的国控重点湖泊（水库）比例分别为 60.7%、26.2%、1.6%和 11.5%，近 4 成湖库遭到不同程度的污染。主要污染指标为总磷、化学需氧量和高锰酸盐指数，见表 2-2。

表 2-2　2013 年全国重点湖泊（水库）水质状况

流域		珠江	长江	黄河	松花江	淮河	辽河	海河
总体水质		良好	良好	轻度污染	轻度污染	轻度污染	轻度污染	中度污染
断面比例/%	Ⅰ～Ⅲ类	85.1	78.0	45.3	73.5	31.4	21.4	27.1
	劣Ⅴ类	6.4	7.5	33.3	—	25.5	42.9	62.7

数据来源：《2013 年中国环境状况公报》

2013 年，我国富营养、中营养和贫营养的湖泊（水库）比例分别为 27.8%、57.4%

和 14.8%，湖库面临的营养化问题较为严重。

（5）2012 年符合第一类海水水质标准的海域面积约占我国管辖海域面积的 94%，劣于第四类海水水质标准的海域面积为 67 880km^2，较上年增加了 24 080km^2。劣于第四类海水水质标准的区域主要分布在黄海北部、辽东湾、渤海湾、莱州湾、江苏沿岸、长江口、杭州湾、珠江口的近岸海域。

2. 大气环境质量

近年来，我国主要城市大气污染形势非常严峻，雾霾天气多次长时间大范围暴发，已成为人民群众的“心肺之患”。2013 年 74 个重点城市中，只有海口、舟山、拉萨 3 个城市各项污染指标年均浓度达到国家环境空气质量二级标准，其他 71 个城市存在不同程度超标现象，其中尤以京津冀区域超标严重。京津冀区域共 13 个地级及以上城市，空气质量平均达标天数比例为 37.5%，比 74 个城市平均达标天数比例低 23 个百分点，有 10 个城市达标天数比例低于 50%。

3. 固体废弃物处置

我国在固体废物处理处置领域欠账较多，从 2003～2012 年共有 32.6 亿 t 工业固体废物堆存，2007～2012 年危险废物储存量达到 2405.65 万 t，且堆存量每年仍以数亿吨的数量增加，占用了土地，对地表及地下水安全形成巨大隐患；随着经济社会的发展，固体废物产生量的持续增加，现有的处理处置设施，无法满足废物快速增长的需求，增加了环境风险；现有设施运营管理水平落后，监管不到位，形成环境二次污染；生活垃圾尚未进行分类收集，大量家庭类危险废物随生活垃圾一同处置，导致环境污染；关键处理处置技术落后，如 CRT 玻璃、废线路板、废矿物油、废荧光灯管等资源化技术落后，制约着回收产业的发展，不利于环境保护工作的推进；加之固体废物资源化产品标准及其环境风险评价滞后，增加了环境风险。

4. 水污染物排放

（1）根据《全国环境统计公报》，2001～2012 年，我国废水排放总量不断增加，由 2001 年的 428 亿 t 增长到 2012 年的 684.8 亿 t，年均增长率 4.37%。其中，工业废水排放量在 2007 年达到峰值后开始逐年降低，而生活污水排放量持续上升。2012 年，全国工业废水排放量 221.6 亿 t，占废（污）水排放总量的 32.3%；生活污水排放量 462.7 亿 t，占废（污）水排放总量的 67.6%；集中式污染治理设施（不含污水处理厂）废水排放量 0.5 亿 t，占废水排放总量的 0.1%（图 2-11）。统计数据显示，我国的生活污水排放量已经大于工业废水排放量，成为我国水环境的主要污染源。

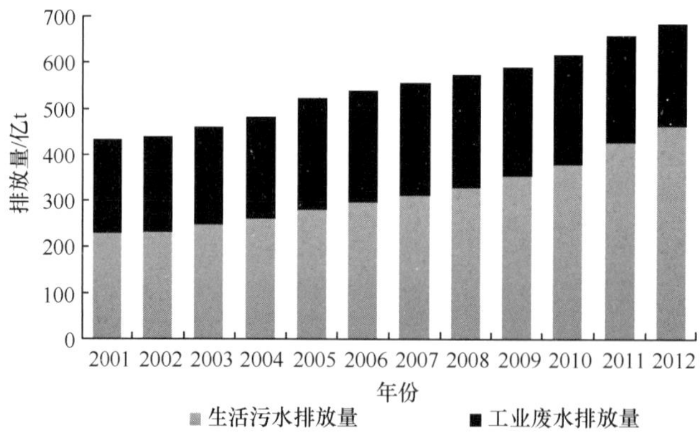

图 2-11　2001～2012 年我国废（污）水排放情况

数据来源：《全国环境统计公报》（2001～2012 年）

农业、农村污水基本没有经过处理，直接排放到水体中。据测算，我国农村生活污水产生量为 90 多亿吨。

（2）2013 年，全国废水中化学需氧量排放总量为 2352.7 万 t，其中，农业源排放 1125.7 万 t，占排放总量的 47.8%；工业源排放 319.5 万 t，占排放总量的 13.6%；城镇生活源排放 889.8 万 t，占排放总量的 37.8%。氨氮排放总量为 245.7 万 t，其中，农业源排放 77.9 万 t，占排放总量的 31.7%；工业源排放 24.6 万 t，占排放总量的 10.0%；城镇生活源排放 141.4 万 t，占排放总量的 57.5%（表 2-3）。

表 2-3　2013 年全国废水中主要污染物排放量

化学需氧量/万 t					氨氮/万 t				
排放总量	工业源	生活源	农业源	集中式	排放总量	工业源	生活源	农业源	集中式
2352.7	319.5	889.8	1125.7	17.7	245.7	24.6	141.4	77.9	1.8

2001～2013 年，我国主要水污染物化学需氧量和氨氮的排放总量分别于 2006 年和 2005 年达到峰值，此后开始逐年降低，排放情况如图 2-12 和图 2-13 所示（注：2011～2013 年全国生活氨氮排放量的统计数据较为异常，相比往年均有大幅度增长，可能是由于统计口径发生了变化。由于农业源和集中式污染治理设施的排放数据从 2011 年才开始公布，因此并没有将两者进行图示）。

但是，如果考虑工业无处理排水（155 亿 t），2012 年，我国工业源 COD 排放量为 638 万～1087 万 t，是统计的工业源排放量（338.5 万 t）的 1.9～3.2 倍；工业源氨氮排放量为 56 万～86 万 t，是统计的工业源排放量（26.4 万 t）的 2.1～3.3 倍。

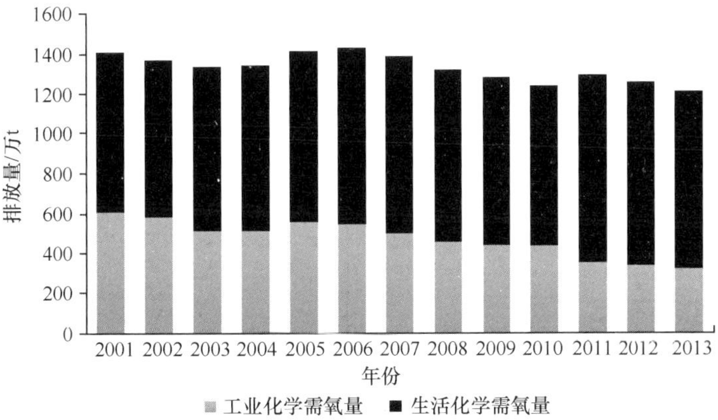

图 2-12　2001～2013 年我国化学需氧量排放情况

数据来源：《全国环境统计公报》（2001～2012 年）；《2013 年中国环境状况公报》

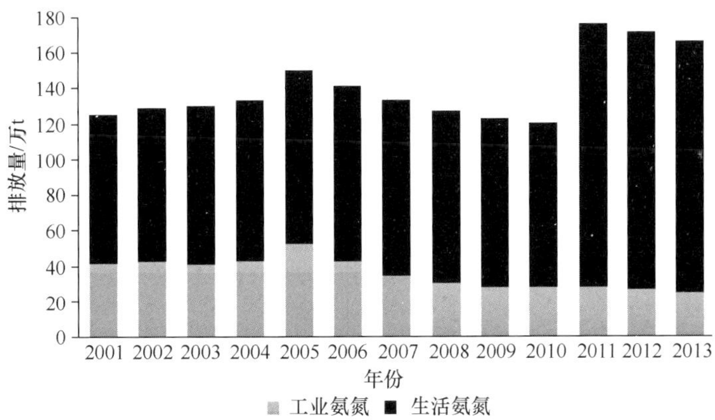

图 2-13　2001～2013 年我国氨氮排放情况

数据来源：《全国环境统计公报》（2001～2012 年）；《2013 年中国环境状况公报》

5. 大气污染物排放

我国大气主要污染物二氧化硫、氮氧化物、烟尘粉尘排放量居高不下，例如，2012 年，二氧化硫排放总量为 2117.6 万 t，氮氧化物排放总量为 2337.8 万 t（图 2-14，图 2-15），皆位居世界第一；区域性酸雨污染形势有所缓解，但臭氧排放量呈增长态势，发生光化学烟雾的概率在增大；一些新型的大气污染物如挥发性有机物、氨和重金属的排放量均呈逐步上升势态，其中，汞的排放量占全球大气汞排放总量的 40%。

6. 土壤环境

近 30 年来，随着我国工业化、城市化、农业高度集约化的快速发展，土壤环境污染日益加剧，已对粮食及食品安全、饮用水安全、区域生态安全、人居环境健康、

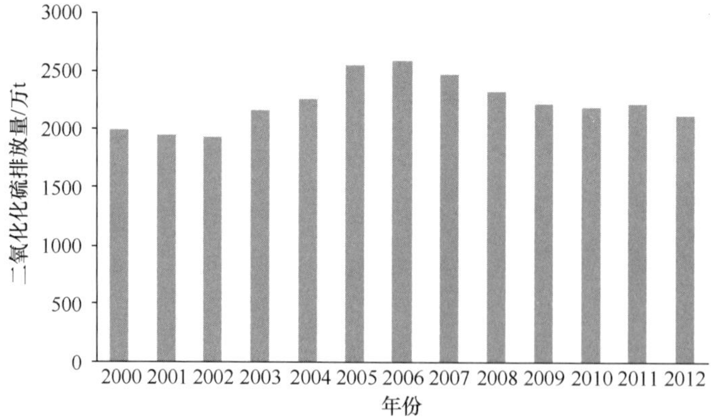

图 2-14　2000～2012 年我国二氧化硫排放量情况

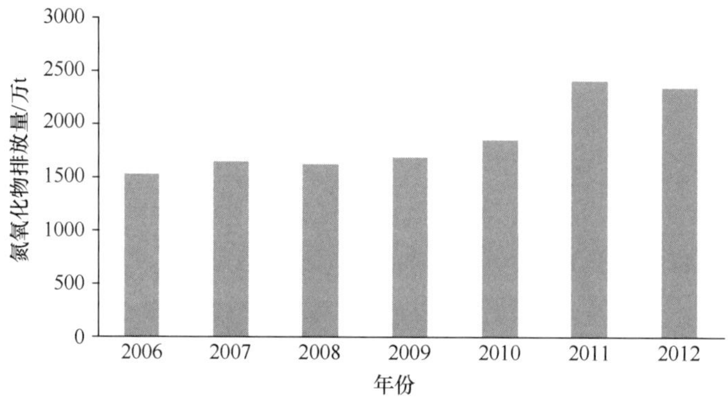

图 2-15　2000～2012 年我国氮氧化物排放量情况

经济社会可持续发展构成了严重威胁。

环保部、国土资源部历时 8 年完成的《全国土壤污染状况调查公报》显示，全国土壤环境状况总体不容乐观，部分地区土壤污染较重，耕地土壤环境质量堪忧，工矿业废弃地土壤环境问题突出。工矿业、农业等人为活动及土壤环境背景值高是造成土壤污染或超标的主要原因。

全国土壤总的超标率为 16.1%，其中重度、中度、轻度和轻微污染点位比例分别为 11.2%、2.3%、1.5%和 1.1%（图 2-16）。污染类型以无机型为主，有机型次之，复合型污染比例较小，无机污染物超标点位数占全部超标点位的 82.8%。

从污染分布情况看，南方土壤污染重于北方；长三角、珠三角、东北老工业基地等部分区域土壤污染问题较为突出，西南、中南地区土壤重金属超标范围较大；镉、汞、砷、铅 4 种无机污染物含量分布呈现从西北到东南、从东北到西南方向逐渐升高的态势。

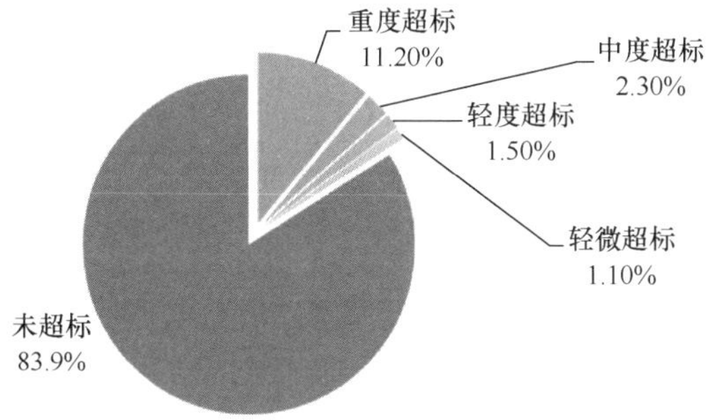

图 2-16　全国土壤污染状况

（四）自然生态

1. 生态环境脆弱，生态退化问题严重

我国的自然环境先天脆弱，干旱半干旱地区占国土面积的 52%，高寒缺氧的青藏高原占 200 万 km^2，高山和丘陵地区占全国陆地面积的 2/3，石漠化岩溶地区面积达 90 万 km^2，总体上 60%以上国土面临某种或多种生态问题的严重威胁，生态退化问题严重。

在自然生态系统先天脆弱的背景下，我国的人口规模和经济发展则持续高速增长，脆弱的自然生态系统和严酷的生存环境难以承受人口规模和经济发展的快速增长，导致区域生态承载力难以为继，出现严峻的国土生态危机，自然生态系统受损严重。

不合理的人类开发进一步影响和破坏脆弱的自然生态系统，导致一系列生态危机，我国部分重要生态功能区的生态环境继续恶化。主要表现为：江河源区生态环境质量日趋下降，水源涵养等生态功能严重衰退；江河洪水调蓄区生态系统退化，湿地面积减少、功能退化，导致水文调蓄功能下降，旱涝灾害频繁发生；北方重要防风固沙区植被破坏严重，沙尘暴频发；水土流失严重，耕地质量下降；森林质量不高，生态调节功能下降；生物多样性减少，资源开发活动对生态环境破坏严重。据统计，2012 年荒漠化土地面积达 264 万 km^2，占国土面积的 24.5%，全国约 90%的天然草地存在不同程度的退化。同时，生物多样性面临严重威胁，野生高等植物濒危比例达 15%～20%，野生动物濒危程度不断加剧，233 种脊椎动物濒临灭绝。外来入侵物种严重威胁我国的自然生态系统，初步查明我国有外来入侵物种 500 种左右，每年造成的经济损失约为 1200 亿元。

2. 城乡梯度景观破碎化及生物多样性

城市化区域的气候和水文等特征与其邻近的乡村地区明显不同，如城市热岛使城市中心到郊区温度、湿度呈现梯度变化；城市土壤紧实度、含水量和温度等也呈现明显城乡梯度变化；城市大气污染物与郊区也明显不同。因而，从城市中心到郊区的梯度上，形成了明显的城乡梯度环境特征。

1）建设用地扩张加速，生态基础设施承载力不足

城镇化进程的快速推进和社会经济的深刻变化，必然会导致土地利用结构的调整，其中最突出的就是非农建设用地的扩张和耕地面积的萎缩。

建成区的超速增长，使城市人均用地面积逐年增加，由 1981 年的 $80m^2$ 到 2006 年进一步提高到 $142m^2$，远远高于发达国家人均 $82.4m^2$ 和发展中国家人均 $83.3m^2$ 的水平。另外，我国城镇化过程也出现了耕地的较快萎缩：我国新增城市用地中 70%～80%来自周边的耕地。1987～2007 年，随着城镇化水平的提高，我国耕地面积减少了 1079.5 万 hm^2，下降了约 9%。同时，城市扩张占用还造成了城市周边人口稠密，以及大量城郊农民完全或部分失去耕地，成为失地农民。城乡发展失衡是造成土地资源浪费严重的主要因素。经济发达、城市化加速发展地区城乡建设协调发展迫在眉睫。

城市扩张造成湿地萎缩，自然景观消失。例如，北京郊区的平原地带原来曾分布的各类自然景观、城郊结合部大量的生态缓冲湿地，如今大都被转化为建设用地；由于城市扩展，北京 2001 年的第一绿化带将近 70%被建设项目所占用；天津周边原来湿地资源非常丰富，到 20 世纪 90 年代以后，湿地已基本消失；以泉城著称的济南，其北部小清河和黄河之间的低洼湿地，因城市占用，于 1996 年永久消失。

人类活动剧烈地改变了城市的地表形态和景观格局，使得城市景观呈现出“高度破碎化”的显著特征，即由原本单一、均质、整体和连续的自然景观趋向于复杂、异质和不连续的混合斑块镶嵌体。城市景观破碎化的加剧，很大程度上支离了自然生境，简化了物种组成，改变了城市的能流、物流和养分循环的过程，进而影响了城市生态系统重要的服务功能，最终危害城市可持续发展。

环境因素对生物的生存和繁衍起重要作用。首先，城市景观格局的改变造成了城市植物多样性的降低。鸟类物种多样性和绿地面积成正相关，城市内部森林斑块、残存荒地、公园等生境的面积均与城市鸟类与植物多样性呈显著的正相关关系。其次，城市植物资源生境的不连续性，也直接影响到一些城市动物的行为，如城市植被覆盖度直接影响了生物的扩散。但是城市化导致的景观破碎化增加了森林斑块的边缘面积，增加了外来物种入侵的概率，可能会局部增加物种多样性。为此，植物、动物及微生物的生物多样性在城乡梯度上表现出明显的梯度变化。

2）城乡梯度上生物多样性下降

随着城市化进程和人类的盲目建设，城市生物多样性正急剧减少，影响了城市生态环境的稳定和协调发展。目前主要问题有：①本土化、乡土化物种保护和利用不足，物种减少、植被退化，自然植物群落和生态群落破坏严重。②城市园林绿化植物物种减少、品种单一、过分强调绿地景观功能，导致景观的趋同性和重复性，影响生物多样性。③城市河流、湖泊、沟渠、沼泽地、自然湿地面临高强度的开发建设，江河断流、洪涝、污染、湖泊萎缩、地下水位下降，城市生态系统和部分地区生态环境开始恶化，城区生物多样性减少很快。④部分入侵物种、外来物种已经对本地区的生态环境、生产生活造成严重影响。

3. 城市热岛与大气灰霾效应加剧

1）城市下垫面改变、人类活动增加导致热岛范围变大，强度增加

热岛是指由于人类活动改变地表而引起城市中的气温明显高于外围郊区的综合小气候变化现象，是城市气候最显著的特征之一。城市热岛改变了城市热环境，影响区域小气候、城市水文、空气质量、城市土壤理化性质、城市生物的分布与行为及诸多城市生态过程如物质代谢、能量循环等，引发出一系列生态环境及城市居民健康问题等。热岛效应日渐加剧的主要原因有如下几方面。

（1）城市下垫面的变化。城市不透水面面积越大，建筑密度越大，导致其热容量大、导热率高、反射率低、吸收率大、天空视场角小等，都会使气温或地表温度升高。植被和水体虽然对城市气温或地表温度有明显的削减作用，但其所占比例比郊区和乡村明显偏少。城市硬化率增加及水体、植被的减少使城市区域保水性整体减弱，蒸散发减少，潜热增加，气温和地表温度升高。

（2）城区密集的建筑群、纵横的道路桥梁，构成较为粗糙的城市下垫层，因而对风的阻力增大，风速减低，热量不易散失。

（3）城市人口越大，规模越大，人为排热，如机动车、工厂生产活动、居民取暖、空调耗能等越大，热岛强度越大。

（4）城市大气污染使得城区空气质量下降，烟尘、SO_2、NO_x、CO 含量增加，这些物质都是红外辐射的良好吸收者，致使城市大气吸收较多的红外辐射而升温。

随着城市不断“摊大饼”式的蔓延扩大，城市热岛现象变得越来越严重，热岛强度最大值：北京 9℃、广州 7.2℃、上海 6.9℃。城市热岛效应使城市年平均气温比郊区至少高出 1℃以上，在气候增暖的背景下，城市增暖较郊区更为剧烈。北京观象台近 60 年每 10 年冬季和夏季平均气温升高 0.4℃和 0.3℃，但郊区密云每 10

年仅升高 0.2℃和 0.1℃。热岛强度对城市生态环境的影响也是多方面的，如此之高的热岛强度不仅会带来酷热的天气，还会造成各种异常城市气象，如暖冬、飓风及暴雨等，对城市气候、工业生产和居民生活产生很大的影响。

2）城市气候变化（太阳辐射、逆温层、风速变化等）与大气灰霾

由于经济规模迅速扩大和城市化进程加快，大气气溶胶污染日趋严重，由气溶胶污染造成的能见度恶化事件越来越多，我国东部地区灰霾天气迅速增加。2013 年年初中国中东部地区十余省受影响，中国中东部地区灰霾面积达到 143 万 km^2。

目前我国主要有 4 个地区灰霾比较严重，分别是：京津冀地区、长三角地区、珠三角地区与四川盆地。黄淮海平原灰霾区和长江河谷灰霾区呈现融合趋势，而两个区域一旦融合，灰霾面积将更广大，空气污染治理也就更为困难。

受气候变化影响，我国大部地区降水日数减少，全国平均雨日数每 10 年减少 7 天；我国大部地区平均风速减少，大风日数减少，而静风日数则增加，表明空气的稳定性增加。受气候和社会经济发展的共同影响，我国霾天气增加明显，中东部地区平均霾日数每 10 年增加 2.2 天，特别是 2001 年以来，霾天气增加更为明显，近 12 年平均值较 1961～2000 年平均值（12.5 天）较多年平均偏多 5.3 天。

随着城市规模的增大，人口集聚度增高，城市高大密集建筑物的兴建，工业废气和汽车尾气排放增加，城市大气污染日渐加重。根据国家环保部发布的《中国环境状况公报》，2010 年监测的 559 个城市（37.6%）的城市空气质量为三级或劣于三级，达到一级标准的城市仅占 4.3%，大气污染问题亟待解决。

4. 城乡水资源与暴雨涝灾效应

1）水资源承载力不足，城乡配置不均

伴随着城镇化的进展，城市缺水已成为一个重要问题。城市是人口分布、资源消耗和环境污染的集中区域，城市人口增长与地区产业发展加重了局部水资源和环境负荷。随着城市人口急剧增长及城市规模的迅速扩张，以及由于全球变暖引起的气候变化，水资源环境承载能力对城市发展的约束日益引起人们的普遍关注，我国大多数城市面临严重的水资源短缺问题。我国从 20 世纪 80 年代以来，城市与水资源问题的研究逐渐提到日程上来。城市可持续发展如何与城市水资源环境承载力相协调，不仅关系到城市自身未来的命运，也关系到其周边地区能否顺利实现可持续发展目标。

目前，我国 660 个城市中有 400 多个城市的发展受到水资源短缺的制约缺水，110 多个城市严重缺水。城市缺水导致地下水超采和地下水位下降，瞬发地面沉降，

特别是在城镇化发展快、人口和城市密集的东部沿海地区尤其严重。据中国地下水监测信息网资料，全国有近 70 个城市地面发生沉降，造成严重的经济损失。同时，气候变暖对城市用水、城市排水设计等都产生了严重的影响。例如，对江苏省水资源承载力的分析结果表明，江苏省最近 10 年来，水资源承载力水平呈下降趋势，主要原因是人口和经济的持续增长，水资源压力逐年增大，前景不容乐观。

城乡水资源分配不公平现象日渐突出，先城市、后农村，先工业、后农业的思想使城市生产及生活用水一直放在优先的位置。由于城市地区区域小，当地水资源量少，而用水量和用水要求高，城市地区大量地从农村地区取用水资源，大量的原农业供水工程转变供水目标，向城市地区供给。

2）城市气候变化（降水变化）与暴雨涝灾效应

一方面是城市水资源匮乏，而另一方面城市暴雨涝灾的问题近几年也十分突出。受气候变化影响，我国近 60 年来小雨日数减少了 10%，暴雨日数增加了 13%，但不同地区强降水变化频率不一致，例如，武汉年暴雨日数每 10 年增加 0.4 天，但湖北全省平均每 10 年仅增加 0.08 天。加上城市发展过程中地面硬化使得土壤渗水能力减弱，水流更容易汇流形成洪涝灾害，近年来我国城市洪涝灾害频发，武汉市近年频现“城市看海”现象，北京 2011 年“6・23”、2012 年“7・21”，上海 2008 年“8・25”等罕见城市洪涝灾害更是影响深远。

2009～2010 年，广州投入 9 亿元整治水浸街，在 2011 年遭受罕见暴雨的情况下，虽然一些老的易涝点情况有所改善，但是又暴露出许多新的易涝点。特别是大量的地下建筑进水，停车场变成“水库”，新建小区成了水塘，地铁被迫停运，交通陷入瘫痪，一些地方停水停电，可以说，近期接踵而来的暴雨洪水，更多地显现出了城市型水灾害的特点。对于超大型城市，“热岛效应”还会引发“雨岛效应”。大城市平均气温高、空气中粉尘大，热气上升，形成周边气流向城市汇聚的运动。一旦上升的热气流遭遇高空强对流的冷气团，形成暴雨，就使城市更容易成为暴雨袭击的中心，即所谓城市“雨岛效应”。因此，超大型城市容易出现市区暴雨的频率与强度高于周边地区，而且这种现象将会长期存在。

（五）全球性环境问题

1. 全球性环境问题增加，履约和应对压力加剧

目前，全球性环境问题不断增加，主要包括臭氧层保护、全球气候变化、持久性有机物污染、生物多样性破坏等四方面。而此四大类环境问题在我国集中出现并

日益严峻，环境问题逐渐成为我国与世界其他国家的交锋点，成为影响国家安全、国际形象和地缘政治的潜在隐患。我国目前已参加或者缔结了环境与资源保护国际公约和条约 30 多部，如《生物多样性公约》《联合国防治荒漠化公约》《关于持久性有机污染物的斯德哥尔摩公约》《防止倾倒废物及其他物质污染海洋的公约》《控制危险废物越境转移及其处置巴塞尔公约》《保护臭氧层维也纳公约》等，随着我国融入全球化程度的不断加大和我国在国际事务中影响程度的不断提高，我国面对的履约和应对压力将不断加剧。

2. 气候变化及其影响

1）近百年全球气候发生了明显变化

政府间气候变化专门委员会（IPCC）第五次报告的最新评估表明，气候系统变暖是毋庸置疑的。自 1950 年以来，观测到许多变化在几十年乃至上千年时间上都是前所未有的。大气和海洋已变暖，积雪和冰量已减少，海平面已上升，温室气体浓度已增加。3 个国际著名的气候资料研究机构分别发布的观测数据表明，自 19 世纪末以来，全球平均地表温度已增加。过去 30 年中每个 10 年的温度均显著高于有器测记录以来之前所有任何一个 10 年的温度，21 世纪的第一个 10 年是最暖的 10 年。自 20 世纪中叶以来，在全球范围内对流层已变暖，而平流层已变冷。更完善的降水观测资料分析结果表明，自 1901 年以来，全球陆地降水量的变化不大，且降水变化的空间分布和季节变化上具有明显的差异。在北半球中纬度地区，降水可能全面增加（在 1951 年之前为中等信度，但之后为高信度）。自 1950 年以来，全球冷昼和冷夜的数量很可能已减少，而暖昼和暖夜的数量很可能已增加。

海洋变暖在气候系统储存能量的增加中占主导地位，1971～2010 年累积能量的 90%以上可由其解释（高信度）。几乎确定的是，1971～2010 年，海洋上层（0～700m）已变暖；19 世纪 70 年代至 1971 年间，海洋上层可能已变暖。

过去 20 年以来，格陵兰和南极冰盖已经并正在损失冰量，几乎全球范围内的冰川继续退缩，北极海冰和北半球春季积雪面积继续缩小。19 世纪中叶以来的海平面上升速率比过去两千年来的平均速率高。在 1901～2010 年，全球平均海平面上升了 0.19m［0.17～0.21m］。

二氧化碳（CO_2）、甲烷（CH_4）和氧化亚氮（N_2O）的大气浓度至少已上升到过去 80 万年以来前所未有的水平。自工业化以来，CO_2 浓度已增加了 40%，这首先是由于化石燃料的排放，其次是由于净土地利用变化的排放。海洋吸收了大约 30%的人为 CO_2 排放，这导致了海洋酸化。2011 年全球平均大气 CO_2 浓度达 390.5ppm

（百万分之一），比 1750 年增加了 40%。大气氧化亚氮浓度为 324.2ppb（十亿分之一），比 1750 年增加了 20%。大气甲烷浓度为 1803.2ppb，比 1750 年增加了 150%。CH_4 浓度在 1999～2006 年保持几乎稳定不变之后，从 2007 年开始继续增加。各类氟利昂（HFC）、聚合氯化铁（PFC）和六氟化硫（SF_6）均继续以相对快的速率增加，但与充分混合的温室气体总贡献相比，这些气体对辐射强迫的贡献不足 1%。

2）近 10 年全球变暖速率下降，但全球变暖趋势仍将持续

最近 10 年全球变暖的停滞问题是当前气候变化自然科学研究领域的一大热点问题。起因是人们公认 1998 年是近一个半世纪以来最暖的 1 年，而 1999～2008 年的 10 年气温没有继续上升。但是，从近百年看 1999～2008 年仍然是最暖的 10 年，我们仍然处在气候变暖的过程中，到 2011 年为止，情况依然如此。IPCC 第五次评估报告的最新结果指出，除了存在确凿的多年代际变暖之外，全球地表平均温度还表现出明显的年代际和年际变化。由于自然变率，基于短期记录的趋势对于开始期和结束期的选取非常敏感，而且一般不反映长期气候趋势。

基于新一代的气候系统模式和地球系统模式及最新的排放情景，典型浓度路径的预估结果表明，从长期来看，如果温室气体排放量持续不减，21 世纪全球平均温度将会继续上升。全球陆地平均的增温幅度大于海洋，北大西洋和南大洋的增温最小。21 世纪全球平均的降水将会增加，且平均降水量的变化将会出现显著的空间变化。未来大部分地区将出现更多高温极端事件，较少寒冷极端事件。预计高温极端事件的频率、持续时间和幅度会增加，而偶发的极端冷冬事件将会继续发生。21 世纪北极海冰很可能继续全年缩小变薄。同时，在南极，预计海冰面积和冰量减小，但是为低信度。随着全球温度的上升，22 世纪北半球积雪很可能将会减少，几乎确定冻土层的面积会退缩。由于海洋进一步变暖及冰川和冰盖更大的冰量损失，因而在所有 RCP（代表性浓度路径）情景下，21 世纪全球平均海平面上升速率很可能超过 1971～2010 年观测到的速率。与 1986～2005 年相比，2081～2100 年全球平均海平面在所有 RCP 情景下都将可能上升。几乎确定的是，由于热膨胀将持续数个世纪，因而在 2100 年之后，全球平均海平面将持续上升。海平面的长期上升取决于未来的排放。长期变化的首要驱动因子是 CO_2 的排放总量。即使温度达到稳定水平，气候的某些方面仍将继续变化。与植被变化、冰盖变化、深海变暖及海平面上升等相关的过程，以及如与海洋和冰盖相关的潜在反馈，都有其自身的内在长期时间尺度，而且在全球温度达到稳定水平后仍会导致数百年到数千年的显著变化。

3）人类活动对近百年全球气候变化起重要作用

引起气候变化的原因可分成自然原因与人为原因两大类。前者包括太阳辐射的变化，火山活动，以及气候系统内部变率等；后者包括人类燃烧化石燃料，以及毁林引起的大气中温室气体浓度的增加、大气中气溶胶浓度的变化、土地利用和陆面覆盖的变化等。

对于20世纪中期以来观测到的全球变暖，一系列的证据表明，极有可能的是，这一时期的变暖是由于人类活动造成。这些证据包括：①基于物理学的温室效应和复杂气候模式的计算结果都表明，大气温室气体的增加将导致地球气候的变暖。②过去100年地表气温明显上升到至少最近1000年都未经历的最暖水平，同时人类活动导致了CO_2和其他温室气体的增加。③大量观测和卫星资料证实，过去几十年大气温度变化的垂直分布，即大气低层对流层的变暖和平流层的冷却，和预期的温室气体增加导致的分布型一致，而和其他辐射强迫因子，如太阳辐射增加导致的气候变化分布并不一致。④对过去几百年到上千年的气候模式模拟和温度变化的重建表明，当前的变暖趋势不能被仅仅归因于气候系统的自然变率。⑤没有其他令人信服的证据可以对观测到的全球变暖作出可能解释，如太阳活动的变化、宇宙射线通量的变化、自然气候变率，或者储存在深海或气候系统其他成员中的热量的释放等。

IPCC第五次评估报告的最新结论表明，人类活动对气候系统变暖影响的检测分析结果是明确的。极有可能的是，人为影响是20世纪中期以来全球变暖的主要因子。多信号检测和归因分析表明，自20世纪早中期以来，在量化的人为和自然强迫的贡献中，导致全球变暖的最大贡献来自温室气体。

二、未来经济社会发展与环境压力形势判断

资源和环境既是经济社会可持续发展的基本支撑条件，也是其最重要的约束因素。未来15年，我国经济仍将保持持续增长，与此同时，资源和环境压力也将持续增大。预计“十三五”期间，GDP年均增长率为7%左右，2020年GDP总量达到91.7万亿元；2021～2030年，GDP年均增长率将进一步下降为6%左右，2030年GDP总量将达到172.27万亿元，中国将在经济总量上超越美国成为世界第一大经济体。

（一）工业化进程持续发展，逐渐向中西部转移

按照世界银行制定的国际通用的发展阶段划分标准，中国已于2010年跨入上中等收入国家行列。以上述 GDP 的预测结果为基础，结合中国人口增长预测，预计

2020 年中国人均 GDP 将达到 1 万美元，我国进入中上等收入国家行列。2025 年和 2030 年人均 GDP 分别达到 1.5 美元和 2 万美元，人均收入水平迈进高收入国家门槛（表 2-4）。

表 2-4　2016～2030 年 GDP 和人均 GDP 增长预测

区间	GDP 总量		人均 GDP 水平	
	GDP 期末值/亿元	GDP 年均增长/%	人均 GDP 期末值/元	人均 GDP 期末值/美元
2012 年	518 942	7.7	38 420	6 100
2016～2020 年	917 782	7.2	65 556	11 303
2021～2025 年	1 275 252	6.8	89 178	15 376
2026～2030 年	1 722 735	6.2	118 809	20 484

中国还是一个发展中国家，还存在大量贫困人口，当前正处于工业化中期阶段，工业化进程还将持续发展。为缩小东、中、西部地区之间过大的差距，保持国民经济的稳定、协调发展，国家提出了处理好东部地区与中、西部地区发展关系问题为核心内容的区域协调发展战略。1999 年，国家作出了实施西部大开发的重大战略决策。其后，又实施了振兴东北老工业基地、促进中部崛起、东部率先发展等重大战略举措，并形成了统一的区域协调发展战略。由于区域经济协调发展战略的实行，加大了对中西部地区的投资，全社会固定资产投资近年的年增长幅度都在 20%以上，使得中西部地区投资环境得到改善和效益得到提高，发展进程逐渐向西部转移。

（二）城镇化进程不断加快

未来，我国将加速融入全球化之中，成为推动全球化的重要力量。预计在 2016～2020 年，城市化处于“快速”发展阶段，人均 GDP 达到约 1 万美元，进入中上等收入国家行列。城镇化率将达到 60%左右，年均提高 0.9 个百分点。由于我国地少人多的基本国情，特大城市已经达到经济、人口活动的承载极限，将限制人口的扩张，大城市也将继续控制人口的增长速度，未来城镇化提高主要集中在二、三线城市的扩张及乡村城镇化发展上，因此，我国城镇化率存在上升的极限，城市水资源短缺、空气污染问题日益突出，资源环境面临压力逐步加大，对城镇化率提升的约束作用也将日益增强。预计 2020 年后，城镇化率水平提高的速度会大幅度放缓。到 2030 年，城市化进入“稳定”发展阶段，GDP 总量将高于 170 万亿元，超过美国成为世界第一大经济体，人均 GDP 达到 2 万美元以上，迈进高收入国家行列。预计 2030 年我国城镇化水平能达到 65%左右。

（三）人口数量持续增长，但人口红利渐趋减小

据相关研究结果，我国人口数量持续增长，到2020年，我国总人口将缓慢增长到13.836亿人，到2030年最终增长到约14亿人，达到21世纪峰值。

近30年的统计数据显示，中国目前人口出生率显著下降，呈逐年走低趋势，从2006年5.89‰下降到2011年的4.79‰，下降了1.1个千分点。随着我国逐步进入老龄化社会，新生儿出生率将逐渐降低，老人死亡率将逐渐升高，预计到2030年左右，我国新生儿出生率将与老人死亡率持平，人口自然增长率将为0，我国人口总量将达到峰值，随后逐渐下降。随着我国人口结构的变化，劳动力供给增长放缓，人口红利渐趋消退。

（四）生态保护刻不容缓

我国自然生态系统脆弱、生态产品短缺、生态压力剧增、生态差距巨大的基本特征将长期保持不变。过去几十年大规模的资源开发与巨大的人口压力所导致的自然生态系统结构失衡、功能退化问题，难以在短期内解决。未来，随着人口和经济规模进一步扩张，生态系统承载压力巨大，还有恶化的趋势，生态保护的压力巨大，刻不容缓。

（五）环境成本较大，环境风险和压力日益增大

中国在过去30年中实现了西方国家需要一百年才能够实现的经济发展。但是，中国在这30年中也承受了一个世纪的环境破坏。目前我国在城镇化的发展进程中，又以环境发展的矛盾较为突出。巨大的环境成本造成了环境风险和压力的持续增大。

1. 环境问题将发生结构性变化

未来，我国环境污染将发生结构性变化：污染物种类由常见污染物向化学品、重金属等多污染物种类并存转变，污染物介质从以大气和水为主向大气、水和土壤3种介质转变，污染物来源从以工业和城市为主向工业、城市、农村3个类型转变，污染区域从以城市和局部地区为主向区域、流域、全球范围转变，污染类型从常规污染向复合型污染转变（中国工程院和环境保护部，2011）。

2. 水环境治理难度不断加大

未来一个时期，中国仍将处于城镇化加速发展阶段。如果在现有的治理水平下，城镇废水排放总量还会持续增长。此外，我国污水排放量大，2010年污水排放量为

617.3 亿 t，高达 138.9 亿 t 的污水仍有待处理，处理率仍滞后于治污需求。

在水环境容量不足、水环境污染问题日趋复杂、环境风险不断增大的条件下，未来我国水污染治理难度不断加大，然而，目前治理水平仍然偏低。一方面，污水处理基础设施的建设仍然滞后于治污需求，实际处理率偏低，运行和管理存在诸多问题，影响点源污染的全面有效治理。另一方面，面源、内源等污染源难以集中控制，处理难度大。此外，新型污染物和有毒有机物污染源等底数不清、治理困难。

3. 大气环境质量压力增大

在常规大气污染问题尚未得到彻底解决的情况下，以 PM_{10} 和 $PM_{2.5}$ 为代表的大气颗粒物污染将成为我国相当长时期内最为突出的大气环境问题。

根据我国经济发展的宏观形势和能源消费总量进行判断，直至 2020 年，我国将仍处于工业化中后期这一历史阶段，主要大气污染物排放强度高的钢铁、水泥、石化等重化工业产量还将进一步增长，经济结构重型化、技术水平低下、消费方式粗放，这将造成我国的大气环境质量压力持续增大。

4. 固体废物综合利用及处置压力增大

随着工业和国民经济的快速发展，工业固体废物、危险废物、生活垃圾的产生量仍将呈现逐年增长的趋势，固体废物综合利用及后续处置的压力也将随之增大。工业固体废物增长速率在 6%左右，预计到 2020 年和 2030 年将分别突破 60 亿 t 和 100 亿 t。危险废物产生量持续增加，且随着法律的完善，纳入监管的数量大幅攀升，统计数据显示 2011 年危险废物产生量比 2010 年增长了 116%，从 1586.75 万 t 增长到 3431.22 万 t；近年来政府及公众对污染场地的重视日趋加强，且随着生活垃圾分类收集的推进，家庭生活类危险废物都将纳入监管体系，可以预计危险废物产生量数据将成倍增长。生活垃圾产生量到 2020 年和 2030 年将分别达到 3.6 亿 t 和 4.2 亿 t。

5. 土壤污染问题愈加凸显

随着城市化进程加速，大量污染企业搬迁活动频繁，工业废渣、生活垃圾大量堆存或填埋，污水灌溉、人畜粪尿施肥、农用化学品和淤泥应用，以及大气污染物的沉降等，使得我国的土壤污染日趋严重。

6. 环境风险的压力继续加大

我国环境的总体形势依然严峻，突发环境事件呈高发态势，自然灾害引发的次生环境问题不容忽视，核安全、辐射安全压力也不断增大。全国危险化学品行业企业布局性环境风险十分突出，尾矿库环境风险也十分严重，一些地区重金属污染历史遗留问题突出，治理难度很大。在传统污染物还没有解决的形势下，新型污染物又逐渐显现，环境污染激素、抗生素等新型污染物不断涌现，环境风险防控的压力还在进一步加大。

（六）资源短缺，难以为继

1. 水资源需求持续增长

近年来虽然单位GDP的用水量逐年递减，全国的人均用水量却在不断攀升，随着人口的增加，工业化、城市化水平进一步提高，全国的总用水量仍将不断上涨。虽然从总量上来看，目前水资源的供需基本平衡，但随着用水量的不断提高，水污染等不确定因素的影响，在未来的20年内极有可能出现水资源的供需缺口。

2. 能源消费总量位居世界第一

在2030年前，我国经济仍将以重化工业发展为主，这些重化工业多是高耗能企业，因此在未来相当长的一段时间内，我国经济发展仍将依赖于大量能源消耗，能源消耗总量不断上升，成为世界第一大能源消费国。

以2012年为基准年，在能源结构不变（化石能源占总能源消费的90%），能效每年提高3.5%，水资源效率提高1.2%（根据近10年的增长率计算得出），4种污染物每年总量减排1.6%的条件下，进行以下预测（表2-5，表2-6）。

表2-5　不同GDP增速下2020年的资源消费和污染排放预测

年份	2012（基准）	2020	2020	2020
GDP增长率/%	—	8	6	4
经济总量/亿元	519 470.10	961 502.90	827 956.42	710 930.70
水资源消费/亿 m^3	6 141.80	6 756.78	6 756.78	6 756.78
化石能源消费/万tce	327 729.19	460 661.98	396 679.04	340 611.29
二氧化硫/万t	2 117.63	1 861.28	1 861.28	1 861.28
氮氧化物/万t	2 337.76	2 054.76	2 054.76	2 054.76
二氧化碳/万t	889 325.40	1 257 453.65	1 082 801.54	929 755.29
COD/万t	2 423.73	2 130.32	2 130.32	2 130.32
氨氮/万t	253.59	222.89	222.89	222.89

注：CO_2按国家发改委颁布的标煤转换系数2.4567t/tce计算得出

表 2-6　不同 GDP 增速下 2030 年的资源消费和污染排放预测

年份	2012（基准）	2030	2030	2030
GDP 增长率/%	—	8	6	4
经济总量/亿元	519 470.10	2 075 812.65	1 482 743.85	1 052 351.11
水资源消费/亿 m^3	6 141.80	7 612.81	7 612.81	7 612.81
化石能源消费/万 tce	327 729.19	705 044.33	503 610.07	357 428.30
二氧化硫/万 t	2 117.63	1 584.03	1 584.03	1 584.03
氮氧化物/万 t	2 337.76	1 748.69	1 748.69	1 748.69
二氧化碳/万 t	889 325.40	1 924 536.02	1 374 687.61	975 660.12
COD/万 t	2 423.73	1 812.99	1 812.99	1 812.99
氨氮/万 t	253.59	189.69	189.69	189.69

注：CO_2 按国家发改委颁布的标煤转换系数 2.4567t/tce 计算得出

在能效每年提高 3.5%的情况下，2020 年之前，GDP 年均增长 4%，化石能源消费量和 CO_2 排放量都增加 3.9%；GDP 年均增长 6%，化石能源消费量和 CO_2 排放量都增加 21.04%；GDP 年均增长 8%，化石能源消费量和 CO_2 排放量都增加 40.56%。2030 年之前，GDP 年均增长 4%，化石能源消费量和 CO_2 排放量都增加 9.06%；GDP 年均增长 6%，化石能源消费量和 CO_2 排放量都增加 53.67%；GDP 年均增长 8%，化石能源消费量和 CO_2 排放量都增加 115.13%。

在水资源效率提高 1.2%的情况下，2020 年之前，水资源消费量增加 10.01%；2030 年之前，水资源消费量增加 24.00%。

在污染物每年总量减排 1.6%的情况下，2020 年之前，污染物排放减少 12.11%；2030 年之前，污染物排放减少 25.20%。

根据上述预测，水资源消费总量、能源消费总量和碳排放量持续增加，因此，为达到 4 种污染物每年总量减排 1.6%，碳排放强度每年减少 3%的目标，我国未来的减排压力巨大；其次，在经济增长低于 4%的情况下，才能实现能源消费总量的不增长，较低的经济增长对中国未来来说并不现实。

（七）未来气候变化对我国生态系统的影响

1. 对生物多样性的影响

未来气候变化将进一步影响中国的动植物分布、物种优势度、有害生物、栖息地及植被和景观多样性。主要表现为：物种分布范围缩小、破碎化和散失、物种多样性和丰富度降低，有害生物范围扩大、危害增加，物种灭绝速率加快，栖息地退化和破碎化，生态系统及景观多样性下降，遗传资源散失等。

（1）动物分布：气候变化使得目前分布在中国东部、东北和南部的鹅猴羚（柴达木亚种、南疆亚种）、草原斑猫、蒙古野驴、石貂、野骆驼的范围缩小，新适宜分布范围向西面和西北方向扩展。

（2）植物分布：气候变化将使得 29 种森林植物的分布范围减少，包括马尾松、云南松、油松、珙桐、秃杉、白桦、冷杉、云杉、华北落叶松、紫果云杉、杉木、峨眉栲、元江栲、高山栲、瓦山栲、包石栎、滇石栎、乌冈栎、巴东栎、刺叶栎、匙叶栎、滇青冈、曼青冈、黄毛青冈、云南樟、宜昌润楠、山楠、桢楠和银木荷等。

（3）有害生物：未来气候变化将使有害生物分布范围改变、危害增加。

（4）栖息地：未来气候变化将加剧土地荒漠化和水土流失，使物种栖息地质量退化。气候变化将引起土地荒漠化和水土流失的增加，从而导致物种栖息地退化。同时，气候变化背景下，海平面上升将影响沿海湿地，也导致物种栖息地退化。物种栖息地的破碎化是威胁物种的重要因素。随着气候变化，物种的栖息地将可能破碎化。

（5）植被与景观多样性：未来气候变化将使植被分布格局发生改变，降低一些区域的景观多样性。全球平均温度升高 1～3.5℃将使中国落叶针叶林面积减小，温带落叶阔叶林面积将扩大，华北地区和东北辽河流可能草原化，西部沙漠和草原略有退缩。气候变暖还将导致青藏高原东南部的同地植被将明显森林化，高山草甸面积减小，从而改变区域生态系统及景观多样性。

2. 对陆地生态系统脆弱性的影响

气候变化将增加中国陆地生态系统的脆弱性，但是对脆弱性分布格局的影响不大，总体特征为南低北高，东低西高；预测模拟表明，到 21 世纪末中国稳定的生态系统比例将减少 22%左右，高度脆弱和极度脆弱的生态系统所占比例较当前气候条件下分别减少 1.3%和 0.4%；在不同气候条件下，高度脆弱和极度脆弱的陆地生态系统主要分布在中国内蒙古、东北和西北等地区的生态过渡带上及荒漠-草原生态系统中，华南及西南大部分地区的生态系统脆弱性将随气候变化而有所增加，而华北及东北地区则有所减小。

根据 IPCC 对研究时段的划分标准：1961～1990 年为基准时段、1991～2020 年为近期、2021～2050 年为中期、2051～2080 年为远期。在后 3 个时期对中国自然生态系统在未来气候变化情景下的脆弱评价表明：气候变化对中国生态系统存在较为严重的影响，近期、中期、远期对生态系统的影响呈发展趋势。受气候变化影响严重的地区是生态系统本底脆弱的西北干旱地区和青藏高原西部区域，其次是生态系统本底较好的东北、华北和江南地区。以温度上升为特征的气候变化将对中国的自然生态系统产生较为严重的影响，但在某些地区，特别是较为寒冷地区，初期的升温对自然生态系统的温度和热量状况有益，从而使东北地区近期的受损程度下降。然而，随着气候的持续升温，其他气候因子也将出现变化，包括潜在蒸发增加，从而可能引起自然生态系统生境退化，导致全国性的自然生态系统退化。

根据气候模拟结果分析，21 世纪 80 年代可能是华北高温和长江流域干旱极端气候事件频发时段，21 世纪 90 年代可能是华北干旱和长江流域干旱极端气候事件频发时段。极端气候事件的发生对中国生态系统的影响尤其突出，在江南丘陵地区开始出现生态系统逆向演替现象，受影响严重且可能逆向演替（超过阈值）的主要类型有开放的灌丛和荒漠草原，在上述两个时段将可能扩展到部分落叶阔叶林、草原、有林草地和常绿针叶林。

在增温 1℃情景下，气候变化对生态系统正负影响相当，但存在区域差异：增温 2℃情景下，出现轻度脆弱的生态系统明显增多；增温 3℃情景下，中度脆弱生态系统明显增多；增温 4℃情景下，中度脆弱生态系统显著增加。

3. 未来气候变化对森林生态系统的影响

受气候变化的影响，未来中国森林植被类型和物种的分布将发生大范围的迁移。如果增温幅度小于 2℃，预估中国森林面积将扩展，而热带地区的森林可能将遭受严重的影响，包括生物多样性的损失。气候增暖将导致东北森林的垂直分布带有上移的趋势，若降水也增加，则大兴安岭森林群落中的温带针阔混交林树种的比例增加，如红松、水曲柳等。预估结果还表明中国的落叶针叶林的面积减少很大，甚至可能移出中国境内；温带落叶阔叶林面积扩大，较南的森林类型取代较北的类型；高寒草甸将可能被热带稀疏草原和常绿针叶林取代，森林总面积增加。同时，气候变化对森林覆盖率也有很大的影响，但因树种的不同存在差异。对森林的生产力和碳汇功能也有影响。

4. 未来气候变化对湿地和荒漠化的影响

未来气候变化将通过温度、降水和蒸发量的改变而影响内陆湿地的功能。气候暖干化将导致三江平原湿地资源减少，抗干扰能力减弱，生物多样性减少。濒危物种增加，自然退化加快，大面积沼泽湿地演变为草甸湿地。在青藏高原的三江源地区，若在 21 世纪末气温上升 3℃，降水不变，整个长江源区的冰川面积将减少约 60%

以上，如果考虑降水增加，冰川面则将会减少 40%左右，冰河攒融水的比例将会由现在的占河流总径流的 25%下降到 18%，同时，草原湿地蒸发量加大，许多湖泊将会退缩和干涸，沼泽地退化等一系列严重的生态问题将更加突出。未来气候变化对中国半干旱地区的青海湖，岱海和呼伦湖及其流域的影响显著。

未来气候暖干化将进一步增加荒漠化发生的可能性和潜在危险，导致荒漠生态系统分布范围的扩展。若在局部地区有降水增多的可能，则将有利于荒漠化土地的逆转。在气温增加 4℃，降水增加 10%的条件下，青藏高原西部的高寒荒漠，大部分转为温性荒漠。如果降水增加达 20%，保持年均温增加 4℃时，中国西部草原将变为荒漠区，荒漠地带荒漠化加剧，青藏高原各植被地带沙漠化趋势加强。未来气候变化情景下，荒漠化气候生物类型区明显扩大，生态系统功能退化，生物多样性降低。

5. 中国生态系统对气候变化的适应性

陆地生态系统是一种具有一定自行调控能力的系统，对气候变化具有一定的适应能力。一般生态系统的生物多样性越多，系统种类越丰富，结构也越复杂系统越稳定，抗干扰的自适应恢复能力越强，反之亦然。生态系统的自适应能力是有限的。如果未来气候变化幅度过大，胁迫时间过长。或短期的干扰过强，超出了生态系统本身的调节和恢复能力，生态系统的结构、功能和稳定性就会遭到破坏，造成生态系统自身不能适应气候变化，进而发生不可逆转的演替。因此，虽然陆地生态系统对气候变化具有一定的自适应能力，但仍需要采取一定的人为保护措施。

第二节 生态文明建设的重大意义

生态文明建设是中国特色社会主义道路的理论创新，把生态文明建设放在突出地位，对我国全面建成小康社会和建设美丽中国具有重要的战略意义。

一、建设美丽中国的内在要求

首先，资源是经济社会发展的物质基础，要实现 13 亿人口的全面小康，对资源的需求是巨大的。但我国资源禀赋先天不足，石油、天然气、煤炭、淡水、耕地等战略性资源人均占有量只有世界平均水平的 7%、7%、67%、28%、43%左右，对我国发展形成严重制约。特别是能源，2012 年我国能源消费总量达 36.2 亿 tce，石油对外依存度已达 58.7%。同时，我国发展方式粗放、资源利用效率不高、各种浪费现象严重。2012 年，我国国内生产总值约占世界的 11.6%，但消耗了全球 21.3%的能源、45%的钢、43%的铜、54%的水泥。随着工业化、城镇化快速发展，能源资源供需矛盾将更加突出。

其次，良好的生态环境是对时代和社会进步提出的新要求，已成为人民群众的新期盼。但我国环境污染问题仍然严峻。空气质量较差，雾霾频繁发生、影响范围之广历史罕见。饮用水安全受到威胁，许多人饮用水不达标。一些重点流域、近海海域水污染及湖泊富营养化严重，重金属污染、草原退化、水土流失、土地沙化、石漠化等问题突出。这些问题给人民群众的身体健康和生活质量带来损害，甚至引发群体性事件。

只有以生态文明建设为抓手，转变发展方式，推动资源利用由粗放向集约高效循环转变，才能使有限的资源发挥最大的效果，破解资源环境瓶颈约束，为全面建成小康社会提供物质支撑；只有践行以人为本、执政为民，加快推进生态文明建设，推动生态环境由“先污染后治理”“先破坏后修复”向保护优先、自然恢复为主转变，才能建成美丽中国。

二、有利于发展方式的转型

建设生态文明，不仅仅是生态修复与重建、节约资源和环境治理，而是涉及整个社会文明形态的深刻变革，需从改变全社会的生产方式、消费方式等方面入手，树立生态文明、绿色可持续的生产、消费理念。

（一）生产方面

在工业化进程中，我国仅用 30 年的时间完成了发达国家 100 余年的发展历程，而发达国家在不同历史阶段出现的环境问题在我国 20～30 年集中暴发。长期以来，由于受制于地理环境、发展阶段、经济模式等因素，与国际先进水平相比，我国的生产方式呈现出过于粗放的现状，日趋强化的资源环境约束正在成为制约经济社会可持续发展的瓶颈。

首先，伴随高速、粗放型增长的经济，生产的资源能源消耗量巨大并仍不断攀升。有关资料表明，我国已成为世界上铁矿石、氧化铝、钢铁、铜、水泥等资源类产品消耗量最大的国家，重要矿产资源和能源的对外依存度持续上升。据统计，1990～2009 年，能源矿产消费增加了两倍多，金属矿产消费增加了 8～15 倍。

其次，我国的能源资源利用效率依然较低，污染排放严重。我国的总能源效率为 33%，约低于世界平均水平 10 个百分点，单位 GDP 能源消耗是美国的 4 倍、欧盟的 6 倍、日本的 10 倍、世界平均水平的 3 倍。高消耗且低效率的生产方式带来了巨大的污染排放隐患。2010 年，我国共排放废水 617.3 亿 t、化学需氧量 1238.1 万 t、二氧化硫 2185.1 万 t，均居世界首位，主要污染物排放总量超过了自然环境的承载能力。

最后，产业转型升级问题一直是我国经济发展的一大难题，迄今为止仍未有显著的进展。从产业结构看，自 2003 年以来，我国步入新一轮的经济增长周期，作为工业化基础的钢铁、水泥、汽车等行业快速增长，产业结构的重型化特征明显。从产业发展模式看，我国目前仍然未能摆脱以要素投入和规模扩张为主要特征的粗放型发展方式，钢铁、水泥、平板玻璃、煤化工等产业面临着产能过剩的威胁。从产业竞争力看，产业基本特征是“大而不强”，即产业规模虽然很大，但产品结构和技术水平偏低，总体上仍然处于全球产业链的低端。以汽车为例，我国一方面拥有世界第一的产销规模，另一方面却面临着自主品牌竞争力薄弱、国内中高端市场尤其是高端市场几乎完全被国外产品占领的不利局面。

整体来看，我国以往的经济增长方式主要来源于生产领域通过增加资本和劳动等要素的投入量、减少环境保护成本，以及通过在原有生产规模上扩大生产规模的方式实现经济增长，这种高投入、高能耗、高消费的增长模式，对生态环境造成了严重威胁，出现了严重的环境污染、物种灭绝、资源短缺等生态灾难，再以牺牲环境来换取经济增长的发展模式将难以为继。

因此，在生态文明建设过程中，应立足循环经济，关注生态环境，将经济增长方式从这种低效率、污染严重的粗放型增长转向高效率、绿色可持续的集约型增长；同时大力发展节能环保、新能源等战略性新兴产业，不仅可以促进节能减排，而且能够提高竞争力、提供新的就业机会，使其成为新的经济增长点，进而促进产业结构转型。

（二）消费方面

与生产方式对生态文明建设影响的直接作用方式不同，消费方式通过消费的下游效应和弹性效应间接但显著地影响着生态文明建设的水平。所谓“下游效应”即在系统最下游减少一个单位的产品消耗，就可以在系统上游减少数十倍甚至数百、数千倍的资源投入；“弹性效应”是指提高生产效率的效果会被消费数量的增加所抵消，所以转变消费观念至关重要。而我国当前的消费模式存在奢侈消费、公费消费浪费严重及劣质消费等问题。

在消费主义价值观的驱动之下，高消费、过度消费、一次性消费等成为了我国很多人追求的生活方式。手机、计算机、电视机等电子电器产品的更新换代过于频繁，对奢侈品的消费盲目追求使得中国正在成为全球奢侈品的消费大国。高盛发布的一份数据显示，2010 年中国奢侈品消费高达 65 亿美元，连续三年全球增长率第一。未来 3 年，中国奢侈品消费总额有望超过日本，成为世界第一大奢侈品消费国。这显示，我国的奢侈消费现象日益严重，与我国经济社会发展、传统消费习惯、建设生态文明战略不相适应，奢侈消费占用了更多的社会资源。

公费消费浪费严重的问题是制约我国消费模式升级的另外一个主要因素，由于管理上的不公开、不透明，公费使用时存在公私难分、公私不分、公为私用的腐败问题，如广为人们诟病的“公车”问题、公款出国隐藏着公款出国旅游等，因此而导致了慷公家之慨带来的惊人浪费。近期，知名咨询公司罗兰贝格最近发布的中国奢侈品消费市场报告指出，中国奢侈品消费中公务奢侈品所占比例约为 20%，远超过发达国家公务奢侈消费所占比例，公务消费浪费严重。

此外，我国消费领域也存在劣质消费问题。劣质消费品由于其质量低劣或者失去使用性能，在占用、消耗资源的同时，还会造成环境的破坏与污染，劣质消费品虽然只占我国社会商品总量的一小部分，但发展和蔓延势头如果得不到有效的遏制，将会对我国经济和社会的发展，以及社会主义市场经济体制的建立造成极大的危害。例如，我国目前严重的大气污染问题一定程度上即受劣质油品的影响。

更新消费观念，优化消费结构，合理引导消费方式，鼓励消费生态产品、绿色产品，逐步形成健康文明、节约资源的消费方式，在消费领域，提倡“要舒适不要奢侈，要消费不要浪费”将是我国生态文明建设工作开展的一个重要方面。

总的来说，我国经济长期以来处于粗放发展阶段，经济总量虽位列世界第二，但产业水平总体上较低，污染排放多，对环境破坏大。环境问题究其本质，是经济结构、生产方式和发展模式的问题。要实现经济社会可持续发展、全面建成小康社会，必须通过大力推进生态文明建设，加快转变粗放型的经济发展方式，形成节约能源资源和保护生态环境的产业结构、增长方式和消费模式。

三、有利于发展战略的完善和文明形态的升级

生态文明的建设对我国发展战略的完善及文明形态的提升也具有深远的促进作用。具体来看，将生态文明建设提升到社会发展总体规划的战略高度对我国的长远

意义体现在两个方面。

一是对我国传统发展观念的转变和完善。1987年党的十三大提出“到21世纪中叶，人均国民生产总值达到中等发达国家水平，人民生活比较富裕，基本实现现代化”的“三步走”发展战略。1997年，江泽民在党的十五大报告中，对21世纪前50年中国现代化建设的发展，提出分阶段的发展构想，被称为“新三步走”发展战略，他指出：“展望下世纪，我们的目标是，第一个10年实现国民生产总值比2000年翻一番，使人民的小康生活更加宽裕，形成比较完善的社会主义市场经济体制；再经过10年的努力，到建党100年时，使国民经济更加发展，各项制度更加完善；到世纪中叶建国100年时，基本实现现代化，建成富强民主文明的社会主义国家。”“新三步走”战略是对原发展战略的补充和完善，是新时期党和政府及全国各族人民奋斗的总目标，指导着我国社会经济发展工作的开展。目前我国已进入“新三步走”的第二步发展阶段，但发展战略仅明确提出2020年及2050年我国人均GDP的增长目标，对资源环境的保护、发展方式的转变提升等社会发展机制形态的提升未作明确安排。生态文明建设的提出及开展将对我国目前的第二、三步发展战略目标进行补充，将生态资源环境保护目标明确化，并纳入我国社会发展的总体规划，促进我国新时代发展战略的完善，更全面科学地指导我国经济增长、社会发展、环境保护、文明建设工作的开展。

二是对我国经济增长、社会发展模式的提升，促进我国文明形态的升级。生态文明建设不仅是对我国经济增长方式和发展模式的创新与提升，更是我国迈向生态文明的具体操作途径和实践过程，将促进我国进入新的、更高级的文明形态。

四、有利于提升国家形象和国际影响力

当前，气候变化、能源安全日益成为人类社会的共同挑战，绿色循环低碳发展成为全球共识和国际潮流。从世界范围来看，伴随着中国、印度等新兴经济体的崛起，世界资源环境格局也随之发生变化，全球资源消耗与污染物排放的重心逐渐向东方转移。

我国温室气体排放总量全球最高且快速增长，人均排放量超过世界平均水平，在气候变化国际谈判中日益成为关注的焦点。同时，许多发达国家加快发展新能源、新材料和节能环保产业等“绿色经济”。相较而言，我国处在全球产业链的中低端，主要依靠资源环境消耗和廉价劳动力赚取微薄利润，面对新的国际发展潮流和竞争态势，只有切实推进生态文明建设，主动走绿色发展道路，才能有效控制温室气体

排放过快增长的势头，提升我国产业产品在国际上的竞争力，并为应对全球气候变化作出积极贡献，树立负责任的大国形象，占领道义制高点，争取战略主动。

第三节　生态文明建设的重大挑战

我国大力推进生态文明建设的总体要求是：必须树立尊重自然、顺应自然、保护自然的生态文明理念；把生态文明建设放在突出地位，融入经济建设、政治建设、文化建设、社会建设各方面和全过程；努力建设美丽中国，实现中华民族永续发展。大力推进生态文明建设的重点任务是：加快建立生态文明制度；健全国土空间开发、资源节约、生态环境保护的体制机制；推动形成人与自然和谐发展现代化建设新格局。

生态文明建设是一种寻求发展与生态和谐的努力，这种追求在中国仍然面对诸多挑战。

一、生态文明建设的理念尚未全面树立

近年来，生态文明建设在我国已经受到越来越多的重视，成为了全党全国人民共同的行动纲领。但是由于我国长期以经济发展为主要目标，受工作惯性影响，各级领导干部的生态政绩观没有完全形成，忽视环境保护或者环境保护让位于经济社会建设的现象严重；相当多的公民对生态环境缺乏科学的认知，在全社会树立尊重自然、保护自然、顺应自然的生态文明理念还没有形成。一方面是需求与消费无度，导致资源消耗加剧、生态环境破坏；另一方面又渴望绿色的生态环境，渴望人与自然和谐发展。

二、城镇发展面临巨大压力

未来，我国将加速融入全球化之中，成为推动全球化的重要力量。预计在2016～2020年，城市化处于“快速”发展阶段，人均GDP约1万美元，进入中上等收入国家行列。城镇化率将达到60%左右，年均提高0.9个百分点（中共中央国务院，2014）。随着城镇化的快速发展，城市人口和经济规模不断扩张，预计到2030年我国人口总数将超过14.5亿人，达到本世纪峰值（联合国，2013）。城市水资源短缺、空气污染问题日益突出，资源环境面临压力逐步加大，生态环境承载面临巨大挑战。生态文明建设就是要以资源环境承载力为约束，协调经济与环境关系，形成节约、

环保的经济增长方式、生活模式，最终实现人与自然和谐发展。因此，面临承载极限，如何协调城镇化发展与环境关系成为生态文明建设的重大挑战之一。

三、污染减排压力巨大

中国具有世界第一的经济增长率、世界第二的经济总量，而污染物排放比经济发展提前达到世界最高位。高投入、高消耗、高排放、难循环、低效率的增长方式，以至于环境压力有增无减，面对总量控制要求，污染减排压力巨大。

我国总量控制实施对象主要是工业污染源，而对日益严重的生活污染、农业面源污染重视不够，约束力较小。我国的农业污染较为严重，污染排放一直处于无人管理的状态，农村生活污水和生活垃圾大部分没有经过任何处理，直接排放，造成地表水和地下水污染。我国工业和城镇污染无组织排放也相当严重，而无组织排放的粉尘治理在此前很长一段时间始终是一个技术难题。部分企业大气污染物治理设施不正常运行、生产过程无组织排放等问题仍很突出。在工业污染控制中，仅有少数重污染企业及新污染源按要求规范化设置排污口，建设了在线监测仪和远程监控设备，而大部分企业没有上述设施设备，环保部门无法获得污染物治理和排放全面而准确的信息，因而也就不能明确区域排污总量。只能通过几次抽样检查或调查，估算或推算出排污总量，总量控制的完成往往被概念化，缺乏权威性。此外，总量控制只控制化学需氧量、氨氮、二氧化硫、氮氧化物四项污染因子，没有覆盖主要污染源。

因此，面对不断增加的污染物排放，如何协调总量控制和污染排放存在的矛盾，同时对污染物进行全部有效地控制，成为生态文明建设的重大挑战之一。

四、生态环境生产力低下

习近平同志在中央政治局第六次集体学习时强调，“要正确处理好经济发展同生态环境保护的关系，牢固树立保护生态环境就是保护生产力、改善生态环境就是发展生产力的理念”，揭示了生态环境也是生产力的道理。

良好的生态环境能够促进劳动者生产效率的提高，对社会生产力有增值的作用，恶劣的生态环境则对社会生产力有贬值的作用（严耕，2013）。生态环境也是生产力就是要把保护和改善生态环境作为生态文明建设的重点，促进人与自然和谐相处。面对日益恶化的生态环境，生态环境生产力也在不断贬值。因此，积极保护和改善生态环境，提高生态环境生产力，将是生态文明建设的一大挑战。

五、生态文明建设存在制度障碍

党的十八届三中全会提出："全面深化改革的总目标是完善和发展中国特色社会主义制度，推进国家治理体系和治理能力现代化。"将推进国家治理体系和治理能力现代化作为全面深化改革的总目标。推进国家治理体系和治理能力现代化，势必要求对国家的行政制度、决策制度、司法制度、预算制度、监督制度等进行突破性的改革。

当前，我国生态文明体制机制建设已有一定基础，已经初步形成了一个涉及节能减排、循环经济、生态保护，应对气候变化的法律、标准、政策和规划体系（潘家华，2012）。然而，生态文明是一个全新的发展理念和阶段，客观上需要在社会体制和机制方面加以变革和创新。我国现行体制机制还不能适应生态文明建设的需要，存在较多的制约科学发展的体制机制障碍。主要表现在：①生态文明发展相适应的法律体系不健全，大多注重经济效益而轻生态效益，而且基础性和操作性较弱；②生态文明建设管理职能部门分散，权责重叠交叉严重；③资源环境配置的市场作用机制不完善。

六、工程科技对经济社会发展支撑不足

习近平同志在2014年国际工程科技大会上指出"工程科技创新驱动着历史车轮飞速旋转，为人类文明进步提供了不竭动力源泉，推动人类从蒙昧走向文明、从游牧文明走向农业文明、工业文明，走向信息化时代"（习近平，2014）。

工程科技创新作为生态文明建设的动力源泉，有助于破解生态文明建设中遇到的重大科技瓶颈问题，推动生态文明建设健康、持续发展。尽管我国工程科技水平和对经济可持续发展的支撑能力有了极大提升，但生态文明作为一种新的文明形态，对工程科技水平有着更高的要求。当前，生态文明建设过程中的基础科研和技术研发还存在不足，自主创新能力不强；资金投入力度不足，长期性难以维持。因此，面对目前工程科技存在的一些问题，生态文明建设还面临着严峻的挑战。

七、国际政治形势日趋复杂

随着中国经济的崛起，多元化的对外经济格局使我国在国际经济领域发挥的作用日益显著。同时引发的跨境环境争议日益增多，国际社会对我国绿色发展提出更高要求。我国已加入与生态环境保护有关的国际公约近30项。在气候变化履约方

面，我国 2006 年碳排放总量已跃居全球第一，预期到 2030 年才能达到峰值（何建坤，2013）。生物多样性公约要求我国在十三五期间自然生境丧失速率至少降低一半，至少保护 17%的陆地及 10%的海洋（徐海根等，2012）。在应对全球气候变化和生态环境危机中承担越来越多的环境国际责任和义务，这既是彰显大国形象机遇，也是挑战。我国仍是发展中国家，发展是第一要务，而需要在加快发展的同时，开展国内环境治理和生态保护，同时担负国际责任，这对生态文明建设来说无疑是一巨大挑战。

第三章　国土生态安全格局构建与生态保护红线

生态文明，关系人民福祉，关乎民族未来。十八大报告把生态文明建设单独提出，纳入国家建设总体布局，把优化国土空间开发格局作为建设生态文明的重要任务，反映了我们党对我国资源约束趋紧的忧虑和优化国土空间布局的坚定决心。

国土空间是生态文明建设的载体，是中华民族繁衍生息和永续发展的家园。改革开放以来，我国国土空间发生了深刻变化，一方面有力支撑了经济快速发展和社会进步；另一方面也出现了一些影响经济社会可持续发展的突出问题，亟须加以重视和解决。例如，耕地减少过多过快，生态系统功能退化，资源开发强度大，环境问题凸显，空间结构不合理，绿色生态空间减少过多。十八大报告指出，必须优化国土空间开发格局，给自然留下更多修复空间，给农业留下更多良田，给子孙后代留下天蓝、地绿、水净的美好家园。

第一节　国土生态安全格局构建现状、保护成效与主要问题

一、国土生态安全格局的研究进展

国土生态安全格局是一个多层次的、连续完整的网络，包括宏观的国土生态安全格局、区域的生态安全格局和城市及乡村的微观生态安全格局，都在不同尺度上维护着国土生态安全。目前生态安全格局研究主要以景观格局优化、土地利用结构优化、生态系统服务价值、生态系统承载力/生态足迹评估、土地资源可持续利用等为切入点，研究区域主要集中在一些生态敏感区、脆弱区。

国外生态安全格局研究方法及进展，主要包括国土规划、景观格局构建、物种多样性变化与景观格局变化过程等方面。

在国土规划研究方面，美国早在1915～1916年就由景观规划师曼宁开展了国土规划，旨在制定资源综合保护与利用战略，并提出以自然资源和自然系统为基础的土地分类思想（Manning，1923）。

在景观格局构建方面，1986年，Forman提出了“最优景观格局”，即“集聚间

有离析”模式（原理），强调应将土地利用分类集聚，并在发展区和建成区内保留自然小斑块，同时沿主要的自然边界地带分布一些人类活动的“飞地”（Forman，1986）。

在生态规划研究方面，美国生态学家 McHarg 提出“适宜性”分析，规划理念是对生态环境进行适宜性分析与评价，强调景观单元内地质-土壤-水温-植被-动物与人类活动及土地利用之间的联系，运用“千层饼”式的叠加技术，至今仍被广泛应用。在其著作《设计结合自然》（*Design with Nature*）中，McHarg 第一次建立了一个城市与区域土地资源优化配置的生态学框架，并详细论述了景观优化的步骤途径及设计方法，在大量的生态规划实践中，如绿地设计、农田保护、流域开发管理等规划方面得到了较好的应用效果（刘海龙等，2005）。

在物种多样性变化与景观格局变化过程耦合分析方面：Mortberg 研究了城市扩张和生境破碎化对森林鸟类的影响，分析了瑞典斯德哥尔摩地区森林鸟类在城市林地中的种群分布情况，得出鸟类对栖息地面积、栖息地质量（森林覆盖率）等因素敏感的结论（Mortberg，2001）。Westphal 等研究了南澳大利亚地区鸟类分布与景观格局指数之间的关系，尝试分析 2km、5km 与 10km 尺度上景观格局指数与林鸟种群丰富度之间的关系，研究认为植被覆盖面积与植被空间分布对保持鸟类多样性同样重要（Westphal，2003）。

在城市景观安全格局表征与演变方面：Luck 和 Wu 分析了美国亚利桑那州凤凰城地区景观格局梯度及其变化，并且第一次将城市景观的格局与过程联合起来进行分析。Poelmans 和 van Rompaey（2009）分析了比利时佛兰德—布鲁塞尔地区的 1976～2000 年的城市扩张，讨论了多种因素（就业机会、距离公路距离、距离高速公路入口距离、洪水风险等）对城市扩张的影响，利用历史数据对城市扩张模型进行了校核，使之可以拥有城市发展决策（Wu and Luck，2002）。

生态安全格局构建方面，国外还以自然保护地的形式进行构建。根据管理对象的不同，可以将自然保护地分为不同的类型。世界自然保护联盟（IUCN）在 1994 年发布的《保护区管理类型指南》中，将自然保护地划分为 6 种类型，是自然保护地认可度最高的分类体系。根据此分类体系，自然保护地可分为严格自然保护地（Ⅰa）、荒野保护区（Ⅰb）、国家公园（Ⅱ）、自然遗址（Ⅲ）、栖息地/物种管理保护地（Ⅳ）、陆地/海洋景观保护地（Ⅴ）和需要经营的资源保护地（Ⅵ）。根据保护等级的严格程度，该体系又可分为三大类，即严格保护类（Ⅰa、Ⅰb、Ⅱ）、栖息地/遗址管理类（Ⅲ、Ⅳ）和可持续利用类（Ⅴ、Ⅵ）（王智等，2004）。

国内在生态安全格局理论与规划研究中的杰出贡献者是俞孔坚。1997 年，俞孔坚提出的基于最小阻力表面（MCR）模型的生态安全格局方法成为生态安全格局构建的方法之一，最小阻力表面模型已经被广泛应用在濒危物种保护、自然保护区规划等研究中。

此后，我国许多学者对生态安全格局展开了一系列研究。

在区域生态安全格局评价及构建研究方面，任慧君（2011）应用景观格局与生态过程作用关系、景观连接度、景观格局优化等理论，开展了区域生态安全格局评价及安全格局构建研究，选取景观组分数（NC）、整体连接度指数（IIC）、可能连接度指数（PC）3 种景观连接度指标，针对研究区生态斑块（包括林地、草地、块状水体等）在不同距离阈值下景观连接度的变化规律进行了分析研究（任慧君，2011）。

在区域景观生态安全格局构建方面，在基于景观生态学的城市空间格局演变规律分析与生态安全格局构建中，研究了城市化过程中不同景观格局指数之间的响应关系，分析了景观格局中尺度的选择，并使用小波分析和地统计学分析的方法，对景观系统的特征尺度进行识别。以长沙为例，构建了基于连通性的区域景观安全格局。分别提取了生态安全格局的 5 个组成部分：源地、缓冲区、廊道辐射通道、节点，明确了研究区域生态保护的重点区域（蔡青，2012）。

在区域生态安全评价方面，刘伟杰（2012）基于 GIS 和生态足迹方法的东北亚地区生态安全评价，以生态赤字和生态压力指数为指标对东北亚地区进行生态安全评价。

在土地利用生态安全格局研究方面，宁夏中部干旱带土地利用生态安全格局研究，选取了典型的农牧交错带——宁夏中部干旱带为研究对象，运用生态学、景观生态学、可持续发展等理论，结合研究区实际土地利用生态问题，研究了中部干旱带土地利用时空变化特征、土地利用生态适宜性、土地利用生态安全性、土地利用多目标规划等内容，并在此基础上构建土地利用生态安全格局（程淑杰，2014）。

在区域生态安全格局规划相关支撑理论和技术方法研究方面，通过总结分析国内外相关研究成果，分析了生态安全格局相关概念之间的逻辑关系，研究了景观生态分类与适宜性评价、景观格局演变分析与动态模拟、生态安全预测等区域生态安全格局规划相关支撑理论和技术方法，总结出应用较多的景观生态适宜性评价方法，有“千层饼”法、“层次分析法”等传统方法和“人工神经网络”“遗传算法”“元胞自动机”等现代人工智能方法；在景观格局动态演变模拟模型中，CA-Markov 模型综合了 CA 和 Markov 模型的优点，有利于实现研究对象时空演变信息的精确挖掘；

生态安全预警可以尝试将神经网络、GM（1，1）模型等预测效果较好的数学模型与“3S”技术结合进行生态安全预测预警，并通过实证研究或长期定位监测来检验模型预测准确性，不断提高预测预警的精准度（欧定华，2015）。

二、国土生态安全格局构建的经验与启示

（一）美国生态廊道规划

美国生态廊道的构建贯穿美学思想，结构与形态并存，强调休闲游憩服务、历史文化保存、生态环境保护等多功能，所以规划思路是识别景观质量、历史文化脉络及生物多样性等方面。由于最初阶段美国的生态环境良好，因此最初的构建主要以游憩功能为主，后来历史文化逐渐被重视。由于快速城市化发展，生态环境退化、生物多样性减少及生态服务功能降低等问题出现，生态服务功能随之在生态廊道构建中被重视起来。在规划方法上，开始强调对自然生态要素空间与过程的考察，有着重要生态功能的自然形态得到重视，山体、水系等的作用被广泛认识，以保护生物迁徙通道为前提的结构布局与形态面积控制方法被采纳，并针对生态廊道的不同特征单元，提出不同的规划要求。美国生态廊道建设大部分都是由具有建筑学背景的景观方面的专家来研究，规划强调美感、形态和功能等相协调。例如，城市公园体系规划、“田园城市”理论倡导下的绿带构建，都注重形态与功能相结合，强调视觉美感及人居功能（Fabos，2004）。美国的以生态廊道规划为例的景观安全格局构建，是以1867年波士顿公园系统的设计为开端，由著名景观设计师弗雷德里克·劳·奥姆斯特德开创设计。后来经过从结构与功能等方面的不断改进，形成了集生态保护、游憩休闲、文化保存等功能为一体的生态廊道体系（Jongman，1995）。

（二）欧洲生态廊道规划

欧洲在生态廊道构建方面最初就已经融入了生态的思想，主要实践于20世纪早期的城市绿带建设。主要做法是将城市公园、山体水系、郊野森林、农牧区域保护起来，形成绿带，为城市居民提供具有自然美感的景观。欧洲生态廊道的规划建设以生态环境保护、自然景观保育为主要目标，其规划方法强调自然生态的本体性（Poelmans and van Rompaey，2009）。第一，在考察生态要素空间关联性的基础上，以保护生物迁徙通道为前提，规划生态廊道的结构布局等。第二，在考虑都市区整体保护及持续发展要求的情况下，确定生态廊道的布局结构，形成网络形态；第三，

将整个生态廊道划分成具有不同特征的生态单元，提出不同的规划要求。此外，由于欧洲许多都市区都有河流等水体贯穿，河流在区域生态体系中的作用被广泛认识，河流连续统理论在以水体为主题的生态廊道规划设计中被应用。上、中、下游互相关联，河流集水区、蓄水区、物质输入区、河道本身，以及地表、地下的关系等都纳入河流连续统体系加以考察，生态廊道的布局结构、功能安排都在维持河流生态稳定能力的基础上展开（Soares et al.，2002）。

（三）国外生态廊道构建的启示

美国与欧洲在建设生态廊道方面都从生态环境保护、游憩场所建设、历史文化保存等方面出发开展了建设实践（表 3-1）。但是各国的侧重点有所差异，美国侧重于游憩场所建设和历史文化保存等方面；欧洲生态廊道规划建设更多地强调自然生态的保护。在规划理论基础方面，都主要以地理学、景观生态学等理论为基础，而美国侧重于美感、结构和功能，景观生态学起主导作用。欧洲侧重于地理学，突出自然要素的水平空间关系与动态空间关系。总体来说，美国主要是在识别都市区景观质量、历史文化脉络，以及生物多样性富集程度的基础上，具有一定连接度，同时能够提供生态功能的廊道系统，规划强调美感、形态、结构、功能等的多重协调。欧洲生态廊道规划建设是在考察生态要素空间关联性的基础上，在保护生物学理论的指导下，以保护生物迁徙通道为前提，规划生态廊道的结构布局与形态面积，河流连续统理论在以水体为主题的生态廊道规划设计中被应用（Wileden et al.，2003）。

表 3-1 美国、欧洲生态廊道构建比较

生态廊道特征	美国	欧洲
功能	游憩场所、历史文化	自然生态保护
规划理论基础	景观生态学	地理学
构建重点	协调游憩场所、历史文化脉络和生物多样性富集区域，形成一个连续的生态综合体	以保护生物地理通道为前提，强调生态连续性，保持自然生态的完整性

纵观国外生态廊道建设，美国与欧洲对生态廊道构建的认识因为地域的不同、面临的问题不同等因素而存在差异。我国生态廊道建设要借鉴前二者的经验，结合中国的实际问题，特别是重点考虑区域生态空间与城市发展空间的耦合。整合城市发展与自然生态资源的时空格局，综合城市规划与景观生态学等理论，在满足城市

需求的情况下，在尊重自然、注重生态修复的基础上，尽可能将自然的区域联系起来，构建生态廊道。

三、国土生态安全格局构成现状

近年来，我国相继开展了《全国生态功能区划》与《全国主体功能区规划》，提出了关系国土生态安全的重要与重点生态功能区，以及禁止开发区，初步构建了我国国土生态安全格局。

《全国生态功能区划》由环境保护部和中国科学院于 2008 年联合发布，该成果在生态现状调查、生态敏感性与生态服务功能评价的基础上，明确了全国尺度的主要生态服务功能和生态敏感性的空间格局，提出了全国生态功能区划方案，并根据水源涵养、土壤保持、防风固沙、生物多样性保护、洪水调蓄等生态调节功能的重要性程度，提出了 50 个国家的重要生态功能区，总面积为 224.5 万 km^2，约占国土面积的 23.4%。

基于全国生态环境 10 年变化（2000～2010 年）调查与评估结果，2015 年环境保护部印发了《全国生态功能区划》修编版，《全国生态功能区划》（修编版）根据区域生态系统格局、生态环境敏感性与生态系统服务功能空间分异规律，将区域划分成不同生态功能的地区。新修编的《全国生态功能区划》包括三大类、9 个类型和 242 个生态功能区。确定了 63 个重要生态功能区，覆盖我国陆地国土面积的 49.4%。

《全国主体功能区规划》提出构建以“两屏三带”为主体的生态安全战略格局。构建以青藏高原生态屏障、黄土高原-川滇生态屏障、东北森林带、北方防沙带和南方丘陵山地带，以及大江大河重要水系为骨架（图 3-1），以其他国家重点生态功能区为重要支撑，以点状分布的国家禁止开发区域为重要组成的生态安全战略格局。青藏高原生态屏障，要重点保护好多样、独特的生态系统，发挥涵养大江大河水源和调节气候的作用；黄土高原-川滇生态屏障，要重点加强水土流失防治和天然植被保护，发挥保障长江、黄河中下游地区生态安全的作用；东北森林带，要重点保护好森林资源和生物多样性，发挥东北平原生态安全屏障的作用；北方防沙带，要重点加强防护林建设、草原保护和防风固沙，对暂不具备治理条件的沙化土地实行封禁保护，发挥“三北”地区生态安全屏障的作用；南方丘陵山地带，要重点加强植被修复和水土流失防治，发挥华南和西南地区生态安全屏障的作用。

四、国土生态安全格局建设成效明显

（一）“两屏三带”为主体国家生态安全屏障建设

当前，我国生态安全屏障建设取得了明显成效。自实施退耕还林政策后，黄土高原10年间归一化植被指数（NDVI）增加了4.5%，而全国退耕还林第一大县吴起县，NDVI增长最大，为40%。其实例证明，只要水土保持资金到位、林草建设因地制宜、管理保护措施完善，退耕还林政策将会对植被覆盖度的增加起积极的作用。2001～2010年三江源地区植被生长呈现好转趋势。京津风沙治理工程实施10年以来，工程区植被明显恢复，生态环境好转，流动沙丘得到初步治理，风沙和沙尘暴天气减少。已有研究表明，南方丘陵山地带生态环境在变好，这也说明了退耕还林、封山育林和长江珠江防护林工程的效益显著。

（二）国家重点生态功能区县域生态环境质量不断改善

为评估中央财政转移支付资金对国家重点生态功能区县域生态环境质量改善及保护效果，环境保护部、财政部于2009年启动了国家重点生态功能区县域生态环境质量考核工作。

2013年度国家重点生态功能区492个县域（其中26个县域为2013年新增，只进行生态环境质量现状评估）的生态环境质量变化情况如下：466个县域中，生态环境质量“变好”的有26个，占5.6%；“基本稳定”的有424个，占91.0%；“变差”的有16个，占3.4%。26个“变好”县域中，“一般变好”的有3个，“轻微变好”的有23个。16个“变差”县域均为“轻微变差”。

（三）重点林业生态修复工程建设成效明显

2013年，全国完成造林面积610.4万hm^2，其中重点生态修复工程完成造林面积256.9万hm^2，占42.1%。天然林保护工程二期全年完成造林46.03万hm^2、管护森林面积1.14亿hm^2，退耕还林工程全年完成造林62.98万hm^2，京津风沙源治理工程全年完成造林62.61万hm^2，岩溶地区石漠化综合治理工程全年完成造林35.58万hm^2，三北及长江流域等重点防护林体系工程全年完成造林85.37万hm^2。

截至2013年年底，天然林保护工程、退耕还林工程、京津风沙源治理工程、石漠化综合治理工程、三北及长江流域等重点防护林体系工程分别累计完成造林1505.78万hm^2、2587.67万hm^2、748.06万hm^2、115.3万hm^2和4942.64万hm^2。

（四）区域性防沙治沙工程

“十一五”期间，相继启动了新疆塔里木盆地防沙治沙、石羊河流域防沙治沙及生态恢复、西藏生态安全屏障保护与建设等区域性防沙治沙工程项目，对沙化重点地区和薄弱环节进行集中治理，规模推进。启动了全国防沙治沙综合示范区建设，在不同沙化类型区建立了38个防沙治沙综合示范区。据2011年公布的第四次全国荒漠化和沙化监测结果，“十一五”期间，全国沙化土地年均减少1717km^2，实现了沙化土地面积持续净减少。

（五）水土流失治理

2014年，全国共完成水土流失综合防治面积7.4万km^2，其中综合治理面积5.4万km^2，实施生态修复面积2万km^2，实施坡改梯400万亩，治理小流域3000多条，建设生态清洁型小流域300多条。继续在长江中上游、黄河上中游、东北黑土区、西南石漠化等水土流失严重地区实施国家水土保持重点工程，水土流失治理加快推进。

（六）自然保护区建设

截至2014年年底，全国共建立各种类型、不同级别的自然保护区2729个，总面积约14 699万hm^2（表3-2）。其中陆域面积14 243万hm^2，占全国陆地面积的14.84%，其中国家级自然保护区428个，面积约9652万hm^2。

表3-2　2014全国不同类型自然保护区情况

类型	数量/个	面积/hm^2
森林生态	1 425	31 647 873
草原草甸	41	1 654 155
荒漠生态	31	40 054 288
内陆湿地	378	30 751 764
海洋海岸	68	711 489
野生动物	520	38 852 546
野生植物	151	1 782 786
地质遗迹	83	992 413
古生物遗迹	32	544 192
合计	2 729	146 991 506

2014年，海洋生物物种类国家级自然保护区中：象山韭山列岛海洋生态国家级自然保护区的鸟类数量增加；南麂列岛国家级自然保护区的野生水仙花分布面积增

加，鸟类种类保持稳定；厦门珍稀海洋生物物种国家级自然保护区共观测到中华白海豚204次、633头次，均比2013年明显增加，文昌鱼栖息密度和生物量较上年下降；广西山口红树林国家级自然保护区内共监测到红海榄、木榄、白骨壤、秋茄和桐花树等红树品种，平均密度为0.66万株/hm^2，与上年相比基本保持稳定，部分红树受到虫害和外来物种的威胁；广西北仑河口国家级自然保护区红树的平均密度保持稳定，鸟类的种类与上年相比明显增加；广东徐闻珊瑚礁国家级自然保护区、海南三亚珊瑚礁国家级自然保护区活珊瑚盖度下降；海南万宁大洲岛国家级海洋生态自然保护区活珊瑚盖度整体保持稳定。海洋自然遗迹类国家级自然保护区中：昌黎黄金海岸国家级自然保护区的海岸沙丘最大高程为36.8m，鞍部高程为21.4m，脊线最高点位置向西北移动2.65m；天津古海岸与湿地国家级自然保护区的古贝壳堤面积基本保持稳定；滨州贝壳堤岛与湿地国家级自然保护区的贝壳堤主要分布于大口河、高坨子岛-棘家堡子岛和汪子岛，2014年监测到新生贝壳堤，现有面积为39.8hm^2，比2013年增加1.2hm^2；深沪湾海底古森林遗迹国家级自然保护区的古树桩数量及完整性基本保存完好。

2014年，新建21处国家级自然保护区，调整4处国家级自然保护区的范围。22处自然保护区晋升国家级，6处自然保护区进行了调整。批准了浙江开化和仙居作为第二批国家公园的试点。新公布第八批国家级水产种质资源保护区36个，新增水生生物国家级自然保护区1个，新建农业野生植物原生境保护区10处。新启动封禁保护区试点县23个，启动国家沙漠公园试点32个。出台了《国家级海洋保护区规范化建设与管理指南》等重要指导文件，加大基础管护设施、视频监控系统建设的投入力度，建设国家海洋保护区管理系统平台，提高海洋保护区管理的信息化水平。开展了国家滨海湿地监测中心建设项目，试点开展了滨海湿地资源状况调查工作，探讨了滨海湿地保护管理的新模式。

（七）湿地保护工程

2013年，实施湿地保护工程59个，安排中央财政湿地保护补助资金项目122个。新指定5处国际重要湿地，中国国际重要湿地总数达到46个。新批国家湿地公园（试点）131处，新增湿地保护面积30万hm^2。

第二次全国湿地资源调查成果表明，全国湿地总面积5360.3万hm^2，湿地率为5.9%。2014年，实施了《全国湿地保护工程“十二五”实施规划》，实施中央财政退耕还湿、湿地生态补偿和湿地保护奖励等试点项目331个。在全球首次对辖区范围内所有国际重要湿地完成了健康功能价值评价，每年每公顷湿地价值为11.4万元。启动了对气候变化具有重要意义的泥炭沼泽碳库调查。GEF中国湿地保护体系项目5期项目全面启动。新批国家湿地公园（试点）140处，新增湿地保护面积50多万公顷，20处国家湿地公园（试点）通过验收。建立了黄河湿地保护网络。

（八）草原资源保护

2014年，全国草原面积近4亿hm^2，约占国土面积的41.7%，是全国面积最大的陆地生态系统和生态安全屏障。北方和西部是天然草原的主要分布区。西部12省（直辖市、自治区）草原面积3.31亿hm^2，占全国草原面积的84.2%；内蒙古、新疆、西藏、青海、甘肃和四川六大牧区草原面积共2.93亿hm^2，约占全国草原面积的3/4。南方地区草原以草山、草坡为主，大多分布在山地和丘陵，面积约0.67亿hm^2。

2014年，中央财政投入20亿元资金在内蒙古、四川、甘肃、宁夏、西藏、青海、新疆、贵州、云南、黑龙江、吉林、辽宁及新疆生产建设兵团实施退牧还草工程，中央投资8.58亿元资金在北京、山西、河北、内蒙古、陕西实施京津风沙源草地治理工程，中央投入3.19亿元资金在西藏、新疆及新疆生产建设兵团实施游牧民定居工程，帮助15 650户牧民实现定居。在湖北、湖南、广西、重庆、四川、云南、贵州实施岩溶地区石漠化综合治理试点工程。中央投入2亿元，在内蒙古、新疆、青海、甘肃、西藏、四川、云南等主要牧区开展节水灌溉草料地建设示范工程。2014年，中央安排草原生态保护补助奖励资金160.694亿元，继续在内蒙古、新疆、甘肃、青海等13省区实施草原生态保护补助奖励机制。按照目标、任务、责任、资金“四到省”和任务落实、补助发放、服务指导、监督管理、建档立卡“五到户”的基本原则，对牧民实行草原禁牧补助、草畜平衡奖励、牧民生产资料补贴等政策措施。

（九）森林资源保护

第八次全国森林资源清查（2009～2013年）结果显示，全国现有森林面积2.08亿hm^2，净增1223万hm^2，森林覆盖率21.63%，上升1.27个百分点。活立木总蓄积164.33亿m^3，净增14.16亿m^3；森林蓄积151.37亿m^3，净增14.16亿m^3。森林面积和森林蓄积分别位居世界第5位和第6位，人工林面积居世界首位。

清查结果表明，中国森林资源进入了数量增长、质量提升的稳步发展时期，随着森林总量增加、结构改善和质量提高，森林生态功能进一步增强。全国森林植被总生物量170.02亿t，总碳储量达84.27亿t；年涵养水源量5807.09亿m^3，年固土量 81.91 亿 t，年保肥量 4.30 亿 t，年吸收污染物量 0.38 亿 t，年滞尘量 58.45 亿 t。

2014 年，全国完成林业有害生物防治面积 1193 万 hm^2，主要林业有害生物成灾率控制在 5‰以下，无公害防治率达到 85%以上，松材线虫病、美国白蛾等重大林业有害生物严重发生的形势得到初步遏制。

重点生态修复工程完成造林 192.79 万 hm^2。天然林资源保护工程完成造林 41.05 万 hm^2，中幼龄林抚育 169.51 万 hm^2，有效保护森林 1.15 亿 hm^2。退耕还林工程全年完成造林 37.96 万 hm^2。京津风沙源治理工程全年完成造林 23.91 万 hm^2。石漠化综合治理工程完成营造林 37.2 万 hm^2，完成率达 100%，新增综合治理重点县 14 个，重点县总数达到 314 个，滇桂黔石漠化县实现了全覆盖。三北及长江流域等防护林体系建设工程完成造林 59.63 万 hm^2。

组织开展非法侵占林地清理排查专项行动，严打涉林违法犯罪，先后部署开展“2014 天网行动”和“2014 利剑行动”两次大规模、全国性专项打击行动。国务院办公厅印发《关于进一步加强林业有害生物防治工作的意见》，各部门认真贯彻落实，监测预警、检疫御灾、防治减灾能力得到大幅提升。积极推进依法治火、应急处置、科技支撑和基础保障等能力建设，火灾防控工作取得显著成效。

（十）生物多样性保护

2014 年，国务院副总理、中国生物多样性保护国家委员会主席张高丽主持召开中国生物多样性保护国家委员会会议，宣布了中国生物多样性保护国家委员会成员名单，审议通过了有关加强生物多样性保护的文件，部署了下一步生物多样性保护的重点任务。印发《联合国生物多样性十年 2014-2015 年度中国行动方案》。举办《生物多样性公约》南南合作和城市生物多样性亚洲区域研讨班暨“5.22 国际生物多样性日”纪念活动。

在生态系统多样性方面，中国具有地球陆地生态系统的各种类型，森林类型 212 类、竹林 36 类、灌丛 113 类、草甸 77 类、荒漠 52 类。中国淡水水域生态系统复杂，自然湿地有沼泽湿地、近海与海岸湿地、河滨湿地、湖泊湿地等四大类，近海有黄海、东海、南海和黑潮流域 4 个大海洋生态系，近岸海域分布滨海湿地、红树林、珊瑚礁、河口、海湾、潟湖、岛屿、上升流、海草床等典型海洋生态系统，以及海底古森林、海蚀与海积地貌等自然景观和自然遗迹。在人工生态系统方面，主要有农田生态系统、人工林生态系统、人工湿地生态系统、人工草地生态系统和城市生态系统等。

在物种多样性方面，中国拥有高等植物 34 792 种，其中苔藓植物 2572 种、蕨类 2273 种、裸子植物 244 种、被子植物 29 703 种。此外，几乎拥有温带的全部木本属。中国约有脊椎动物 7516 种，其中，哺乳类 562 种、鸟类 1269 种、爬行类 403 种、两栖类 346 种、鱼类 4936 种。列入国家重点保护野生动物名录的珍稀濒危野生动物共 420 种，大熊猫、朱鹮、金丝猴、华南虎、扬子鳄等数百种动物为中国所特有。已查明真菌种类 10 000 多种。

在遗传资源多样性方面，中国有栽培作物 528 类 1339 个栽培种，经济树种达 1000 种以上，中国原产的观赏植物种类达 7000 种，家养动物 576 个品种。

2014 年，发布了《中国外来入侵物种名单（第三批）》。根据公布的三批外来入侵物种名录，在云南部分保护区开展现状调研和入侵危害的分析，并进一步研究控制方案。在云南开展紫根水葫芦的治理蓝藻的防除示范，在广西北海开展互花米草的防除示范，在湖北英山、辽宁沈阳和重庆潼南分别开展福寿螺、豚草与水葫芦的 3 次全国性现场集中灭除活动。以薇甘菊、黄顶菊、刺萼龙葵、福寿螺等外来入侵物种为对象，开展外来入侵物种的化学、生物、替代防治技术研究。

（十一）园林绿化

2014 年以来，全国城市园林绿地总量稳步增长，各项指标不断提高，全国城市建成区绿化覆盖率为 40.1%，建成区绿地率为 36.3%，人均公园绿地面积为 12.95m^2。

东中西部地区城市建成区绿化覆盖率分别达到 42.0%、38.8%和 37.8%，同比分别上升 0 个百分点、0.8 个百分点和 0.5 个百分点；东中西部地区城市建成区绿地率分别达到 38.2%、34.8%和 33.9%，同比分别上升 0 个百分点、1 个百分点和 0.5 个百分点；东中西部地区人均公园绿地面积分别达到 13.6m^2、11.5m^2 和 13.1m^2，同比分别增加 0.2m^2、0.4m^2 和 0.3m^2。

五、国土生态安全格局构建问题突出

（一）重要生态保护区域空间上交叉重叠，但保护效率不高

近年来随着工业化和城镇化快速发展，我国资源环境形势日益严峻。尽管我国生态环境保护与建设力度逐年加大，但总体而言，资源约束压力持续增大，生态系统退化依然严重，生态问题更加复杂，资源约束、环境污染与生态恶化的趋势尚未得到逆转。

目前，我国自然保护区面积占陆地总面积的 14.84%，这一比例已经超出了发达

国家水平，但自然保护区建设情况具有明显的不平衡性，部分自然生态系统及珍稀濒危物种并未得到有效保护，30%的自然生态系统类型、20%的野生动物、40%的高等植物尚处于保护区以外。

《全国生态功能区划》（修编版）提出 63 个重要生态功能区的总面积 473.94 万 km^2，《全国主体功能区规划》提出 25 个重点生态功能区的总面积 386 万 km^2，《中国生物多样性保护战略与行动计划》提出的 32 个陆地生物多样性保护优先区面积 232 万 km^2，上述 3 类生态保护区域存在空间交叉重叠，但总面积达到国土面积一半以上。

此外，我国还划建了风景名胜区、森林公园、湿地公园、地质遗迹等各级各类保护区，大多数区域也具有重要的生态功能，但其管理目标定位中多以旅游开发目的为主，对于生态保护重视程度明显不足。目前，若不考虑重叠面积不同类型保护区总面积已经超过了陆地国土面积（表 3-3）。

总体而言，我国生态保护区域类型多、面积大、覆盖广，但是划定科学性不足，缺乏严格的生态保护标准和管理措施，当前生态环境保护投入难以支撑有效管护，在各级政府优先追求 GDP 和财政收入、企业和个人优先追求眼前利益和经济利益的大环境下，关键生态区域未能得到有效保护，导致生态服务与调节功能仍在退化，自然灾害多发，威胁人居环境安全，高效稳定的国家生态安全格局尚未正式建立。

表 3-3 不同类型保护区面积统计

保护区类型	保护区总数	总面积/km^2	占国土面积比例/%	主管部门
国家级自然保护区	363	941 500	9.81	环保
省级以下自然保护区	2306	556 400	5.80	环保
国家级森林公园	738	10 070	1.05	林业
国家级风景名胜区	208	10 170	1.06	建设
国家级地质公园	138	85 600	0.89	国土
国家级湿地公园	38	3 600	0.04	林业
国家级重要生态功能保护区试点	17	680 700	7.09	环保
重要生态功能区	63	4 739 400	49.40	环保
重点生态功能区	25	3 858 797	40.20	环保
生物多样性保护优先区	32（陆地）	2 323 407	24.20	环保

（二）重点产业布局与区域生态安全格局之间空间冲突明显

当前，重点产业临海、临江、临河无序布局倾向持续强化。

中央“十二五”规划纲要提出推进海洋经济发展，并将其作为转型升级、提高产业核心竞争力的重要内容。进入 21 世纪以来，我国东部沿海各地高度重视海洋经济发展，从辽宁的“五点一线”沿海经济区、天津滨海新区、山东半岛蓝色经济区，到江苏沿海经济区、浙江海洋经济发展示范区等（图 3-1），各地纷纷推出相关发展规划，并创立了若干发展模式。同时，大量规划的实施也给当地湿地滩涂保护带来了更大的压力。2000～2010 年，受围填海海参养殖与人类开发活动影响，辽宁双台河口、河北唐山沿海、福建兴化湾的自然岸线滩涂湿地快速消失（图 3-2）。中国漫长的海岸线滩涂湿地是东亚-澳大利亚候鸟迁徙重要的中间停歇地。东部沿海任何一个沿海湿地的缺失，都关系着长途迁徙鸟类的生死存亡。

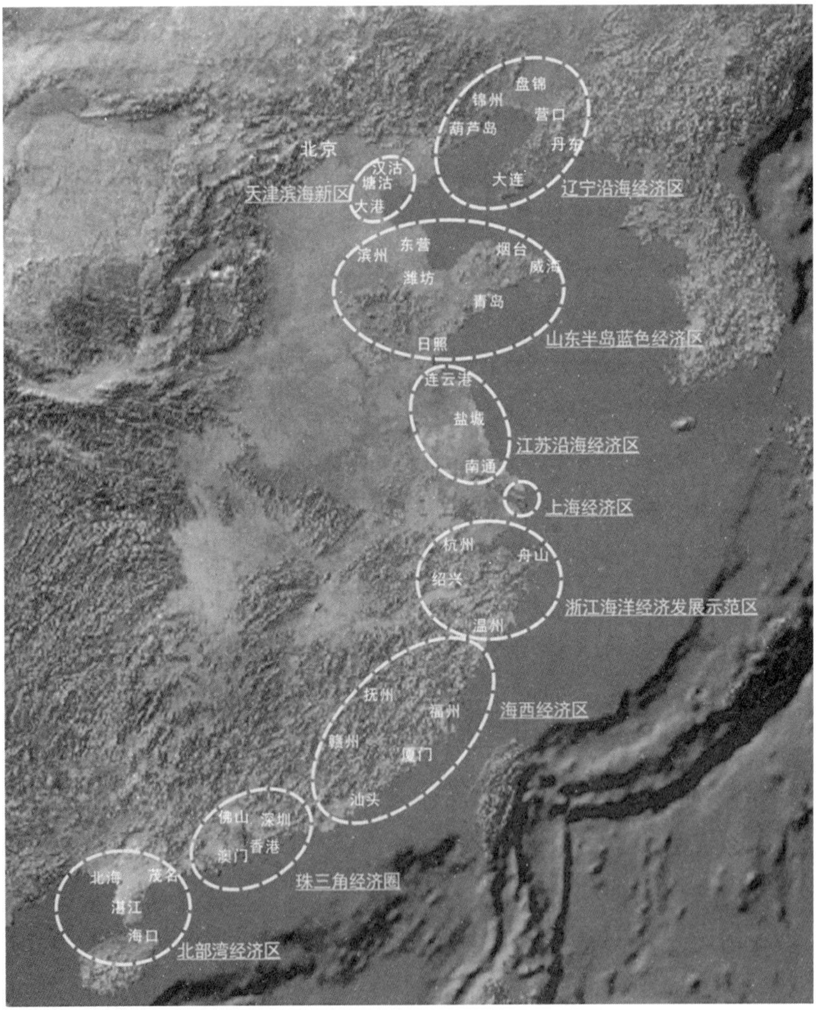

图 3-1　近期中国沿海开发分布图

辽宁双台河口

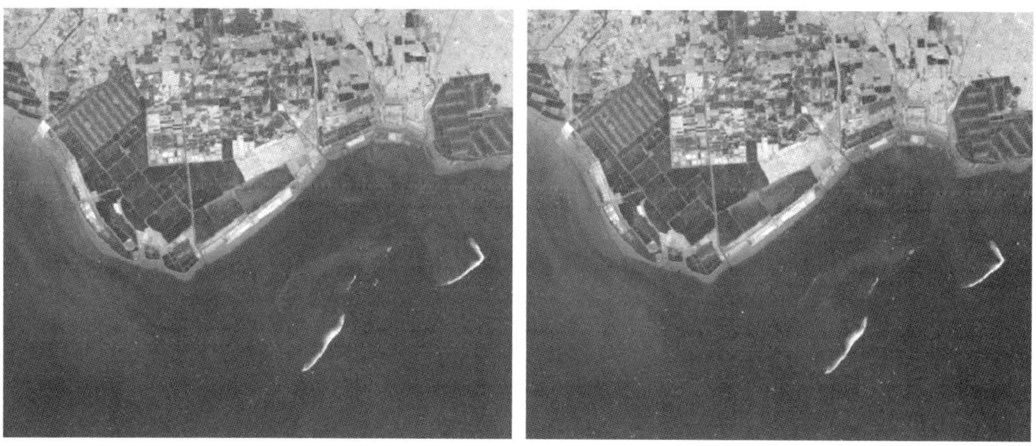

河北唐山沿海

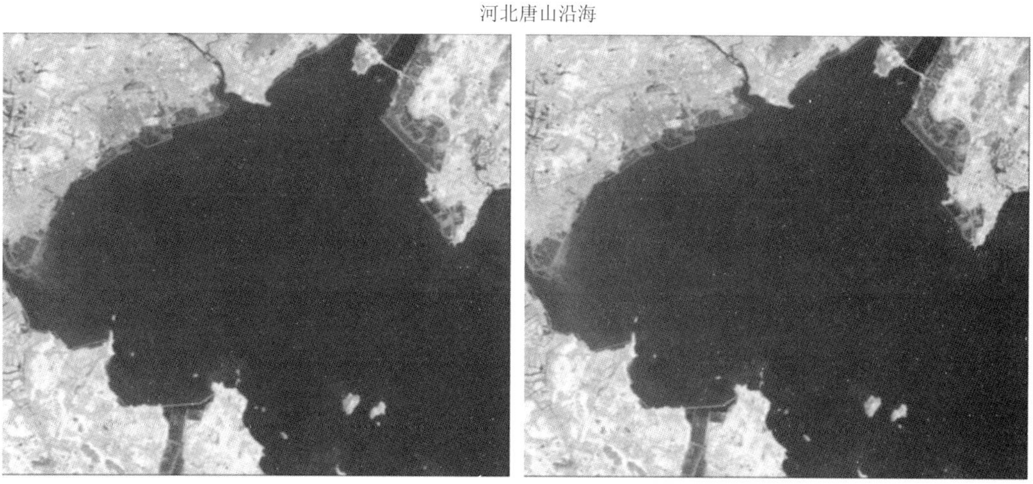

福建兴化湾

图 3-2　2000～2010 年东部沿海地区滩涂湿地开发状况（彩图请扫文后白页二维码阅读）

成渝经济区化工、造纸等污染较重的行业基本都临江布局，其中46%的化学工业布局在岷江、沱江沿岸，42%的化学工业布局在长江干流。黄河中上游能源化工区现有工业园区大多靠近黄河的一、二级支流，沿河布局趋势明显。重点产业“三临”布局态势与区域生态安全格局之间的空间冲突已经显现。

（三）城乡建设用地低效扩张，农业和生态空间逐步萎缩

进入21世纪以来，在加快推进城镇化的目标下，全国许多大中城市纷纷以“大手笔”规划建设新城、大学城、大广场、宽马路、高尔夫球场等，导致我国城市建设用地低效扩张，绿色空间大幅减少，空间失衡的现象逐渐暴露。

第二次全国土地调查数据显示，我国人均城镇建设用地比例达到了 $145m^2$，农村村庄用地人均达到了 $240m^2$，都超过了国家标准的上限。此外，生产、生活、生态用地结构失衡，工业用地比例偏高。目前我国工业用地的容积率在 0.3～0.6，全国平均工业用地比例达到26%，很多城市达到了40%～50%。而纽约是7%左右，我国香港是6%左右，伦敦是2.7%，新加坡只有2.4%。说明我国内地各城市普遍存在过度消耗土地资源的状况。根据住建部数据，2002～2011年，城镇人均住房建筑面积由 $24.5m^2$ 上升到 $32.7m^2$；农村人均住房面积由 $26.5m^2$ 上升到 $36.2m^2$。

城乡建设用地规模的过度扩张，已导致我国耕地总量逐年下降，经济发达地区优质耕地流失得更快。

不合理的开发造成了大量湿地消失，人工渠道建设、水库建设、围垦造田，造成了我国天然湿地生态系统的严重萎缩。

此外，种植业、畜牧业占用大量本可用于生态的空间，导致草原等生态空间逐步萎缩。

（四）生态保护管理职能分散，生态环境管理体制亟待转变

随着时代发展，特别是在环境保护实现历史性转变的关键时期，生态环境管理体制中存在的问题不断显现，许多问题已成为制约生态保护工作的障碍。由于历史和现实的原因，中国的生态环境保护体制建设落后于污染控制，政府的生态保护管理职能分散在各个部门，采取按生态和资源要素分工的部门管理模式，缺乏强有力的、统一的生态保护监督管理机制。由于在国家一级缺乏生态保护的统一决策、统一监督管理体制和机制，存在政府部门职能错位、冲突、重叠等体制性障碍，造成国家公共利益和部门行业利益的冲突，国务院提出的“统一法规、统一规划、统一监督”的要求难以落实；各部门都从部门利益出发，积极推动制定本部门所管理的

资源法律，并通过法律加强自身的授权和权力，造成法律法规之间的矛盾，“政出多门”加大了基层部门执行有关法律法规的难度；在规划和政策制定上各自为政，相互衔接不够，使生态保护标准各异，划建生态保护区的目的与分类体系不同，措施综而不合，极不利于国家对生态保护的宏观调控；由于一些分工不够明确合理，造成多头管理，执行分工时职能越位、交叉和重复，在一定程度上加重了生态环境的破坏，突出表现在物种保护与自然保护区管理、水资源管理与污染防治等方面；资源管理部门政企不分，既有资源保护、监督生态建设的职能，又有经营和开发资源的任务，这种局面显然不利于生态环境的保护（表 3-4）。

表 3-4　自然保护区类型

类型	管理部门							
	林业	环保	农业	海洋	国土	住建	水利	其他
自然保护区	X	X	X	X	X	X	X	X
森林公园	X							
国家湿地公园	X							
国家风景名胜区						X		
国家地质公园					X			
国家水利风景区							X	
水产种质资源保护区			X					
水源保护区							X	
文化林								X

第二节　国土生态安全格局优化的总体战略

一、国土生态安全格局优化的战略目标

以维护我国国家生态安全和促进区域可持续发展为目标，建立适合我国国情的国土生态安全格局，划定生态保护红线，制定国土生态安全格局优化的科学方案，提出国土生态安全格局优化的政策建议与工程选择。

二、国土生态安全格局优化的总体思路

目前我国的自然保护区、重点生态功能区和其他各类生态保护区数量和类型繁多，面积比较大，管理工作复杂、困难大，这些重要生态保护区在我国国家生态安全中的作用程度如何，目前管理部门很难界定出来，导致经济社会快速发展过程中

在缺乏科学依据的前提下过多或盲目地侵占生态用地。

国土生态安全格局优化研究以“人与自然”协调发展为指导思想，根据当前经济社会发展与人口、资源、环境现状，从全国国土总体开发布局与生态系统服务功能互相协调角度，开展以维护国土生态安全为中心，生态保护红线划定为重点，优化国土生态安全格局为落脚点，研究国土生态安全格局构建与生态保护红线划定。

三、国土生态安全格局优化的政策建议

（一）建立和完善生态保护红线管控制度，制定《生态保护红线条例》

逐步建立生态保护红线区域保护与管理的绩效评估与考核评价机制，将资源消耗、环境损害、生态效益等体现生态文明建设状况的指标纳入经济社会发展评价体系，及时总结、表扬和宣传先进。建立责任追究制度，对那些不顾生态环境盲目决策、造成严重后果的人，必须追究其责任，而且应该终身追究。按照强制保护原则，实施土地用途管控和积极的人口、产业退出政策。研究制定《生态保护红线条例》，在全国颁布实施，加大生态保护红线区域的监管力度。

在现有国家重点生态功能区生态补偿一般性转移支付政策等相关生态补偿政策基础上，尽快建立生态保护红线区域补偿机制，将现有的生态补偿资金逐步向生态红线区倾斜。探索建立地区间横向援助机制，生态环境受益地区应采取资金补助、定向援助、对口支援等多种形式，对生态保护红线区因加强生态环境保护造成的利益损失进行补偿。

（二）以生态保护红线为基础，统筹各类自然保护地

建议以生态保护红线为基础，统筹各类自然保护地。例如，可以对于已经建立的各类自然保护地，根据其主导生态功能类型，对国家或区域生态安全保障的作用，保护地性质、保护严格性等级，借鉴 IUCN 保护地的分类体系，将保护地分为 3 种类型，第一类是需要严格保护的保护地，大部分自然保护区都属于这种类型；第二类是可以适当进行旅游开发的保护地，如森林公园、风景名胜区、自然与文化遗产地、湿地公园等；第三类是可以适当进行资源开发利用。对于自然保护地以外的生态保护红线区域，根据所在区域的主导生态功能及保护的严格程度，划为已有的某一类自然保护地，或者建立为生态功能保护区这种新型的自然保护地（属于第三类），将来通过法律法规确保其法律地位。对于不同类型的自然保护地，根据其保护对象、主导功能、保护等级的严格程度实现不同的管制策略。

（三）加大国土生态安全战略实施的宣传普及和公众参与力度

生态安全不仅关乎国家的核心利益，也关系到每个公民自身的生存环境。国家生态安全战略的实施，也需要全社会的参与。应拟定系统、长期的宣传和教育计划，增加宣传投入，运用广播、电视、报刊等各种传媒手段，采取多种形式，开展生态安全知识的普及、教育和培训。鼓励和引导社会力量参与，掌握生态安全知识，增强意识，提高全社会对生态安全的认识程度。具体做法可采取普及法律知识与加强全民生态安全教育相结合、树立法律意识和树立生态意识相结合的方式，建立高效的生态安全普法、宣教体系。在宣传教育和培训中，决策者和政府主管人员是非常重要的特殊群体，他们不仅是国家生态安全的决策者，同时也是管理和实施的主要参与者，他们的知识和意识，直接影响着国家生态安全战略实施的效果。

做好国家生态安全工作，还需要提高生态安全相关管理部门和技术人员的专业素质，加强生态安全队伍建设，健全生态安全机构管理职能，加强相关机构的基础和能力建设。包括推动生态安全立法工作，推进生态安全管理信息化建设，建立生态安全数据库，提升生态安全科技支撑能力。提高或完善生态安全理论、方法和技术手段等。另外，还需要充分提高国家生态安全管理和从业机构的科学研究、技术咨询、技术服务、建言献策和实施及监管能力。

（四）建立国家生态安全监测、评估与预警系统

充分利用现有资源，合理规划和配置已有的生态、环境监测设施和网络，根据生态安全的特殊需要，对设施和仪器进行相应的升级改造或补充，以此为基础，建设各级生态安全预警系统，形成国家、省、市联动的生态安全监测网络、评价规范和标准、基础数据库和信息管理系统，加强监测信息的管理和应用。监测内容包括生态系统质量、生态服务功能和生态环境问题等生态环境信息状况及其变化，如土地沙化、水土流失、土壤污染、地质灾害等生态安全隐患的变化状况、时空范围和发展程度，揭示生态环境胁迫因素；弥补现有监测手段的不足，提供长期、可靠的生态监测基础数据，为相关调控措施的实施提供信息支持。推进国家“天地一体化”生态安全监管体系建设，形成定期开展生态监测评估的制度体系等。

（五）构建适合国情的国家公园体制

十八届三中全会通过的《中共中央关于全面深化改革若干重大问题的决定》（以下简称《决定》）明确提出，要“加快生态文明制度建设”，“建立国家公园体制”。

“这是党中央关于国土空间分功能使用和文化与自然遗产地（以下简称遗产地）管理思路的重大创新，对于按照主体功能区定位分类保护国土、改善遗产地保护利用、建设生态文明和美丽中国、更好满足人民群众文化需求有重大意义。”

1872 年，世界首个国家公园诞生于美国，即最负盛名的黄石国家公园。由于国家公园的保护模式能较好地平衡保护与利用的关系，世界各国都根据实际情况建立了自己的国家公园和自然保护地，截至 2014 年 7 月，根据世界自然保护联盟和联合国环境规划署统计，全世界符合世界自然保护联盟标准的国家公园有 5220 处，自然保护地共 207 201 处。为了规范自然保护区的分类，世界自然保护联盟提出并建议各国根据管理目标，将自然资源保护区划分为“严格的自然保护区和原野保护区、国家公园、自然纪念物、栖息地/物种管理地、陆地/海洋景观保护区、受管理的资源保护区”6 种类型，国家公园的保护强度仅次于严格的自然保护区和原野保护区，是自然保护区体系中的一个类型。

国家公园制度作为被实践证明的保护自然资源与生态环境的有效手段之一，已经被世界大多数国家采用；为解决我国各类自然生态保护园区长期存在的人为割裂生态系统完整性、空间重叠、机构重置、职能交叉、管理混乱、权责不清、重开发轻保护等问题，急需建立适合我国国情的国家自然生态保护园区体制。而统一管理、规范管理才能改变目前“九龙管园”的混乱，而公益性则需要依靠国家力量来体现。以管理体制中基础性的资金机制为例，可依据“划定生态保护红线、实行资源有偿使用制度和生态补偿制度”，对以国家公园功能为核心职能的主体功能区，建立系统匹配的国土空间开发保护制度，构建以高层级政府财政为主的筹资机制，完善这些区域的生态补偿机制，以实现国家公园的资金机制创新，确保其公益性。

世界各国因国情的不同，国家公园的体制设计也不同，总体来说，大致分为 3 个类型，即美国垂直管理型、德国地方自治型和日本混合管理型。对不同管理体制进行研究，发现有几个可供借鉴的共同特点：一是在核心理念上，各国都将资源保护作为国家公园的第一使命，保证其真实性、完整性和可持续发展，同时兼顾旅游、教育等多样功能，限制旅游开发程度，国家公园核心区域以外可进行旅游开发的面积各不相同，美国为 5%、德国为 15%、日本为 30%。二是在制度设计上，以完善的法律体系和统一规范的管理机构为保证，以政府预算投入为主，社会捐助和市场经营收入为辅，公平保证多方参与。三是在资产权属上，坚持国家公园的公产属性，将其作为全民财产进行管理和使用，以保证全民利益优先、长远利益优先。四是在管理模式上，进行管理和经营分离，国家公园管理机构主要负责资源保护和公共服务等，公园内营利性商业服务等通过特许经营方式进行招标。五是在监督机制上，强调公众和社区参与，将社会大众和地区居民纳入监督体系，保证监督机制的具体有效。

（六）改革管理体制，行使统一生态系统综合管理的职能

国土生态安全格局涉及行业部门、各级政府很多，往往形成所有权不明确的“公共品”，极有可能形成“公有物悲剧”式的生态破坏。基于区域生态系统完整性和生态保护工作的系统性，打破生态系统分隔式管理、分块式管理的方式，有一个部门进行统一监管，以利于生态安全格局管理的整体性。改革当前的生态环境保护管理体制，由专门履行环境保护职权的环境保护部门统一行使生态系统综合管理的职能，强化环境保护部门行使监管职权的独立性，建立省级以下环保部门的垂直管理，建立跨行政区域和跨流域的环境监督管理机构。

（七）开展生态资产评估

目前，我国在部门（森林、江河湖海湿地、珍稀濒危物种等）、区域、全国、全球生态资产的评估方面已经取得许多开创性研究成果，尤其是在世界银行资助的《生物多样性》研究项目中对“生物多样性的经济价值评估”方面及联合国教育、科学及文化组织资助的《生物多样性公约》研究项目中对“外来物种、生物安全、遗传物质项目中对遗传资源经济价值评估”方面取得的成果为国际上的开创性研究成果。需要进一步完善生态资产资本化的转化机制，开展生态资产评估机制，实现生态资产可持续经营。

完善法律体系。由于全国生态资产分布不均匀，各地经济发展水平也存在差异，生态资产资本化的途径、模式各不相同。因此，在保证资本最大化的法律框架下，必须加强各区域环境保护立法，最大限度地发挥各区域保护环境的主观能动性，建立与市场经济相适应的法律体系。

政府加强宏观调控。政府的配套政策是生态资产资本化的出路。资本具有逐利的本性，但是政府能够通过强有力的经济手段、法律手段和行政手段抵制资本逻辑的无限扩张，逐渐使经济和社会朝着有利于生态保护和改善生态环境的方向发展。

组建生态资产核算委员会，加强机构建设和人才培养。参照美国、挪威和法国的经验，依托环保部门成立“生态资产核算委员会”，在中央层面率先建立生态资产技术支持机构，为全面开展生态资产核算打下基础。建立人才培养和后续培训机制，完善评估机构，加强生态资产监管。

发布生态资产评估技术指南，指导相关部门开展统计工作。完善生态资产评估，需要统一生态资产概念、规范生态资产分类标准，并通过先进的技术手段提高生态资产遥感测量的精度，提高数据来源的可靠性。在此基础上，开展基于生态资产耗损和流转的动态评估，并尽快发布生态资产评估技术指南，统一生态资产评估方法和计量单位，从技术上为环保部门开展全国生态资产调查与核算提供指导。

构建基于生态资产流转的生态补偿机制，保证区际公平。以生态资产转移为出发点，以资源、产品输出地为补偿主体，分析生态资产输出主要影响因素，进而分析出补偿重点，按照输入量比例，输入地对输出地进行补偿。针对生态资产类型，转出地资产类型，提出具体的补偿方式，核算补偿费用，结合生态足迹法和成本分析法计算生态补偿额度，力求使生态补偿符合我国国民经济和社会发展规划的同时能够做到补偿的有效性。同时加强我国基于生态资产跨境转移的生态补偿机制研究。

第三节　国土生态安全格局优化的重点任务

一、坚持陆海统筹，合理开发利用蓝色国土空间

根据不同地区和海域的自然资源禀赋、生态环境容量、产业基础和发展潜力，积极优化海洋经济总体布局，形成层次清晰、定位准确、特色鲜明的海洋经济空间开发格局。充分发挥环渤海、长三角和珠三角 3 个经济区的引领作用，推进形成我国北部、东部和南部 3 个海洋经济圈，着力培育一批重要的海洋经济增长极。加大海岛及邻近海域保护力度，有序推进重要海岛开发建设，扶持边远海岛发展，加强海岛地区生态保护，促进经济社会协调发展。

在统筹中西部地区和沿海地区发展的基础上，推进深海发展，形成深海发展、沿海地区发展和中西部协调发展的良好格局。在沿海地区要统筹流域开发、海岸带陆域开发与海洋开发，促进流域经济、沿海陆域经济与海洋经济之间的良性互动。

统筹安排海洋资源开发、环境保护、产业发展等全局性和基础性的工作。在海洋空间开发、控制和综合管理方面，依据《全国海洋功能区划（2011—2020 年）》，开展省级、市县级海洋功能区规划编制工作，形成完善的海洋功能区规划调控体系。

通盘考虑海洋的渔业、能源、矿产、旅游资源与陆地的土地空间、产业基础、

人力资源，发挥陆海资源综合优势，将海洋环境承载力和陆海污染排放总量作为经济、产业布局的重要依据和硬约束条件，划定海洋保护红线，建立陆海产业循环经济体系。

坚持陆海统筹，依据生态系统完整性原则，建立山水林田湖海统一监管的大部门制。

二、合理布局生产、生活、生态空间，优化国土空间格局

优化国土空间开发格局，必须珍惜每一寸国土，要按照人口资源环境相均衡，经济社会生态效益相统一的原则，控制开发强度，调整空间结构，科学布局生产空间、生活空间、生态空间，目标是促进生产空间集约高效、生活空间宜居适度、生态空间山清水秀。

生产空间集约高效，要求合理利用和节约土地资源，提高空间利用效率，高效开发国土空间。现在，发达地区和经济较为落后地区，对国土空间利用都存在误区和问题。例如，在招商引资过程中，没有合理利用土地资源，造成大量生产空间闲置浪费，这种粗放低效的现象，说明了生产空间开发问题的严重性。

生活空间宜居适度，要求人口资源环境相协调，人与自然和谐发展。目前，在新兴城市拆旧建新过程中，贪大求洋，马路修得太宽，高楼广场建得太空，这种过度的超前，不切实际的攀比，不是宜居适度，说明了生活空间开发问题的严重性。

生态空间山清水秀，要求按生态平衡的自然规律，保护自然环境，修复生态空间。有的地方，在生态原本良好的地方，生产生活空间不断扩大，原有生态空间被不断挤压，植被退化、河流干涸、水环境污染、山体破坏，必然会遭到大自然的报复。生态空间，是提供生态产品和生态服务的区域，是经济社会可持续发展的基础。生态空间可分为两类区域：一是具有生态服务功能的区域，二是具有生态防护功能的区域。前者提供生态产品与生态服务，如水源涵养、地下水补给、土壤保持、生物多样性保护、固碳、自然景观保护。后者预防和减缓自然灾害，如洪水调蓄、防风固沙、石漠化预防、地质灾害防护、道路和河流防护、海岸带防护。

国土空间开发，要注重生态空间保护，引导人口相对集中分布，经济相对集中布局，集约利用空间。根据《全国主体功能区规划》，要构建科学合理三大开发格局。一是“两横三纵”为主体的城市化格局，这个城市化格局中，陆桥通道、沿长江通道是 2 条横轴，沿海、京哈京广、包昆通道是 3 条纵轴，国家优化开发和重点开发的城市化地区是主要支撑，轴线上其他城市化地区是重要组成部分。二是“七区二

十三带”为主体的农业发展格局，这个农业发展格局中，东北平原、黄淮海平原、长江流域、汾渭平原、河套灌区、华南、甘肃新疆等农产品主产区是主体，基本农田是基础，其他农业地区是重要组成部分。三是在以“两屏三带”为主体的生态安全格局中，青藏高原生态屏障、黄土高原-川滇生态屏障、东北森林带、北方防沙带、南方丘陵山地带、大江大河重要水系是骨架，其他国家重点生态功能区是重要支撑，点状分布的国家禁止开发区域是重要组成部分。

三、构建基于生态保护红线的国土生态安全格局

近几十年来，在全球气候变化和人类干扰活动影响下，我国生态环境退化趋势尚未从根本上发生转变，生态功能受损严重，生态环境问题突出，目前尚未形成确保国家生态安全和社会经济可持续发展的生态格局。为加强生态保护，2011 年，《国务院关于加强环境保护重点工作的意见》（国发[2011]35 号）明确指出，国家编制环境功能区划，在重要生态功能区、陆地和海洋生态环境敏感区、脆弱区等区域划定生态红线，对各类主体功能区分别制定相应的环境标准和环境政策。2012 年 11 月 8 日，党的十八大胜利召开。胡锦涛同志在十八大报告中着重提出，要大力推进生态文明建设，优化国土空间开发格局。加快实施主体功能区战略，推动各地区严格按照主体功能定位发展，构建科学合理的城市化格局、农业发展格局、生态安全格局，给子孙后代留下天蓝、地绿、水净的美好家园。2013 年 5 月 24 日，习近平同志在中共中央政治局第六次集体学习时强调，推进生态文明建设，必须全面贯彻落实党的十八大精神。要划定并严守生态红线，牢固树立生态红线的观念。在生态环境保护问题上，就是要不能越雷池一步，否则就应该受到惩罚。新修订的《环境保护法》规定国家在重点生态功能区、生态环境敏感区和脆弱区等区域划定生态保护红线，实行严格保护。

划定生态红线实行永久保护，是党中央、国务院站在对历史和人民负责的高度，对生态环境保护工作提出的新的更高要求。生态保护红线是最为严格的生态保护空间，是确保国家和区域生态安全的底线。主要包括 3 部分：①重点生态功能区的保护红线，红线划分范围主要包括《全国生态功能区划》（修编版）提出 63 个重要生态功能区、《全国主体功能区规划》提出 25 个重点生态功能区。②生态环境敏感区和脆弱区的保护红线，划分范围包括《全国主体功能区规划》《全国生态脆弱区保护规划纲要》中提到的生态脆弱区及《全国生态功能区划》中的生态环境敏感区。③禁止开发区的生态保护红线，指法律法规规定的各类功能区的生态保护区域，具体

包括国家级自然保护区、国家级风景名胜区、国家森林公园、国家地质公园、世界文化自然遗产等（图 3-3）。

在国土尺度上，划定我国重要生态服务功能保护区、生态脆弱区、敏感区及禁止开发区的生态保护红线，建立与生态环境及区域可持续发展相适宜的国土空间开发格局，对于维护我国国土生态安全和促进我国社会经济可持续发展具有重大意义。

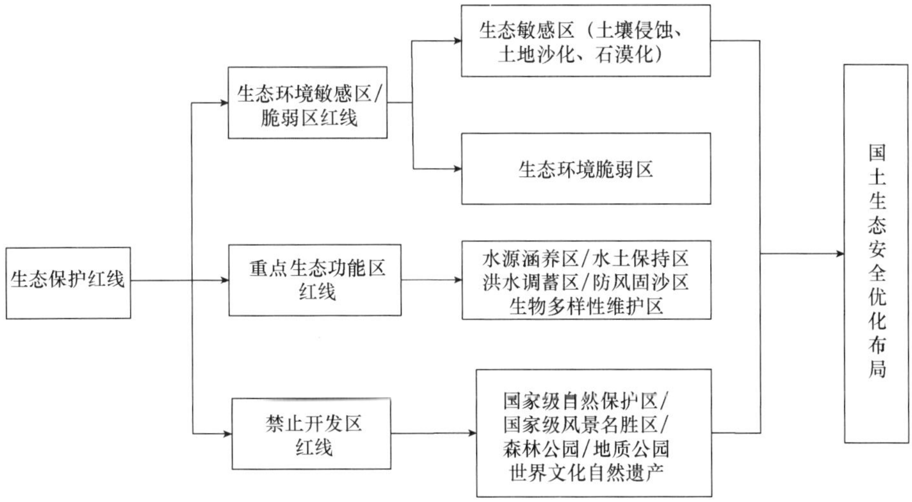

图 3-3　基于生态保护红线划定的国土生态安全格局构成

四、建设国家重大生态廊道，构建稳定的生态安全屏障

基于景观生态学“斑块-廊道-基质”原理，依托长江、黄河、丝绸之路、东西向主干道等的横向主干和以京杭大运河、南北向主干道、东部沿海的纵向主干，构建国家尺度的主干道、河流、近海生态廊道，联系“两屏三带”、重点生态功能区、重要湿地、自然保护区、风景名胜区、生态公益林、海洋生态保护区等重点生态保护区域，从单纯地增加生态保护系统数量转向利用生态廊道连接重要生态区域，构建更为稳定的生态安全屏障。

五、构建多部门协调的生态环境天地一体化监测网络

生态环境系统天地一体化网络工程的建设包括卫星遥感、航空遥感和地面观察站点，涵盖我国领土、领海、领空的整个国土空间。目标是建立直接服务于国家应对气候变化，温室气体，水、土、气、生物污染的动态变化与监测、评估、预报、

预警，为国家实行有效的生态环境管理与决策提供基础数据，是一项十分重要的基础能力建设与前瞻性布局。

未来天地一体化信息网络发展的目标是通过天地一体化的手段实现高效的信息获取、传输、处理和共享，当前的主要任务是建设能够联通各种空间信息系统的天基骨干信息网络。就可实现的功能与作用而言，与当前地面互联网一样，天地一体化信息网络将会成为未来国民经济建设的一项重要基础设施。在分析各类网络架构和现有协议体系的基础上，考虑各种空间信息系统的发展现状和趋势及面临的主要挑战，建议采用横向联邦网络架构实现网络资源的充分共享，实现打破“烟囱林立”发展局面这一根本目标，同时，通过研究和发展 ICDTN 协议体系（信息中心网络和延迟/中断容忍网络两类新型网络体系）真正实现未来天地一体化信息网络。

建议国家成立由环境部牵头，联合水利部、国土部、农业部、国家气象局、国家林业局与中国科学院等有关部门共同组成“生态环境天地一体化网络协调管理委员会”，组织该工程建设的规划、协调、实施与管理。

第四章　生态文明建设资源配置战略与法律保障

第一节　我国资源利用的现状

一、资源人均占有量不足

我国幅员辽阔，自然资源总量非常丰富，各类型土地资源都有分布，水能资源居世界第一位，是世界上拥有野生动物种类最多的国家之一；几乎具有北半球的全部植被类型，矿产资源丰富且品种齐全。

但从人均占有情况来看，我国是世界人均占有量较低的资源小国。我国人均土地面积、人均耕地面积只占世界人均值的 1/3，人均河流年径流量只占世界人均值的 1/4，人均森林面积只占世界人均值的 1/5，大多数矿产资源人均占有量不到世界平均水平的一半，如人均煤、油、天然气只占世界人均值的 55%、11%和 4%。

我国以占世界 9%的耕地、6%的水资源、4%的森林、1.8%的石油、0.7%的天然气、不足 9%的铁矿石、不足 5%的铜矿和不足 2%的铝土矿，养活着占世界 1/5 的人口，随着社会经济的不断发展，资源短缺的压力日益严峻。

（一）土地资源

我国陆地总面积为 960 万 km^2，是世界最大的国家之一，但在现有的经济技术条件下，可被农林牧副渔业和城乡建设利用的土地占总面积的 2/3，其他 1/3 的土地利用难度很高，成本极大（国土资源部，2014）。

第二次全国土地调查数据显示，全国人均耕地 0.101hm^2（1.52 亩），较 1996 年第一次调查时的人均耕地 0.106hm^2（1.59 亩）有所下降，不到世界人均水平的一半。全国有 996.3 万 hm^2（14 945 万亩）耕地位于东北、西北地区的林区、草原，以及河流湖泊最高洪水位控制线范围内和 25°以上陡坡，其中，相当部分需要根据国家退耕还林、还草、还湿和耕地休养生息的总体安排作逐步调整；有相当数量耕地受到中、重度污染，大多不宜耕种；还有一定数量的耕地因开矿塌陷造成地表土层破坏，以及因地下水超采已影响正常耕种（国土资源部等，2013）。

我国还是世界上荒漠化严重的国家之一，根据全国沙漠、戈壁和沙化土地普查及荒漠化调研结果表明，中国荒漠化土地面积为 262.2 万 km^2，占国土面积的 27.4%，近 4 亿人口受到荒漠化的影响，因荒漠化造成的直接经济损失约为 541 亿元人民币。我国土地资源的特点是“一多三少”，即总量多、人均耕地少、高质量的耕地少，可开发后备资源少。随着人口数量的增加和耕地面积的不断减少，我国的人均耕地面积将持续下降，人多地少的矛盾大大加剧。

（二）水资源

我国的淡水资源总量为 28 000 亿 m^3，占全球水资源的 6%，仅次于巴西、俄罗斯和加拿大，名列世界第四位。但是，我国的人均水资源量只有 2300m^3，仅为世界平均水平的 1/4，是全球人均水资源最贫乏的国家之一。此外，我国水资源的总量虽然不少，但利用难度较大，一是空间分布不均匀，水资源东南多、西北少，二是时间分配不尽如人意，大部分降水量集中在夏季，而且年际变化大（水利部，2014）。

（三）森林资源

全国森林面积 2.08 亿 hm^2，人均森林面积仅为世界人均水平的 1/4，森林蓄积 151.37 亿 m^3，人均森林蓄积只有世界人均水平的 1/7，森林覆盖率 21.63%，远低于全球 31%的平均水平。虽然近年来我国森林资源进入了数量增长、质量提升的稳步发展时期，但森林资源总量相对不足、质量不高、分布不均的状况仍未得到根本改变，我国仍然是一个缺林少绿、生态脆弱的国家，造林绿化、改善生态任重而道远（国家林业局，2014）。

（四）草地资源

我国有草场面积近 4 亿 hm^2，约占国土面积人 41.7%，但人均草地只有 0.33hm^2，为世界人均草地 0.64hm^2 的 52%。北方和西部是天然草原的主要分布区，西部 12 省（直辖市、自治区）草原面积 3.31 亿 hm^2，占全国草原面积的 84.2%；内蒙古、新疆、西藏、青海、甘肃和四川六大牧区省份草原面积共 2.93 亿 hm^2，约占全国草原面积的 75%。中国 90%的草地正在不同程度地退化，其中中度退化以上的草地面积占 90%（环境保护部，2015）。

（五）矿产资源

我国目前已探明的矿产资源储量约占世界资源储量的 12%，是世界第三矿产资源大国，我国已成为世界上矿产资源总量丰富、矿种比较齐全、配套程度较高的少数国家之一。但我国矿产资源相对贫乏，人均矿产资源占有率仅为世界人均占有量的 58%，在全世界排名 53 位。我国的铁人均占有量为世界平均水平的 34%，铜为 24%，铅为 35%，锌为 58%，镍为 29%，钴为 62%，铝为 14%，锰为 18%，金为 19%，除锌、钴外，均不足世界平均水平的一半。并且由于地质条件限制，在现有供应量中只有 60%可以开发利用，而又仅有 35%可以采出，因而实际可利用储量很少。随着经济高速增长和对矿产资源需求量的大幅增加，大宗矿产储量的增长速度远远低于矿产消耗增长的速度，多种关系国计民生的大宗矿产品近年来已经陆续开始从国外进口（国土资源部，2012）。

（六）化石能源

化石能源是关系国计民生的一类重要矿产资源，我国拥有较为丰富的化石能源资源，煤炭保有资源量约为 1 万亿 t，剩余探明可采储量约占世界的 13%，列世界第三位，已探明的石油、天然气资源储量相对不足，油页岩、煤层气等非常规化石能源储量潜力较大。但人均能源资源占有量处于世界较低水平，煤炭资源人均拥有量相当于世界平均水平的 50%，石油、天然气人均资源量仅为世界平均水平的 1/15 左右（国家统计局，2015）。

我国化石能源资源分布广泛但不均衡。煤炭资源主要赋存在华北、西北地区，石油、天然气资源主要赋存在东、中、西部地区和海域。中国主要的能源消费地区集中在东南沿海经济发达地区，资源赋存与能源消费地域存在明显差别。大规模、长距离的北煤南运、北油南运、西气东输、西电东送，是中国能源流向的显著特征和能源运输的基本格局。

二、资源消费总量巨大

经过多年的社会主义现代化建设，我国已经从新中国成立初期的对矿物、化石燃料和其他原材料消耗不多的国家发展成为全球第一大资源消耗国。联合国环境规划署发布的研究报告显示，我国 2008 年消耗的这些原材料多达 226 亿 t，几乎占全球消耗总量的 1/3，远远高于 1970 年 17 亿 t 的消耗量。与全球第二大资源消耗国美国相比，中国的资源消耗量是美国的 4 倍。随着中国人民生活水平的提高，人均物质消费量也大幅上升，从 1970 年相当于全球平均消耗量的约三成到 2008 年达到全球平均消耗量的 1.5 倍。

（一）能源消耗

我国近年来能源生产和消费总量均快速增长，但消费量大于生产量，供需出现缺口，并呈逐渐增大的趋势。其中原煤生产比例保持稳定略有增长，由于总量的快速增长，原煤的生产和消费量增幅也较大。相比较而言，原油生产比例正逐年下降，但消费比例保持稳定，并且原油的消费水平始终高于原油的生产水平，因此缺口逐年增大。中国历年原煤自给率基本保持稳定，产销差在平衡水平上下波动，随着原油消费量的持续升高，原油产销差不断上升，进口依赖不断加大。

2011 年我国总能源、原煤、石油等能源资源消费量分别达到 34.8 亿 tce、24.9 亿 tce、4.5 亿 t，除石油消费量位居世界第二外，其他均为世界第一。中国的煤炭生产和消费都居世界第一，年产 30 多亿吨煤，三倍于排在第二位的美国。其中，煤炭的消费量占全球总消费量的比例从 2001 年的 30.27%增加到 2011 年的 49.7%（国家统计局，2014a；英国石油公司，2014）。

（二）矿产消耗

2012 年我国钢铁消费量达到 6.39 亿 t，位居世界第一，超过其他前十位国家消费量的总和；按人均钢材消费统计，中国为 477.4kg，同比增长 1.4%，几乎为亚洲平均 243.5kg 的两倍，是国际钢铁协会统计国家中的最高人均消费国。2011 年我国精炼铜、电解铝等矿产资源消费量分别达到 786 万 t 和 1724 万 t，为世界第一。精炼铜的消费量占全球总消费量的比例从 2001 年的 15.71%增加到 2011 年的 39.32%（国土资源部，2012）。

（三）水泥消耗

2012 年我国水泥消费量为 21.8 亿 t，占全球消费总量的一半以上，过度依赖固定资产投资和基础设施建设拉动的粗放型经济增长方式造成钢铁、水泥等高耗能产业增长过快，单位资源的产出水平与发达国家存在较大差距。

（四）资源进口情况

由于自身对能源和资源消费需求量巨大，我国对重要能源和矿产资源的对外依存度居高不下。我国矿产品的进口增长迅速，短短几年间就翻了一番多，由 2006 年的 2303 亿美元增加至 2010 年的 4829 亿美元，年均增长 20.3%。从近 10 年的统计来看，几大主要矿产品的进口额均有了大幅增加，对外依存度居高不下，石油、铁矿石、铜、钾盐、铝等产品的对外依存度都超过了 50%。2013 年中国进口煤炭 3.3 亿 t，进口铁矿石 8.2 亿 t，进口石油 2.89 亿 t，进口天然气 530 亿 m^3。中国的资源进口需求强烈影响全球市场，据估算，如果天然气占中国能源消费的比例提升 1%，就相当于每年要增加 250 亿 m^3 的采气量，这大约是卡塔尔每年投放市场的液化天然气量的一半，而卡塔尔却是世界上最大的液化天然气出口国（国家统计局，2015）。

三、资源利用效率较低

经过多年的发展，我国能源资源利用效率有所提高，但与世界先进水平相比仍存在较大差距。我国主要工业行业单位产出能耗和物耗、单位建筑面积采暖能耗、机动车每百公里油耗等消耗指标，与世界先进水平相比明显偏高；能源利用效率、矿产资源总回收率、工业用水重复利用率等效率指标，与世界先进水平相比明显偏低。我国主要资源人均占有量远低于世界平均水平，加上增长方式仍较粗放，国内资源供给难以保障经济社会发展需要，能源、重要矿产、水、土地等资源短缺矛盾将进一步加剧，重要资源对外依存度将进一步攀升，可持续发展面临能源资源瓶颈约束的严峻挑战。

我国资源利用状况，一是资源利用效率低，消耗高；二是每单位资源所产生的效益差，与国际先进水平相比存在很大差距。资源的低效利用进一步加剧了资源对经济社会发展的瓶颈制约。

（一）能源利用

中国能源消费结构以煤炭为主，经济增长方式粗放，高耗能产业比例过高，工业设备与技术相对落后，导致单位国内生产总值能耗和主要耗能产品能耗高于主要能源消费国家平均水平，使得能源供需矛盾进一步加剧。虽然中国在“十一五”期间节能取得显著成就，但能源效率仍然低于世界平均和发达国家水平。据测算，2010 年中国的单位 GDP 能耗是世界平均水平的 2.2 倍、日本的 4.5 倍、美国的 2.7 倍、印度的 1.2 倍。

2012 年我国能源消费总量达 36.2 亿 tce，占世界能源总消费量的 20%，人均能源消费量为 2.7tce，高于世界人均水平，但是所创造的 GDP 仅为全球的 10%左右。2011 年我国能源消费占比（21%）是 GDP 占比（12%）的近两倍，而同期美国能源消费占比（18.5%）仅为 GDP 占比的（26%）的 71%。我国能源利用效率和产品附加价值明显较低，如不努力提高能源利用效率而单纯依靠增加供应，难以满足持续增长的消费需求（国家统计局，2014a；英国石油公司，2014）。

（二）矿产资源利用

我国受建筑、汽车、电力等行业快速增长和人们消费水平提高、结构变化等影响，铁、铝、铜、铅、锌的人均矿产消耗增速显著，但单位 GDP 矿产消耗呈总体下降趋势，2013 年与 2005 年相比，铁、铝、铜、铅、锌和磷矿等矿产人均矿产消耗增幅均超过 100%，国内主要矿种单位 GDP 矿产消耗逐年下降，表明我国资源利用效率趋好。从铜、铝、铅、锌等对外依存度比较高、消耗规模比较大的矿产资源来看，其利用效率均低于世界平均水平，2008 年这几种矿产资源的单位产出效率分别仅相当于同期世界平均水平的 26%、22%、20%、21%，表明我国矿产资源利用的整体效率很低（中国国土资源经济研究院，2014）。

（三）水资源利用

我国的用水效率很低，水资源浪费量大、污染严重，同时海水和再生水等非传统水资源利用量也较少，我国水资源的利用效率和效益与国际先进水平相比存在很大差距。《我国水资源利用效率评估及其方法研究报告》的研究结果显示，与包括美国、德国、日本、俄罗斯等 12 个典型国家相比，我国总体水资源利用效率处于中下水平。北京、山西等省市在总体水资源利用效率上已经接近国际水平，但与水资源利用先进国家（如以色列）仍有一定差距。同时，我国水资源利用效率的高低具有比较明显的地域特征和区域差异，北方地区以资源型缺水为主要特征，南方地区以水质型缺水为主要特征，西部地区以工程型缺水为主要特征，各用水行业间的用水竞争日益突出，水资源利用效率不高，产业结构布局不尽合理，水价机制尚未形成，需要进一步合理配置和高效利用现有水资源，减少水的浪费与污染，提高用水效率和效益。

（四）土地资源利用

我国土地资源利用效率低，浪费严重，主要表现在土地产出率低。一是农业土地单位面积产量尚有提高的潜力（我国尚有 2/3 左右的耕地为中低产田）；二是非农业建设用地产出率低，全国城镇人均用地面积已超过国家规定人均 $100m^2$ 的标准。

四、资源综合利用水平提高

随着我国转变经济发展方式步伐加快，以及国家促进资源综合利用发展各项相关政策的出台和落实，资源综合利用产业继续保持平稳健康发展态势，利用规模稳步增长，利用水平不断提升，资源环境效益进一步显现（国家发展改革委，2014）。

（一）综合利用规模逐步扩大

2013 年，我国矿产资源利用水平总体较好，部分重点大中型露天煤矿、露天铁矿开采回采率达到 95%以上，部分矿山铜矿、铅矿、锌矿等有色金属矿种的选矿回收率达到 80%以上。工业固体废物综合利用量 20.59 亿 t，利用率达到 62.3%。农作物秸秆年利用量约 6.4 亿 t。废钢铁、废有色金属、废塑料等主要再生资源回收总量达 1.6 亿 t，回收总值 4817 亿元，回收企业 10 万余家，行业从业人员 1800 多万人。主要再生有色金属产量占当年 10 种有色金属总产量的 26.6%。

（二）综合利用技术水平不断提升

2013 年，资源综合利用领域国家科技支撑计划、863 计划共立项 4 项，安排国拨经费 1.2 亿元，全面推进资源综合利用科技创新体系建设。863 计划项目典型尾矿资源清洁高效利用技术及装备研究与示范取得了多项技术突破，全尾矿废石骨料高性能混凝土预制件生产技术和全尾矿废石骨料预拌泵送混凝土生产技术取得关键突破并大范围推广应用。采用“预脱硅-碱石灰烧结法”，利用高铝粉煤灰提取氧化铝 20 万 t/年示范项目达产。我国首条年产 3000t 废旧服装再生切片生产线稳定运行。钒钛磁铁矿、铁-稀土多金属共伴生资源得到综合开发，废塑料、废橡胶、废旧金属等再生资源综合利用技术均取得产业化突破。

（三）综合利用效益显著增长

2013 年，资源综合利用产值达到 1.3 万亿元。通过开展资源综合利用，减少固体废物堆存占地 14 万亩以上。全国煤矸石、煤泥等低热值燃料综合利用发电机组总装机容量达 3000 万 kW。生物质发电装机规模达到 850 万 kW，年发电量 370 亿 kW·h。水泥混凝土行业利用废渣量超过 10 亿 t。综合利用废钢铁、废有色金属等再生资源，与使用原生资源相比，可节约 2.5 亿 ce，减少废水排放 170 亿 t、二氧化碳排放 6 亿 t、固体废弃物排放 50 亿 t。我国废旧纺织品综合利用量约为 300 万 t，相当于节约原油 380 万 t，节约耕地 340 万亩。充分利用国外资源，共进口废钢铁、废有色金属、废纸、废塑料等废物原料 5514 万 t，货值 337 亿美元。

（四）矿产资源综合利用

我国主要矿产资源综合利用水平不断提升，矿产资源总回收率和共伴生矿产综合利用率稳步提高。矿产资源综合开发利用关键技术得到快速推广，重点矿山矿产资源开采回采率、选矿回收率和综合利用率（以下简称“三率”）逐步成为矿产资源开发利用的约束性指标。矿产资源节约与综合利用评价指标体系基本建立。

（五）工业“三废”综合利用

2013 年，我国工业固体废物利用量达 20.59 亿 t、利用率达到 62.3%。粉煤灰、煤矸石、工业副产石膏等大宗固废资源综合利用规模稳步提高，资源综合利用产业结构进一步优化，产业集中度、规模化和规范化程度明显提高，科技创新取得一定成效。

（六）农林废物综合利用

2013 年，我国农林废弃物综合利用量大幅上升，原料化、能源化技术得到较快发展。生物质发电装机容量达到 850 万 kW，年发电量约 370 亿 kW·h，其中热电联产超过 100 万 kW，生物质成型燃料年利用量约 800 万 t，折合标准煤约 400 万 t。

（七）再生资源回收利用

受全球经济发展低迷和国内经济增速放缓等影响，我国主要品种再生资源回收总量近年来逐步降低，其中废塑料降幅最大，回收利用总值出现下降，再生资源回收行业效益有所下滑。

五、资源环境矛盾突出

近些年我国工业化和城镇化的发展步伐加快，但粗放的经济增长方式是以大量消耗物质资源和环境资源作为代价的，资源开发利用过程中带来的环境质量退化已经成为制约我国可持续发展的重要瓶颈。

（一）资源开发的环境问题

矿产资源的开采过程必然会造成地形、地貌的破坏，造成严重的地质灾害，如地表下沉、滑坡和泥石流等。矿石选冶过程造成大量废水有毒气体、粉尘及固体废弃物等“三废”的排放。许多矿山企业环保意识薄弱，没有完善的环保设施，有的企业甚至对排出的“三废”不进行处理就直接外排。“三废”的排放造成大面积的土壤、大气、地表水和地下水的污染，严重破坏生态环境，造成砷、氟、重金属等有害成分的累积，直接危害到矿区周边人民群众的身体健康。大量矿山废弃固体堆砌场和尾矿堆放库存在地质安全隐患。

以煤炭为例，煤炭开采过程中最大的环境问题就是地表沉陷与生态破坏。我国煤炭开采方式以井工为主，易造成矿区地表沉陷，改变地貌，破坏地下水系统，造成土地盐渍化、水土流失和地质灾害等生态问题。据估算，塌陷下落的体积可达开采煤炭的60%～70%，每开采 1 万 t 煤炭就将导致 0.3hm^{2}的塌陷面积。无论是井工还是露天采煤，都会对生态系统产生巨大扰动，降低土壤生产力，破坏生物多样性。目前，山西省因采煤造成的采空区面积达 5000 余平方公里，其中沉陷区面积约 3000km^2（山西省人民政府办公厅，2015）。

煤矸石排放是煤炭开采过程中的另外一重要问题。煤矸石产生量占到煤炭产量的 10%左右，全国现有煤矿矸石山超过 1500 座，矸石存储量已经超过 40 亿 t 且仍在不断增加。煤矸石的堆存会造成多种环境污染，如扬尘和自燃会污染周边大气，降雨淋溶会污染地表水和地下水，威胁周边居民身体健康和动植物生存环境。

此外，我国煤矿开采过程中没有很好地利用煤层气，大部分煤层气都被直接排放，由于其主要成分是甲烷，具有比二氧化碳高 20 多倍的温室气体效应，因此是一个不可忽视的环境影响因素。我国每年从煤炭矿区所排放的甲烷量大约有 85m^3，占到全世界甲烷排放量的 32%左右，仅仅有 6%的甲烷得到回收利用。

陆地石油开采过程中也会带来相应的环境问题。陆地采油生产时，有大量的生产设施分布于油田内，如油井、集输站、转输站、联合站等，这些设施由于各种原因，会把原油直接或间接地泄于油区地面上，这些石油类物质进入土壤环境后，会发生一系列的物理、化学和生化作用对土壤造成污染。石油开采过程中钻井、井下作业和采油环节都会产生大量的含油污水，钻井施工过程中，配置泥浆、冲洗井底、冷却泥浆泵及润滑设备都要消耗大量的水，不可避免地要产生大量废水，对环境造成污染。井下作业时试井和修井作业时排出的压井卤水、无固相压井液，冲砂等工艺中使用的循环水，洗井水等都对地下及地表水资源造成了严重的影响。

土地开发整理过程中将会改变生态环境原有的生态系统格局及组成，对生态环境具有显著的负面影响。在土地开发整理的活动中，水利水电、坡地垦殖、农田灌溉工程，以及梯田建设中很容易对地表水系结构造成影响，因此对原有的水系统及自然生态环境造成破坏，而且在土地开发整理中的工矿的开发、建设、村镇，以及城镇的建设都会产生生活污水和工业污水，从而造成水环境受到污染。在土地开发整理的过程中为了提高耕地垦殖的利用率，会引起荒地开发及村镇的迁并等活动的产生，这些活动的产生有可能会导致自然植被，以及人工植被等大面积植被退化或者减少，很多植被由农作物代替，可欣赏景观种类减少等现象的发生。荒地开发过程中道路修建、各种农田水利的兴建及建筑物的建设等活动，有可能会对原有的植被格局变化造成影响，从而使植被的空间格局和数量结构发生相应变化，导致地表植被减少。在土地开发的过程中，土地调配及土地平整是必不可少的手段，因此对地表的整理利用活动将会造成地表土层结构的变化，由此引起土壤构成的变化。农作物需要长期的耕作、灌溉、施肥等生产活动，这不仅会对土壤造成污染和危害，还会导致土壤中大量的微生物生存环境被破坏，更为严重的是在耕地休耕或者撂荒的期间，地表极易造成水土流失和土地沙化，有可能会引起气候发生极端变化。

水利水电开发过程也会造成一定的生态破坏，如截断河道改变鱼类栖息环境；水库流速减小，稀释自净能力降低，水体富营养化，高坝出库水温低，对坝下水生物和沿岸农作物生长造成影响；水库水位升降可能产生新的地质灾害；水库泥沙淤积，清水下泄对坝下游河道冲刷等。

（二）资源利用过程的环境问题

以煤炭为例，从煤炭利用过程来看，煤炭是我国的主体能源，长期以来在我国一次能源消费结构中占65%以上，煤炭的粗放利用是造成我国日益严重大气环境问题的主要原因之一。

首先，煤炭消费总量大导致巨大的污染物排放负荷。我国煤炭消费量已占到全球总量的一半，远超美国（13.5%）、欧盟（7.7%）、日本（3.2%）等其他经济体（英国石油公司，2014），巨大的煤炭消费量导致我国二氧化硫、氮氧化物、大气汞排放量高居全球首位。中国煤炭燃烧和煤炭使用重点行业导致的SO_2、NO_x、烟粉尘、一次$PM_{2.5}$和Hg等大气污染物排放量，都达到了全国排放总量的60%以上，特别是对SO_2的贡献超过90%；煤炭使用对全国$PM_{2.5}$年均浓度的贡献为50%～60%，其中的6成来源于煤炭的直接燃烧，4成来源于煤炭使用重点行业的排放（《中国煤炭消费总量控制方案和政策研究项目》课题组，2014）。

其次，煤炭消费空间分布不均衡引发区域性复合型大气环境问题。突出表现为以三区十群为代表的重点区域，单位面积煤炭消费量是全国平均水平的 4 倍左右，单位面积污染物排放强度是全国平均水平的 3 倍左右。由于污染物排放密集，加之机动车保有量增长迅速、重化工业快速发展，各种污染物相互作用并远距离传输，以细颗粒物、臭氧、酸雨为特征的区域复合型污染呈加剧态势。

再次，煤炭消费结构不合理加剧了城市煤烟型污染。目前我国电力行业煤炭消费量仅占全国煤炭消费总量的 50%左右，远低于美国 90%的水平，大量的煤炭消费集中于工业锅炉、炼焦炉和建材窑炉，复杂的排放源构成使得我国成为全球大气污染控制体系最为庞大、构成最为复杂、减排难度最大的国家，在一定程度上也加剧了城市煤烟型污染。

最后，煤炭利用与污染控制技术水平较低导致污染物排放绩效偏高。目前我国燃煤锅炉运行热效率在 60%左右，比先进国家低 15%～20%，并且基本没有脱硝措施，脱硫和除尘技术水平也偏低。原煤煤质差、动力煤入洗率低，也影响了我国的燃煤污染控制效果，目前我国原煤平均入洗率仅为 51%，低于发达国家水平（55%～90%）（环境保护部环境规划院，2013）。

中国的城市大气污染正逐步由煤烟型污染向复合型污染过渡，化石能源的大量使用是造成中国大气污染问题的主要原因。中国机动车保有量的快速增长，使得机动车排放污染物对环境的影响日趋严重，灰霾、酸雨和光化学烟雾等区域性大气污染问题与机动车尾气排放密切相关。据统计，“十一五”期间全国机动车保有量年均增速达到 10%，随着机动车保有量的快速增长，我国城市空气开始呈现出煤烟和机动车尾气复合污染的特点。由于机动车大多行驶在人口密集区域，尾气排放直接影响群众健康。2012 年，全国机动车排放污染物 4612.1 万 t，4 项污染物排放总量与 2011 年基本持平，其中氮氧化物（NO_x）640.0 万 t，颗粒物（PM）62.2 万 t，碳氢化合物（HC）438.2 万 t，一氧化碳（CO）3471.7 万 t（环境保护部环境规划院，2013）。

第二节　我国资源配置的主要问题

一、定价与产权问题

资源配置就是所有的资源在现在和将来，如何分配到各个领域、各个产业、各个区域才会效用最大。党的十八届三中全会的让“市场在资源配置中起决定性作用”无疑是一场革命，对于正确处理政府与市场的关系、建立完善的社会主义市场经济体制与生态文明建设具有重大意义。

我国环境资源的稀缺性越来越明显，如何有效配置环境资源，促进经济与环境的协调发展，需要引入相应的经济手段和市场机制。使市场在资源配置中起决定性作用的关键是定价，定价的前提是明晰产权。

（一）环境资源的定价问题

中国已经确定并在逐步完善“宏观经济调控下主要由市场形成价格”的机制。对于关系国计民生的极少数商品、资源稀缺的少数商品、自然垄断经营的商品、重要的公用事业和公益性服务，实行政府指导价或者政府定价。环境物品及对环境有显著影响的公共服务，存在较强的外部性，应当是政府定价活动的主要内容。

环境问题产生的根源在于环境资源的价格没有准确反映环境资源的稀缺程度，而解决环境问题最有效的办法就是通过环境资源的合理定价和有偿使用，实现环境资源的有效配置。

目前中国与环境保护关系密切的公共定价主要是水价、电价和油价。其中水价中的水资源费、城市污水处理费和电价中的燃煤电厂脱硫电价与环境有直接关系。中国的大多数城市已经实行水资源利用和污水处理收费。自 2004 年 4 月 1 日起，京津唐区试行上网脱硫电价，规定已安装脱硫环保设施的新投产燃煤机组，含税上网电价比未安装脱硫设施的新投产燃煤机组每度电提价 1.5 分。2005 年 4 月，国家发改委又陆续发布东北、华中、华东、华北、西北、南方等电网执行脱硫电价的政策。

1. 环境资源合理定价是实现环境资源有效配置的根本手段

环境经济学的核心问题是环境资源的有效配置，而市场经济是迄今为止最能实现资源有效配置的经济制度。微观经济学证明了市场制度下平等竞争所形成的均衡价格，可以引导资源最佳配置。微观经济学认为，在市场经济中，价格对资源配置起着至关重要的作用。市场通过价格调节来协调整个经济中各个经济主体的决策，使消费者的购买量与厂商的产量之间保持平衡。这种平衡，表明消费者与厂商各自独立作出的决策是相互一致的，这种一致性是经济体制内在的客观要求，正是在这种调节过程中，价格机制解决了微观经济学提出的“生产什么”“如何生产”和“为谁生产”的资源配置问题。因此，对稀缺资源合理定价是实现稀缺资源有效配置的关键。

目前环境问题产生的根源就在于环境资源的价格没有正确反映环境资源的稀缺程度，环境资源稀缺程度不断提高状况下环境资源的零价格制度，导致了环境资源的过度消费，导致了能源危机、资源浪费、环境污染、生态破坏等一系列严重问题。因此解决环境问题的经济学方法是通过环境资源的合理定价和有偿使用，实现环境资源的有效配置。

2. 环境资源合理定价的基础是其相对价格

在市场经济条件下，价格是资源作为商品的相对稀缺性的信号和度量，是供给与需求的综合反应。当某种资源能满足消费者的某种要求，即可以对消费者产生效用时，就导致了对这种资源的需求。如果这种供给充裕，不存在限制和选择性使用，那么这种资源即使我们非常需求，因为不具有稀缺性，也就不具有价格，如空气、水等。但如果这种有用的资源可以供给的数量是有限的，那么这种资源就是稀缺资源，就必须进行合理定价。如果价格不能正确反映稀缺资源的稀缺程度，那么错误的价格信号就会导致市场混乱、资源配置不当。在环境资源的稀缺程度不断提高的情况下，其市场价格依然为零，就会导致消费和需求更加扩张。而环境资源市场价格为零，即使供给者无法接受到需求信息，也缺乏对供给的激励，所以供给者并不增加供给，从而导致供求之间矛盾更加激化，环境资源稀缺程度急剧上升，环境危机日益严重。因此，环境危机并不是由市场体制引起的，而是由其市场价格与其相对价格偏离导致的，这种价格偏离程度越远，资源市场就越混乱，环境问题就越严重。要解决环境问题，就必须对环境资源合理定价，使其市场价格能有效反映其稀缺程度的上升。当环境资源市场价格等于其相对价格时，价格机制才能发挥正常作用，实现环境资源的有效配置。

（二）环境资源的产权问题

1. 产权明晰是环境资源市场价格等于相对价格的必要前提

目前，正是环境资源产权的不明确性、非专一性、非排他性导致了环境资源稀缺程度与市场价格的脱节，从而导致了环境资源生产与消费中成本与收益、权利与义务、行为与结果的背离，这是环境恶化的根源。只有在产权明晰的条件下，市场价格才能等于相对价格，等于使用该稀缺资源的边际成本。所谓外部边际成本，就是资源的市场价格与相对价格之间的差距，就是产权不曾明晰的部分。例如，在过去环境容量充裕的情况下，企业以零价格排污即消费环境容量，不会导致外部性问题的产生。因为此时环境容量的相对价格等于使用环境容量的边际成本、等于市场价格、等于零价格。但是，随着人口增长，对环境容量的需求越来越多，而环境容量的供给是有限的，此时，环境容量稀缺程度不断上升，相对价格不断提高，企业仍以零价格排污就导致了使用环境容量的边际成本与市场零价格之间的差值，这一差值就是外部边际成本。产权明晰的作用，就是使环境资源相对价格在市场交易中反映出来，使资源的市场价格等于相对价格，从而使外部边际成本内在化，纠正价格扭曲，使价格机制发挥正常的作用。

2. 产权交易是纠正环境资源市场价格与相对价格偏离的重要途径

明晰的产权是交易的结果，因此产权界定是在产权交易中不断演进的。随着新的信息的获得，资产的各种潜在有用性被技能各异的人们发现，并且通过交换他们关于这些有用性的权利，而实现其有用性的最大价值。每一次交换都使产权的权利边界更为清晰，从而使资源的市场价格与其相对价格更为接近。合理的产权结构是不断选择的结果，刚刚进入市场的稀缺资源的初始产权结构往往是不完善的，从而导致其市场价格与其相对价格的偏离。但由于产权的可交易性，人们在认为交易对自己不利时，能够自由退出交易，从而实现博弈均衡。产权交易就是在市场中对各种产权结构进行选择的过程，也是资源市场价格不断调整的过程。正是基于自由竞争、自由选择的原则，才能保证通过多次交易重复博弈后所选择的产权合约具有竞争优势，所形成的市场价格具有合理性，即与相对价格相一致。没有一个中心权威可以正确评定资源向哪一个方向流动才是正确的，或是资源确定于什么价格才是合理的。资源合理定价最有效的途径就是通过产权交易、通过产权合约的自由选择。只有通过产权交易，在重复多次的博弈过程中，才能获取作出正确决策所需的各种信息，才能克服市场的不确定性，从而不断地对产权合约进行纠正，对市场价格进行调整。

3. 自然资源产权制度现状及问题

我国自然资源产权制度现状详见表 4-1。

我国现行自然资源产权制度方面存在以下不足。

首先，在中国现行产权制度构架下，自然资源的环境生态效益和经济效益都没有达到最佳，不是双赢，而是双输。自然资源浪费和破坏日益严重，如土地退化、水土流失、可耕地减少、如土地酸化、水与大气严重污染、天然植物严重破坏、生物多样性破坏、生态平衡失调，这些现象的发生与中国现行的资源产权制度密切相关。

表 4-1 我国自然资源产权制度现状

	所有权			使用权	转让权
	国家所有	集体所有	个人所有		
土地资源	1. 城市土地 2. 由法律规定属于国家所有的农村和城市郊区的土地	1. 农村和城市郊区的土地，除由法律规定属于国家所有的以外 2. 宅基地和自留地、自留山		1. 土地承包经营权（包括耕地、草地、林地的使用权） 2. 建设用地使用权 3. 宅基地使用权	土地使用权可以转让
水资源	属于国家所有，由法律规定属于集体的除外	农业集体经济组织所有的水塘、水库中的水		1. 取水权（包括法定享有的取水许可证取得的水权） 2. 与水利用相关的其他权益（包括水运、水能、渔业的水利用权益）	
矿产资源	属于国家所有，不因其所依附的土地的所有权或者使用权的不同而改变			1. 探矿权，通过勘查许可证取得 2. 采矿权，通过采矿许可证取得	探矿权、采矿权可以转让
森林资源	森林和林地属于国家所有，由法律规定属于集体的除外	1. 集体所有制单位营造的林木 2. 集体承包国家所有的宜林荒山荒地造林的，承包后种植的林木归承包的集体所有	1. 农村居民在房前屋后、自留地、自留山种植的林木 2. 城镇居民和职工在自有房屋庭院内种植的林木 3. 个人承包国家所有和集体所有的宜林荒山荒地造林的，承包后种植的林木归承包的个人所有 林权中的所有权包含两个层次，森林和林地属于国家所有，由法律规定属于集体的除外；林木的所有权可以归国家、集体和个人	1. 因承包宜林荒山荒地，造林后变为林地而取得的林地使用权 2. 国有单位因造林而取得的林木经营权 3. 因取得采伐许可证而取得的林木采伐使用、收益权	下列森林、林木、林地使用权可以依法转让，但不得将林地改为非林地 1. 用材林、经济林、薪材林 2. 用材林、经济林、薪材林的林地使用权 3. 用材林、经济林、薪材林的采伐迹地、火烧迹地的林地使用权 4. 国务院规定的其他森林、林木和其他林地使用权
草原资源	属于国家所有，由法律规定属于集体所有的除外	由法律规定属于集体所有的草原资源		草原使用权	
野生动物资源	属于国家所有，不因野生动物资源所依存的土地或水体的所有权而改变的权利			1. 狩猎权，通过狩猎许可证取得，并对猎获的野生动物享有所有权或其他权 2. 驯养繁殖权，并对驯养繁殖的动物或其他产品拥有所有权或其他权益的权利	狩猎权不得转让

其次，在我国现行产权制度下，国家只是名义上的所有权主体。政府表面上控制了自然资源，但是有行政权的部门、地区在实际运行中肢解了这一产权，出现了各部门、各地方“谁发现、谁开发、谁占有、谁受益”的局面。各级地方政府或村民委员会事实上充当了所有权人的代理人角色（产权的代理人与管理监督人合二为一），但这种权利并非所有权人依法授予的，所有权人未授权，因此也不必向所有权人负责。资源用益权人和管理人未受到来自所有权人的刚性约束，资源所有权人的利益常常遭到侵犯。“国家所有，分级管理”事实上变成“分级所有制”。各种资源的部门分割管理和地方分割管理使得管理重叠、交叉，既破坏了法律法规的完整性和统一性又滋生了资源管理中的扯皮现象和腐败行为。对大部分自然资源拥有管理权的各级地方政府缺乏保护环境的积极性，没有履行或没有履行好保护环境的职责，有些地区的地方政府甚至是破坏自然资源的主角或后台。

中国现行资源产权制度的问题可以归纳为以下几个方面。

一是产权制度过于单一、僵化，没有很好地发挥私有产权制度有利于自然资源增值保值、有利于资源保护的积极性；二是公有产权制度局限于国有产权和集体产权，地方政府产权等中间形式极不发达；三是对自然资源产权交易的严格限制，使得资源配置效率极其低下；四是国有产权过大，国家直接参与资源的开发与利用，不利于国家发挥保护环境生态效益的作用。

二、政府与市场问题

（一）打破垄断、构建现代市场体系

“经济靠市场，环保靠政府”，是中国进入市场经济以后环保领域最重要的管理思想。认为市场经济不利于环境保护，因此必须建立以政府直接控制为主、市场手段为辅的环境管理模式。它坚持国家直接控制、政府主导下的市场化。这样的“市场化”强调政府是资源配置的主体，是对市场化改革的严重束缚。

要使市场在资源配置中发挥决定性作用，必须进一步破除各种形式的垄断。中国35年走过的改革之路，本身就是一个不断打破垄断、弘扬竞争的过程。但是，时至今日，中国仍然算不上是一个完善的市场经济国家，大部分改革只走到了半途，仍然存在着各种有形无形的制度壁垒，妨碍着生产要素的自由流动和公平竞争。政府对微观经济的直接管制，以及垄断企业的隐形补贴，在相当程度上形成了对市场的替代，导致信号失真、资源错配和效率低下。要想在经济改革方面有新的突破，

必须进一步消除各种垄断和壁垒。

统一开放、竞争有序是现代市场体系的基本特征。要健全现代市场体系，需要发展生产要素市场，形成合理的生产要素价格机制。凡是能够由市场定价的政府就不需要干预。这一价格机制要能够反映市场的供求关系，这是由市场决定的，除此之外，还要反映资源稀缺程度，特别是不可再生资源，同时还要反映对环境的损害成本。健全市场体系还需要健全社会信用体系。

（二）更好地发挥政府的作用

更好地发挥政府的作用，强调的是市场在资源配置中起决定性作用，不是忽视更不是取消而是更好地发挥政府的作用。市场配置资源方面有其固有的缺陷。市场无法解决公共产品的生产问题，例如，国民经济正常发展所必需的公共基础设施、生态平衡、环境保护等一些不以盈利为目的的投资项目，靠市场机制是难以解决的。市场本身无力解决社会化大生产所要求的社会总供给和社会总需求的平衡和产业结构合理的问题；市场调节的分配功能在于促进提高效率，但完全由市场自发地进行分配又会造成收入高低悬殊，甚至出现两极分化。而这些都需要通过政府的作用加以解决。

更好地发挥政府作用，必须解决以往存在的政府职能“错位”“越位”和“缺位”现象。具体来说：第一，政府要弱化微观方面的管理职能，进一步放权给市场，积极提升市场的效率，积极打造服务型政府。应在坚持市场化过程中完成政府职能转变，提高执政效率。第二，政府要强化规范市场秩序和市场监管，规范中介组织的发展，建立社会信用体系，完善行政执法、行业自律、舆论监督、群众参与相结合的市场监管体系，健全产品质量监管机制，严厉打击制假贩假、商业欺诈等违法行为，维护和健全市场秩序。第三，政府要加大社会管理和服务，如完善基础设施和公共服务，建立社保制度、医疗保障制度等，为市场经济发展营造良好的环境。第四，政府提高宏观管理的效率，必须减少行政层级，精简办事机构，按照精简、统一、效能原则，逐步解决层级过多、机构重叠和人浮于事等问题。

（三）协调好政府与市场的关系

发挥市场在资源配置中的决定性作用和政府的重要作用，必须处理好政府和市场的关系，加强二者的有机协调和配合。既要防止出现否定市场化改革方向的倾向，又要防止只讲市场化、忽视政府作用的倾向。现代经济运行既离不开市场这只无形的手，同样也离不开政府这只有形的手。要让市场在资源配置中发挥决定性作用，并不是简单地实行自由放任，政府撒手不管，而是需要处理好政府和市场的关系，科学界定政府和市场的边界。一般而言，凡是市场机制能够充分发挥作用的地方，就要实行资源的市场化配置；凡是市场机制不能发挥作用的地方，就需要政府来弥补。市场机制有其提高资源配置效率的一面，同样也有其自身难以克服的缺陷，如凭借市场机制无法解决公共产品的问题，无法解决即使是公平竞争而产生的垄断问题，也无法解决市场经济规律自发作用所带来的国民经济的大幅度波动等，诸如此类问题的存在降低了资源配置的效率和效益，这是市场自身无法解决的，只有充分发挥政府的作用，弥补市场缺陷和不足。

经济发展既不是静态上的资源配置，也不是完全按预先规定的计划行事，既要靠市场这只“看不见的手”，让市场发挥决定性作用，但同时又要更好地发挥政府的作用，因为市场解决不了所有问题，市场既需要政府为市场提供规则和环境，又需要政府为市场上的弱势群体提供必要保障，转型期还需要政府为经济健康发展提供有效的引导和推动。唯有处理好政府和市场的关系，才能促进经济社会健康有效顺利地发展。

三、环境经济政策问题

环境经济政策作用空间有待拓展。从社会再生产过程看，环境经济政策主要集中在生产环节，用以调节流通、分配、消费行为的环境经济政策仍不完善。在对外贸易合作方面，还未建立起指导和规范“走出去”企业环境行为的政策体系。

现有政策之间协调不够、配套措施不足、技术保障不力。排污权有偿使用与环境税费之间需要进一步协调，环境污染风险评估和污染损害评估技术规范尚不完善，污染源实时监测监控网络和执法监管体系不够完善，一定程度上阻碍了环境经济政策的全面和有效推行。

环境损害成本的合理负担机制尚未形成。环境损害成本的合理负担机制主要有环境资源产品定价机制、收费机制和税收机制等。建立这些机制有利于环境损害成本内化为市场主体的生产成本，从根本上解决“资源低价、环境无价”导致的资源配置不合理问题。目前该机制尚未有效形成，市场主体加大环保投资、防控环境风险的内在动力不足，绿色信贷、环境污染责任保险、绿色证券等环境经济政策有效实施缺乏根本推动力。

四、资源配置法律保障问题

（一）环境资源法律规制滞后于时代发展的要求

中国环境资源法律法规建设的内容正处于不断演进的过程中（表 4-2）。目前尚未建立起完善的资源法律规制体系，资源法律规制主要是从单个资源的角度进行，缺乏一部系统的自然资源综合性法律，即自然资源的基本法。中国自然资源法律的数量较多，但是单纯依靠自然资源单行法难以对各类自然资源开发、利用、保护中的法律关系作出全面的调整。并且各单行法主要是从部门利益的角度出发制定的，彼此之间缺乏协调性，因此迫切需要一部统领各单项资源法律的基本法，对资源法律规制的规制内容、规制对象、规制手段、规制目标、规制的优先次序和规制的惩罚措施等进行明确。同时，中国地方性资源法律规制也十分匮乏。由于各地区资源禀赋不同，资源的地区差异较大，全国性的法律规范不可能包含各地的具体情况，自然资源的地方性立法大有可为。

表 4-2　中国资源法律内容

时间	规制类型	规制内容手段	主要法律法规
1953 年	土地	建设用地的征用和补偿	《国家建设征用土地办法》
20 世纪 50 年代	水环境	河流治理	《政务院关于治理淮河的决定》
	矿产	矿产资源的勘探、开采、生产	《国务院关于非金属矿管理问题的指示》
20 世纪 60 年代	水土保持	兴修水利奖励	《国务院关于奖励人民公社兴修水土保持工程的规定》
20 世纪 70 年代	森林	森林合理采伐、林地占用和补偿、育林费和育林基金	《中华人民共和国森林法（试行）》
	环境	污染物排放标准及排污费	《中华人民共和国环境保护法（试行）》《水土保持工作条例》
	土地	农村建设用地征用	《黑龙江省农村建设用地管理办法（试行）》
20 世纪 80 年代	水	计划用水、水源规制、取水许可制度、水费和水资源费	《水法》《北京市地下水资源管理暂行办法》《太湖水源保护条例》
	矿产	矿产开采登记审批、采矿许可证、矿产资源有偿开采、矿山安全	《矿产资源法》《矿山安全条例》《矿山安全监察条例》
	土地	征地补偿费、安置补助费、城镇土地使用税、土地复垦、耕地占用税	《土地管理法》《国家建设征用土地条例》《城镇土地使用税暂行条例》
	环境	排污费、环境质量标准、污染物排放标准及建设项目环境影响报告	《大气污染防治法》《水污染防治法》《环境保护法》《水土保持法》

续表

时间	规制类型	规制内容手段	主要法律法规
20 世纪 80 年代	其他	海洋倾废许可证、森林采伐许可证、捕捞许可证、限额捕捞、猎捕证	《海洋环境保护法》《森林法》《草原法》《渔业法》《野生动物保护法》
20 世纪 90 年代	水	城市用水定额管理、城市供水、乡镇供水水价	《城市用水定额管理办法》《城市供水条例》《乡镇供水水价核订原则（试行）》
	矿产	探矿权、采矿权的取得和转让、矿产资源税费	《矿山安全生产法》《探矿权采矿权转让管理办法》
	土地	土地出让和转让、基本农田保护、耕地总量动态平衡、建设用地审批	《城市房地产管理法》《城镇国有土地使用权出让和转让暂行条例》《关于进一步加强土地管理切实保护耕地的通知》《基本农田保护条例》
	能源	煤炭生产许可证、煤矿企业的“三率”单位产品能耗限额	《煤炭法》《节约能源法》
	环境	排污许可证、水污染物排放总量控制	《水污染物排放许可证管理暂行办法》
	其他	林业保护建设费、福建省森林资源转让	《渔业捕捞许可证管理办法》《关于收取林业保护建设费的通知》
21 世纪	水	水源保护、超计划用水累进加价、节水	《节水型城市考核标准》
	矿产	煤炭安全、矿业权出让与转让、煤矿资源整合、稀土矿开采总量控制	《安全生产法》《矿业权交易规则（试行）》
	土地	土地征用与出让、土地流转、土地供应、土地督察、耕地占补平衡、退耕还林、耕地保护基金	《农村土地承包法》《退耕还林条例》《关于深化改革严格土地管理的决定》《耕地占补平衡考核办法》
	森林	森林采伐限额、森林植被恢复费、林地产权流转、森林生态效益补偿基金	《森林植被恢复费征收使用管理暂行办法》《中央森林生态效益补偿基金管理办法》《关于全面推进集体林权制度改革的意见》
	其他	海洋功能区划	《海域使用管理法》《环境影响评价法》《可再生能源法》《物权法》《海岛保护法》《循环经济促进法》《防沙治沙法》《全国海洋功能区划》

（二）环境保护法律法规某些领域尚存立法空白

当前经济发展急需的环境保护法律、法规的某些领域出现空白，在土壤环境保护、核安全、危险化学品环境管理、环境监测、生物安全、遗传资源保护，以及与人民群众生活环境密切相关的电磁辐射、光污染、重金属及持久性有机污染物等方面，还没有制定法律或行政法规。一些重要的环境管理制度，如排污许可、总量控制、区域限批等，缺少实施性法规。一些重要环境经济政策缺乏法律法规支撑，如排污权有偿使用和交易、生态补偿和环境责任保险等环境经济政策。一些国际环境条约签署后，缺乏国内配套立法。此外，资源综合利用立法体系不健全，大都是由国务院各部门单独或联合颁发的规章或规范性文件，缺少基本法及单行法。

（三）环境标准的法律地位造成司法认定局限性

环境标准的法律意义，一方面环境标准是环境行政管理的重要方式、环境执法的技术及法律依据。另一方面，是判断环境行为违法性、司法归责的标准之一。

目前，从标准类别来看，①环境质量标准是确认环境是否已被污染的根据。环境法规定，造成环境污染危害者，有责任排除危害并对直接遭受损失的单位和个人赔偿损失。如果排污者排放的污染物在环境中的含量超过了质量标准的规定，便应依法承担相应的民事责任。因此环境质量标准也是判断排污者是否应承担民事责任的依据。②污染物排放标准（或控制标准）是确认某排污行为是否合法，根据污染物排放标准确认是否是污染源规定的最高容许排污限额（浓度或者总量）。从理论上来说排污者如以符合排污标准的方式排放污染物，则它的排污行为是合法的，反之，则是违法排污。合法排污者只有在其排污造成了环境污染危害时，才依法承担民事责任。违法排污者的排污行为不受法律保护。超标排污将承担一系列法律责任，包括民事责任、行政责任。超标排污造成重大污染事故，导致公私财产重大损失或者人身伤亡等严重后果的，还将依法承担刑事责任。③环境基础标准和环境监测方法标准是环境纠纷中确认各方所出示的证据是否是合法证据的根据。

从法律地位来看，上述环境标准分为两类，一类是“法定性标准”，包含了标准实施的措施和违反标准的法律责任的规定，具有法的地位，另一类是“推荐性标准”，则不属于环境法体系。基于环境标准的客观局限性，环境标准在司法认定环境行为属于民事违法性时，在没有更好判断依据的情况下，参考作用突出，在其他情形仅是考虑因素，非违法性认定的唯一依据，总体作用有限。

（四）环境资源法律规定内容交叉重叠

我国的环境资源法律之间存在着相互冲突、相互重叠和空缺规范的问题，使得环境法律规范体系缺乏严谨的科学性、系统性，最终导致法律的可操作性不强。这既浪费了有限的立法资源，又导致法律之间相互冲突，不仅增加了修订工作的难度，也给执法工作造成困难。而法律的规制内容之间缺乏协调性和一致性，规制交叉、重叠和冲突的情况较多。由于不同的资源法是由不同的资源主管部门分别主持起草的，各资源法律规制内容便有了交叉、重叠的可能性。再加上各部门间实际上存在的利益冲突，在立法时往往扩大本部门的权力，这样在不同的法律中便出现了矛盾规定，例如，《矿产资源法》和《土地管理法》中关于土地资源和矿产资源的权属规制之间存在一定交叉，《矿产资源法》和《水资源法》中关于地下水资源收费规制存在重叠、冲突情况。此外，中国资源法律规制内容还存在重开发利用轻保护的情况。

（五）环境责任追究制度上存在缺失与局限

第一，约束政府行为的法律制度不完善。政府是环境保护的主要责任主体，政府履行环境责任的好坏直接关系到当地环境质量的优劣。现行环保法律对政府行为规范不明确，对于与环境保护相关的行政决策和行政执行行为，法律监督和制约制度不够完善。

第二，生态刑事法律规定的缺失，环境刑事责任难以得到追究，在具体的法律条文中，还存在着诸如刑罚过轻、仅规定结果犯等问题。现有民事制裁模式难以起到对生态环境违法的有效制裁作用。从最终的结果看，社会和公众仍是环境违法的最终承担者，而非实际的生态环境违法的实施者。

第三，环境公益违法缺乏必要的权利救济途径。目前我国的诉讼法在某些制度上缺乏对环境公益违法的权利救济途径的规定，甚至限制了权利的有效救济。我国行政诉讼和民事诉讼两大诉讼法的规定导致国家环境公益、社会环境公益及不特定多数人的环境利益受到侵害却得不到救济。从实体法来看，我国的《宪法》《环境保护法》《水污染防治法》等相关法律均未规定公民享有环境权，相反《环境保护法》《水污染防治法》等相关法律规定直接受到损害的人才有权获得赔偿，这就排除了因社会公益受损而获得赔偿的实体权利。

第四，环保立法的违法惩罚力度不够。整体而言，现行环保立法关于环境违法行为法律后果的规定，行政处罚普遍偏轻，民事赔偿范围过窄，刑事制裁乏力。较低的环境违法成本，难以对违法行为起到有效的惩罚和威慑作用。

第五，社会监督的法律机制不健全。现行环保法律关于公民环境权益、环境损害赔偿和环境纠纷调解处理等规定尚不完善，公众参与环境决策、环境监督及自身环境权益维护缺乏程序和渠道，公众的环境监督作用难以有效发挥。

第三节　资源优化配置战略

一、提高资源利用效率，加强资源循环利用

（一）提高资源利用效率，拓宽资源利用途径

提升矿产资源综合利用水平，推进共伴生矿产资源的综合开发和高效利用，提高石油、煤炭等能源矿产的共伴生资源的综合利用能力和水平，开展黑色、有色、贵金属和稀有稀土金属矿产共伴生资源的多元利用、梯级利用和高值利用，发展非金属矿产伴生资源的深加工和综合利用。提高废弃物资源化水平，推进粉煤灰、煤矸石、尾矿、脱硫石膏、磷石膏、冶炼废渣、建筑垃圾等废弃物资源化利用。

完善再生资源回收体系和垃圾分类回收制度，加强对生产、生活过程中产生的废水、废气及余压余热的回收利用。推进废弃电子电器、废旧轮胎（橡胶）、废旧纺织品、废塑料、废旧零部件等可再生资源的回收利用。

鼓励粉煤灰、煤矸石、脱硫石膏等废弃资源综合利用向高附加值方向发展，农作物秸秆从传统利用方式拓宽到肥料、饲料、食用菌基料、燃料、工业原料等多种利用途径。

开发一批大用量、低成本、经济效益好的综合利用技术与装备，提升我国资源综合利用技术水平，保障资源的高效、合理利用，引导和推动各地开展资源综合利用。

（二）推进资源再生利用产业化，建设资源综合利用示范基地

加快资源循环利用产业发展，鼓励产业废物循环利用，用先进适用技术促进综合利用产业升级，加大资源综合利用科技成果转化与高技术产业化，开发一批具有国际先进水平、自主知识产权的综合利用技术与装备，用高新技术和先进适用技术促进综合利用产业升级。

在重点地区支持一批资源综合利用示范工程，选择大量消纳粉煤灰、煤矸石、脱硫石膏、尾矿、冶炼废渣、农作物秸秆、建筑垃圾，以及废旧轮胎、废旧纺织品、废弃木材、废弃包装物等大宗固体废弃物的资源综合利用技术，引导规模化和多元化的综合利用产业发展。

二、明确资源产权，发挥市场的决定作用

（一）完善自然资源资产产权制度

建立自然资源资产数据采集制度，逐步完成各类自然资源资产数据采集，建立健全自然资源资产产权管理数据库。建立自然生态空间统一确权登记制度，统一登记机构、统一登记簿册、统一登记依据和统一信息平台，逐步建立和完善自然生态空间统一确权登记的制度体系。建立自然资源资产产权信息管理制度，建立统一管理、信息共享、便捷高效、服务公众的自然资源资产产权信息管理制度。建立自然资源资产产权管理制度，开展自然资源资产评价，对自然资源实行资产管理，建立自然资源国家所有地方政府行使所有权、集体所有集体行使所有权、集体所有个人行使承包权的管理制度。

（二）建立资源环境权交易制度

推行节的能量、碳排放权、排污权、水权交易制度。一是研究制定主要污染物排污权有偿使用和交易指导意见及有关技术指南。二是扩大排污权有偿使用和交易试点范围，研究将二氧化硫、氮氧化物排污权有偿使用和交易试点适当扩展到排放份额比例大、监测条件好的行业，继续拓展化学需氧量、氨氮排污权有偿使用和排污交易试点区域。

（三）开展自然资源资产核算

建立自然资源资产核算体系。要将自然资源纳入国民经济核算体系，把合理评估自然资源产权与国民收入的核算结合起来，探索编制自然资源资产负债表，将其作为衡量一个地区生态绩效的重要指标。

三、划分环境事权，促进政府的职能转换

（一）合理划分政府与市场环境事权

环境事权划分总体上应遵循“环境公共物品效益最大化”原则、“污染者付费（PPP）”“使用者付费（UPP）”和“受益者分担”等原则来界定责任主体（即事权承担主体）及责任边界。

首先，明确政府的环境保护事权。

政府是环境保护技术手段、法律手段、行政手段、宣传教育手段和经济手段的

主要参与者。在环境保护方面，政府职能主要体现在以下 3 个方面：一是宏观调控，如统筹制定环境法律法规、编制中长期环境规划和重大区域与流域环境保护规划，进行污染治理和生态变化监督管理，组织开展环境科学研究、环境标准制定、环境监测建设、环境信息发布及环境宣传教育等，组织实施影响区域环境安全的重大项目建设等。二是提供环境基本公共服务，如提供安全饮水保障、城乡污水和垃圾公益性强的环境基础设施建设、环境监督服务等。三是加强环境保护市场监管与调节，如建立合理的市场竞争和约束机制，环保产业发展引导，环境保护市场监管等。此外，政府还应履行国际环境公约和协定。

其次，明确企业的环境保护事权。

在市场经济中，企业是生产经营活动的主体，也是环境污染物的主要产生者。企业首先要根据市场规则进行经济活动，在严格遵守国家环境法规和政策的前提下获取经济利润。企业应承担包括环境污染风险在内的投资经营风险，不能把治理环境污染的责任转嫁给社会公众，应按照污染者付费原则，直接削减产生的污染或补偿有关环境损失。此外，按照投资者受益原则，有些企业可以直接对那些可营利的、以市场为导向的环境保护产品或技术开发进行投资，也可以通过向污染者和使用者收费，实现其对某个环境产品投资的收益。

最后，确立社会公众的环境保护责任。

在市场经济中，社会公众应当是法律手段和宣传教育手段的主要参与者，社会公众既是环境污染的产生者，往往又是环境污染的受害者。作为前者，公众应当首先按照污染者付费原则，交纳环境污染费用。同时要按照使用者付费原则，在可操作实施的情况下有偿使用或购买环境公共用品或设施服务。作为环境污染的受害者，公众应该从自身利益出发，积极参与对环境污染者的监督。

（二）完善和强化环境影响评价制度

首先，切实整顿环评市场。

最近，国务院要求行政审批改革，进一步简政放权。2014 年，国务院发布《国务院关于取消和调整一批行政审批项目等事项的决定》等政策文件，如取消或下放水利部对于建设项目水资源论证机构资质的认定；取消国家海洋局对海岸工程建设项目环境影响报告书的审核；废弃电器电子产品处理许可改为后置审批。另外，2014 年 2 月，发改委公布《国家发展和改革委员会公布行政审批事项目录》，确定节能减排项目行政审批取消和下放事项等，取消中央国有资本经营预算节能减排资金审批；2014 年 7 月，环保部废止《环境污染治理设施运营资质许可管理办法》等。

环评中介服务机构及环评师挂靠问题已严重扰乱环评市场，必须着力整顿和解决质量不符、违规操作、效率不高、信誉不好的环评中介机构，维护广大业主和环评机构的合法权益。环评机构必须具备独立的工作场所和工作条件，配置相应的专职技术人员，具备独立完成环评工作的能力。同时应支持环评机构跨地区合法开展经营活动，充分开放环评市场，倡导有序、合法、良性的竞争机制，防止地方保护和垄断经营。按照国家行政许可改革要求，需要重构环境影响评价制度，应考虑取消环境影响评价工程师审批制度，改革环境影响评价单位资质认定与管理方式。

其次，落实环评文本考核制度。

把好评审关，审批单位必须采取行之有效的环评文本质量考核制度，在文本审查时严格把关，发现提供虚假资料、有意规避重要污染因子、评价技术要求不达标等文本质量问题应予以及时通报。公开环评报告书，并对每个环评文本实行量化打分，年终汇总按优劣排名向社会公示，排名末几位的进行约谈，有严重违规情节的，建议取消环评资质。

再次，改进代理委托机制。

目前的环境影响评价工作委托关系是业主直接委托环评机构作环评报告，由于监管不力，可能会带来若干问题。由于很多企业环保法律知识匮乏，签订委托合同的前提条件是要求环评机构编制的环评报告保证通过评审，因此环评机构为了参与市场竞争并获得项目就会想尽办法来作出偏袒业主方的评价结论，有失公正客观。

解决委托代理关系的办法是在项目建设单位和环评机构之间引入中立机构，由这个机构负责筛选聘请有能力的机构来从事环境评价工作。被选中的环评机构，其评价工作与结论向政府机构或者中立机构负责，而不是向建设项目的投资人负责，这样作出来的环境影响评价报告会比较中立，公信力也会较强。

最后，建立环评终身责任追究制。

十八届四中全会通过的《中共中央关于全面推进依法治国若干重大问题的决定》要求，健全依法决策机制，建立重大决策终身责任追究制度及责任倒查机制，对决策严重失误或者依法应该及时作出决策但久拖不决造成重大损失、恶劣影响的，严格追究行政首长、负有责任的其他领导人员和相关责任人员的法律责任。

环境影响评价审查是建设项目能否上马的重要审批环节，应加强从业人员执业道德，建立环评终身责任追究制，明确环境影响报告书项目负责人对报告书结论终身负责制，让责任主体对环境影响评价的长期后果担负法律责任，也使环评机构切实承担起社会责任。同时加大对建设方违法的处罚力度，完善监督检查机制。

（三）推进政府购买环境服务

首先，制定政府购买环境服务相应支撑政策。

国务院和发改委已发布《国务院办公厅关于政府向社会力量购买服务的指导意见》（国办发〔2013〕96 号），加强政府购买环境基本公共服务的政策和指导要求，财政部的《关于推进和完善服务项目政府采购有关问题的通知》，明确了政府向社会采购服务项目的具体分类，环境服务位列其中的第三类，即政府向公众提供的公共服务类别。环保部编制《政府采购环境服务指导意见》，规定政府将向社会公开购买环境服务。此外，环保部目前也正在起草《关于政府购买环境公共服务的指导意见》，规定政府将向社会公开购买环境服务，这将有效保障环保资金落实到位，同时有利于促进环保产业发展。环保部此前已经在江西、广州、山东等地试点政府购买环保服务，取得一定效果。

其次，大力推进合同环境服务。

所谓合同环境服务，是指环境服务商对污染企业或政府提供合同式综合服务，并以最终的环境治理效果收取服务费。合同环境服务分为两种形式：一种是污染企业通过合同服务；一种是政府采购由环境服务商所提供的环境服务。

尽快出台合同环境服务的管理办法，明确责任界定、监管方案及付费体系，规范合同类型、甲乙方关系、为经济合同提供法律的依据。积极利用国外优惠贷款和赠款加大对合同环境服务项目支持，建立环境服务市场政策制度，健全环境综合服务、设施运营、环境影响评价、环境监测等领域市场准入和行业监管等制度，探索环境服务业管理体制改革，逐步推进由政府行政管理向市场监管转变，形成运用市场手段促进环境服务业发展，达成环境治理目标的合同环境管理体制。

（四）促进环境污染第三方治理

污染治理引入第三方，就是通过市场机制的引入，把排污者的直接责任转化为间接的经济责任，由具体承担治理任务的中介机构及环境污染第三方治理，在治污效率、运行成本、责任约定方面更清晰，更有利于环境监管。

开放市场，一方面，排污企业由于采用专业化治理降低了治理成本，提高了达标排放率；另一方面，政府执法部门由于监管对象集中可控而降低了执法成本；此外，还刺激了环保企业和产业的发展；可谓一举三得。

专业化运营与特许经营。随着市场经济体制的不断建立和完善，原有的环保设施建设、运营和管理方式全由排污者承担的管理模式受到了越来越多的挑战。因此，专业的环保企业在技术、设备运管、问题应对处理能力方面，要比排污企业具备明显优势；同时，通过合同划定的明确责权，生产企业和环保部门都会对环保企业进行监督，后者对污染治理将极其重视。专业化运营带来的是运营成本的下降和效果的提升。而环保部门可能更看重的是第三方运营带来监管的便利和高效。更重要的是，环保企业如果以专业运营为主业，其品牌信誉是生命，不会因小失大，自我约束的力量会更强。

推进第三方环境检测机构发展。国家相关部门已逐步出台有关规范和政策对第三方环境检测行业进行科学规范管理。第三方环境检测机构应重视管理与检验技术能力方面的不足，提高整体实力，规范环境检测市场，有效综合运用检验检测资源，形成地方或行业优势。发展环境检测行业，必须建立健全环境监测的市场机制，建立环境监测资质行政许可制，所有环境监测机构都必须依法获得环境监测机构资质证书，政府需加强对第三方环境检测机构的监管，环境监测市场服务范围不应该全部放开，创建高端品牌化的第三方环境检测机构。

四、完善经济政策，提高资源配置的效率

（一）推动现行税制绿色化

一是配合财税部门，将严重污染环境、大量消耗资源的商品纳入消费税征收范围，修订消费税税目税率表；对生产符合下一阶段标准车用燃油的企业，在消费税政策上予以优惠。二是适时修订《环境保护、节能节水项目企业所得税优惠目录（试行）》《环境保护专用设备企业所得税优惠目录》（2008 年版）和《资源综合利用企业所得税优惠目录》（2008 年版）。三是选择防治任务重、技术标准成熟的税目开征环境保护税，逐步扩大征收范围。

（二）完善环保收费制度

一是结合重金属污染防治规划、持久性有机污染物污染防治规划，研究逐步提

高收费标准，推动修订排污费征收标准管理办法。二是研究提出促进有机肥使用，秸秆和畜禽粪便等农村废弃物综合利用的财税扶持政策，推进征收方式改革。三是推动完善城镇污水和垃圾处理收费政策，逐步提高收费标准。四是推动制定核设施退役费用、放射性废物、危险废物处置费用收取和管理办法。

（三）改革环境价格政策

一是研究制定燃煤电厂烟气脱硝脱汞电价政策，对可再生能源发电、余热发电和垃圾焚烧发电实行优先上网等政策支持。二是推动制定废旧荧光灯管回收和无害化处置补贴政策。三是推动制定限制类和淘汰类高耗水企业惩罚性水价，完善鼓励再生水、海洋淡水、微咸水、矿井水和雨水开发利用的价格政策。四是推动制定高耗能、高污染行业差别电价政策，对污水处理、污泥无害化处理、非电力行业脱硫脱硝和垃圾处理设施等鼓励类企业实行政策优惠。五是加快自然资源及其产品价格改革，资源性产品定价要全面反映市场供求、资源稀缺程度、生态环境损害成本和修复效益。将资源开采过程中的生态环境破坏成本，纳入煤炭、石油、天然气、稀缺资源等资源定价体系中。

（四）深化环境金融服务

一是健全绿色信贷政策。以国家确定的节能减排、淘汰落后产能的重点行业、涉重金属行业、对土壤造成严重污染的行业，以及环境风险高、环境污染事故发生次数较多、损害较大的行业为重点，制定绿色信贷行业指南、绿色信贷环境信息管理办法等。建立绿色信贷政策效果评估制度，建立企业环境行为信用评价制度，构建绿色信贷环境信息的网络途径和数据平台。二是深化环境污染责任保险政策。以《关于环境污染责任保险工作的指导意见》规定的六大重点领域、重金属排放行业，以及国家规定的其他高环境风险行业为重点，开展环境污染责任保险。健全环境污染责任保险制度，开展环境污染强制责任保险试点。抓紧制定环境污染责任保险配套技术规范，包括硫酸、合成氨、造纸、铅锌冶炼、铅蓄电池、铅汞采选冶炼等行业的环境风险评估技术指南。建议对环境污染责任投保企业和承保公司给予保费补贴和政策优惠。三是完善绿色证券政策。进一步规范上市公司环境保护核查和后督察制度，推动上市公司持续改进环境行为，建立和完善上市公司环境信息披露机制，推进在部分地区开展上市公司环境绩效评估试点。四是开展环境保护债券政策研究，积极支持符合条件的企业发行债券用于环境保护项目。

（五）构建生态补偿机制

一是针对流域、重要生态功能区、自然保护区、矿产资源开发、资源枯竭型城市五大领域，开展生态系统有偿服务与生物多样性经济价值评估研究，合理确定补偿标准，拟定补偿技术指南，逐步构建生态补偿机制和政策体系，推动建立国家生态补偿专项资金。二是选择自然保护区、重要生态功能区等典型地区开展生态补偿试点，鼓励、引导和探索实施下游地区对上游地区、开发地区对保护地区、生态受益地区对生态保护地区的生态补偿，坚持谁受益、谁补偿原则，完善对重点生态功能区的生态补偿机制，推动地区间建立横向生态补偿制度。三是配合有关部门，推进矿产资源开发和资源型城市发展转型基金试点，并实行补偿绩效考核。四是研究制定低、中放射性固体废物区域处置补偿机制问题。

（六）健全绿色贸易政策

一是推动修订取消出口退税的商品清单和加工贸易禁止类商品目录，配合有关部门，采取禁止、限制、允许、鼓励等手段，减少由于贸易导致的环境污染和生态破坏。二是研究充分利用世界贸易组织（WTO）框架下的环境保护条款，积极应对国外起诉我国限制稀缺性矿产资源产品出口的贸易纠纷。研究制定既充分考虑我国自身的贸易利益，又尽可能地拓展出口市场的环境服务和产品清单，积极参与 WTO 相关标准的制定。三是积极参与 WTO 对华贸易政策的环境议题审议，以及中国对 WTO 其他成员方贸易政策的环境议题评议，并开展国内环境政策和措施的贸易影响分析。四是推动对外投资和对外援助的环境保护工作。研究制定中国企业境外投资环境行为指南，强化境外中资企业和对外援助机构的社会责任。

（七）完善环境公共财政政策

一是建议提出将环境质量状况、重点生态功能区、环境基本公共服务建设成效作为一般性转移支付重要因素的政策，争取将环境基本公共服务均等化建设作为环境财政专项转移支付的重点；完善中央财政转移支付制度，加大对中西部地区、民族自治地方、革命老区和重点生态功能区环境保护的转移支付力度。二是优化环保投资统计体系和绩效评价体系，并研究环保专项资金的支出方式，提高资金使用效率。三是配合财政部门，继续加强政府绿色采购制度建设，将环境服务纳入绿色采购清单，支持环境服务业的发展。四是深化农村环保“以奖促治”和“以奖代补”政策。

第四节　资源优化配置的法律保障

一、推动法律生态化改造，完善生态文明建设法律体系

（一）对现有法律体系进行生态化改造

以生态文明为导向，以当代生态学原理为理论基础，以维护环境权益和促进可持续发展为目标，按照生态系统管理的基本要求，对现行环境资源立法体系进行改造。通过对国家的法律体系进行生态化改造，在民法、刑法、物权法、经济法、资源法中，全面强化对环境保护的要求。对传统部门法的生态化，并不仅仅指在形式上规定环境资源保护的法律条款，而是要求其立法不仅能遵循生态系统管理的基本准则，而且能切实确认和保护环境权益。

（二）健全和完善生态文明建设法律体系

健全和完善由污染防治法、资源保护法和生态保护法为三大基干的生态文明建设法律体系，修订现有法律和制定新法。开展环境法的编纂，将各项单行污染防治法编纂成为环境保护法典，从系统性、科学性上解决环境保护法律规范存在的诸多问题。抓紧修订《环境噪声污染防治法》等法律。着力解决损害群众健康的突出环境问题，研究起草土壤环境保护、环境应急管理、机动车污染防治、生物多样性保护等方面的立法。保障国家核与辐射安全，尽快制定《核安全法》，积极推动《原子能法》，完善核安全法律法规体系。通过及时总结探索环保新道路的实践经验，将提高行政管理效能、有效解决环境保护面临的实际问题的环境管理制度，上升为环保行政法规。依法及时制定现行环保法律需要配套的行政法规，保障环保法律的有效实施。对环保法律明确授权制定排污许可、总量控制等方面的法规，抓紧完成授权立法，增强环保法律的可操作性。

（三）明确环境标准的法律地位

明确环境标准的法律地位，充分发挥环境标准的法律功能。对于强制性环境标准，要进一步明确其法律地位，继续强化其执行力，使其实施到位，“执之必严，违

之必究”。对于推荐性环境标准和行业环境标准，政府要积极引导，以政策扶持、经济刺激等方式推动实行，通过柔性行政来开展“守法促进”，更好地保障环境行政目标的实现。

重视环境标准在环境行政中的特殊作用，实现标准与相关环境法律制度的配套、协调发展，补充完善现有环境法律法规中对违反环境标准的法律责任的规定。

（四）完善保证法律有效实施的管理系统

我国到目前为止已经制定了数量不少的环境法律、行政法规和规章，以及地方性法规、规章。但管理体制不科学、不协调。应对国家生态和自然资源管理及污染控制的管理部门及其职责作认真的研究，依法科学有效地设置管理部门，并确立各相关部门的职责，弄清和解决各部门矛盾、争执的各种问题及其根源，在队伍建设、经费运作上作出统一、协调安排。通过立法建立行之有效的环境保护监管体系，明确资源开发单位、法人的生态环境保护责任，把地方各级政府对本辖区生态环境质量负责、各部门对本行业和本系统生态环境保护负责的责任制落到实处。

二、推进资源综合利用立法，完善资源综合利用认定制度

（一）制定资源综合利用相关法律制度

通过厘清资源综合利用的内涵，建立系统性和专业性相结合的资源综合利用法律法规体系，弥补资源综合利用立法上的空白。确定资源综合利用的基本原则、管理范围、基本制度、主要措施等，为资源综合利用提供基本依据。注重资源综合利用法律与现有其他法律的协调性和一致性。制定资源综合利用的专项法律，包括资源综合开发利用、废弃物综合利用、再生资源回收利用等。此外，还应有地方性的立法相配合，形成完整的资源综合利用立法体系。

（二）修订完善资源综合利用认定制度和各类技术指标

以国家发展战略、方针政策为导向，适时修订《资源综合利用企业所得税优惠目录》《工业固体废物综合利用先进适用技术目录》《再生资源综合利用先进适用技术目录》等。不断完善资源综合利用技术资格认定制度，对从事资源综合利用的生产经营单位，应通过专门设定的资格条件（包括技术水平、管理能力、环境保护措施等）认定，并制定资源综合利用生产经营单位的申报、审核和认定程

序。

三、充实市场主体的生态文明权利，推进环境经济政策法制化

（一）丰富和充实市场主体的生态文明权利

生态文明市场调节机制下的市场主体处于生态文明建设的第一线，承担着生态文明建设的重任。在立法中赋予市场主体生态文明权利是生态文明市场调节机制的制度基础。只有在市场主体的生态文明权利得到国家层级立法明确界定的前提下，市场主体才有资格获得排放权配额并进行交易、获得相关的奖励等，才会要求政府部门积极履行作为义务，才能向法院提起生态环境公益诉讼。市场主体的生态文明权利具体包括以下几个方面：①市场主体享有参与生态文明建设的知情权、参与权、表达权和监督权；②政府部门承担为市场主体实现权利提供有效保障的法律义务，并把为市场主体提供有效保障的义务纳入政府责任指标体系，实行法律责任追究制；③市场主体对企事业单位、社会团体和个人违反生态文明建设法律规范的行为享有检举和控告的权利。

（二）建立生态损害赔偿机制及相关法律制度

尽快制定生态损害赔偿法，建立完善的赔偿机制和法律制度，对自然生态系统和自然资源的破坏行为，依法提出诉讼和赔偿要求，以保障国家的生态安全和可持续发展战略的实施。

设立环境污染损害赔偿社会保障基金。按现行立法，发生以下任何一种情况都可能使受害人得不到任何赔偿或得不到及时赔偿：受害人无法确定谁是污染者；污染者没有赔偿能力；污染者有赔偿能力但推脱责任不及时赔偿；受害人没有经济能力进行诉讼；受害人有经济能力进行诉讼但诉讼程序缓慢。为加强对受害人的救济，及时补偿受害人，有必要借鉴西方立法，由国家通过各种渠道筹集资金，设立污染损害赔偿基金，规定当公民由于环境污染而受损害时，无论是否确切地知道谁是污染者，只要证明损害是由污染所致，即可从基金中得到一部分赔偿金，该赔偿金的取得不影响受害人向污染者索赔。

（三）将成熟的环境经济政策上升为法律法规

及时评估和总结环境公共财政、绿色金融、环境税费改革、绿色贸易政策、生态补偿、排污权有偿使用和交易、环境价格政策、环保综合名录等环境经济政策的

实施效果，有计划、有重点地将实践证明成熟的环境经济政策上升为法律法规，充分发挥环境经济政策对于环境保护工作的规范和引导作用。

（四）加快环境污染责任保险制度立法

确立我国环境污染责任保险模式的基本原则，采取强制和自愿相结合的保险模式，鼓励大多数企业自愿购买环境污染责任险，而对于环境风险大、污染严重的区域或行业，实施强制环境污染责任保险。制定《中华人民共和国侵权责任法》（简称《侵权责任法》）实施细则，从环境侵权损害赔偿的基本原则、赔偿主体、赔偿范围与标准、举证责任规制等方面明确环境污染侵权责任。在《责任保险法》中对环境污染责任保险作出针对性的规定：将环境污染责任保险作为该部法律中一个重要组成部分，从适用范围、事故认定、操作流程等方面加以规定，在环境保护单行法规中特别规定环境要素中的环境污染责任保险。修改《环境保护法》，原则性确定环境污染责任保险。完善地方配套法规，为环境污染责任保险具体可行提供保障。完善我国环境污染责任保险模式的具体内容。

四、探索环境司法保障机制，加大环境保护执法力度

（一）大力推动环境公益诉讼

推动环境公益诉讼，对于严重污染环境和破坏生态，损害国家和公众环境利益的，积极支持环保团体提起环境公益诉讼。建立专门从事环境保护法律服务的社会组织机构，督促政府环保部门积极开展环境公益诉讼活动。加快制定环境污染损害评估鉴定的办法以及污染损害纠纷调处的程序规定，保障公众的环境救济权。贵阳市制定了《贵阳市促进生态文明建设条例》，确立了环境民事公益诉讼制度和环境行政公益诉讼等制度，为环境司法实践提供了明确的法律依据。

（二）建立专门的环境审判法庭

通过建立专门的环境审判法庭，提高环境诉讼效率。目前我国云南、贵州、江苏等省已经建立了专门的环境审判法庭，而我国其他许多省份也正在考虑建立或者已经开始建立环境审判法庭了。从我国目前的司法实践来看，专门的环境审判法庭的设立与运转，对于有效遏制环境污染和环境破坏行为，及时救济受害人，提高人们的环境法律意识等方面都起到了积极的作用。最高人民法院于 2014 年 7 月 9 日发布了指导未来五年法院改革工作的重要纲领性文件——《人民法院第四个五年改革

纲要（2014—2018）》，在该文件中提出的45项改革举措中，包括进一步推动环境资源审判机构建设。

（三）完善环境司法救济途径

我国对于环境纠纷已形成了民事、行政和刑事诉讼的司法救济途径。从我国当前的司法实践来看，对环境纠纷事件严格按照民事、行政或刑事诉讼分开予以解决的救济途径，尚有待进一步完善。在实体法方面，完善民事、刑事、行政立法，为中国环境纠纷司法救济途径的顺利展开提供完善的法律依据。完善审判制度，进一步结合环境审判庭的需要，及时总结和发挥所取得的成功试点的经验，并尽快、彻底地解决环境审判庭设立和运行中所亟待解决的诸如设立环境审判庭的法律依据、设立环境审判庭的条件、环境审判庭的具体审判规则等问题，真正发挥环境审判庭的积极作用。

（四）加大环境保护执法力度

加大执法力度，提高执法效果，实行重大环境事故责任追究制度，坚决改变有法不依、执法不严、违法不究的现象。坚持依法行政，规范执法行为，严格执行环境保护和资源管理的法律、法规，严厉打击破坏生态环境的犯罪行为。加强重点流域、区域、行业的执法监管，加强城市和重点工业污染源的执法监管，加重罚则，使罚款额与治污成本、污染物排放量、违法行为持续时间、污染造成的损失等因素挂钩。

第五章　生态文明治理能力建设与制度改革

制度建设是生态文明建设的重要内容，制度进步是生态文明水平提高的标志之一，建设生态文明必须建立系统完整的生态文明制度体系。建立系统完整的生态文明制度体系，既是加强生态文明建设的核心任务，又是全面深化改革的重要内容。加快生态文明制度建设是生态文明建设的重要突破口（夏光，2012）。经过多年的建设和发展，我国生态环境管理体系经历了从无到有、从小到大、从弱到强的逐步发展过程，已经初步形成了以政府、市场、公众为主体，以法律、行政、市场、工程、科技、宣传教育等手段为支撑的生态文明治理体系。我国虽然已经建立了不少的生态环境保护制度，但是总体仍然不够系统、不够完整。加快生态文明制度体系改革，完善生态文明建设治理体系，是生态文明建设迫切需要突破的重大课题。

第一节　我国生态文明治理能力的现状与问题

一、生态文明建设治理体系与制度改革的背景和意义

（一）加快生态文明制度体系建设的必要性与紧迫性

生态文明建设是一项庞大的系统工程，从改变生态环境到实现生态文明，必须构建系统完备、科学规范、运行高效的制度体系，用制度推进建设、规范行为、落实目标、惩罚问责，使制度成为保障生态文明持续健康发展的重要条件。加快生态文明制度建设，是基于我国现实国情的急迫需求。

1）应对严峻的资源、环境、生态挑战的现实要求

自 20 世纪 80 年代以来，我国在推进生态文明建设方面已经取得了显著成就，然而从我国的基本国情来看，我国依然面临严峻的资源、环境、生态挑战。我国资源能源基础薄弱，长期存在的能源供需矛盾使得资源压力持续加大，近年来重要矿产资源对外依存度快速上升，石油对外依存度从 21 世纪初的 6%上升至 2011 年的 57%，加之较低资源利用率前提下的盲目开发、无序开发、过度开发，我国的能源资源安全面临挑战。与此同时，环境破坏成为影响发展质量、危害人民群众健康的

主要原因。据我国《2012 年中国环境状况公报》显示，全国 198 个城市 4929 地下水监测点位中，“较差、极差水质的监测点比例为 57.3%”；以我国最新公布的环境空气质量标准，我国有 2/3 的城市空气质量未达“每立方米 $PM_{2.5}$ 小于 75μg”的要求；目前我国约 1/5 的耕地受镉、砷、铬、铅等重金属污染，以此引发的“镉大米”等食品安全事件危害我国耕地安全及人民群众基本生存安全。

资源约束趋紧、环境污染严重、生态系统退化已经成为制约经济持续健康发展的重大矛盾、影响人民生活质量提高的重大障碍、威胁中华民族永续发展的重大隐患（中国环境与发展国际合作委员会和中共中央党校国际战略研究所，2007）。我国面临的生态环境问题，有着自然的、历史的原因，30 多年经济快速发展及部分领域和区域的盲目开发、无序开发、过度开发是主要原因，而深层面的改革不到位、体制不完善、机制不健全等则是根本原因。改变我国资源、生态环境的现状，迫切需要通过生态文明制度建设从源头保护自然资源，对资源环境利用过程中的人类行为进行约束和规范。

2）实现生态环境和经济社会发展协调统一的必要保障

生态文明建设涉及空间格局、产业结构、生产方式、生活方式的全面变革。一方面，人类自工业文明以来以科学技术工具的繁荣为标志不断征服和改造自然界，造成对社会生产力的盲目扩大，忽视了生态环境质量为标志的自然生产力的保护。从我国来看，据估计基于生态环境破坏造成的损失每年至少占国内生产总值的 10%。用生态文明理念反思当今我国环境问题的本质则是传统以经济增长指标为衡量标准的发展方式导致的经济结构不合理问题。经济的发展只有在资源环境承载力的范围内，才能从本质上提高经济质量和效益（陈晓凤，2006）。与此同时，通过环境保护倒逼经济发展方式的转变，不断促进传统产业的转型升级，推动节能环保等战略性新兴产业发展，才能实现环境效益与经济效益的统一（覃国琴，2002）。另一方面，人民群众在生活条件不断改善的条件下，对“天蓝、地绿、水净”的生态需求不断增强，对生态安全的呼声愈来愈高。据统计，自 1996 年以来，环境群体性事件一直保持年均 29%的增速，这反映出环境质量与人民群众的期待依然存在较大差距，如果此类问题处理不当必将对社会稳定构成威胁，也是对我们党的执政能力的考验。

我国已经基本建立了社会主义市场经济体制，但与生态文明的要求仍然存在差距，市场没能很好发挥在资源配置中的决定性作用，在相当程度上、在许多领域中，主要还是政府直接配置资源或在政府不合理干预下配置资源。以土地资源为例，由于中央与地方的事权和财权不匹配，地方政府承担的事权多于其财力，土地税收是许多地方财政收入的主要来源，迫使其不得不圈地卖地融资，导致耕地和生态空间被过多占用。而政府对工业用地、水资源、能源等的制定的价格偏低，导致占用湖泊、河道、湿地、林地的成本过低或基本无成本，远远无法弥补生态价值。以 GDP 论英雄的政绩评价和干部任用办法，对造成生态环境破坏的缺乏制约和责任追究等，一定程度上也助长了破坏生态环境的行为。我国经济发展已从“又好又快”到追求“持续健康”的转变，实现这个转变必须充分发挥环保引导及对经济结构优化的倒逼机制，在保护中发展、在发展中保护，推动绿色、循环、低碳发展。

3）实现科学发展、可持续发展的必然选择

生态文明建设不仅强调处理好当代发展与环境保护之间的关系，还强调对后代发展的责任，维护后代的发展消费权利，当代的发展不能以生态环境和资源能源的耗尽为代价。这既是生态责任意识的体现，也是实现永续发展的前提（中国科学院可持续发展战略研究所，2013）。实现人与自然长久的和谐及经济社会的可持续发展，必然需要系统完整的制度体系来构筑长效机制。生态文明制度是长期生态实践经验的固化，一旦形成便具有长期稳定性，发挥持久的推动力。我国的生态文明体制改革以实现美丽中国为目标，是贯彻落实科学发展观的内在要求，是实现中华民族永续发展的必然选择。

我们已经建立了不少生态环境保护方面的制度，但不系统、不完整。首先，源头防范的制度体系不健全，如自然资源资产的产权制度还没有完整建立，许多全民所有自然资源资产的产权所有者不到位，用途管制在耕地方面落实较好，但没有扩展到占用其他自然生态空间时的情况。其次，过程监管制度不严密，表现在对各地没有资源环境方面的警示和约束，一些地区在资源环境承载能力减弱后仍在过度开发；环境保护的制度不少，但在环境保护中居核心地位的污染物排污许可制和企事业单位污染物排放总量控制制度还很不健全。此外，后果治理制度不完善，突出表现在没有建立起严厉的责任追究和赔偿制度，对那些不顾生态环境盲目决策、造成严重后果的领导，对一些不法企业偷排、超排甚至造成严重后果的，没有追责或者惩罚力度小，没有形成威慑力量，强力的后续治理恢复制度也没有建立。

4）深化改革、转变政府职能的必然要求

转变政府职能是深化行政体制改革的核心。党的十六大以来我国持续推动行政体制改革，其目标是建设法治型政府、服务型政府，具体要求包括行为规范、决策科学、程序严密、结构合理、分工合理、配置科学、运转协调、执行顺畅、公正透明、廉洁高效、权责明确、权责一致、监督有效、监督有力、制约有效、保障有力等，着力点在于转变职能、理顺关系、优化结构、提高效能。转变政府职能关键是按照权责匹配、重心下移的要求大力推动简政放权，要把该放的权坚决放开、放到位，同时要加强和改善政府管理，把该管的事管住管好。

转变政府职能，深化行政体制改革，内在地包括改革生态环境保护管理体制（唐大智，2004）。生态保护管理体制是国家行政体制的重要组成部分，必须按照国家关于政府职能转变、行政体制改革、推进依法行政、生态文明体制改革的总要求进行生态保护管理体制改革。目前，国家层面生态环保部门职能分散交叉较为突出，存在权力下放不够和监管不到位等问题，难以形成严格监管的强大合力；基层环保部门被赋予的职能和担负的任务不匹配，存在“小马拉大车”的现象。深化生态保护行政体制改革，就是要全面解决生态保护监管体制中职能分散重叠、行政效能低下、职责难以有效发挥等问题（张惠远等，2015）。

（二）加快生态文明制度建设的重要意义

习近平总书记强调，只有实行最严格的制度、最严密的法治，才能为生态文明建设提供可靠保障。面对资源约束趋紧、生态系统退化、环境污染严重的现实，加快生态文明建设，必须发挥制度对人类改造自然行为的调节作用，规范、引导、形成人与自然和谐的空间格局、产业结构、生产方式和生活方式。加快生态文明制度建设具有重大的现实和历史意义。

1）制度建设是生态文明建设的重要内容

十八大报告明确提出并突出强调要“加强生态文明制度建设”。生态文明制度是党的十八大确定的生态文明建设四大任务之一。同时从生态文明五位一体建设体系来说，生态文明制度建设是生态文明融入政治建设的重要体现，是五位一体的重要内容。凡是有利于支持、推动和保障生态文明建设的各项引导性、规范性和约束性的规定和准则，都可以称为生态文明制度。保障生态文明建设的制度体系，要能够充分体现自然生态环境的稀缺价值，有效克服传统自由市场经济中的“市场失灵”，避免“公地悲剧”现象的发生，实现经济社会发展与生态环境建设的和谐统一。

2）制度进步是生态文明水平提高的标志之一

生态文明建设不等于生态建设。如果说生态环境质量代表了生态文明的“硬件”的话，那么生态文明制度则是生态文明的“软实力”。文明侧重于人类行为及其成果，而制度是人类行为的调节器。如果没有同步实现人的素质和制度水平的提高和进步，那么即使生态环境质量有所好转，也不等于生态文明水平就提高了。因为如果没有制度的保障，良好的生态环境有可能再次发生退化，生态建设的成果就不能固化。生态文明制度在生态文明建设的四大任务中，具有核心的地位。

3）制度建设是生态文明建设的根本保障

建设生态文明不能仅停留在号召和倡导上，必须落实到实践行动之中去，这就需要通过比较定型和有效的制度，提供持久的推动力。生态文明制度建设能够发挥约束和监督作用，促使生态文明建设更好更快地发展。加强生态文明制度建设，是实现生态文明由理念向实践转化的重要保障。要摒弃“唯 GDP”论的陈旧执政理念，实现由先进理念向先进实践成功转化，必须依靠完善的制度作保障，并提供转化过程的持久推动力。同时，建设生态文明作为具有全局意义的战略部署，必须进行长期奋斗，为了不使建设生态文明因领导人的更换而出现中断或反复，必须建立持久有效的制度保障，正如十八大指出的“保护生态环境必须依靠制度。”

4）制度建设是生态文明的突破口

生态文明制度对生态文明建设具有根本性、全局性和持续性的激励与约束作用，建设生态文明具有很大的“制度红利”。建设生态文明是一场深刻、持久和重大的社会改造运动，主要途径就是通过必要的制度创新来调整人们对于自然界的行为。我国目前的生态文明水平还不高，主要原因是缺乏基本的生态文明制度来调节人们的意识和行为。生态文明制度能够为生态文明建设提供稳定制度保障和持久推动力，对生态文明建设产生巨大的本源性影响力。大力创新生态文明制度，从政府、市场、公众三方面创造和激发生态文明“制度红利”，将对促进生态文明建设产生决定性意义。在目前阶段，通过生态文明制度建设，在不花费大量的资金投入的情况下，就能产生很大的生态文明建设成效，这就是生态文明建设的“制度红利”。

二、我国生态文明治理能力建设的现状

制度是人类社会为资源、权力、价值和利益分配而形成的各种规则总和，它可分为正式制度和非正式制度。前者具有强制性、阶段性特点，它的创新通过立法形式或即时完成；非正式制度具有自发性、非强制性、广泛性和持续性的特点，如伦理文化、约定俗成等。

（一）系统的法律制度体系基本建立

在制度层面，目前我国已基本形成了以宪法中关于生态保护的规定为主导，以环境保护法的规定为基础，以生态保护专门法和自然资源法中的生态保护规范为主干，以其他法律、行政法规及行政规范性文件中的相关规定为补充，以国际条约等国际法渊源为重要内容的生态保护立法体系（王欣，2006）。

第一，目前环境法律框架基本形成，环境保护主要领域基本有法可依。截至2012年年底，全国人大常委会制定了环境保护法律10件、资源保护法律20件。此外，刑法、侵权责任法设立专门章节，分别规定了“破坏环境资源保护罪”和“环境污染责任”（吕忠梅，1997）。国务院颁布了环保行政法规25件。地方人大和政府制定了地方性环保法规和规章700余件，国务院有关部门制定环保规章数百件，其中环境保护部的部门规章69件。全国人大常委会和国务院批准、签署了《生物多样性公约》等多边国际环境条约50余件。最高人民法院和最高人民检察院还分别作出了关于惩治环境犯罪法律适用的司法解释。改革开放以来，我国发布的环境保护标准已有1400余项。我国环境法律制度框架已经基本形成，各环境要素监管主要领域已得到基本覆盖。

第二，环境保护主要法律制度基本建立。环境法律制度按其性质，可以分为事前预防、行为管制和事后救济三大类。事前预防类，主要有环境规划制度、环境标准制度、环境影响评价制度、“三同时”制度等；行为管制类，主要包括排污申报登记制度、排污收费制度、排污许可制度、总量控制制度等；事后救济类，主要包括限期治理制度、污染事故应急制度、违法企业挂牌督办制度、法律救济制度等。同时，在生态保护方面，还建立了生态功能区划制度、自然保护区评审与监管制度、自然资源有偿使用制度、自然资源许可制度等。另外，我国环境保护行政许可门类较为齐全，各级环保部门实施了37项行政许可，覆盖了环保行政管理的主要领域（马存利，2009）。

（二）统分结合的监管体制逐步确立

在生态文明体制层面，我国已经逐步建立起由全国人民代表大会立法监督，各级政府负责实施，环境保护行政主管部门统一监督管理，各有关部门依照法律规定实施监督管理的体制。环保部门初步形成内部互动、上下联动的整体执法机制。同时，各级环境保护主管部门、工商行政管理部门、公安部门、安全生产监督管理部门和各经济主管部门之间加强协调，逐步建立了案件移送制度和联合执法机制。此外，各地还通过加强人大监督、开展舆论监督、发动群众监督，不断健全资源环境执法监督机制。

（三）多元化的治理机制探索有序开展

在生态文明市场机制方面，一是对生态补偿机制进行了探索，在森林、草原、湿地、流域和水资源、矿产资源开发、海洋及重点生态功能区等领域取得了积极进展和初步成效；二是绿色保险、绿色信贷、绿色金融、环保上市审核等多种环境经济手段试点有序开展；三是探索运用市场化手段，排污权、碳排放权、节约能量交易开始试点，探索推行资源环境资产化管理和环境产权、使用权交易制度。在公众参与方面，目前我国在环境影响评价、规划等方面已经引入了公众参与机制，政府环境信息公开制度已经实施。

三、我国生态文明治理能力的建设问题与制约因素

我国环境问题的成因是复杂的、综合的、多方面的，包括经济增长方式粗放、体制机制尚不顺畅、公民环境意识不高、科技水平整体落后、经济水平尚处于国际产业分工的低端等重要方面，作为生态文明建设的重要条件和根本保障，生态文明制度不健全及治理能力的相对较低是当前加快生态文明建设的重要制约因素。

（一）法律法规不健全，违法成本低尚未解决

我国环境法制建设取得了长足进展，但随着环境保护与经济发展矛盾的日益突出，环保监管压力不断增加，环境法制建设存在的矛盾和问题十分突出：一是不断完善的市场经济体制与缺乏有效法制手段、经济手段管理环境的矛盾日益显现；二是建设法治政府、法治社会的要求与环境法制建设粗放发展的矛盾日益突出；三是群众环境维权意识增强、跨界损害事件增多与民事赔偿、调处能力滞后的矛盾日益凸现；四是环境违法现象普遍、环境纠纷群体性事件增多与环保法律法规操作性不强、执法不力的矛盾日益加剧（杨朝飞，2012）；五是群众环境信访案件走向复议、复议案件走向诉讼的快速变化趋势与有关部门对行政复议工作的认识不高、司法诉讼渠道不畅通的矛盾日益明显；六是国家对环境法制的更高要求与相关的基础性研究、机构设置及执法能力不强、执法不到位等问题不相适应的矛盾日益加大。环境法制最突出的问题，就是违法成本低的问题长期没有得到解决。这既有立法不足的问题，也有行政执法、司法不到位的问题。

1. 立法理念滞后，母法缺失，体系凌乱，法制效果欠佳

生态保护的立法理念陈旧、立法技术不高。法律法规条款偏重事后规范和制裁，较少关注事前的调整，只注重对资源与环境破坏行为的处罚，较少关注治理、恢复和积极建设等，导致我国目前的生态保护立法处于一种割裂状态，还没有按照生态系统管理的思想对各种不同类型生态系统作出统一、协调的法律保护规定。另一方面，受“救火式”立法理念的影响，现有立法缺乏顶层设计、宏观规划和整体协调，以致“立法重复”“立法冲突”和“量大质次”等粗制滥造的现象比比皆是，环境资源问题整体仍在恶化。一是《环境保护法》基本法地位缺失，环境资源立法群龙无首、各自为战。二是环境资源立法偏轻偏重，缺乏整体观和全局观。譬如，重污染防治轻生态保护、重城市轻农村，重农耕用地轻生态用地等。此外，有关法律规范还处于较低层次，行政色彩较浓，法律规范较为分散，表现形式多为行政法规或国家政策，立法层次较低，影响了执法力度。因此有必要树立生态系统管理和生态产品的理念，推进法律“生态化”工作，制定统一的生态文明基本法，科学构建生态文明建设的立法体系。同时某些领域尚存立法空白：在土壤环境保护、核安全、危险化学品环境管理，以及与人民群众生活环境密切相关的电磁辐射、光污染、重金属及持久性有机污染物等方面，还没有制定法律或行政法规。

2. 环境权未获法律确认，公众参与的动力机制管道不畅

追究环境民事赔偿责任对于制裁环境违法行为，保护国家和公众的环境权益具有重要作用。然而，由于我国环境民事赔偿相关法律及配套制度不健全，环境民事案件立案难、举证难、审判难、执行难的问题日益突显。重大环境事件的责任追究，多以行政处罚和行政调解结案，通过司法途径追究法律责任的很少。环境公共利益损失的索赔缺乏明确法律支撑，生态环境服务功能损失，以及应急和修复等相关费用尚未纳入赔偿范围。2010 年英国石油公司（BP）在墨西哥湾发生漏油污染事件，由于担心受到法律的严厉制裁，设立了 200 亿美元的赔偿基金用于赔偿污染受害者和海洋生态环境损失。而我国近年来发生了一系列重大环境污染事故，如 2005～2012 年先后发生的松花江污染事故、大连海岸油污染事故、福建汀江污染事件、广西龙江镉污染事件等，至今均未被追究环境公共利益的损失赔偿。

近年来，我国环境污染纠纷以每年超过 20%的速度递增，但真正通过司法诉讼

渠道解决的不足1%。究其原因，主要在于很难证明污染行为与发生损害之间的因果关系，以及举证难、审判难等。与此同时，近年我国环境群体性事件也频繁发生，其主要原因是公众缺乏或难以通过法律手段参与环境行政决策程序，遂引发一些群体性事件，威胁到社会的和谐与稳定。此外，一些法规行政色彩较浓，对公民环境权利的实体及程序性规定既少，又不明确，缺乏可操作性。当公民环境权益受到侵害时，很难通过适用具体法律实现救济。为此，有必要在宪法和法律上确认环境权，并规定环境知情权、环境参与权和环境诉讼权等派生性权利，为公众参与环境保护提供坚实的权利基础和有效的制度通道，加强公众维护自身权益的能力和水平，充分运用环境法治的社会动力（黄学贤，2006）。

3. 责罚失衡监督失范，环境违法行为惩治困难

我国的环境法律、法规并未获得普遍遵从，以至于环境违法行为惩治困难，地方保护主义盛行。究其制度原因，一是“守法成本高，违法成本低”的现象严重，环境行政强制措施欠缺，环境违法责任过轻。行政处罚普遍偏轻。2010 年 7 月紫金矿业造成汀江重大水污染事故，被法院判处罚金3000万元，其中还包括了行政罚款956.313万元。尽管这是我国几十年来开出的最大一笔环保罚款，但不足企业净利润的千分之三。环保罚单开出后，资本市场看到“紫金污染门”责任追究收尾，利空出尽，紫金矿业的股票立即涨停，当日成交额高达14.52亿元之多。二是重企业义务，轻政府责任。现有环境立法中只重视对企业的管理和控制，政府部门责任和权利界定模糊，对政府的监督和约束不足，对政府行为规范不够，忽视社会公众参与，环保社会监督法律机制不健全。此外，在立法指导思想上，现行法律法规大多重经济效益而轻生态效益，重眼前利益和局部利益而轻长远利益和整体利益，这种偏差导致一些相关法律重单项环境污染防治而轻生态系统的整体功能保护，从基本原则、制度设计到法律责任的规定，都偏重于“防治污染和其他公害”，而对“保护和改善环境”仅做了一些原则性的规定，且缺乏具体配套的法律责任而难以执行，有些规定甚至与相关的单行法在很多内容上相矛盾。有必要从制度上，强化企业的法律责任，加强对政府的约束和监督。整体而言，现行环保立法关于环境违法行为法律后果的规定，行政处罚普遍偏轻，民事赔偿范围过窄，刑事制裁乏力。责罚失衡监督失范，环境违法行为惩治困难，且缺乏具体配套的法律责任而难以执行，较低的环境违法成本，难以对违法行为起到有效的惩罚和威慑作用。

4. 缺乏战略向导和政策指引，生态文明建设难以迅速突破

生态文明是人类文明史螺旋上升发展过程中的一个阶段，其实现是一个长期的过程，同时生态文明建设是一项伟大的系统工程，涉及整个地球系统，更包含在人类社会的各个层面和方面，长期性、复杂性、综合性的特点决定生态文明建设不可能一蹴而就，目前生态文明建设仍然处于探索阶段，这就使得生态文明建设很可能由于缺乏方向和行动方案而陷入困境，难以迅速取得突破性进展。应当通过法律的形式，明确生态文明建设的目标、任务、主体、权责、步骤，将生态文明建设的原则、目标、任务确定下来，同时探索阶段的特点也决定了生态文明的立法应以鼓励、引导为主，此外生态文明建设要求将生态文明的理念、原则、目标成为政府、企业、公众的自觉行为，难以采用行政性、约束性、惩罚性的手段，也需要以鼓励、激励、引导为主，适宜采用倡导性、鼓励性、激励性的立法手段。

5. 执法不严和能力不足，影响法律效力发挥

一方面，我国环境执法能力存在不足。一是执法监督机制不健全，除省、市一级环保部门设置法制管理机构或专职人员外，绝大多数县级环保部门没有设置专门的法制管理机构或专职人员。二是执法管理体制存在问题，各部门之间的职责混乱、推卸责任、工作有纰漏、交叉执法、交叉管理等现象的频繁发生。三是是执法人员的素质有待提高，执法不严、不公、不规范、不文明的问题还比较突出。另外，相关环境法规条例中针对企业或公民的环境违法违规行为的处罚金额较低，也对环境执法的有效性构成障碍。

另一方面，行政执行缺乏强制手段，容易受地方保护主义干扰。现行法律规定的行政强制手段主要有“停止建设”“停止生产使用”“责令限期恢复使用治污设施”“责令停业关闭”等，但在基层难以有效执行。执法手段单一，主要环境执法手段是以经济手段为主，不能行使强制执行的权力，从而大大降低执法效率。当前，环境案件的执行绝大部分都要申请法院执行，法院执行除受司法体制、地方保护主义影响外，还存在着执行期限较长、力度不大等问题。案件处理后要等待复议诉讼期满，还要通过法院的立案、审查、听证、裁定等程序，时间跨度长，而法院系统也很少为环境案件运用先予执行等强硬手段，致使违法污染行为得不到及时纠正。

（二）部门职能交叉，生态环境监管不顺畅

现行生态环境保护有效监管仍然存在较大的体制性障碍。一是交叉与分割并存，各部门间和中央与地方间存在管理体制条块分割，多头治理、职责不清、职能缺位的问题突出，难以形成监管合力（匡健平，1992）。二是监督乏力，生态环境保护管理体制的权威性和有效性不够，职能与任务不匹配，环保执法主体受地方政府制约，生态环境保护责任难以有效履行和落实（杜群，1993）。三是属地管理，跨区域和流动性的生态环境问题缺乏有效的治理手段和方法。四是手段单一，缺乏综合监管机制。绿色发展、循环发展、低碳发展作为生态文明建设的途径，尽管有相应的规划和指标，但是，综合决策机制、目标责任制考核机制、监督机制、奖惩机制和公众参与机制尚未全面建立。五是政府职能过多，权力过大，重企业义务，轻政府责任，对政府的监督和约束不足。

1. 职能分散交叉重叠，行政效能低下

目前，国家层面生态保护部门职能分散交叉较为突出，存在权力下放不够和监管不到位等问题，难以形成严格监管的强大合力。从现行生态保护监管体制看，政出多门、权责脱节、监管力量分散等问题明显存在，影响行政效能，削弱监管合力。管理权限分散在多个部门中，既阻碍了相关资源的科学有效配置，也不利于开展统一协调和监督管理，降低了市场和政府两方面的效率。《环境保护法》规定的、与环境管理相关的 15 个部门，职能多有重叠致使不同部门的机构担负着相同或相近似的职责，统管部门与分管部门关系不明确，管理比较混乱，呈现多头管理的局面。在实际管理中，自然保护区、野生动植物、湿地等生态保护领域的部门职能交叉严重，环保部门难以对各种生态建设和保护规划进行统筹协调。

2. 生态要素分割管理，统一监管难以落实

我国生态保护的事权划分缺少稳定的划分逻辑，不同层次、不同角度的标准在一个层面上交叉使用，部门职责边界模糊、衔接与协调不顺畅。国务院赋予环保部门生态保护的综合指导、协调、监督职责，但我国长期以来实行自然资源要素化管理，使得生态系统整体中的水、土、林、草等被分割管理于不同的行政部门，而这些部门的职能把资源开发与保护集于一身，造成了管理上的混乱和体制不清。例如，生态保护地分类体系按照管理对象的性质、自然要素等多种标准交叉分类，或从要素角度（如水生和陆生物种、地质遗迹、森林、草原等），或者从栖息地环境特点角度（如水域、渔业水域、湿地、滨海湿地、海域、海岛等），或者用途（宜农湿地、风景名胜等）分别划定保护地类型。

我国生态保护管理是一种决策、执行，甚至监管都高度分散的多部门管理体制。

环境保护部的生态保护职能定位于指导、协调、监督的综合管理，具体到各种生态要素保护的职责并不在环境保护部，而是孤立地分散到不同的政府资源部门中。虽然各部门生态保护工作都有所侧重，但是由于生态系统的复杂性，以及环保部的宏观协调或综合管理手段配备不足，部门之间必然存在着相互衔接和协调的问题，跨部门管理存在着较大的难度，统一监管生态保护问题难以落实。

3. 责任权利不分，资源开发利用与保护监管职能归属同一部门

1996 年国务院召开的第四次全国环境保护会议提出“环境保护工作要坚持防治污染和保护生态并重”，但是由于生态保护体制设计缺陷，在环境保护工作中一直处于边缘化状态，生态安全问题日益突出。目前，我国生态保护中要素行业管理体制特点突出，相关自然资源管理部门既是资源开发利用部门，又是资源开发和保护的监管部门，集裁判员与运动员职能于一身，因资源开发与资源保护存在内在利益冲突，自我约束和监督的内在动力不足，缺乏有效制度约束，在实际履职中，自然资源管理部门存在重资源开发、轻资源和生态保护的倾向。例如，为了充分开发河流的水利资源，我国主要河流水坝林立，河流水体片段化、静止化，河流自净能力大大降低，影响水质改善；海河、辽河、淮河、黄河水资源利用率远远超过国际公认的 40%安全线，一些河流基本径流难以保障甚至几近消失，河流枯水期更加剧了水环境质量超标问题，河流生物多样性急剧下降，流域生态环境恶化（侯盛新等，2002）。

4. 地方保护严重，生态环境责任难以落实

属地管理是当前我国生态环境管理的重要特征，跨区域和流动性的生态环境问题仍缺乏有效的治理手段和方法。唯“GDP”论使生态环境保护常常让位于社会经济发展，导致生态环境监管乏力，生态环境保护管理体制的权威性和有效性不够，职能与任务不匹配，生态环境保护责任难以有效履行和落实。尤其是基层环保部门被赋予的职能和担负的任务不匹配，存在“小马拉大车”的现象。

（三）行政手段为主，市场调节机制不健全

在市场机制方面，资源环境产权制度不明晰，环境经济政策体系不完善，排污权、碳排放权交易制度刚起步，尚未开征专门的环境税，生态补偿机制不完善，有利于资源节约、环境保护的价格体系尚未形成（韦立群，1999）。在实际管理中以行政手段为主，各种财政、税费、价格、信贷、产业、贸易等方面的制度还比较零散，市场在资源环境配置中的作用没有得到充分发挥。长期以来形成的“资源低价、环境廉价”的局面还没有改变。资源环境产权制度不明晰，环境经济政策体系不完善，排污权、碳排放权交易制度刚起步，尚未开征专门的环境税，生态补偿机制不完善，有利于资源节约、环境保护的价格体系尚未形成。在实际管理中以行政手段为主，各种财政、税费、价格、信贷、产业、贸易等方面的制度还比较零散，对资源与生态环境利用行为的调节作用不大，市场在资源环境配置中的作用没有得到充分发挥。

“资源低价”就会过多使用和消耗资源，造成资源的浪费；“环境廉价”就会出现毫无节制的排放污染物，加剧环境污染趋势。我国社会主义市场机制发育还不完善，计划经济时期在资源与环境方面的政策影响依然长期大量存在。由于资源低价、环境廉价甚至无价，企业缺乏节约资源、保护环境的内生动力和外在压力，其资源利用成本和环境污染成本往往被“社会化”或“外部化”，不仅引发了资源环境的危机，客观上也助长了粗放型的开发方式、生产方式和消费方式。以稀土资源丰富的赣州为例，该市因稀土开采造成了触目惊心的环境污染和生态破坏，所需的污染治理和生态修复费用高达 380 亿元，而 2011 年江西省 51 家主要稀土企业全年利润仅 64 亿元，是稀土价格上涨 4 倍后的结果。也就是说，该地稀土资源开发的经济收益很难弥补环境污染治理和生态修复的成本，有关企业的环境资源成本都被转移出去，最终只能由全社会和后代人来承担。

（四）公众参与薄弱，社会监督责任难以发挥

目前我国在环评、规划等方面已经引入了公众参与机制，但是生态文明建设的公众参与机制不健全，全社会共同治理的行动体系没有形成，还往往引发公众群体事件，如近年的厦门 PX 项目、什邡钼铜项目等。

一是环境信息公开制度不全，公众知情权受到忽视。环境信息公开是公众环境诉求表达的前提条件。目前我国环境信息公开制度尚不健全，相关法律规范不明确，有关规定过于原则抽象，操作性不强，公开内容有限，难以满足公众需求。一些企业环境责任意识较低，不愿公开环境信息，甚至隐瞒环境污染信息，企业违法排污行为得不到公众有效监督。2012 年四川什邡市百亿元钼铜项目是国家地震灾后重建的重点项目，各项审批手续齐全，治污措施有保障。但由于前期对公众宣传解释工作不到位，造成了部分群众的强烈反对，最后该市以“群众不了解、不理解、不支持”为由，宣布永远放弃该项目建设。

二是公众监督渠道不畅，公众参与缺乏相应的制度保障，参与程序、途径、方式不明确，大部分环境保护组织并没有完全独立，资金来源对政府有一定的依赖性，因而在表达意见的程序中没有完全独立的话语权。

三是公众监督效果难以保证，公众和舆论监督的反馈回应机制仍然不健全，多数公众环保组织依靠政府支持，缺少独立性。

四是环保官司难打，环保维权难。我国的环境资源案件数量较多，而且呈逐年上升趋势，但环境民事案件数量很少，许多重大环境污染纠纷未能进入诉讼程序。据调查，真正通过司法诉讼渠道解决的环境纠纷不足1%。环境公共利益损失的索赔缺乏明确法律支撑，生态环境服务功能损失及应急和修复等相关费用尚未纳入赔偿范围。一方面群众遇到环境纠纷，宁愿选择信访或举报投诉等途径解决，而不选择司法途径；另一方面司法部门也不愿意受理环境纠纷案件（齐树洁和林建文，2005）。在环境污染损害纠纷的处理中，由于缺乏具体可操作的环境污染损害鉴定评估技术规范和管理机制，致使经济损失和人身伤害难以量化、污染损害因果关系难以判断、环境损害赔偿标准难以认定。许多污染案件久拖不决，历时数年，当事人的诉讼成本高昂，污染受害人也往往得不到损害赔偿。

（五）生态伦理道德失位，社会自律机制缺失

总体来看，我国符合生态文明要求的生态文明伦理道德尚未全面树立，生态文明的道德自律机制尚未全面形成。一是公众对资源环境的价值认识不足，中国社会正处于市场经济和私有制社会转型中，新的道德体系还未形成，私有制得到国家承认，贫富差距加大，社会保障措施还不到位，西方资本主义国家的生产生活方式和文化理念备受推崇，经济至上、消费主义、拜金主义理念流行，缺乏基本的生态意识。二是 GDP 唯上的政绩观尚未根本扭转，长期以来，一些地方仍是重经济发展，重速度、重规模、重眼前；轻资源环保，轻效益、轻创新、轻长远，以 GDP 论英雄，急功近利，导致环境与经济综合决策失误、行政不作为和行政干预环境执法等现象长期存在。环保部门面对地方保护主义的干扰，在执法中“顶得住的站不住，站得住的顶不住”的问题尚未得到解决。三是企业环保意识不足，企业经营理念中的环保意识普遍较为淡薄，顺应当代国际环保潮流的绿色营销观念尚未形成，同时企业环境管理囿于被动应付，国家环境管理基本制度的贯彻执行乏力。

第二节 国外生态文明相关制度建设的经验与启示

生态文明制度建设是一个庞大的系统工程，我国生态文明制度建设起步较晚，任务繁重。借鉴国际经验，从国外生态保护监管的实践中汲取智慧，对于避免我国走弯路及加快生态文明制度建设进程具有重要意义。

一、生态文明制度建设国外案例

（一）美国

美国是世界上生态环境保护较好的国家之一，在国土面积的广阔性、自然环境的复杂性上与我国有相似之处。美国生态环保管理经过多年发展，最终形成了较为完善的生态环保管理制度体系，确保了将美国环境保护目标充分纳入国家各项议程，其成功经验值得中国借鉴。

1. 环境保护的机构设置与职能

美国的环境管理主要由联邦政府和州政府两级来完成，其次还有地方政府的参与，其中联邦政府的工作主要包括 3 个方面：一是颁布联邦环境保护法；二是以各种环保和产业政策引导和影响环保；三是通过发起组织具体的项目来促进环保目标的实现。州政府的工作就是负责联邦法规在各州的具体实施。

美国联邦政府中包括环保署、工程部、商务部、内务部和农业部等机构参与国家的环境管理事务（图 5-1）。工程部主要负责通过一些大的公共工程对环境进行控制，如防洪等。商务部主要负责环境监测，如国家大气和海洋管理局，主要是对气候、天气和海洋环境进行监测，并发布相关信息。内务部主要负责生态保护，如其下属的鱼类和野生动物服务所主要是保护鱼类和野生动植物的栖息地；复垦局主要是保护水（灌溉水和饮用水）；国家公园服务署主要是保护自然保护区；地质监测局不仅负责监测地质，同时作为科学部门为其他部门的环境管理提供科学依据，如针对建设大坝对地质的影响需从该部门获得证据；土地管理局负责管理国有土地。农业部主要负责保护自然资源等，如其下属的森林局，其职能是管理国家森林；自然资源保护局，其职能主要是土壤保持和水力。

环保署是美国最高的国家环境保护机构，其宗旨是保护公民健康，改善环境质量，它拥有比一般的联邦机构还要大的处罚权力，同时又与各个州联系十分密

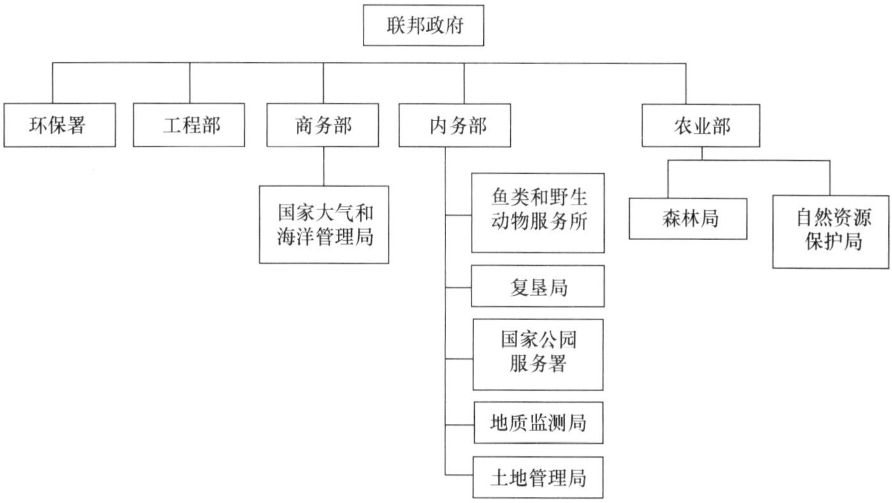

图 5-1 美国联邦政府中参与国家环境管理事务的相关机构图（杨兴和谢校初，2002）

切，各州环境保护办公室的权力都来自于环保署的直接委托，是美国主要的环境执法机构，法院所作出的关于环境方面的裁决及处罚措施都是由环保署或地方环境部门执行。

2. 环境保护的法治建设

美国创新执法模式，提倡环境领域的合作执法。通过执法检查、谈判、促进守法项目通过、提起法律诉讼等提高了企业的守法能力，缓和了环境执法与经济发展之间的矛盾，还得到了地方政府、企业和公众的大力支持，确保环境执法的有效性（马英杰和房艳，2007）。美国的环境法律体系比较完善，法律条文很详细，操作性强，美国国会通过的环境保护方面的法律约有 15 个，如《1969 年国家环境政策法》《清洁生产法》《清洁水法》《安全饮用水法》《综合环境反应、补偿与责任法》《紧急规划与社区知权法》《资源保护与恢复法》《有毒物质控制法》《海洋保护、研究与保护区法》《室内氡消除法》《海岸带管理法》《污染预防法》《1992 联邦设施法》等。美国国会在制定与环保有关的法律时，可以发挥环保部门的作用。例如，《资源保护回收法》规定，各州的有害废物管理计划要经美国环保署审批。

3. 环境保护的运行机制

为了执行美国联邦政府的指令，提高为公众服务的质量，环保署制定了“顾客服务计划”，成立了“顾客服务指导委员会”，委员会为环保署的顾客服务计划制定政策。顾客服务计划的执行，使群众信函和电话的反馈量增加，增进了环保署和各级有关部门、社会团体和环保人士的合作伙伴关系。此外，通过税收与补贴及市场刺激等经济手段辅助生态环境保护管理。美国环境问题的解决同样需要公众。引起公众的关注主要有自上而下和自下而上两个途径。其中自上而下主要通过决策者作出决策后推行，以此来提高公众的环境意识，如总统对全球变暖有很强的意识，不断地向公众提起这样的议题，来提高公众的环保意识。自下而上又可以分为3个途径，一是通过非政府组织的活动可以提高公众的环保意识；二是政府组织的活动；三是自然灾害也会提高公众的环保意识。自然灾害发生前人们往往不重视环境保护，自然灾害发生的时候人们由于恐惧，希望采取措施来改变现状。

（二）德国

德国已经走过了工业化阶段，其第二次世界大战后经济快速复苏与我国状况类似，该国的环境保护行政管理体制分权和运行机制较完备，对我国环境管理体制改革有可资借鉴的经验。

1. 环境保护的机构设置与职能

根据法律规定的不同权责体系，德国在联邦、州和地方3个层次设定了相应的组织机构，同时有相应的运行机制予以保障。在机构设置方面，联邦环境部设有6个局，分别是中央司、政策法规司、管理司、控制司、自然保护司、核安全司（张联和张玉军，2002）。联邦环境部除内设机构以外，另有3个主要的技术支持部门：联邦环境局（UBA）、联邦自然保护局（BFN）和联邦辐射保护办公室（图5-2）。

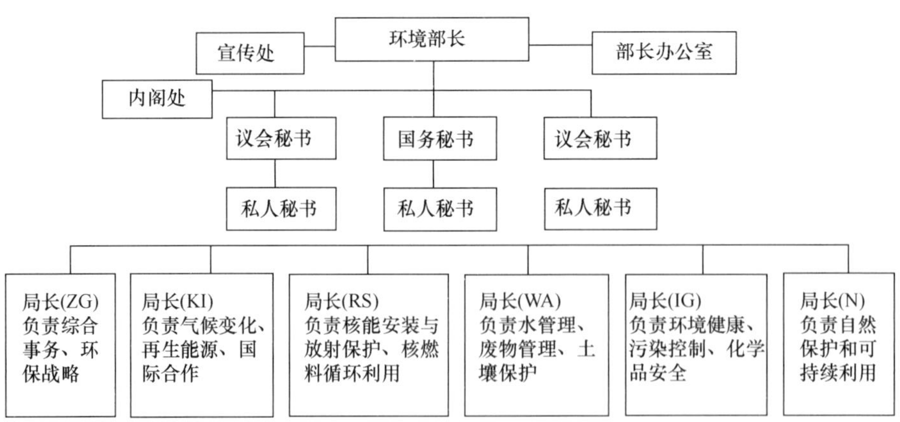

图5-2 德国联邦环境部组织机构（国合会专题政策报告，2007）

联邦环境局（UBA）内设1个行政管理中心、1个排放贸易办公室和4个处（图

5-3），主要为联邦环境局提供环境科技支持，特别是准备法规与管理制度（胡涛等，2005）。主要任务有：①将环境问题对公众进行宣传和教育；②为环境局提供科技咨询；③搜集环境信息并向社会发布；④参与“蓝色天使”环境标志的评奖；⑤参与实施土壤保护战略和污染地的恢复工作；⑥参与北海的生物多样性监测；⑦参与实施植物保护。同时环境局还参与许多的国际事务，是《南极条约》环境议定书的具体实施单位。

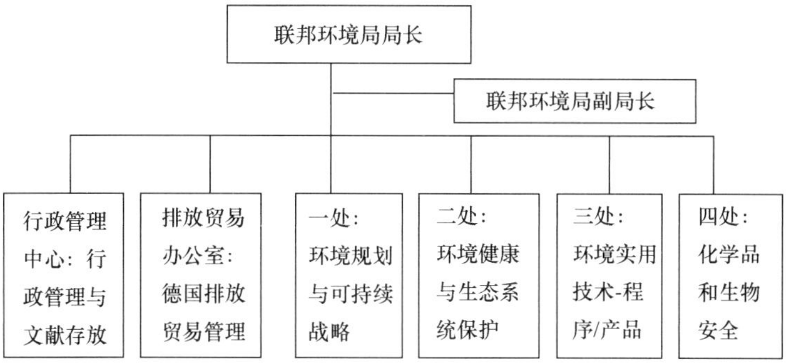

图 5-3　联邦环境局机构设置图（国合会专题政策报告，2007）

2. 环境保护的权责体系

德国的宪法、法律及其他规章对环境保护权责作出了明确规定：环境行政管理权责体系分 3 级——联邦、州、地方（市、县、镇）。同时有相应的运行机制予以保障。联邦政府环境管理的主要职能是，一般环境政策的制定、核安全政策的制定与实施及跨界纠纷的处理。州政府环境管理的主要职能是环境政策的实施，同时也包括部分环境政策的制定。联邦在环境政策制定及立法方面有领导或统帅作用。州在环境执法方面负主要责任。在与联邦或州的规章没有冲突的情况下，地方对解决当地环境问题有自治权。除自治以外，地方也接受州政府直接委派的一些任务。德国对联邦与地方环境管理权限职责划分的基本依据是环境因子的外部性程度。例如，外部性程度较大的大气质量由较高行政级别的联邦环境管理机构负责，而外部性程度较小的噪声则由地方环境行政管理机构具体负责。

3. 环境保护的运行机制

一是德国环境保护的决策机制参与广泛，基本法的条款保障了合作与政策协调及决策过程中公众的广泛参与。例如，《联邦污染控制法》第 51 条规定，“授权批准颁布法律条款和一般管理条例，都要规定听取参与各方意见，包括科学界代表、经济界代表、交通界代表，以及州里主管侵扰防护最高部门代表的意见。”二是执行机制比较灵活。联邦掌握宏观控制，州和地方灵活机动实施。协调机制规格较高，成立了国家可持续发展部长委员会，其成员由来自环境部门和其他与环境相关部门的代表组成，联邦总理为该委员会主席。联邦与州及州与州之间的协调主要通过环境部长联席会制度。环境部长联席会由联邦、州的环境部长及联邦、州参议员组成。三是监督机制比较健全。联邦对州环境政策法规实施情况的监督主要依靠法律和司法监督，州对环境政策法规的实施要经过上议院批准。另外，德国环境行政管理的监督机制还表现在通过环境信息的公开透明，实行公众、媒体和非政府组织的监督。

（三）瑞典

瑞典是开展环境保护最早的国家，也是世界上最早引入环境可持续发展理念的国家。瑞典在环保机构、法规体系、监督管理等方面都取得了重要的成就，产生了一些创新性的做法，对我国生态文明制度建设具有一定的启示作用。

1. 环境保护的机构设置与职能

瑞典环境管理实行分级管理，各部门职责明确。第一层次是环保部。环保部负责制定国家环境保护政策、履行国际环境保护义务和责任。环保部下设国家环境保护局和国家化学品管理局。国家环境保护局主要负责环境法律、政策的贯彻、执行和管理工作，设有可持续发展司、环境评价司、自然资源司、监督执法司、信息服务与行政管理司等 5 个司。国家化学品管理局主要负责化学品的监督管理工作。环保部还设立了环保协调办公室，负责加强各部门在环保事务方面的协调。此外，除了环保部、国家环境保护局、国家化学品管理局外，还有国家住房、建设和规划委员会，国家渔业委员会，国家林业委员会和国家农业委员会参与国家环境管理工作。第二层次是郡管理委员会。郡管理委员会是一级政府，主要负责规划农业、民防、文化遗产保护、环境保护、自然保护和区域开发。郡管理委员会是执行国家环境政策的主体，也负责本区域环境目标的制定工作。第三个层次是区（地方）环境和公共健康管理委员会。

2. 环境保护的法治建设

瑞典环境保护成功的另外一个关键是法律体系的有力保障。瑞典的环境立法始于 20 世纪 70 年代初，1974 年瑞典颁布的宪法规定：必须以法律的形式制定包括狩猎、捕鱼，或者保护自然和环境在内等事宜的规章制度。作为法制化进程较早的国家，一切行为必然要依法办事，先后颁布了自然保护、禁止海洋倾废、机动车尾气排放、有害于健康和环境的产品法等法律法规。瑞典第一部完整的《瑞典环境法》取代了原有的 15 个法令，由 33 章、500 多节组成，再加上与之相关的配套的法令、法规，整个环境法体系涉及的规定多达上千条，适用于所有与人类健康和环境保护相关联的个人行为和企业商业活动。与此同时瑞典设立了环保法庭，以及国家环保最高法庭，专门审理环保案件，监督法典执行，并积极鼓励公众监督、参与环境保护。

3. 环境保护的运行机制

瑞典环境保护更注重培养和提升全民的环境保护意识，促进全社会自觉地遵守环境保护的各项法律法规。通过税收导向政策，对燃料征收一般能源税，对使用化肥和农药进行征税，对能源征收增值税等 70 多种环保税费，最大限度控制环境污染。瑞典的生态教育从学校抓起，在瑞典《义务教育学校大纲》的 16 门课程中，有 9 门涉及对环境与可持续发展教育的要求。同时，积极推动全球的水生态宣传，倡导节约用水。1991 年以来，瑞典每年举办旨在关注水资源、保护水环境、促进水投资和减少贫穷的世界水周活动，由瑞典国王或王储向全球对水问题有突出贡献的专家学者或政府官员颁发斯德哥尔摩水奖，激发全民对生态环境的热爱和自觉保护环境的意识，形成热爱自然、保护生态的良好文明行为。

（四）韩国

韩国与我国同属东亚文化圈，其历史、文化、社会、政治等方面与我国有着许多相同之处。经过多年的努力，韩国建立的环境管理体制逐渐进入良性运行轨道，对改善环境质量发挥了积极的作用，为中国环境管理提供了一些有益的启示。

1. 环境保护的机构设置与职能

韩国环境保护机构设置完善，实施统一协调职能。韩国环境保护机构经历了从无到有、从弱到强的过程。依据政府组织法第 26 条规定，1990 年 1 月，环境保护主管部门升格为环境部。环境部是总理的直属机构，掌管自然环境、生活环境及环境污染防治事务。环境部长是国务委员，受国务总理的命令就环保政策、计划及其执行在各部门间进行统一协调。韩国环境部主要由以下部门组成：环境政策局、自然保护局、空气质量管理局、水质管理局、给水和污水处理局、废物管理和循环利用局、国际合作办公室、计划和管理办公室、公共信息办公室、总监察员办公室（表 5-1）。

表 5-1　韩国环境部各部门职能（金裕景和司林波，2014）

部门	职能
环境政策局	制定中长期环境保护综合计划，支持和促进环境教育和相关的私人组织，支持环境技术开发，包括污染防治技术，进行环境管理
自然保护局	保护自然生态，管理自然公园，防止土壤污染
空气质量管理局	制定大气质量保护基本计划，制定防止机动车污染和鼓励使用低污染燃料的措施，防止噪声、振动和扬尘污染
水质管理局	制定水质保护基本计划，工业废水、生活污水、牲畜废水等的管理，制定基于水质保护的环境设施建设综合，控制计划
给水和污水处理局	制定给水和污水处理基本政策，管理给水和污水处理设施，管理饮用水
废物管理和循环利用局	制定废物处理基本计划和综合措施，承担废物循环利用方面的管理，包括对那些进行废物循环利用的公司提供支持和激励，危险化学品的管理
国际合作办公室	国际环境合作、全球环境保护
计划和管理办公室	预算、组织和人事管理；对法律实施情况、信息和统计等的评价；改进管理体系等
公共信息办公室	着眼于环境政策措施方面的公共关系
总监察员办公室	监察环境事务和行动

2. 环境保护的法治建设

近 20 年来，韩国政府不断调整环境保护政策，制定和形成了多级别、多种类的比较完整的以《环境政策基本法》为中心的环境保护法法系，为保护和改善环境、防治环境污染和其他公害提供了法律保障，也为国家执行环境监督管理提供了法律依据，成为韩国有效改善环境的坚强的后盾。韩国有关环境保护的一般性法令有 14 个，如《环境政策基本法》《环境保健法》《有害化学物质管理法》《环境可持续发展法》等。除了一般性法令的规定以外，韩国政府对不同领域的环境保护法的规定也很全面，并且明确规定了执行部门及执行规则，例如，在自然环境保护方面，制定了《环境影响评价法》《自然环境保全法》《湿地保全法》等 12 项法令和执行令。

3. 环境保护的运行机制

韩国环保政策的执行主要是通过规制环境污染的主体来实现其效果的，而这些政策的实现方式主要有 3 种：一是政府对环境污染主体的直接规制。政府以法律法规的形式规定各种有害物体的排放标准，对违反这些标准的主体给予罚款或停业等处罚的规制。二是政府对环境污染主体的间接规制，也可称为经济诱引制度。比较典型的做法有环境影响评价机制、赋金（交纳税金）制、补助金、预置退款制、排放权交易制及环境税等。三是环境污染主体自律的规制。环境污染主体通过自律机制有效预防或主动承担其所造成的环境污染或环境破坏后果。主体的自律规制行为通常以组织或协会的形式出现，如韩国环境工团、韩国国立环境工团等，具体行为除了主体个人行为和志愿支援活动之外，还包括对环境保护的宣传教育。

二、国外生态文明制度建设的经验与启示

透过主要国家环境管理体制改革的经验和发展趋势可以发现，大多数国家，无论是发达国家还是发展中国家，环境保护管理范围随着国家的形势变化而逐步变化，职责范围逐步扩大，编制逐步增加。环境保护管理机构的主要职能是法律法规、标准、规划的制定和实施监督。突出法制引领、强调完善政府职能和作用、重视运用市场与经济手段、发动公众广泛参与，通过多方互动、多措并举建立系统、完整、协调、民主的生态文明治理体系，是发达国家生态文明制度建设的成功所在和发展趋势。

（一）对资源环境实现统一管理成为趋势

把资源和环境的管理职能集中起来，实现统一管理，既可以减少管理机构，也能提高管理效率。例如，法国环境部内设 5 个局：行政、财务及国际事务总司，污染与风险预防司，水务管理司，自然环境司，环境评价与经济研究司，其主要职责是监测环境质量，保护自然资源，减少或防止污染物的排放，提高公众的生活质量（杨兴和谢校初，2002）。印度环境林业部属于环境资源一体化的管理模式，在原来林业管理的基础上增加环境保护职能，形成一个管理的整体，既是环境保护的最高管理机构，也负责森林资源的管理（常青，1991）。澳大利亚环境部下设自然遗产司，职责是自然保护，包括国家公园、土地及水资源的可持续利用等。一些国家在环境部下设资源能源局，负责自然资源的管理。例如，联邦德国环境部下设 3 个局：环保局、自然保护局、辐射保护联邦办公室。瑞典在环境部下设 13 个局，包括环保局、国家林业局、国家房屋建设规划局、国家能源管理局、土地调查局、化学品检验委员会、核电管理局等。丹麦环境与能源部下设 4 个局，即环保局、能源局、格陵兰矿产资源管理局、国家林业与自然局，还有 3 个独立的委员会及环境与能源部对口联系。

（二）环境保护机构的规格逐步提高

随着环境保护问题的突出，特别是区域性问题日益摆上议事日程，许多国家在机构改革中加强环境保护的力量，包括升格国家环境保护的主管机构和扩大人员编制。2001 年 1 月，日本环境厅正式升格为环境省，负责人是环境大臣（任用，2000）。韩国环境保护主管部门逐步升格。一些国家环境部长的地位高于其他部长，如韩国环境部长是国务委员，受国务总理的命令，就环保政策、计划及其执行在各部门间进行统一协调。澳大利亚环境部长从 1987 年开始进入内阁成为内阁大臣，现任环境部长是议会议长。随着环境事务的不断增多，各国的环境主管部门大都加强了人力投入，相应地进行了人员扩编。

（三）设置跨区域的环境管理机构和协调机制

流域水污染、酸雨污染、海洋环境污染、生物多样性等环境问题不受行政辖区限制，具有跨界污染的特点。因此，设置相应的跨区机构或流域环境管理机构，有利于区域环境的协调和解决。许多国家设置跨区环境管理机构，作为环境管理主管部门的派出机构或直属机构，人员编制属于环境管理主管部门。美国联邦环保局将全美 50 个州划分为 10 个大区进行管理，是最典型的分区管理模式（杨朝霞，2008）。韩国环境部设置了区域环境管理办公室，办公室又下设亚区环境管理办公室（杨朝霞，2007）；区域环境管理办公室、汉江流域环境管理办公室与环境政策局、自然保护局、水质管理局、大气质量管理局等，都隶属于韩国环境部。有的区域和国家侧重于建立健全区域环境合作机制。以美国为例，美国国内的州际环境合作，主要是通过州际协议来实现，通过制定州际协定和边界协定来治理区域大气污染、水污染等环境问题，如《俄亥俄河流域水卫生协定》《科罗拉多河协定》等。

（四）推进生态环境管理的市场化和社会化进程

推进我国生态环境管理市场化和社会化进程，具体包括促进环境保护领域的公民社会和民间组织的发育、成长和壮大，引入市场机制和多元化的环境公共产品供给主体，倡导市场经济中企业的环境责任，积极推动环境保护领域的全球合作等（胡图，1987）。目前来看，比较关键的进程首先是政府应正确定位自身的环境管理角色，即政府在宏观上主要通过环境立法和经济协调的方式实现环境政策上的调控，在微观上主要是对环境冲突进行公正裁决。其次是引入市场机制和多元化的环境公共产品供给主体。生态环境问题要得到有效的解决，除了政府的行政性治理，还需引入市场机制即通过产权的界定和形成合理的价格机制以保护稀缺的环境资源。当前我国一方面必须对政府垄断资源的方式进行改革，通过资源产权的改革，明晰环境资源的产权，同时完善环境资源的价格机制，使稀缺的环境资源得以有效的节约和保护。另一方面需要实施环境公共产品提供和生产的多元组合方式。再次是促进公众富有意义地参与环境决策，这需要扩展公众的环境知情权、完善环境影响评价的公众参与机制、培育和发展社区和环境非政府组织（曹家新，1994）。

（五）提高执法能力建设，强化环境执法

在发达国家，美国、日本、欧盟成员国等国家已基本形成了比较完备的环境法律体系，其工作重点放在提高执法能力建设和强化环境执法方面。加强对环境犯罪的刑事制裁。在环境刑事法律的执行方面，美国联邦司法部（DOJ）、联邦环保局（EPA）、联邦调查局（FBI）等部门调查和起诉环境犯罪案件的职能的确立和逐步改进，保证了环境刑事法律的实行（李亚军，2004）。俄罗斯联邦议会于1996年通过的《俄罗斯联邦刑法典》被认为是进入20世纪90年代以来较为完备的环境刑事立法。依靠公众力量加强环境法的执行（顾海波，2003）。各国环境法制建设的实践证明，环境法的实施除了依靠政府之外，重要的是要发动和依靠公众。公众参与环境法实施的前提是享有知情权，即拥有信息。只有了解和掌握有关环境信息，才能真正拥有参与权、监督权。目前，不少国家已经通过环境法，建立了政府和企业向公众报告有关环境信息的制度，健全了公众获取信息的渠道。这既是实现公众知情权的需要，也是实施环境法和加强环境法执法能力建设的需要。

第三节　生态文明治理能力建设与制度改革的总体战略

一、生态文明治理能力建设与制度改革的理论基础

（一）理论基础

20世纪90年代以来兴起的治理理论有机融合了各种竞争性理论，对世界各国的行政改革探索产生了重要影响（胡象明和鲁萍，2002）。罗西瑙将治理定义为一系列活动领域里的管理机制；联合国全球治理委员会认为治理是各种公共的或私人的个人和机构管理其共同事务的诸多方法的总和，使相互冲突的或不同的利益得以调和，并采取联合行动的持续过程；K·J·霍尔斯蒂强调治理在一定意义上就是秩序加

上某种意向性，秩序意味着对行为的限制；星野昭吉将治理分为平行治理和垂直治理，认为治理的本质是一种非暴力、非统治的治理机制，而不是强迫和压制；库伊曼和范·弗利埃特将互动归为治理的主要特点；曹景钧阐释了治理的多元特点；张康之不仅指出了治理主体的多元，而且进一步指明了治理手段的多样化；俞可平主要强调治理中政府对于受众的回应与互动。"治理"相对于"管理"往往指"协同治理"，强调社会多元主体的共同管理。治理理论的核心内容在于强调政府、市场、社会组织及公民个人四者在整个社会治理与发展中的分工与协作。国家治理现代化的最终目标是实现公共利益的最大化与治理效能的最优化（陈亮和王彩波，2014）。生态文明治理是通过"善政"走向"善治"的治理，强调在健康的政治共同体中，政府、个人与社会中介组织，或者民间组织，将公共利益作为最高诉求，通过多元参与，在对话、沟通、交流中，形成关于公共利益的共识，作出符合对大多数人利益的合法决策（朱芳芳，2011）。

（二）国外的环境管理体制 3 个阶段

所谓"体制"，通常是指"国家机关、企业、事业单位管理权限划分的制度"。虽然各国环境管理体制不存在统一的模式，但都经历了从无到有、从小到大、从弱到强、不断发展壮大的过程。从发展阶段来看，国外的环境管理体制大致经历了 3 个阶段：分散管理、单一管理、综合管理。

（1）分散管理。在分散管理的体制下，环境管理权由不同的部门分别行使，在环境问题尚不太严重的初期，国外大多采用这种形式。这种管理体制的特点（或者优点）是管理机构熟悉业务，可以把环境管理与其业务管理协调起来；缺点是由于管理机关既有业务上的目标又有环境目标，有时会牺牲环境利益而追求经济利益（加布里埃尔·A·阿尔蒙德和小 G·宾厄姆·鲍威尔，1987）。

（2）单一管理。单一管理的模式一般是在分散管理的基础上发展起来的。政府为了集中消除环境污染和公害，成立了专门的环境保护机构。这种管理体制的优点是达到了对环境问题的统一管理。但是，由于这种环境保护机构只管环境，其弊端是显而易见的。因为负责"发展"或"开发"的那些机构，无论在规模、能力和强度上，都远远大于负责"环境"事务的机构。只要环境与发展的职能相互分离，那么环境得到改善和恢复的速度就会远远落后于环境受到影响和破坏的速度（亨廷顿，2008）。

（3）综合管理。为改变分散和单一管理模式的缺陷，国外对环境保护机构的设置开始遵循综合决策的原则，也就是开始实施综合管理的环境保护管理体制（马中和吴健，2004）。目前，普遍认为可行的环境与发展综合决策实施机制是实现可持续发展的“具体落实途径”。国外环境保护机构在落实这种环境与发展综合决策的具体表现是：提高环境保护机构的地位，增加其职能及建立各种环境保护协调机制等（中国科学院可持续发展战略研究所，2014）。

（三）生态文明管理与治理

治理理论是一种公共管理理论，其涵义是政府、社会组织、企事业单位、社区及个人等诸行为者，通过平等的合作型伙伴关系，依法对社会事务、社会组织和社会生活进行规范和管理，最终实现公共利益最大化的过程（佚名，2014）。管理与治理虽非截然对立，但有如下显著区别：一是主体不同，管理的主体只是政府，而治理的主体还包括社会组织乃至个人等。二是权源不同，政府的管理权来自于权力机关的授权。三是运作不同，管理的运作模式是单向的、强制的、刚性的，治理的运作模式是复合的、合作的、包容的，治理行为的合理性受到更多重视，其有效性大大增加。环境管制旨在应对因资源环境消费而产生的外部性问题，它通过 3 种不同类型政策工具的运用得以实施，即命令-控制型、基于市场的经济-激励型及基于公众参与的鼓励-自愿型（表 5-2）。对政府而言，这意味着 3 种具有不同交易成本发生和负担机制的管制手段选择。所谓国家治理体系和治理能力的现代化，就是使国家治理体系制度化、科学化、规范化、程序化，使国家治理者善于运用法治思维和法律制度治理国家，从而把中国特色社会主义各方面的制度优势转化为治理国家的效能（巢哲雄，2014）。

表 5-2　不同环境管理规制比较（王红梅，2016）

类型	运行成本	技术创新激励	改善效果	特点
命令-控制型	较高	较低	显著	约束性
经济-激励型	较高	较高	不确定	选择性
鼓励-自愿型	较低	较高	不确定	引导性

二、生态文明治理能力建设的内涵与框架

（一）生态文明治理的内涵分析

相比基于统治和管理的传统体制，生态文明治理要求由单一的命令-控制型向综

合命令-控制型、经济-激励型和自愿型多种手段转变，强调培育多元主体、权力运行方式多向、治理手段丰富、目标追求生态环境利益，以及评价标准由“善政”到“善治”。从主体上看，生态文明治理体系包括政府、企业、公众等多元主体，培育和壮大包括市场主体、社会组织及公民个人等非政府的主体，是构建基于治理理论的生态文明治理的首要任务和前提条件。从治理方式上看，生态文明治理所要实现的是一种权力上下互动的过程，其权力运行向度是多元的、相互的，应实现从管制到服务、从规制到协调、从封闭到回应的转变。从治理手段上看，生态文明治理更强调多元主体之间的合作，除了行政、法律手段外，还包括社会化手段、市场化手段和自治化手段等，可以在不同的情况下，采用单独或多种手段综合使用，从而提高治理的效果和降低治理的成本（Sax，1970）。从治理目标上看，政府必须转变观念与职能，强调政府与公民对公共生活的合作管理，使生态环境利益最大化。从治理过程上看，生态文明治理从源头、过程、后果的全过程，按照“源头严防、过程严管、后果严惩”的思路，建立系统完整的生态文明制度体系（张强等，2015）。

（二）生态文明治理能力建设框架

明确生态文明治理体系的建设框架是推进我国生态文明治理体系和治理能力现代化的重要基础。从生态文明治理能力建设内涵和要求来看，围绕资源生态环境利益最大化的目标，要通过政府、市场、社会多元主体协调联动，综合运用约束性、激励性和引导性的法制、行政、经济、道德、工程、技术等手段，对生态文明源头、过程和结果全过程监管。因此，围绕主体、目标，提出了多位一体的生态文明治理体系建设框架（图 5-4）（张强等，2015）。

以法制手段为根本，建立生态文明源头预防体系。法律制度是生态文明治理能力建设的根本保障和前提，要形成科学立法体系，确保生态文明建设有法可依，在指导思想上实现转变，建立科学的决策和责任制度，在源头上建立起有效防范的制度。

以行政手段为基础，建立生态文明管理服务体系。行政监管是生态过程管理的基本手段，要从宏观战略层面切入，从再生产全过程着手，从形成山顶到海洋、天上到地下的一体化污染物统一监管模式着力，增强环境监管的统一性和有效性，建立权责统一、权威高效的行政执法体制。

以经济手段为驱动，建立生态文明运行激励体系。市场是生态文明资源配置的重要手段，完善市场机制，让市场在资源配置中起决定性作用，激发市场对推进生态文明建设的正能量，实现外部成本内部化，通过市场改善资源配置和提高资源使用效率，实现以“效率”促“保护”。

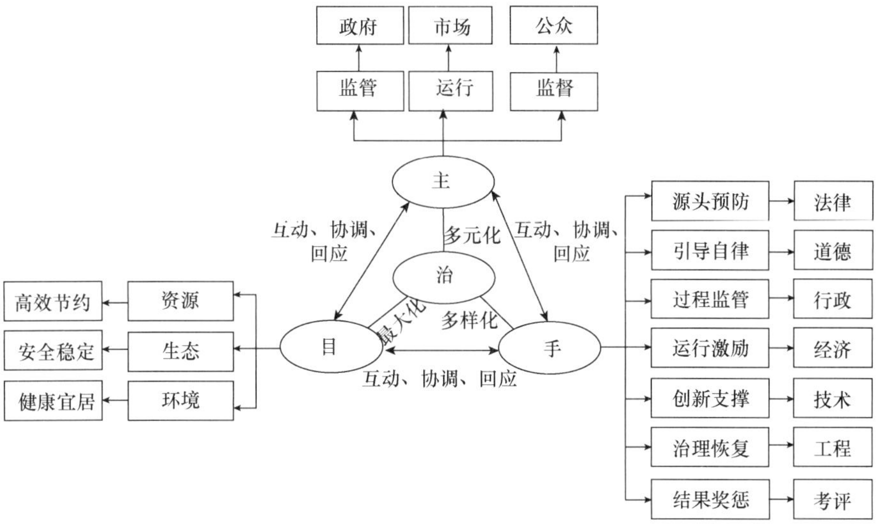

图 5-4 生态文明治理能力建设框架

以道德手段为支撑，建立生态文明引导自律体系。生态文明治理不仅包括管制也包括自治，要建立内化的道德和自律制度，构造全社会环境保护的“自律体系”，形成持久的生态环保意识形态，广泛动员社会力量参与生态环境保护，增强生态环境保护的软实力。

以工程手段为重点，建立生态文明治理恢复体系。生态环境问题是生态文明治理需要解决的根本问题，工程是解决当前生态环境问题、推动生态文明建设深入发展的重要手段和主要途径，要在现有工程手段基础上，继续完善生态文明建设工程体系。

以技术手段为保障，建立生态文明科技创新支撑体系。科技创新在促进经济发展方式转变，发展循环经济、绿色产业、低碳技术，以及提高管理水平中发挥了关键支撑作用，是推进生态文明建设的重要动力（王金南和张惠远，2010）。必须围绕生态文明的关键问题，以科技创新为支撑，建立生态文明科技创新体系。

以考评手段为抓手，建立生态文明建设结果奖惩体系。后果严惩，是建设生态文明、建设美丽中国必不可少的重要措施，要以考核评估为抓手，强化生态环境损害赔偿和责任追究，保护公民环境权益、维护社会公平正义，提高违法成本、震慑违法行为。

三、生态文明治理能力建设与制度改革的战略目标

十八大报告明确提出并突出强调要“加强生态文明制度建设”。党的十八届三中全会提出要深化生态文明体制改革，建立系统完整的生态文明制度体系。党的十八届四中全会明确提出全面推进依法治国，要建立权责统一、权威高效的依法行政体制。《关于加快推进生态文明建设的意见》和《生态文明体制改革总体方案》，明确了生态文明制度体系建设，提出改革要遵循“六个坚持”，建立“八项制度”，搭建好基础性制度框架。

生态文明治理能力建设与制度改革涉及面广、影响深远，不可能一蹴而就，必须坚持目标导向，根据我国国情、生态文明建设理论与实践及国家总体战略部署，科学设定改革目标和路线图，明确政府生态保护的职能及事权划分需求，统筹推进生态文明治理能力建设与制度改革（沈满洪等，2012）。深化生态文明制度改革，必须按照“四个全面”要求，坚持“五位一体”总体布局，坚持“山水林田湖”一体化思路，坚持问题导向、理论导向和目标导向，通过多方互动、多措并举建立系统、完整、协调、民主的生态文明治理体系，形成产权清晰、多元参与、激励约束并重、系统完整的生态文明制度体系，完善和发展中国特色社会主义制度，全面推进国家生态文明治理能力现代化（陈湘洲和何思奇，2014）。

四、生态文明治理能力建设与制度改革的总体思路

生态文明治理体系和制度体系具有长期性，必须把握重点、明确思路、统筹协调、分层分类、有序推进。政府、市场、公众是生态文明建设的主体，资源环境作为公共物品，政府负有不可推卸的监管职责，以企业为主的市场主体负有治理义务，公众则具有监督和保护的权利。制度只有落实到责任主体，明确了相关各方的权利责任，并建立与权利责任相匹配的奖惩措施，形成职责清晰、分工明确、奖惩分明、衔接有效的体系，才能得到有效执行，发挥应有的作用。改革创新生态文明制度体系（图 5-5），应从政府、市场、公众三大责任主体出发，从生态系统观点出发，理顺资源、生态、环境的责、权、利，建立系统、完整、协调、科学的制度体系。

政府是环境监管主体。政府对辖区环境质量负有法定职责，在环境管理中具有提供制度供给、公共政策、公共产品、公共服务，并依法进行环境监管和执法的基本职能。环境监管主体的制度构建应包括监管内容、监管体制、监管责任追

究等。

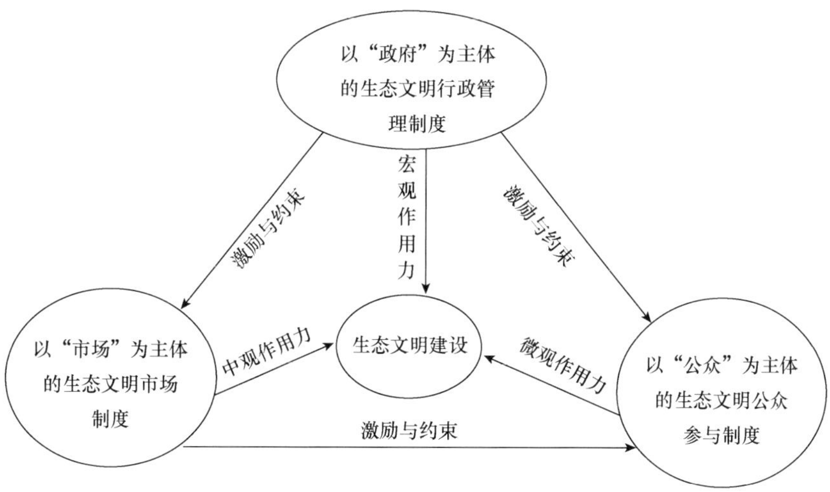

图 5-5　政府、市场、公众“三位一体”生态文明制度体系作用机制示意图（刘登娟等，2014）

企业是环境治理主体。企业在生产经营过程中负有遵守和维护环境与资源保护法律秩序、服从政府环境资源管理、治理污染的义务，对环境造成污染的，必须承担治理环境破坏、赔偿环境损害损失的责任。

公众是环境监督主体。公众有权依法通过各种途径和形式对环境保护进行监督，享有环境知情权、参与权、监督权、索赔权、申诉和控告权等各项环境权益。同时，负有保护和改善环境的义务。

生态文明治理能力与制度体系改革创新的总体思路应是，以生态环境利益最大化为目标，以推进环境公共管理创新为着眼点，统筹考虑“三大领域、三大主体和三种途径”（图 5-6），坚持公平与责任相结合、惩罚与奖励相结合、改革与创新相结合原则，注重生态文明制度体系设计的系统性、整体性、协同性，以政府、市场、社会多元主体协调联动、多方共治、多手发力、多措并举为重点，围绕推动生态文明法治系统化、提高政府管理效率、激发市场活力、发挥公众监督作用，加快建立以资源生态环境全面法治化为核心的生态文明法治体系、以监管能力高效化为核心的政府监管体制、以自然资源资产化管理为核心的市场作用机制、以全社会共同参与为核心的社会治理体系，形成刚柔并济、多方互动、激励与约束相结合的生态文明制度体系，充分发挥和不断增强制度在环境保护中的导向、协调、激励和约束作用，最大限度发挥生态文明制度建设的红利，加快推动生态文明建设。

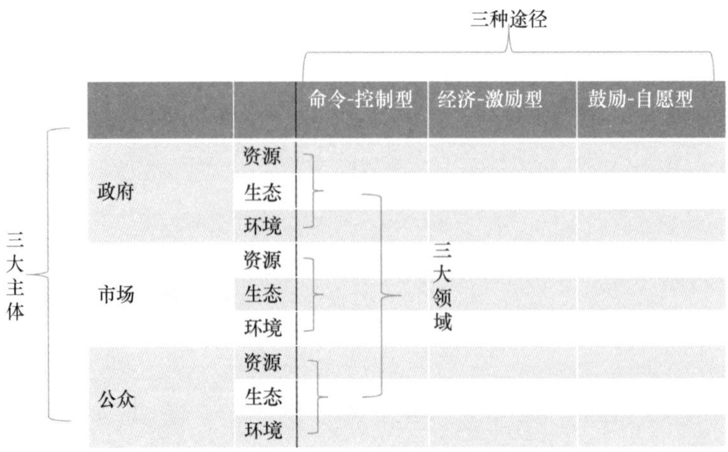

图 5-6　生态文明建设治理体系建设矩阵

生态文明制度体系改革不可能一蹴而就，可以按照三个层次推进。第一个层次，对于方向明确又立即可行的，要加快推进；包括制定实施生态文明建设目标体系，推进生态保护红线划定工作，强化责任考核和追究制度等。第二个层次，对于认识还不深入，但又必须推进的，要加强调查研究，大胆探索；包括推进生态环境管理战略转型，发挥市场机制、公众参与在生态文明工作中的作用。第三个层次，对涉及面广、基础又很薄弱，需要中央决策的，要加快研究提出改革思路；主要是深层次的体制改革。

第四节　生态文明治理能力建设与制度改革的重点任务

一、加快构建生态文明市场作用实现机制

充分发挥市场在资源配置中的决定性作用，是十八届三中全会提出的根本改革方向和改革策略。生态环境是生产力要素，是一种稀缺资源，市场是配置资源的最有效工具。自然资源是国家资本的重要组成部分，自然资源资本化已经成为国外的重要趋势。自然资本产权不明晰、自然资源市场缺失，导致自然资源价格扭曲、环境成本没有内部化，是我国环境污染形势严峻、生态系统退化的重要原因。加快构建生态文明市场作用实现机制，将生态建设所产生的生态产品和生态服务按照市场供求关系、资源稀缺程度、生态产品公平分配的原则进行配置、定价和交易，激励市场主体自觉参与生态文明建设，是加快生态文明建设的关键，是创新生态文明治

理体系的重要任务。

改革创新生态文明市场作用实现机制，需要围绕激发市场活力，以自然资源资产化为重点，按照激励与约束相结合、保护者和建设者受益、污染者和破坏者赔偿、受益者和使用者付费的原则，明晰自然资源产权，完善自然资源产业、财税、价格、金融等环境经济政策体系，健全市场交易机制，注重发挥市场调控作用，建立资源节约和环境友好的生态文明市场治理制度体系。

（一）完善自然资源产权制度，理顺资源性产品价格形成机制

第一，要健全国家自然资源资产管理体制，统一行使全民所有自然资源资产所有者职责。一是设立统一的自然资源资产管理部门，统一行使各级国有自然资源资产所有者职责。明确自然资源资产管理和资源监管部门的职责分工，即管理部门主要负责监管自然资源资产的数量、范围和用途，落实自然资源资产所有权人的权益，监管部门主要负责自然资源的保护与修复。二是扩大自然资源产权范围，完成对水流、森林、山岭、草原、荒地、滩涂等自然生态空间进行统一确权登记，形成归属清晰、权责明确、监管有效的自然资源资产产权制度，包括产权界定作为基础和依据，用途管制确保生态功能和安全（陈晓红，2013）。监管部门要让自然资源使用者的权益得到保护和实现，同时确保生态功能得到严格保护。三是积极健全自然资源管理和监护的社会制衡机制，让公众、媒体、非政府组织等社会力量参与进来，一方面监督经济参与主体的自然资源使用行为，另一方面监督政府部门的管理和监护行为，特别是对用途管制的监督。

第二，要建立多样化的自然资源所有权体系。按照“可持续规模-公平分配-有效配置”的模式来进行，着手明晰自然资源的占有权、使用权、收益权及处分权。根据自然资源产权多样化特征，分门别类建立起多样的所有权体系。明确划分资源产权权利的利益分配关系，引入多元化的使用权主体。建立自然资源产权混合市场，激活转让权。对于产权界限比较清晰的自然资源，如森林、草原、矿山等，在平衡公共利益及所有者与使用者利益前提下，根据其使用、经营的公共性和外部性大小，可以将自然资源的所有权分配或拍卖给国家、地方政府、企业和个人等不同的产权主体；对于产权边界模糊而难以界定、外部性很大的自然资源，如海洋水产资源、地下水等，应继续以公共产权主体为所有者，但需要改变目前政出多头的所有权结构，由统一的自然资源资产管理部门作为单一的所有者来管理。二是探索把部分自然资源的所有权私有化，形成公私产权对接的自然资源产权混合市场。通过

适当引入自然资源私有化，探索解决公共租金流失、价格机制失效、使用权过度滥用等问题。

第三，要建立和完善公共资源产品的价格政策和有偿使用制度。保障自然资源收益权，加快自然资源及其产品价格改革，全面反映市场供求、资源稀缺程度、生态环境损害成本和修复效益，建立起有利于资源节约使用、废弃物循环利用的包括资源使用价格、环境恢复价格、污染物处置价格和环境服务价格“四位一体”的资源环境价格体系，形成以市场为基础，政府适当干预的资源性产品价格调控机制。

第四，要建立自然资源资产的核算体系。将自然资源纳入国民经济核算体系，把合理评估自然资源产权与国民收入的核算结合起来，探索编制自然资源资产负债表，作为衡量一个地区生态绩效的重要指标。

第五，要完善自然资源资产管理相关法律体系。自然资源资产的特殊性，决定法律修改应朝着有利于自然资源保护的方向，突出市场和政府扮演的不同角色。总体上，改革自然资源和生态环境保护体制应该实行资产产权确定和用途管理、主体功能区管理、基于环境功能区的生态红线、国家公园管理、资源有偿使用、生态环境补偿、环境承载力监测预警、排污许可证、污染物排放总量控制、排污权交易、领导生态责任追究、环境损害赔偿等制度。

（二）发展环境资源权益市场，建立自然资产市场化交易机制

通过完善相关法律法规，明确责任和权利，研究建立相关准入规则、竞争规则、交易规则及退出机制，加强交易市场体系建设，积极推进主要污染物排污权交易，推行节约能量、碳排放权、排污权、水权交易制度等，构建成熟的环境资源权益市场，在污水、垃圾、大气、土壤等重点领域，开展第三方治理试点，推进污染集中治理领域第三方专业化运营。培育节约能量和碳排放量第三方核证机构，鼓励企业积极参与节约能量交易和碳交易；健全水权制度，开展水权交易，规范水权转让；深化排污权有偿使用和交易制度改革；建立健全林权、土地等的交易市场，开展市场交易活动，实现环境资源权益的高效配置。加快推进环境污染责任保险试点，实施重金属冶炼和危险化学品行业强制保险。探索建立吸引社会资本投入环境保护的市场化机制。

（三）创新环境经济政策体系，丰富环保市场化约束激励机制

资源低价、环境廉价是资源浪费与环境污染的基础性原因。纠正在资源环境价格方面的错误市场信号，建立充分反映市场供求、资源稀缺程度及环境损害成本的

价格形成机制，将资源环境成本真正内部化，避免排污者将污染成本转嫁给社会，使节约资源、保护环境真正成为人们的自觉行为。

一要推动财政政策的生态化调整。要建立财政支持绿色发展稳定增长的资金机制；创新财政手段，设立基金补贴、免贷奖励、贴息、担保等市场手段，弱化以专项资金管理为代表的行政手段管理色彩；发挥财政投入的效益，建立中央和地方事权明晰的多级投入机制。同时完善资源环境税收体制，扩大资源税增收范围到所有自然资源和自然空间，理顺中央和地方财税关系。加强自然资源开发保证金、押金制度，对符合环保要求综合利用产品实行增值税优惠政策，增加节能产品、绿色产品生产和消费的补贴力度。完善绿色金融政策，研究实施绿色保险、绿色信贷、绿色贸易、绿色债券等环境经济政策，推广企业环境信用评级制度，开展污染责任保险试点。建立多元化的生态文明建设投融资机制。加大对环境友好型产业和环保产业扶持力度。

二要完善有利于资源节约、环境保护的税收体制。强化收费、罚款、补贴、税收返还等财税手段，改革资源税征收方式为从价计征，取消不符合节能环保的产品、技术、工艺等出口退税政策，配合节能环保调整消费税，对环保节能产业、现代服务业给予所得税方面优惠等。特别要结合国家的结构性减税工作，改革资源税、开征环境税，逐步提高税率，强化税收的行为调控功能。

三要改革环保收费与环境价格政策。完善城镇污水和垃圾收费政策、脱硫脱硝电价的价格政策、处理处置污染物的收费制度；深化推进水资源、电价、煤炭、石油、天然气等关键性资源产品的定价机制改革，按照市场化定价的原则，逐步改变政府直接控制价格的做法，在重要资源价格形成机制的改革上取得实质性突破。加大排污费征收力度，合理利用价格杠杆，大力推行阶梯电价、水价，研究建立节水、节电、垃圾分类回收等方面的奖励机制。

（四）健全资源生态补偿机制，构建生态环保的利益共享机制

完善生态补偿制度的法律保障。加快制定《生态补偿条例》，明确法理、法律依据，在顶层制度层面逐步形成完整的更具法规功能的生态补偿条例和实施细则。由于生态补偿涉及不同的投资保护主体的利益关系及责任关系，单靠过渡性的政策措施和行政手段来推进生态文明建设很难形成长效机制。因此在法律层面必须明确生态补偿的重要性，明确生态补偿责任和生态主体义务，为生态补偿机制的规范运作提供法律依据，不断推进生态补偿的制度化和法制化。通过法律制度规范人们的经

济行为，降低交易成本，减少交易摩擦，实现资源的合理配置和有效利用。

逐步实现生态补偿标准化。合理确定补偿标准，通过政府财政转移支付、生态受益者付费、生态使用者付费、生态税、社会捐赠等方式，多方筹措生态补偿资金。生态环境受损后的影响是多方面的，影响的利益主体是多元的。因此，补偿标准应按社会、经济、生态分类，并逐步发展成为一个系统的指标体系（王金南等，2006）。一是根据各领域、不同类型地区的特点，完善测算方法，分别制定生态补偿标准，逐步形成标准体系。二是尽快制定和完善监测评估指标体系。综合运用效果评价、随机评估等方法，开展生态补偿研究，逐步建立资源环境价值评价体系，健全重点生态功能区、跨省流域断面水量水质国家重点监控点位和自动监测网络，制定和完善监测评估指标体系，及时提供动态监测评估信息。三是建立生态文明考核评价体系。要把资源消耗、环境损害、生态效益纳入经济社会发展评价体系，建立体现生态文明要求的目标体系、考核办法、奖惩机制。通过生态文明考核评价制度，激发各级政府部门、广大干部的工作积极性、主动性和创造性，促进节能减排、环境保护和生态建设，使之成为建立生态补偿制度的重要导向。

逐步实现生态补偿动态化。研究建立补偿标准的动态管理机制，进行合理性评估与调整研究，进行补偿标准动态更新。生态环境一旦遭到破坏，需要几倍的时间乃至几代人的努力才能恢复，甚至永远不能复原。为恢复和改善已经恶化的环境，必须做长期不懈的努力，任务十分艰巨，而且有的破坏造成的影响几年甚至十几年以后才能显现出来。因此，生态补偿制度应该是动态化的，要反映生态修复成本的变化，反映生态环境损害叠加累积的效应，反映人们对生态文明建设成果的更高需求，以与时俱进的生态补偿安排切实保障经济社会的可持续发展，实现人与自然和谐相处（李文华和刘某承，2010）。

逐步实现多元化补偿方式。补偿方式多样化是生态补偿顺利进行的重要手段，可以增强补偿的适应性和灵活性，加强生态补偿的针对性，有利于生态补偿在不同区域顺利开展。现行的补偿模式以政府财政转移支付为主，辅以一次性补偿、对口支援、专项资金资助和税赋减免等（杨光梅等，2007）。应充分应用经济手段和法律手段，探索多元化生态补偿方式。搭建协商平台，完善支持政策，引导和鼓励开发地区、受益地区与生态保护地区、流域上游与下游通过自愿协商建立横向补偿关系，采取资金补助、对口协作、产业转移、人才培训、共建园区等方式实施横向生态补偿。积极运用碳汇交易、排污权交易、水权交易、生态产品服务标志等补偿方式，探索市场化补偿模式，拓宽资金渠道。除了通过生态补偿专项基金、财政转移支付等方式对生态功能区进行资金上的补偿外，探索建立政策补偿、实物补偿、智力补偿方式，丰富生态补偿的方式形式。

逐步实现生态补偿管理的规范化。构建生态补偿制度，必须建立统一的管理机构，实行统一的管理办法。一是要坚持统一的补偿原则。生态补偿必须坚持谁受益、谁补偿的基本原则，做到环境开发者要为其开发、利用资源环境的行为支付费用，环境损害者要对其造成的生态破坏和环境损失作出赔偿，环境受益者有责任和义务向提供优良生态环境的地区和人们进行补偿。二是要建立统一的管理机构，加强对跨地区、跨流域经济区及产业间环境问题的监督管理。协调不同功能区之间的补偿。三是要实行统一的监督办法。建立生态补偿金使用绩效考核评估制度，严格考核各财政专项补偿资金的使用绩效，更好地发挥财政生态补偿金的激励和引导作用。

二、全面健全生态文明公众治理制度体系

生态文明既是个人责任，又是社会责任，需要凝聚共识，形成好的社会环境。多元主体在追求公共利益过程中，形成良性互动的和谐关系是生态文明治理的一个重要特征。培育社会公众的主体意识、参与意识，协调不同社会治理主体之间的关系，促进生态文化道德养成，形成从点到面、从意识到行动、从区域到企业全方位推进的生态文明治理机制，是健全生态文明治理体系的重要任务。

改革创新生态文明公众治理制度体系，需要围绕发挥公众监督作用，以保障和发展公众环境权益为重点，遵循以人为本、权利和义务并重、自觉自律与引导规范相结合的原则，加强宣教和文化建设，确保公众知情权、参与权、监督权、索赔权、申诉和控告权，建立广泛参与、合作共赢、多方互动的社会治理制度体系。

（一）加强生态文化宣教建设，构建道德自律机制

完善生态文明国民教育体系，创新和强化生态文明宣教，培育公众的现代环境公益意识和环境权利意识。将生态价值观纳入社会主义核心价值体系，形成资源节约和环境友好型的执政观、政绩观。加强企业环境信息公开强制性制度建设，建立企业环境保护信用体系，推动企业环保社会责任制度建设。加强生态文化载体建设，积极开展生态文明示范创建活动，积极开展绿色细胞工程。推行健康文明的生活方式，积极引导鼓励绿色消费，在全社会倡导勤俭节约低碳生活，形成良好的社会风尚。

1. 建立生态文明全民教育机制

一要重塑生态文化。深入挖掘弘扬传统文化生态文明理念，培育现代生态文化，将生态价值观纳入社会主义核心价值体系，形成资源节约和环境友好型的执政观、政绩观。尽快制定出台加强生态文化建设的指导性意见，编制生态文化建设规划，启动生态文化建设工程。积极研发和推广生态科学技术，要加大生态文化科研投入。丰富生态文化产品，包括音乐、歌舞剧、实景剧、民间绝技绝活、电影电视、工艺品及其他民俗活动等。加强生态文化载体建设，积极开展生态文明示范创建活动，积极开展绿色细胞工程。

二要构建学校生态文明教育体系。教育部门要推动各级各类学校开设生态文明课程，广泛开展生态文明基础教育日常化纳入工作制度。通过实践培养、教师培训、教材编制等方式开展生态文明教育。加强教师生态文明培训与实践，提高教师生态文明意识。组织编写生态文明教育科普读本，定期充实更新教材内容，加快生态文明教育基础设施建设，不断完善生态文明社会实践教育制度。组织学生深入乡村、社区和企业，开展生态文明社会实践教育，引导学生养成绿色行为习惯。积极推进生态文明终身教育，提高所有受教育者的生态文明程度和生态文化素质。建立制度化、系统化、大众化的生态文明教育体系，做好国情认知教育，普及环境科学和环境法律知识，大力宣传环境污染和生态破坏的危害性，让群众认识到改善生态环境质量的紧迫性、艰巨性和长期性，充分理解和支持生态文明建设，为生态环境持续改善奠定广泛、坚实的社会基础。努力使生态文明成为主流价值观并在全社会普及，树立正确的生态价值观和道德观。

三要开展党政机关生态文明教育。重视党政机关管理人员生态文明教育，因地制宜地在党校和和行政管理部门设置生态文明教育课程，实施各级党政干部轮流培训计划，通过开展领导干部的生态文明专题讲座活动、生态文明理论知识学习培训活动，来提高政府部门人员的生态意识和生态文明理念。针对生态文明建设进展与急需，不定期举办生态文明专题讲座。推进生态文明制度建设，鼓励党政管理人员加强自我学习和外出进修、考察的积极性。结合工作实际，适时组织规模不一、多部门、各类专家参加研讨会，增强党政决策者和行政管理者的生态意识，提升执政管理水平。

四要加强企业生态文明培训。实施企业生态教育活动，积极培育企业生态文化。政府主导、行业协会推动，促进企业开展生态文明教育培训，使企业明确履行环境责任的意义，培养企业经营者和员工的生态文化大局观，将环保目标与企业的经济目标融为一体，将生态标准写入“企业规章”和“员工手册”，纳入企业和员工考核指标，使生态文明观念融入企业文化中，构建现代企业文化。

五要开展农村生态文明教育。加强乡村文化活动站、图书馆建设，利用广播电视等手段，开展生态文明和环境危害教育。组织乡村基层领导干部培训，树立生态建设促发展的观念。制作农民环境教育读本，教育农民爱护和保护生态环境，减少使用化肥和农药，保护国家稀有濒危动植物。规范乡规民约，深入开展“全民修身行动”，鼓励乡村、街道（社区）、住宅小区的自治公约规定生态文明建设自律内容，提高农民生态文明素质。

2. 推进生态文明绿色创建工作

一要积极开展绿色细胞创建、积极开展绿色学校、绿色医院、绿色饭店、绿色社区、绿色家庭、绿色工地、绿色企业、公司、单位等绿色细胞创建活动，按照建设资源节约型、环境友好型社会的要求，以社区、学校为重点，进一步深化学校和社区的绿色创建工作，扎实推进生态文明建设（周生贤，2007）。在绿色学校创建过程中，将可持续发展的理念有机融合到情感、态度、价值观和社会责任感的培养目标中，大力加强节能减排行为教育，提高广大师生员工的环境素养和环保参与能力；在绿色社区创建工作中，不断创新“环保进社区”形式，通过开展环保楼道（门）文化建设、环保志愿者队伍建设，以及圆桌对话会议、物业服务公司共建绿色社区等活动，倡导居民在日常生活中自觉践行低碳生活，积极投身节能减排行动，初步构建起环保志愿者—绿色家庭—绿色社区的基层生态工作链。

二要倡导企业开展环保公益活动。一是加强宣传引导和舆论引导，加大对主动开展环保公益活动企业的宣传表彰，推动企业建立生态环境责任形象，鼓励行业组织通过制定行业自律公约，带动整个行业的生态文明建设。二是加强组织领导，利用环境日等活动，组织丰富多样的环境公益活动，引导企业参与。三是出台相应的奖励政策，给予开展环保公益活动的企业适当奖励和政策扶持，推动规模以上企业开展环保公益活动。

三要推进绿色政府建设。推动政府机构绿色采购。完善环境标志产品认证制度和政府绿色采购清单制度。政府在公务用车领域，把节能、环保、小排量汽车作为公务用车的首选车型。推进政府机关绿色办公。加强机关人员节约资源能源教育，推广无纸化办公，减少电梯使用，带头节约办公用品，提倡物品循环使用，实现办公资源与能源节约。加强对废旧办公设备的回收利用和资源化处置。属于政府部门固定资产的办公设备，由资产管理部门按照相关程序进行统一报废收集处理。政府工作人员的个人电子垃圾，投入专门设立的“电子垃圾回收站”，由指定作业人员统一定期收集处理；与已在主管部门备案的废旧家电与电子产品回收处理企业建立合作关系，由其对报废的废旧办公设备作资源化、无害化处理。

（二）推进多元治理主体建设，健全公众参与机制

公众参与是解决环境问题不可替代的力量。除了政府“自上而下”的推动和引导外，环境保护还要依靠公众“自下而上”的参与。在一定意义上，公众监督是政府监督的补充和延续，公众监督不仅可以强化对污染企业的环境监督，弥补政府监管力量的不足；同时可以监督政府工作，使其认真履责。培育多元主体参与治理和建设，建立由政府、非政府组织、社会中介、政治、民间组织、公民个体及企业共同参与的多元的多部门的生态环境治理主体队伍。实行“谁治理、谁开发、谁受益”的激励机制，鼓励国有、集体单位、民营企业等各类经济组织及个人进行生态保护和建设。

政府树立多元参与理念，开放多元参与。政府要抛弃狭隘的执政理念，树立多元参与理念，让大多数社会主体参与生态环境治理，使政府的工作得到大多数群众的支持和理解。同时，政府应开放决策，将一部分权力让渡给社会公众，让公众参与决策，在决策过程中，政府与公众形成互动和协同，以各种方式听取、采纳公众意见，让公众参与到生态环境治理事务中去。

公众树立参与意识，积极有效参与生态环境治理。立足于多元主体参与生态环境治理的要求，明确公众参与环境决策的原则与范围，规范公众参与环境决策的程序和方式，强化公众参与环境决策的有效性，通过多种形式宣传教育，增强公众的社会责任感；树立公众积极参与生态环境治理的意识，培养公民精神，塑造公民文化，让“多元参与”生态环境治理成为一种文化和习惯。同时，努力提高社会各主体自身素质，以主人翁的姿态积极主动地参与生态环境治理，通过各种方式和途径表达意见，发挥个体的首创精神和主观能动性，向政府献计献策，切实推动生态文明建设。

强化企业环境治理主体责任。企业在生产经营过程中负有遵守和维护环境与资源保护法律秩序、服从政府环境资源管理、治理污染的义务，对环境造成污染的，必须承担治理环境破坏、赔偿环境损害损失的责任（江剑平和谭今来，2005）。一要严格企业守法的法律底线，防止企业转嫁污染治理成本，切实解决“违法成本低，守法成本高”的状况。细化落实规范企业环境行为的法规和标准。着力改变环保法

律制度对环境违法企业处罚偏软的状况，从制度上加大对环境违法行为的惩处力度。建立以环境损害赔偿为基础的环境责任、环境管理体系。明确企业环境损害赔偿责任，加大对实施环境侵权行为的企业追责力度，提高环境违法成本，有效防止企业环境成本外部化。二要借助价格、税收、信贷、补贴等经济杠杆，激励与约束企业，积极推行重点污染行业和企业强制性环境污染责任保险制度，对企业利益进行调节，增强企业环境治理社会责任感。

壮大生态环保民间力量，引导社会组织发挥作用。适当降低环保非政府组织（NGO）的入门门槛，在注册登记过程中重点对公益性、非营利性作出要求，放宽对人员、场地、资金和业务主管单位等方面的要求。培育多元主体参与治理和建设，建立由政府、非政府组织、社会中介、政治、民间组织、公民个体及企业共同参与的多元的多部门的生态环境治理主体队伍。实行“谁治理、谁开发、谁受益”的激励机制，鼓励国有、集体单位、民营企业等各类经济组织及个人进行生态保护和建设。完善非政府组织培育机制，建立沟通、协调、合作制度，鼓励社会组织承担环境责任。

健全多元参与制度，拓宽多元参与渠道。进一步完善环境立法、规划、重大政策和重点建设项目环评等的听证制度，扩大听证范围，规范听证程序；拓宽多元参与渠道，探索实行社区环境圆桌对话机制，建立政府、企业、公众及时沟通、平等对话、协商解决的机制和平台。充分发挥社会组织（NGO 等）参与环境保护的作用，完善环保非政府组织培育机制，建立沟通、协调、合作制度，鼓励社会组织承担环境责任，参与环境保护。真正实现公众参与环境保护的真实性、科学性、广泛性、代表性，畅通公众环境权益诉求的表达机制。

（三）强化环境信息公开制度，完善社会监督机制

完善环境信息公开制度，依法公开各类环境信息，扩大政府环境信息主动公开的范围，规范和畅通信息公开的渠道，强化企业环境信息公开的责任，确保公众知情权、参与权、监督权及寻求法律救济等权利的行使。建立环境信息公开规范，明确环保信息公开的层次（必须公开、选择公开、特定对象公开等）、公开的方式、公开的频率等。依照法规进行环保信息公开，并接受公众的监督和质询。

健全举报制度，有效发挥公众监督作用。鼓励公民、法人和其他社会组织就生态环境问题进行举报。丰富环境公众监督形式，建立公众参与的环境后督察和后评估机制。完善环境舆论监督制度，明确舆论监督的范围和内容，健全环境舆论回应

机制。完善环境信访制度，建立环境信访预警机制和隐患排查制度，完善信访查处制度和积案化解制度。建立多平台、多方式举报，方便百姓进行环保举报。借助网络平台，实行微信、微博举报等。建立举报跟踪制度。所有举报都必须一查到底，并给举报人回复。建立举报内容公开制度，对所有的举报内容，除举报人以外全部进行，联合社会各方面力量进行监督检查。

（四）健全环保公益诉讼制度，建立权益保障机制

拓宽环境公益诉讼主体资格。环境侵权具有社会性、广泛性、潜在性、不确定性等特征，其侵害往往是间接的、难确定的，受害主体间也是不相联系的、无组织的。按传统的侵权理论，只有“与本案有直接利害关系”的人才可以提起诉讼，环境公益的保护将极大受限（吴勇，2006）。构建环保公益诉讼制度，首先要拓宽诉讼主体资格，逐步将国家机关、企事业单位、环保公益团体和个人纳入原告范围。完善环保公益诉讼具体操作程序，合理分配举证责任，研究举证责任倒置在环保公益诉讼中的具体应用（崔臻峰和朱保建，2007）。制定责任界定和损失评估制度，科学界定环境污染原因、责任主体、损害程度、弥补措施和赔偿数额等（颜运秋，2002）。

扩大环保公益诉讼范围。正确界定环境公益诉讼的范围，是建立环境公益诉讼法律制度的前提（邓一峰，2006）。我国环境民事公益诉讼范围应主要限于行政机关根据依法行政原则不能直接干预的，损害环境公共利益的民事主体的行为。环境行政公益诉讼范围主要包括：第一，行政机关不主动履行法定指责，损害环境公共利益而无人起诉的具体行政行为；第二，只有受益人而没有特定受害人的具体行政行为，如非法的行政许可，从而使得环境受到破坏，林木受到滥伐；第三，受害人为不特定多数人的具体行政行为；第四，抽象行政行为（蒋毅和黄树标，2006）。

充分发挥社会公益组织的力量，形成全民环保监督机制。环保公益组织在环境保护中起着不可估量的作用，政府应当以更加开放的心态，接受社会公益组织，并有效利用他们的工作成果。尝试与公益组织进行合作，向公益组织购买服务。

三、改革创新生态文明政府管理制度体系

生态环境是公共产品，环境保护是容易“市场失灵”的领域，政府在生态文明建设中的作用是弥补市场失灵，促进可持续发展（杜群，1993）。改革创新生态文明政府管理制度体系，需要围绕提高政府管理效率，从生态系统完整性出发，按照所有权与管理权分开、开发与保护分离的原则，完善法律法规制度，一件事由一个部

门负责，合理划分中央和地方事权，改革生态文明保护体制，建立责、权、利清晰，源头、过程、末端全过程管控的政府监管制度体系。

（一）强化国土空间用途管控，建立源头预防制度体系

坚定不移地实施主体功能区制度，建立覆盖全部国土空间的用途管制制度。根据区域生态环境承载力和生态环境的恢复与保护费用，设定自然资源开发的原始定价、开发数量和空间用途。健全完善国土空间利用规划体系，整体谋划国土空间自然资源开发。建立包含生态功能基线、环境质量下限、资源利用上限的生态红线体系。根据主体功能区规划和生态环境功能区划，实行差别化的区域管理政策。强化总量控制制度，建立登记各级行政区域主要污染物排污权指标的基本账户，落实政府减排责任。加快立法进程，尽快在全国范围建立统一公平、覆盖主要污染物的污染物排放许可制，加快建立以企事业单位为单元、覆盖主要污染物的总量控制制度。

（二）完善执法监管制度建设，建立过程严管制度体系

健全完善环境保护法规、政策、标准和规划体系，加快环境保护法律法规的制定与修订，全面修改环境保护综合性基本法，加快污染防治和资源保护立法步伐，健全完善配套实施细则，强化环保地方立法。完善和强化环评制度，加强环境准入监管（戴宏梅，2005）。健全生态环境执法监督机制，完善执法程序，加强环境执法能力建设，建立健全环境执法机构，形成省、县、乡（镇）三级环境执法监管网络。加强司法监督，建立环境行政执法与司法联动协作机制，强化社会监督，加强各级人大对生态文明建设的监督，推进政府问责制度的落实。健全资源环境承载力监测预警机制和风险评估机制，加强生态环境风险防范与修复治理。

完善环境保护法律体系。健全法规，以生态文明理念加快环境保护法规建设发展进程，解决当前生态文明建设中亟待解决的根本性、全局性、稳定性和长期性的问题。推动环保行政法规进程，依法及时制定现行环保法律需要配套的行政法规，保障环保法律的有效实施。加快环保部门规章步伐，着力构建逻辑清晰、充满活力、富有效率的环保部门规章体系。积极参与全国人大、国务院和国务院有关部门与环境保护密切相关的立法项目，积极提出环境保护方面的意见和建议，推动相关立法顺利开展。大力支持地方环保立法，积极支持、指导和推动地方制定环境法规或者规章补充国家环境立法的不足。同时开展环境立法后评估。对环境法律制度的科学性、立法技术的规范性、法律规定的可操作性、法规之间的协调性、法律执行的有效性等作出客观评价（陈泉生，1997）。

创新环境立法模式。注重保障公众的环境知情权、参与权和监督权。推进科学立法、民主立法，增强环保法律法规贯彻实施的群众基础。密切跟踪国际环境立法趋势，研究借鉴国外的环境立法经验，从中吸取适合中国国情的有益经验（周舫和朱德明，2007）。强化政府责任，健全约束和规范政府环境行为的法律制度。重点解决一些地方政府环境保护不作为、乱作为、干扰环境执法等的突出问题。严格追究污染者的环境责任，切实解决长期困扰环境保护的违法成本低的问题。

加强环境执法能力建设。建立健全环境执法机构，形成省、县、乡（镇）三级环境执法监管网络。加大环境执法建设投入，提高执法装备水平，加强环境执法队伍建设，加大培训力度，不断提高执法人员的专业水平和执法能力。规范环境执法制度程序，建立环境案件审核、环境执法公开等制度，保证环境执法的客观、公正、快速、高效，并加强部门合作，创新执法机制，强化生态文明建设监督管理，加强司法监督，推进政府问责制度的落实，严格规范“环境影响评价制度”，拓宽社会监督渠道，充分发挥新闻媒介的舆论监督和导向作用，提高广大公众积极参与生态文明建设的积极性和责任感。

建立环境违法的惩罚制度，提高环境违法成本。对不正常使用污染治理设施、偷排等违法排污行为按照法律规定环保罚款额度的上限进行处罚，同时还将征收数倍的排污费。大力创新环境违法行为的惩罚手段，如一些企业没有经过环评就开工的，没有进行环保验收就投产的，一律责令停工或者停产，并对开工和生产过程中的超标排污、偷排污等一系列违法行为，加重处罚，可以采取“按日计罚”，且不封顶。对环境破坏严重的行为应予以追责，完善环境污染各项制度建设：环境污染追究制度、环境污染损害赔偿制度和环境公益诉讼制度（韩志红和阮大强，1999）。

充分发挥司法体系的保障作用。加强环境司法保障机制探索，研究建立环境行政执法与司法的相互配合机制，制定环保部门与公安机关、人民检察院和人民法院的沟通协调办法，保障公众的环境救济权，对于严重污染环境和破坏生态，损害国家和公众环境利益的，积极支持环保团体提起环境公益诉讼（陈炎兵和何五星，2009）。健全环境执法监督机制，完善环境执法程序，做好行政监察和复议的工作，切实实行政务公开，充分保障公民的知情权、选择权、监督权。完善环境执法管理体制，明确规定各部门的职权和职责，而且清理和规范环境执法主体。加大环境执法力度，严格规范环境执法行为，从各个环节规范和制约执法人员的执法行为，并且将考核结果与执法人员的奖励与惩罚、升职与降职等环节联系在一起，培养纪律严明、法律素质高、业务能力强的环境执法队伍。

（三）健全监督考核评价机制，建立后果严惩制度体系

完善生态文明绩效考核机制。推行政府绩效管理，实行绿色政府运行机制。完善各级领导班子和领导干部考核评价体系，建立符合生态文明要求的目标体系考核办法、奖惩机制，制定差异性的生态环境建设和经济建设双向指标考核体系及考核标准，逐步加大干部政绩考核评价体系中资源消耗、环境损害、生态效益等环境保护相关指标的权重，将其作为干部选拔任用、管理监督的重要依据，逐步推行生态环境考核向法制化、制度化方向迈进，实行环境问题追溯和责任终身追究制度；科学确定干部政绩考核指标体系，完善政绩考核方法，将政绩考核结果与干部任免奖惩挂钩。

抓紧制定体现生态文明要求的目标体系，形成生态文明建设指标年度统计制度。建立健全环境责任追究制度，明确政府环境责任定位，重点加强对地方政府环境行为的责任追究，加快编制自然资源资产负债表，建立自然资产监测、评估、报送制度，探索建立生态环境审计制度，对领导干部实行自然资源资产离任审计，建立生态环境损害责任终身追究制。建立生态环境损害赔偿制度，推进第三方损害评估鉴定，对受害群体予以合理赔偿，将生态环境的损害与公民的损害列入赔偿范围，加大造成生态环境损害的企业和个人的违法违规成本。

强化生态环境损害赔偿。将生态环境的损害与公民的损害列入赔偿范围。按照《关于开展环境污染损害鉴定评估工作的若干意见》（环发[2011]60 号）要求，积极组建队伍，成立环境污染损害鉴定评估机构，尽快形成环境污染损害鉴定评估能力。开展案例评估，不断探索完善环境污染损害责任承担主体、损害范围和程度、责任承担方式等基本制度。加大造成生态环境损害的企业和个人，尤其是企业的违法违规成本。及时妥善处理环境损害赔偿纠纷，正确使用环境侵权案件举证责任分配规则，准确认定环境污染与损害后果之间的因果关系，确保环境侵权受害人得到及时全面赔偿，同时使责任人付出高昂代价。

建立自然资源资产离任审计。启动自然资产核算，建立自然资产监测、评估、报送制度，探索编制自然资源资产负债表，加快探索建立生态环境审计制度，对领导干部实行自然资源资产离任审计，对生态环境损害大的，进行责任追究。

建立责任追究制度与环境公益诉讼制度。对不顾生态环境盲目决策、造成严重后果的领导干部，终身追究责任。加强行政执法与司法部门的衔接，完善环境执法联动工作机制，推动环境公益诉讼，对排放污染物造成严重后果的，依法追究刑事

责任。落实《最高人民法院 最高人民检察院关于办理环境污染刑事案件适用法律若干问题的解释》，深入开展专项执法行动，加大对环境刑事责任的追究力度，依法严惩环境违法案件。

（四）理顺监管职能事权划分，改革生态环境监管体制

国家层面设立生态文明建设领导小组，统筹协调生态文明建设相关工作。理顺资源、生态、环境监管职能，将自然资源监管权和使用权分离，建立统一行使全民所有自然资源资产所有权人职责的体制；建立统一行使所有国土空间用途管制的职责的行政部门（马中和吴健，2004）。创设大生态环保体制，建立统一监管山水林田湖所有生态空间和自然资源的生态保护监管体制，建立统一监管所有污染源、污染物、污染介质的污染防治监管体制，实行独立而统一的环境监管和行政执法。

合理划分中央与地方环境保护职权。中央政府来负责跨越区域、流域和领域的，以及危害较大和影响较深的环境问题，当地政府执行属于地域性的环境问题，加强基层环保机构建设，适时推行生态环境保护主管机构垂直管理，打破现行行政地域限制。在地方环境管理事务上，中央政府负有监督和指导职责（曹家新，1994）。地方政府要根据本地的实际灵活地选择适合自己的环境管理体制，目前乡镇基层政府没有环保部门的延伸机构，有条件的地方可以在乡镇设置环保机构。

建立跨部门协调机构。建立跨部门协调机构，进一步明确部门职责，建立跨部门的多方参与管理体制。设立生态文明建设领导小组，主要是协调各个部委的环境保护和生态建设工作，制定环境保护与经济发展相协调的环境政策，促进可持续发展中各个部门的协同作用。强化和完善环保部的现有职能，明确各部门的职责分工，成立综合性的环境部或环境资源部，其主要职能应包括污染防治、生态保护、核安全监管、气候变化应对。

强化跨区域环境管理。强化华东、西北、东北、华南和西南环境保护督察中心的职能，真正发挥其环境监管作用。首先，要保障环保督查中心机构的能力建设和经费支持，扩大人员编制，增加人力财力投入，逐步健全中心机构设置；其次，要明确区域环保督查中心的职能，清晰界定环保督查中心与地方环保主管部门之间的环境事权；最后，要建立健全信息公开报送系统，保证督查中心与基层环保主管部门之间信息通畅，促进环保督查中心充分发挥其职能，提高行政效率。

建立统一监管所有污染物排放的环境保护管理制度（邓集文，2008）。对工业点源、农业面源、交通移动源等全部污染源排放的所有污染物，对大气、土壤、地表

水、地下水和海洋等所有纳污介质，加强统一监管。坚持将环境保护要求体现在工业、农业、服务业等各领域，贯穿于生产、流通、分配、消费各环节，落实到政府机关、学校、科研院所、社区、家庭等各方面，严格环境法规政策标准，进行综合管理，实现要素综合、职能综合、手段综合，实现污染治理全防全控。

实行独立而统一的环境监管与执法。健全“统一监管、分工负责”的监管体系，有序整合不同领域、不同部门、不同层次的监管力量，有效进行环境监管和行政执法。加强环境监察队伍建设，强化环境监督执法，推进联合执法、区域执法、交叉执法等执法机制创新，严厉打击企业违法排污行为。探索建立环保部门和公安部门、司法部门联合执法的联动机制。

第六章　生态文明建设的科技支撑与重大任务

第一节　国外科技战略分析

一、美国科技发展战略

科学技术是美国经济发展、社会变化最基本的决定因素之一，是其继续在21世纪前进的动力。在美国，科学研究肩负两大基本任务，一是创造新知识，二是培养作为美国未来技术创新体系的基础、有着无穷创造力的人力资源。为此，美国政府为科学研究政策确定了五项国家科技发展战略目标：①建立一流的科研基础设施、吸引全世界最优秀人才、保持在科学前沿研究上的世界领先地位；②为21世纪培养最优秀的科学家和工程师；③提高全体美国人的科学素质；④鼓励国家实验室、研究所、大学和企业发展各种伙伴关系，使研究人员能在各体系间自由流动，高效利用人、财、物各种资源，促进对基础与应用科学和工程研究的多元投资；⑤加强基础与应用科学研究同广泛的国家目标之间的联系（刘荣春等，2005）。

美国环保署（EPA）每5年就会制定一个环保战略计划，提出其未来5年的工作目标，并描述其如何使得美国的环境更清洁和健康。这个计划既是就其职责向公众的说明，也是如何实现既定环境目标的路线图。到目前为止，美国环保署已制定的战略计划包括1997～2002、2000～2005、2003～2008、2006～2011、2011～2015、2014～2018战略计划（U. S. Environmental Protection Agency，2010）。

“EPA 2006～2011战略计划”：围绕上一个战略计划提出的5项目标进行部署，战略计划目标包括清洁空气和全球气候变化、清洁和安全用水、土地保护和恢复、健康的社会和生态系统、法律依从和环境管理。“EPA 2011～2015战略计划”：战略计划的5个战略目标包括在气候变化问题上采取行动和改善空气质量、保护水、清理社区和可持续发展、化学品安全和污染防治及强制执行环境法等。目前，最新的一个5年计划是2014年4月制定的“EPA 2014～2018战略计划”，战略目标包括应对气候变化和改善空气质量、保护水、清理社区和可持续发展、化学品安全和污染防治，以及保护环境与人体健康的法律依从和执行等方面进行科技项目规划设计和经费预算。

通过分析对比最近的3个5年战略计划，每个5年计划在战略目标侧重点和所要达到的目标略有变化（表6-1）。其中2006～2011年战略计划比较侧重于土地保护和恢复及生态系统保护方面，而2011～2015年和2014～2018年战略计划则是转向清理社区和可持续发展，以及化学品安全和污染防治。

表6-1　美国EPA最近的3个5年战略计划战略目标对照表

EPA 5年战略计划	2006～2011年	2011～2015年	2014～2018年
战略目标1	清洁空气和全球气候变化	在气候变化问题上采取行动和改善空气质量	应对气候变化和改善空气质量
战略目标2	清洁和安全用水	保护水	保护水
战略目标3	土地保护和恢复	清理社区和可持续发展	清理社区和可持续发展
战略目标4	健康的社会和生态系统	化学品安全和污染防治	化学品安全和污染防治
战略目标5	法律依从和环境管理	强制执行环境法	保护环境与人体健康的法律依从和执行

战略计划非常重视科学研究，均将强化科学和研究作为其重要的分目标之一，分别从强化科学研究的方法和策略、人力资本、绩效测量、评估反馈、新问题分析等方面进行具体部署（张书军等，2010）。此外，十分重视系统管理与全方位控制，以及环境标准研究。以水环境管理为例，将最大日负荷总量作为保护流域水质的重要措施，从流域水质和生态系统保护目标出发，基于科学系统的分析，确定排污控制要求，而不是对所有河流都简单地实施同一个污染控制标准。每一项环境标准的出台都有其扎实的科学研究，并经过了系统的技术可行性和经济可行性分析。因此，美国的很多环境标准成为了包括中国在内的其他很多国家制定环境标准的重要参考。此外，战略计划非常重视新型污染物控制和发挥国际合作伙伴的作用。

美国其他与生态文明相关领域的重大科技战略或计划的概况如表6-2所示。

二、欧盟科技发展战略

欧盟科技政策是欧洲一体化较早开展合作的政策领域，可以追溯到20世纪50

表 6-2　国外生态文明相关领域的重大工程科技战略或计划概况

国家/地区	科技战略/行动计划	特点
美国	美国气候变化技术计划（CCTP）	通过捕集、减少及储存的方式来控制温室气体的排放量。该计划中包含的技术有氢能源、生物提炼、清洁煤、碳储存、核分裂和聚变能等，这些技术以最基础的方式转化为国民经济价值，不仅能够改善气候变化，而且可以保证能源安全、空气污染及其他紧迫需求
	美国海洋与大气管理局（NOAA）未来 20 年研究远景目标	远景目标：构建一个信息化社会，充分认识海洋、海岸带和大气圈作用，支持决策 两个预测：社会需求与技术发展预测 11 项产品与服务
	《环保局的研究、发展和技术服务——一个新的开端》	环境科研，尤其是长期基础研究及开发和利用规划 16 个长期研究项目：颗粒物、臭氧、有害气体、饮用水、水质、污染场地、生态、汞等
	绿色技术计划	绿色技术成为政府各个部门科技计划的一部分
欧盟	《环境技术行动计划》	3 个关键点：技术从研发到市场、提高市场运作条件、全球行动 两大创新行动：建立技术平台、建立测试网络
	欧盟第 6 个《环境行动计划》(2002～2012)	4 个优先领域和目标：遏止气候变化、保护大自然和野生生物、环境与健康、自然资源和废弃物
	新一期的《环境技术行动计划》2014～2020	3 个优先课题："强化自然保护与生态系统复苏能力""促进可持续且资源效率高的低碳发展"及"高效处理环境对健康造成的威胁" 2 个目标：强化欧盟城市可持续发展、提高欧盟在地区及国际上解决环境及气候变化课题方面的影响力
日本	《科学技术推进战略》	资源环境技术研究为重点主题之一 7 个重点项目：燃料电池、CO_2 回收、汽车节油、地下和海底储存 CO_2、煤气发电热能提高、恶劣环境造林、氢气制造、储存和供应
	《环境研究和技术开发的推进方针》	2 个基本战略：研究开发的综合与整合、充实和完善环境研究的基础 4 个重点领域：抑制地球变暖、循环性社会、自然共生性社会、社会安全健康
德国	《德国高技术战略》（科技部，2010） 《德国气候保护高技术战略》	科研：气候与资源保护领域是新的优先资助重点之一 地球观察：最现代化民用地球观察卫星 TerraSAR-X
加拿大	工业研究辅助计划 技术伙伴计划 环境科学计划	1 个战略：以环境科技创新支撑环境产业发展，以环境产业发展促进环境保护和可持续发展 16 个领域

续表

国家/地区	科技战略/行动计划	特点
英国	《关于行星地球的下一代科学：NERC 2007-2012 年战略规划》（自然环境研究委员会，NERC）（李延梅等，2008）	3 个研究方向：国际水平的多学科研究、与自然和谐相处技术、继续合作 1 个科学目标：引导世界从数月到数十年尺度上预测环境变化对区域和地方的影响 7 个研究主题：气候系统、生物多样性、自然资源可持续利用、地球系统科学、预测和减轻自然灾害、环境污染和人类健康、监测与预测技术 若干研究计划：变化的水循环、海洋酸化、通过生态系统服务减少贫困、减少暴风雨风险；环境纳米影响、气候变化与影响不确定性、碳捕获与储存、土地用于可再生能源生产
	英国生态与水文研究中心 2008～2013 年科学战略	3 个科学计划：生物多样性、水、生物地球化学 1 个数据中心：环境信息数据中心
新西兰	《新西兰环境科学研究路线图》（2007～2017）	3 个主题：系统理解和综合、科技转移和吸收、信息系统应用 6 个领域：全球环境变化、土地/水/海岸带、城市设计与灾害、生物安全、生物多样性、海洋系统
韩国	《第二次环保技术开发综合计划》（2008～2012）	三大目标：战略性技术开发、集中培育优秀环保企业、完善环境可持续性指标 四大支撑：扩大投资、加强基础能力建设、战略性环保技术重点投资、环保产业政策倾斜

年代的欧洲煤钢共同体、欧洲原子能共同体及欧洲核研究中心，以科研合作为主要目标，促进相关产业发展，为欧盟科技政策协调合作奠定了基础。20 世纪六七十年代，欧共体提出制定统一的欧洲科技政策，成员国出于对主权让渡与分享方面的顾虑而予以抵制。因此，80 年代前，欧共体除能源领域外没有统一的科技政策和重大的协作研发项目。随着“单一市场”理念在欧洲逐步确立并成为现实，科技与研发领域的共同政策也逐渐出现。多年度欧盟“研究、技术开发及示范框架计划”方案和《欧洲单一法令》标志着以市场为导向，欧共体层面的共同科技与研发政策的开始。

全球化促使欧盟在 20 世纪 90 年代对科技政策进行重大调整，重点在于把技术的生产转向创新成果的推广应用。1999 年，欧盟意识到“研究与发展框架计划”的不足，研发投入严重落后，科技政策存在着缺乏整体战略考虑，横向协调薄弱，项目数量过多，重点不突出及申请项目手续烦琐等弊病。2000 年，欧盟针对这种情况制定了里斯本战略，提出要在 2010 年以前将欧盟建设成为世界上最具竞争力和活力的知识经济体，在促进可持续经济增长的同时创造出更多更好的工作机会。欧盟提议建立“欧洲研究区”，其主要目标在于集中欧盟科研资源，增强科研人员的流动性，深化跨国合作，效仿美日模式，通过联合各方力量，鼓励一种更加包容的工作方式，增强欧洲研究机构的竞争力。2007年，欧洲研究理事会启动，其任务是帮助欧洲研究人员在所有领域自由开展研究，同时简化项目资助的程序。特别是那些没有经济目的但对科技发展方向至关重要的基础研究，以此弥补技研框架计划只注重支持工业政策的缺陷。

（一）以欧盟科技框架计划（FP7）为例

欧盟科技框架计划（FP）是世界上规模最大的官方综合性科研与开发计划之一。为整合各成员国的科研力量，提升整个欧盟层面的研发水平，欧盟从1984年起已顺利实施了 7 个研发框架计划并取得了丰硕的成果。分别为第一框架计划（1984～1987），第二框架计划（1987～1991），第三框架计划（1991～1994），第四框架计划（1994～1998），第五框架计划（1998～2002），第六框架计划（2002～2006）和第七框架计划（2007～2013）（关健和刘立，2008）。

欧盟第七科技框架计划（FP7）（2007～2013）总投入经费501.82亿欧元。其中与生态文明建设相关的研究领域主要包括：环境与气候变化、可再生能源、绿色交通，以及土地、森林和水生环境等生物资源的可持续经营与管理等领域的研究。环境与气候变化领域研究的主要目标是致力于探讨气候、生物圈、生态系统和人类活动之间的关系，鼓励理论和技术应用的整合，以凸显全球性环境问题的重要性，并达到环境与自然资源的可持续管理和保护。主要研究活动包括气候变化、污染与风险管理、自然资源可持续管理及环境技术研究等。能源领域的研究目标是：优化目前能源结构，以可再生、无污染的多样化能源为基础，减少对进口燃料的依赖；提高能源效率，包括能源的合理利用及储存；应对能源供应安全和气候变化问题的同时，提高欧洲工业的竞争力（欧盟第七科技框架计划，2011）。

2010年，“欧盟2020战略”提出调整欧洲发展目标，在未来10年内将重点关注科技创新、研发、教育、清洁能源及劳动力市场自由化。重点集中在三方面：发展以知识和创新为主的智能经济；通过提高能源使用率增强竞争力，实现可持续发展；提高就业水平，加强社会凝聚力。该战略强调“促进实现智能、包容和可持续发展”的增长模式，这一模式能否取得事半功倍的成效，关键在于科技创新。

（二）欧盟《环境行动计划》

欧洲委员会制定的欧盟第6个环境行动计划，名称为“环境2010：我们的未来，我们的选择”（Environment 2010：Our Future，Our Choice）。该行动计划的主要目的是提高欧盟国家人民的生活质量，让他们生活在一个更加清洁和健康的环境中。它确定了欧盟未来 5～10 年环境政策的优先领域和目标，并细化了达到目标所采取的战略措施。该计划认为，欧洲和全世界长期繁荣的关键是“可持续发展”（邓翔等，2012）。另外，该计划还支持和鼓励了以下方面的发展：特别鼓励企业在自愿的基础上和通过立法在环境方面做得更好一些；重视环保措施，提高效率和生产力；扩大绿色产品市场，加大创新并增加就业的机会；欧洲的企业在扩大的市场中繁荣。该计划确定了 4 个优先领域和目标，即遏止气候变化、保护大自然和野生生物、环境与健康、自然资源和废弃物。

最新一期的《环境技术行动计划》（2014～2020）确定了 3 个优先课题：“强化自然保护与生态系统复苏能力”“促进可持续且资源效率高的低碳发展”及“高效处理环境对健康造成的威胁”。2 个目标：强化欧盟城市可持续发展、提高欧盟在地区及国际上解决环境及气候变化课题方面的影响力。可以看出，这些行动计划都非常注重绿色、低碳和循环经济的可持续发展方式。

三、日本的科技发展战略

日本政府于 1995 年 11 月 15 日颁布了《科学技术基本法》，在技术立国的基础上进一步提出“科技创新立国”的战略口号。由此，日本“技术立国”战略步入了一个新阶段，即“科技创新立国”战略的阶段（1995 年至今）。从技术立国到科技创新立国，意味着日本技术立国的战略核心发生了根本性转变，实现了质的飞跃。

（一）战略思想

在巩固经济大国地位的基础上成为政治大国和地区军事大国。

（二）战略目标

告别“模仿与改良的时代”，创造性地开发领先于世界的高技术，把科技重点放到“开发有独创性的科学技术”上来，力争从一个技术追赶型国家变为科技领先型国家。

（三）战略重点

将生命科学、环境科学、信息通信技术、纳米技术、能源、制造技术、社会基础设施、前沿领域（主要是宇宙和海洋）纳入重点，其中前 4 项是重中之重。

（四）战略措施

变革科技组织体制，制定科技基本计划。1995 年撤销“科学技术会议”，在内阁成立“综合科学技术会议”（具有制定国家科技发展战略，协调政府各省厅之间有关科技项目关系的职责）。从 2001 年 4 月起，89 个国立科研结构重新组合成 59 个拥有较大自主权的独立行政法人，实行民营化管理。根据 1995 年通过的《科学技术基本法》，每 5 年制定一次《科学技术基本计划》（姜新军，2007）。

不断加大对基础研究的支持力度，并在人力、物力、财力方面形成相配套的制度创新。2003 年日本政府研发支出高达 1241.13 亿美元，居世界第三位，而中国只有 186.01 亿美元，居世界第六位。2003 年日本在国际刊物上发表科技论文数量居世界第二位。2002 年起实施《21 世纪 COE 计划》，建立具有世界水平的战略研究基地。扩大竞争性科研经费预算，建立有利于创造优秀成果的竞争性研发环境，制定出台一些待遇优厚的人才政策，解决基础研究人才相对不足的问题。加强国际合作研究与开发。

日本综合科学技术会议于 2006 年 3 月 22 日审议通过了《分领域推进战略》（以下简称《战略》），确定了政府集中投入和优先分配研发资源的重点领域。《战略》确定生命科学、信息通信、环境、纳米技术和材料为“四大重点推进领域”；能源、制造技术、社会基础建设和前沿科学技术为“四大推进领域”。《战略》对八大领域进行规划和布局，选定 273 项为重要研究开发课题，其中 62 项为战略重点科学技术项目。其中，尤其值得关注的是政府加强集中投资的 62 项战略重点科学技术项目，2006 年年度预算总额为 2866 亿日元，占日本政府特定政策目的型研究开发项目总预算 1.7856 万亿日元的 16%。另外，日本从战略重点科学技术中选择关系到国家综合安全、旨在将来引领日本发展、符合国家发展目标和长期战略的项目作为“国家核心技术”，由国家主导实施（谢玮，2014；胡明晖，2012）。“国家核心技术”项目包括下列五大项目：下一代超级计算机、海洋地球监测勘探系统、X 射线自由电子激光、快中子增殖反应堆（FBR）循环技术、宇宙输送系统。

总之，日本在第二次世界大战后，采取了技术引进型追赶战略，以追赶世界先进水平。日本在引进欧美技术时很注重选择，并强调对引进技术进行消化、吸收和创新，从而形成了日本高技术产业的基础。日本高技术发展政策体现了“科技立国”的思想，把加强基础研究和创造性开发研究作为根本的出发点，力图在一些重要领域有自己的“看家本领”，在“立国”上发挥独有的高技术作用。日本目前的科技发展战略主要包括：①加强对基础研究和经济前沿领域的研究，尤其是支持带有创造性的、与开拓新领域相关的战略性的研究；②增加政府对研究与开发的直接投资；③进一步改善科技发展的环境，构筑新的研究开发体制；④提高全体国民对科技的关心和学习意识。

四、国外经验与借鉴

通过对上述各国科技发展战略和行动计划的比较分析，可以看出各国所具有的几个共同点。①基础科研方面：注重地球生态系统的综合集成研究；多学科交叉，与高新技术发展融为一体；长期支持重点领域的基础科研项目，且科研投入逐年增加。②技术研发方面：传统污染控制技术先进并趋于成熟；单一介质污染防治转向综合污染防治；以污染防治为主转向同时兼顾低碳技术的发展；循环经济技术备受重视。③体制机制建设方面：制定专门规划被作为国家科技发展的最重要内容之一；充分发挥法律法规保障和优惠政策的激励作用；稳定高额的科研资金投入；高度专业性队伍与组织形式；科技资源共享与协作。④注重全面科学素养的培养和提高。重视科技宣传教育，提高全体国民对科技的关心和学习意识。

第二节　生态文明建设的科技需求与问题

党的十八大报告提出了“两个百年”奋斗目标，预计未来20～30年我国将步入后工业化时代，城镇化基本完成，社会呈现老龄化特征，国民收入达到较高水平。基于对未来经济社会发展情景及我国工程科技发展现状的分析，我国经济社会发展对工程科技的战略需求概括为：推进农业现代化，促进工业化和产业升级，提升信息化水平，发展新型城镇化，应对老龄化，推动绿色化，确保可持续，提高民生质量，保障公共安全，为我国转变经济发展方式，实现人与自然、人与社会和谐发展提供强有力的科技支撑。通过科学谋划提出切实可行的发展路径，通过科技创新形成有效的科技支撑，更好、更快地实现经济发展方式转变，降低经济发展方式转变的代价和成本，是当前我国经济社会发展赋予工程科技领域的历史使命，是工程科技发展的重要命题。因此，我国生态文明建设的各个重要领域都需要进行不断的科技创新。

一、生态文明建设的科技需求

根据党的“十八大”对生态文明建设的总体要求和战略部署，当前和今后一个时期，应该把生态文明的建设任务作为我们科研工作的重要出发点，围绕国土空间开发与资源配置、生产生活消费、生态保护与建设及环境保护等领域，在低碳技术、绿色经济、生态恢复和环境治理技术等重要领域瞄准核心问题，加强科技战略布局。

生态文明建设对科技发展与科技创新的需求非常大。大力加强生态文明建设所需的科技创新，包括源头预防的低碳化生产技术、循环经济支撑技术、高效目标管理技术、信息化技术、标准化技术；生态保护需要大尺度生态系统认知、决策支撑与保护技术；环境保护需要高效低耗治理技术与修复技术、新型污染物处理处置技术、农村面源污染控制技术、区域流域污染治理技术等技术创新。通过原始创新、集成创新与引进消化再吸收再创新，形成具有自主知识产权的核心技术和关键技术。总的来看，生态文明建设的科技发展需求的发展趋势主要表现为对于低碳循环、绿色、节能减排技术的广泛需求。

二、存在的问题

虽然我国生态文明建设中的工程科技在各个领域都取得了长足的发展和进步，但也存在一些问题，面临着严峻的挑战。

（1）在基础科研方面：污染物迁移转化基本规律研究不足，多介质复合污染机制研究不够，尚未建立我国环境基准体系、大尺度综合集成研究不够、与高新技术发展融合发展不足，以及缺乏对重点研究领域的长期支持。

（2）在技术研发方面：常规污染物达标基本实现，新型污染物监控与处理不到位；仍以单一介质污染防治为主，缺少综合污染防治理念与举措；仍以污染防治为主，较少考虑低碳发展；工业园区处于低级发展阶段，循环经济支撑技术不足。

（3）在体制机制方面：环保规划与经济发展规划的深度结合不够；环境科技的激励政策不足，自主创新能力不强；资金投入力度不足，长期性难以维持；专业人员队伍仍然偏少，研究水平有待提高。虽然我国目前已经具备了一支规模宏大的工程科技人才队伍，但创新能力薄弱的局面亟待改变，高层次创新型工程科技人才的培养亟待加强；科技资源共享与协作不够。科学的科技体制机制是增强自主创新能力的重要保障。深化科技管理体制改革，仍然是科技管理中需要重视的问题。

第三节 生态文明建设的科技创新驱动战略

一、战略目标

结合我国“双百年”奋斗目标，确定生态文明建设的科技创新驱动战略的总体目标和阶段目标。

总体目标：适应我国生态文明建设和创新性国家建设的需要，加强环境科技的机制体制创新和能力建设，通过组织科学研究，在生态环境保护基础研究、高新技术、标准化发展和环保产业等方面不断创新，形成保障环境质量不断改善的科技能力，为建设生态文明、形成资源节约型和环境友好型社会提供科技保障。

分阶段目标如下。

第一阶段目标（2020 年）：提高引进消化吸收科技再创新能力，加强集成创新，更加注重协同创新。在全面实现进入小康社会目标的情况下，环境保护重点从污染控制为主向污染控制与生态保护并重，形成保障生态环境质量有明显改善的科技能力，能够协调改进生产生活消费活动，环境科技水平达世界中等水平，主流技术达到世界先进水平，为建设生态文明提供科技支撑。

第二个阶段目标（2030 年）：提高科技原始自主创新能力，形成中国特色的科技创新体系。

第三个阶段目标（2050 年）：随着我国进入中等发达国家行业，环境保护重点以生态保护和风险防范为主，环境科技从技术支撑为主向全面引领生态环境保护方向转变，形成保障生态环境质量持续改善的科技能力，环境科技对国家生态环境保护的贡献度明显提高，具备科学指导生产生活消费活动的能力，生态环境科技水平达世界先进水平，主流技术达到世界领先水平，成为生态环境保护科技产品与服务的出口强国。

二、总体思路

以提高自主创新能力和改善科技体制机制改革为核心，从分析我国生态文明建设的科技需求和现状出发，以科技体制改革创新、构建新创新体系、加强人才培养、加大科研经费投入和基础能力建设为重点，在生产生活消费领域、资源能源可持续利用领域、生态保护领域和环境保护领域开展生态文明建设，实施重大工程的建设，以引领和支持各行业的可持续发展和污染减排，为全面建成小康社会进而建设世界科技强国奠定坚实基础。

三、优先领域与重点任务

（一）加强生态文明建设的科技创新

1. 基础研究领域

1）大气、水、土壤等环境介质之间污染物相互转化规律研究

加强大气、水、土壤等环境介质之间污染物相互转化规律研究，为污染物控制与治理技术研究奠定基础。

2）多介质复合污染机制研究

水体中、沉积物中、土壤中，以及大气中有机/无机污染物的迁移转化规律研究，重点加强有机/无机污染物来源和分布、迁移、转化机制，以及生态风险评价的相关研究。

3）灰霾、臭氧的形成机制、来源解析和迁移规律等研究

深入研究大气中 $PM_{2.5}$、臭氧、光化学烟雾的形成机制、来源解析、迁移规律；推进大型大气光化学模拟仓、大型气溶胶模拟仓等科技基础设施建设。

2. 循环经济与二次资源、废弃物资源化利用领域

1）重点工业行业能源梯级利用、源头减量、资源循环利用等关键共性技术研究

重点开发和突破各行业绿色化转型的关键共性技术：先进的燃烧技术、先进的换热器技术、整体煤气化联合循环发电系统（IGCC）节能技术、分布式能源系统及冷热电联供技术、超高效电机系统技术、重点耗能企业重点工序能源资源减量化及废物循环利用一体化技术、工业余热余压综合利用技术、工业废物循环利用技术、工业用低功耗和多功能微纳器件与系统、高光效半导体照明材料、芯片、器件和光源产品等关键技术、储能技术。

开展行业间、工业-社会间的物质/能源链接技术研究，重点工业行业间的生产生态链构建技术研究，在工业企业之间采用废物交换、清洁生产等手段实现物质闭路循环和能量多级利用，形成若干个相互依存、相互关联的企业要素，达到物质能量利用最大化和废物排放最小化的目的；以重点节能减排技术示范工程为抓手，开展节能减排协同控制技术的研发与示范。

2）新型城镇化发展的循环经济共性技术研究

以提高资源、能源综合利用率为目标，以物质流分析和优化集成技术为基础，结合我国循环经济示范市（县）和城市矿产基地建设，突破跨产业链接与废物循环利用技术、多产业生态化链接技术、新型城镇化过程循环型生态基础设施构建技术等，建立区域循环经济发展技术集成示范模式，支撑区域资源能源高效利用和区域环境质量改善。

3）农村废弃物资源化利用研究

以废旧地膜回收利用、畜禽清洁养殖、秸秆资源利用、蔬菜残体资源化利用等重点技术为研究对象，推动农业清洁生产发展；研究一整套适合国情的农村废弃物资源化发展模式和技术体系。

4）二次资源再生利用新技术和回收体系构建研究

研究二次资源再生利用新技术、低能耗高效率综合利用技术。构建我国二次资源回收与综合利用体系。

3. 清洁、低碳、绿色技术研究领域

1）化石能源的勘探、高效开采和清洁化利用技术研究

包括地球物理勘探技术研究（油气地球物理勘探技术和装备；成熟盆地的勘探技术；新型油气勘探技术）；煤转化利用技术研究（煤的生态开采、利用系统开发；低品位煤高值化利用研究；煤清洁转化制化工产品开发）；石油加工转化技术研究（集成化、精细化炼油；车用清洁燃料）；化石能源开采技术（地震地质数据四维采集、处理、解释；煤炭生产过程的先进制造、自动控制）等。

2）新能源和可再生能源开发和利用技术研究

包括低成本光伏发电技术研究；高附加值生物质资源利用与多联产技术研究；深层地热能利用研究（EGS 工程设计；深层地热能利用示范工程）；新型核能利用技术研究（利用快中子引发裂变反应并实现核燃料增殖的核反应堆；加速器驱动的核乏料处理）；有机废物能的高值化利用技术研究（城镇生活废物能源化资源化；畜禽废物能源与化工；农林废物高值化能源与资源利用）。

3）绿色交通新技术研究

绿色交通运输工具研发及污染防治创新技术研究：①车体轻量化技术；②噪声预防与控制技术；③替代能源应用技术；④智能交通系统设计方法；⑤环保型汽车研发。

4）大气污染控制技术研究，研发先进的脱硫、脱硝和高端除尘技术

加强城市群大气污染联防联控，开发具有国际先进水平的清洁生产-污染物全过程控制-末端治理-废物资源化一体化集成技术；对多种污染物（颗粒物、硫氧化物、氮氧化物、挥发性有机物等）实施协同控制，加快推进火电、钢铁、水泥、石化、冶金等重点行业脱硫、脱硝、除尘改造；结合我国燃煤烟气中重金属含量高的特点，开展烟气脱硝、脱挥发性有机物协同除汞、铅催化新材料与关键技术研发。

5）土壤绿色修复新技术研究，构建协同、绿色修复技术与工程体系

进一步开拓生物工程技术（基因工程、酶工程、细胞工程等）研发领域，建立技术经济合理的土壤污染生物修复技术体系；通过功能耦合与协同，基于新材料和新型装备技术研发，提高修复的有效性；通过技术研发和集成创新，推进原位修复、协同修复、绿色修复技术的工程化应用。

6）研发固体废物处置新技术，大力发展工业窑炉协同资源化处理废物技术研究

开展水泥窑技术改造升级，协同处理危险废物、污水处理厂污泥、焚烧飞灰、生活垃圾，及其污染控制关键技术研究；推进火电厂协同资源化处理污水处理厂污泥，开发应用污泥干化、储运和电站锅炉煤炭与干化污泥或垃圾衍生燃料高效环保混烧等的成套技术与工艺；开展工业窑炉如钢铁窑炉协同处置危险废物应用研究。

4. 大尺度生态环境监测网络与信息平台研究领域

1）国家生态环境监测网络与基础信息平台构建技术研究

开展国家生态环境监测的布点、采样等网络构建监测技术研究，建成覆盖全国的生态环境基础数据采集、传输、交换和发布的信息平台，全面提升生态保护和建设决策、管理和服务水平。

2）研制高质量/多功能/集成化/智能化/网络化环境监测仪器及监测预警研究

开展高质量/多功能/集成化/智能化/网络化环境监测仪器与设备研制，建立联合监测信息网。开展重污染天气的监测方法、预警机制和应急体系研究。

3）固体废物领域大数据信息工程建设支持技术研究

开展固体废物领域大数据信息工程建设，开发在线监控追踪，污染控制过程在线监测，重大危险源远程监控，数据管理，数据集成等技术开发及硬件系统建设。

4）环境与健康综合监测体系构建研究

构建涵盖地表水、地下水、土壤、空气等多介质和人群健康，环保、水利、国土、卫生等多部门共同协作的环境与健康综合监测网络；研发环境与健康综合监测和数据分析技术方法。

5）农村面源污染监测与溯源方法研究

研究区域（流域）尺度上面源污染负荷定量估算计算方法，建立不同类型面源污染在田块尺度、小流域尺度、区域尺度和全国尺度等模型的污染负荷核算技术方法。开展农业清洁生产技术研究，健全农业面源污染源头、过程和末端全过程污染控制体系，完善农业面源污染控制技术评估体系，制定农业生产与面源污染控制技术标准和技术规范。

5. 环境基准体系与健康风险评估研究领域

1）环境基准体系研究

环境基准研究关乎国家安全与发展战略，是环境管理的重大科技需求。应大力加强并长期支持我国在大气、水、土壤等领域开展环境基准体系研究，为我国环境管理和保护工作提供全面有效的支撑。

2）环境与健康风险评估方法与预警机制研究

建立健全国家环境与健康风险评估制度，完善风险评估程序和环境健康风险评估的技术、方法和技术规范；建立环境与健康风险预警机制，加强突发环境事件应对方面的研究。

（二）加快生态文明建设相关科技成果转化创新

1. 优化科技资源配置

加大科技成果转化资助，设立科技成果转化专项资金。对于重点领域科技成果，优先资助转化。以企业为主体、市场为导向、产学研相结合，激发企业科技成果转化积极性。

2. 加强科技成果法律保护

加强知识产权创造、运用、保护、管理；规范中介服务机构建设。

3. 促进科技和金融结合

深化科技保险工作，设立高新技术企业产品研发责任保险、小额贷款保证保险、投资损失保险等促进科技成果转化；鼓励上市融资和创业投资发展等。

4. 重大成果产业化平台建设

建立完善平台运行管理机制，开展评估示范，加强宣传推广。

（三）深化生态文明建设的科技体制机制创新

建立科技创新资源合理流动的体制机制，促进创新资源高效配置和综合集成；建立政府作用与市场机制有机结合的体制机制，让市场充分发挥基础性调节作用，政府充分发挥引导、调控、支持等作用；建立科技创新的协同机制，以解决科技资源配置过度行政化、封闭低效、研发和成果转化效率不高等问题；建立科学的创新评价机制，使科技人员的积极性、主动、性创造性充分发挥出来。具体包括以下几个方面。

（1）深化科技管理体制改革，完善统筹协调科技宏观决策体系，建立全国科技重大决策机制，完善中央和地方、科技相关部门、科技部门和其他部门之间的沟通协调机制，建立健全科技项目决策、执行、评价相对分开、互相监督的运行机制。

（2）推动创新体系协调发展。以全球视野谋划和推动创新，提高原始创新、集成创新和引进消化吸收再创新能力，更加注重协同创新。

（3）加强产学研结合发展模式：加强企业技术研发主体地位，促进产学研合作；打造多个生态环保技术联盟、产业联盟；着力提高科研院所和高等学校服务经济社会发展能力。充分发挥国家科研机构骨干和引领作用，深化科研院所分类改革，建立健全现代科研院所制度，引导和鼓励民办科研机构发展，加快世界一流大学和高水平大学建设，提高高等学校科技创新能力。

（4）完善知识产权法律法规体系，加强知识产权保护执法力度，为科技创新营造良好的法律环境；构建国内外交流合作平台，更广泛、更深入地参与国际科技合作，支持融合创新。

四、生态文明建设科技创新支撑保障的对策与建议

（一）加强科技发展的顶层设计和统筹规划，制定中长期发展战略

准确把握科技发展规律和经济发展的动态需求，加强科技的顶层设计，政府主导，统筹规划，制定国家战略性科技创新发展中长期目标，以满足生态文明建设对科技持续不断的需求。围绕国家经济社会和生态文明建设的工作重点，优先安排制约区域或行业发展的重大或共性技术研发和生态建设工程，以解决生态文明建设中所急需的科技支撑保障问题。

（二）加强创新型人才队伍建设

我国的创新型人才队伍建设，一方面要根据当前形势，抓住机遇，从海外引进高层次人才，特别是工程科技领域的高层次领军人才，这将大大加强我国创新型领军人才队伍，对创新型国家建设将发挥重大作用；另一方面要立足国内，着眼未来，采取切实措施，加大工程科技教育投入，加快我国创新型工程科技人才的培养。

（三）多渠道加大创新科技研发的投入

一方面要采取有力措施，加大政府科技投入。要积极采取措施加大财政科技投入的力度，调整和优化投入结构，建立财政性科技投入稳定增长的机制，增强政府投入调动社会科技资源配置的能力，建立激励与约束机制。另一方面要制定优惠政策，鼓励、引导企业和社会增加科技投入。政府重点在财政收入、税收、金融、采购、技术引进、知识产权保护、人才、教育、创新平台、国际科技合作等方面给予政策优惠，扶持自主创新。形成多元化、多渠道、高效率的科技投入体系，提高科技资源共享利用的效益。

（四）加强组织保障能力建设，各部门协调配合，形成合力

实施创新驱动发展战略，事关经济社会发展全局，需要各级各部门各方面协同配合、形成合力。国家相关部门发挥推动和保障作用。应进一步明确各部门的责任和任务。科技创新主管部门统一协调，财政、发展改革、工信、税务等部门加强协作，促进跨部门、跨行业、跨专业、跨领域的联合创新和协同创新。同时，充分发挥政府政策和资金支持的乘数效应，进一步加大对创新的支持力度，特别是通过政府支持带动民间科技创新投入的大幅提高。各地区加强分工与协作。各地区应充分发挥优势，细化国家创新战略目标任务，在国家创新体系中找准位置、承担责任。以本地科技需求为导向组织自主创新，引领与支撑地区经济社会发展。有条件的地区应加快建成创新型地区。

（五）加强科技交流，提高生态文明建设科技国际化程度

①注重开展多种形式的国际和地区科技交流合作，加大利用全球科技资源力度，加强技术引进和合作。②注重围绕国家战略需求参与国际大科学计划和大科学工程，鼓励我国科学家发起和组织国际科技合作计划，支持企业和科研机构到海外建立研

发机构。③注重支持国际学术机构、跨国公司等来华设立研发机构，吸引全球科技人才来华创新创业。④注重完善政府间科技合作机制，提升对外科技合作水平，推进科技援外，加强民间科技合作。

第四节　生态文明建设的科技创新重大工程

根据我国生态文明建设的重点领域和任务，以及对改善生态环境、缓解气候变化、解决重大环境问题等诸多方面的综合评价，共遴选出 12 个生态文明建设的重大工程。

一、重大工程 1：优化国土空间开发格局的生态环境系统天地一体化网络工程

生态环境系统天地一体化网络工程的建设包括卫星遥感、航空遥感和地面观察站点，涵盖我国领土、领海、领空的整个国土空间。目标是建立直接服务于国家应对气候变化、温室气体、水、土、气、生物污染的动态变化与监测、评估、预报、预警，为国家优化国土空间开发格局、实行有效的生态环境管理与决策提供基础数据。建议国家成立由环保部牵头，联合水利部、国土部、农业部、国家气象局、国家林业局与中国科学院等有关部门共同组成“生态环境天地一体化网络协调管理委员会”，组织该工程建设的规划、协调、实施与管理。

二、重大工程 2：能源高效开发和清洁化利用工程

主要包括化石能源高效开发和清洁化利用工程，以及新型可再生能源的开发与利用工程。目标是提高化石能源低碳化利用技术水平，增强化石能源高效清洁利用。推广煤炭生态开采与利用系统、低品位煤高值化利用、煤炭清洁转化制化工产品等。开发集成化、精细化炼油、勘探技术，提高煤炭生产过程的先进制造、自动控制水平等。发展成熟的可再生能源发电技术、太阳能和地热能热利用技术；适度发展核能利用技术；开发和应用有机废物能的能源化、资源化、高值化利用技术。建议由环保部和国家能源局联合开展工程的总体方案设计和组织实施工作。

三、重大工程3：重点工业行业（钢铁、水泥等）生态链构建工程

在钢铁行业与建材、有色金属、电力、化工、石化等行业构建工业行业间的生产生态链。目标是实现重点工业行业的资源能源的再利用，促进工业的节能减排工作。

以钢铁为例：将钢铁产生的钢铁渣、脱硫石膏等工业废物供给到建材行业作为生产原料；产生的含锌粉尘供给到有色金属行业作为生产原料；产生的余热余能输送到电力行业作为能源使用；产生的煤气和焦化产品运送到化工和石化行业供其生产使用。这样便形成了工业行业间的生产生态链，不仅实现了资源能源的再利用，节约了资源能源，降低了企业成本，而且减少了环境污染。预计到2020年，钢铁行业将与其他行业及社会（社区）构建起多种生态链接。与化工——冶金煤气的资源化利用：制氢气（湛江东海岛钢铁-炼化一体工程示范）、制甲醇、LNG等规模化；镁法、铵法脱硫副产物高效利用工程示范；与建材——利用冶金渣余热直接生产建筑材料；钙法脱硫副产物的高值高效利用；与农业——冶金渣生产土壤调理剂实现工业示范；与有色——初步建立钢厂尘泥提锌、提铅、提钒等流程；与社会——利用城市中水及钢厂低温余热给社区供热等示范工程。

以水泥行业为例：水泥行业不仅能利用工业固体废弃物，还能利用城市固废作为生产材料，将水泥行业与工业行业和城市固废垃圾处理行业构建生产生态链，可有效实现节能减排。一方面利用建筑垃圾、生活垃圾和城市固废作为原材料和替代燃料，如废旧混凝土、废砖石、城市污泥等。另一方面利用工业固体废弃物作为生产原料和燃料，如与煤炭、轻工、石油、电力、冶金、化工等行业构建生态链，利用上述行业产生的煤矸石、石蜡、润滑油、沸腾炉渣、矿渣、电石渣等作为燃料、原料和混合材料，可以大量减少污染物的排放和堆砌，实现废物再利用和资源能源的节约。同时，水泥行业产生的余热和废气也可输送到电力和化工行业作为能源和化工原料使用。

四、重大工程4：信息化与工业化融合示范工程

信息化技术的应用水平是衡量工业绿色发展的重要标志。因此，加快工业化和信息化深度整合是新型工业化建设的重要内容。本工程的目标是将信息技术应用的重点领域由管理部门转向生产部门，改造传统产业生产线，实现柔性制造，显著提高生产部门信息化程度和生产效率，使传统产业产品嵌入更多更成熟的信息化功能。

工程建设的主要内容是将云计算、物联网、大数据及互联网等新一代信息技术与智能制造、增材制造、虚拟制造等先进制造技术在制造领域交汇融合，促进制造业企业内部、企业之间、企业与用户间的信息交流，降低企业成本，提高生产效率，实现制造业与生态文明的融合。建议由工信部联合其他相关部门开展工程的总体方案设计和组织实施工作。

五、重大工程5：绿色循环低碳交通运输体系建设工程

十八大确立的全面建成小康社会及GDP和居民收入两个倍增计划，对交通运输需求规模和质量提出了更新更高的要求，节能减排任务十分艰巨，建立绿色交通运输体系是建设美丽中国、实现生态文明的基础保障，也是我国积极应对气候变化、缓解资源环境压力的迫切要求。

工程的主要建设内容包括：①调整交通运输基础投资结构，向运能大、能耗低和污染小的交通运输方式倾斜，加强不同运输方式之间的协调与配合，形成各种运输方式紧密衔接、按照比较优势分工协作的高效交通运输体系。②以市场机制推动绿色交通运输体系建设。健全自然资源资产产权制度和用途管制制度，实行资源有偿使用制度；建立完善的交通运输环境资源税、环境税等税收体系，加快建立交通运输生态补偿机制。③进一步优化交通结构。铁路、水路、管道在综合运输中的承运比例不断提高，不同交通方式之间的衔接更加顺畅、组织更加高效；大幅提高公共交通出行分担比例，私人小汽车的增长率得到有效抑制，初步形成结构合理、高效便捷、经济环保的综合交通运输体系。

六、重大工程6：国家典型地区新型城镇化生态工业及社区示范工程

生态文明建设的落实需要通过大量示范项目建设的推动。由于中国地域广大，城乡类型丰富，需要依靠众多生态示范项目的建设探索在各种经济、社会、环境条件下生态项目的建设方法，解决不同类型的生态发展问题。建议国家大力鼓励城镇生态试验、创新、示范项目的建设，大量示范试点中小规模的生态社区、生态工业园区项目。将产业的绿色化作为城市发展的驱动力，实现第一产业、第二产业、第三产业的密切配合，充分利用新能源，增大节能减排力度。在城镇生态文明建设过程中，大力发展绿色产业，具体途径主要包括大力发展环保产业、发展绿色技术和标准、生产绿色产品、加强生态工业园区的建设、通过绿色产业拉动绿色GDP增长，引导消费者形成绿色消费理念。促进绿色消费模式的转变，驱动城市向着经济与生

态协调发展的宜居型城市转变。

七、重大工程 7：国家粮食主产区耕地质量提升与农村废弃物利用工程

（一）国家粮食主产区耕地质量提升工程

在我国粮食主产区科学划定、合理布局永久基本粮田，落实到具体地块、图斑，建立档案和监督机制。采取综合措施，集成投入，集中开展粮食主产区耕地质量提升行动。工程建设内容主要包括：①耕地肥力提升工程，鼓励实施秸秆还田和农业废弃物循环利用，培育优质肥沃土壤，提高肥料利用率。②启动耕地环境保护和污染治理工程，确保清洁耕地不污染、潜在污染耕地不恶化、已污染耕地不扩大；对已污染耕地，采取综合治理措施修复，鼓励发展无土栽培；对潜在污染耕地，通过结构调整，鼓励发展非食源性作物种植；探索有机废弃物安全循环利用模式，科学利用城市污泥、生活垃圾、再生水，把耕地建设成健康型生态田。

（二）农村废弃物利用工程

（1）秸秆综合利用示范工程。在小麦、玉米、水稻、油菜、棉花等单一品种秸秆资源高度集中的地区，以及交通干道、机场、高速公路沿线等重点地区，实施秸秆综合利用试点示范工程；在养殖业发达地区，推进秸秆饲料化利用，推广农作物秸秆青贮、氨化利用技术；在商品能源供应不足的地区，推进秸秆能源化利用，推广秸秆制沼集中供气、固化成型燃料等；在粮食主产区，推进秸秆基料化和材料化利用，大力发展以秸秆为原料的食用菌产业，发展新型秸秆代木、功能型秸秆木塑复合型材；在热带地区，推广菠萝叶、香蕉茎秆等热带作物秸秆废弃物纤维化高效利用技术。加快实施土壤有机质提升补贴项目。

（2）畜禽粪便能源化利用示范工程。在规模化养殖发达、人口相对集中的村镇，实施以大中型沼气工程建设为重点的畜禽粪便能源化利用示范工程；在农户分散养殖地区，大力发展以“一池三改”为主要内容的农村户用沼气建设。在规模化养殖发达的地区，以大中型沼气工程建设为重点，实施规模化养殖场（小区）粪污能源化利用工程，建设粪肥处理中心。支持开展病虫害绿色防控和病死畜禽无害化处理。

（3）废旧农膜回收再生利用示范工程。在新疆、甘肃、内蒙古、宁夏、青海、山东、河北等农膜使用总量大、覆盖面积比例高、地膜残留严重的地区实施废旧农膜回收再生利用示范工程。重点建设农膜回收站点（包括地膜）、废旧农膜加工厂等，购置废旧农膜回收、加工设备等。开展推广高标准农膜试点。

八、重大工程 8：城市群区域生态安全示范工程

良好的自然环境，包括清洁充足的水资源、适宜的气候和良好的大气质量、肥沃的土壤、丰富的矿产资源、茂密的植被，则是城市群可持续发展的前提。但是，近年来，随着城市群的快速发展和城市化进程的日益加快，城市群城市人口的高度密集和城市化的生活方式使城市群城市许多生态环境问题日益显现出来。因此，为促进城市群大系统的人口、经济、社会、资源和环境的协调发展，真正实现城市群区域可持续协调发展战略，对城市群城市生态安全进行合理的评价并采取必要的生态安全建设措施已势在必行。

建设和改善城市群生态系统，首先，应优化城市群生产生活生态空间结构，有效协调城市间空间拓展冲突，促进以生产空间为主导的国土开发方式向生产生活生态空间协调的国土开发方式转变，实现生产空间集约高效、生活空间宜居适度、生态空间山清水秀。其次，应加强城市人居生态环境保护建设，拓展构建建成区内外绿地一体化、城乡绿地一体化、多功能兼顾的复合城市绿色空间，增强环境自净能力，有效发挥林草植被净化空气的作用，增大城市森林和绿地休闲游憩承载力，提升人居环境质量。此外，在城镇化发展中建立生态约束机制，即城市发展必须以区域生态承载力为前提，确保将城市生态安全作为我国城镇化发展的基本前提。加快优化城镇经济发展模式，构建绿色、循环和低碳的产业体系。城市群生态安全建设及区域协调发展必须大力推进循环经济、大力发展清洁生产、创建生态示范、加强生态监管。

九、重大工程 9：京津冀及周边地区生态环境保护与污染综合防治工程

针对京津冀及周边地区的环境污染状况开展污染综合防治工程，涉及地区主要包括北京、天津、河北、山西、内蒙古中西部、河南北部和山东省，主要内容包括大气污染防治、风沙源治理、地下水位恢复和城市空间格局优化。

（1）以治理雾霾为重点的大气污染防治：华北地区（京、津、冀、鲁、豫）1990 年煤炭消耗量为 2.55 亿 t，到 2010 年高达 9.83 亿 t，约是 1990 年的 3.8 倍。首先要降低、压缩煤炭使用量，努力发展清洁能源、可再生能源，调整能源结构。机动车是造成污染的另外一主要原因，除限制机动车数量外，还要出台更严格的成品油标准。按环保部行动计划，京津冀争取在 5 年内区域空气质量明显好转，到 2017 年，在 2012 年基础上细颗粒物浓度下降 25%。山西、山东下降 20%，内蒙古下降 10%。

力争再用5年时间或更长时间，空气质量全面改善，其中北京市细颗粒物平均浓度控制在60μg/m^{3}左右。

（2）以京津为中心的风沙源治理：建立三道防线进行京津风沙源治理，一是要加大京津地区的就地扬沙的治理；二是要加强内蒙古阴山两麓、鄂尔多斯高原与山西、陕北一带黄土高原沙尘加强原区的治理，实施退耕还林还牧工程、防治沙漠化工程与水土保持工程；三是我国与蒙古边界沙尘源区治理，以退牧、禁牧、轮牧、保护天然植被工程为重点。

（3）以华北平原为重点区域开展地下水位恢复：调整农业结构，压缩水浇地面积，发展半灌溉半旱作式的补充灌溉，大力推行以节水为中心、建设资源节约型-环境保护型的社会；以南水北调为契机，全面调整、规划用水体系和地下水恢复工程。

（4）城市空间格局优化：明确北京市定位，调整空间格局。北京市的战略定位应作为全国的政治、文化中心，国际交往中心，交通中心，不应该作为重工业中心。要调整市内的空间格局，重要的文化教育机构、医疗卫生机构、商业设施不应集中在三环之内，适当分散到三环之外的郊区和卫星城。还可以考虑中央机关布局的调整。

十、重大工程10：近岸海域生态环境保护和治理工程

据2014年3月国家海洋局发布的《2013年中国海洋环境状况公报》，我国海洋陆源排污压力巨大，近岸局部海域污染严重，15%近岸海域水质劣于第四类海水水质标准，约1.8万km^{2}海域呈重度富营养化状态。实施监测的河口、海湾、滩涂湿地、珊瑚礁、红树林和海草床等海洋生态系统中，处于健康、亚健康和不健康状态的海洋生态系统分别占23%、67%和10%。海洋生境退化、环境灾害多发等问题依然突出，需要开展近海海域生态环境保护和治理工程。

以渤海为示范，鉴于目前渤海的淡水入海量明显减少、盐度明显升高、多数水生生物产卵场退化和消失、海水入侵面积扩大及海岸带侵蚀、入海污染物排污总量居高不下、赤潮发生概率增大、重大溢油事故风险增加等问题，渤海水域已处于“轻度水危机状态”。因此，建议国家统一制定渤海与环渤海湾治理规划。统筹黄河、海河、辽河等注入渤海的各流域，平衡河海水生态系统需水，增加注入渤海的水量，控制污染物的排放。此外，其他海域沿岸，特别是河流入海口如辽东湾、长江口、杭州湾、闽江口和珠江口水质极差，也应加强治理。

十一、重大工程 11：二次资源回收与综合利用工程

二次资源是相对于自然资源而言，也称为再生资源，是指在社会的生产、流通、消费过程中产生的不再具有原使用价值并以各种形态存在，但可以通过某些综合利用加工、回收等途径，使其重新获得使用价值的各种废弃物的总称。主要包括：工业生产中的废渣、粉尘、矿山尾矿、废水、废气、废旧金属等，农业生产中的农作物秸秆、家畜粪便等副产品，以及生产生活中的废橡胶、废纸、废塑料、电子废物等废弃物。二次资源回收和综合利用是保证自然资源合理开发利用，保持资源循环的必要手段，也是当今循环经济发展的重要内容。因此，建议国家高度重视二次资源的回收利用，大力发展二次资源回收与综合利用工程。

十二、重大工程 12：生态恢复与土壤修复工程

（1）水土流失重点治理恢复工程。在长江上中游、黄河中上游、东北黑土区、西南溶岩等人口密度相对大的水土流失严重地区，统筹实施全国坡耕地水土流失综合治理试点工程、国家水土保持重点建设工程、国家农业综合开发水土保持项目等国家重点工程。

（2）水土保持生态恢复工程。西北地区的江河源区、内陆河流域下游及绿洲边缘、草原、重要水源、长城沿线风沙源等区域，主要包括北方风沙区、黄土高原西部、青藏高原区。把构筑生态屏障、维系生态安全作为首要任务，大力推进以封育保护、封山禁牧为主要内容的生态自然修复工程，实施人工治理，采取舍饲养畜、生态移民、能源替代等措施，为大范围实施封育保护创造条件。“三江源”等江河源头地区要严格限制或禁止可能造成水土流失的生产建设活动。同时做好西北部风沙地区植被恢复与草场管理；加强能源重化工基地的植被恢复与土地整治。

（3）土壤修复工程。包括面源污染导致的土壤污染修复工程，以及工业企业生产和搬迁导致的污染场地的修复工程。

第七章　生态文明建设“十三五”目标与重点任务

第一节　建设目标与指标

一、建设目标

到2020年，经济结构调整和产业绿色转型取得成效，高耗能产业得到有效控制，节能环保等战略性新兴产业蓬勃发展；能源资源消耗总量得到有效控制，利用效率大幅提升；生态环境质量有效改善，危害人体健康的突出环境问题得到有效遏制；划定并严守生态保护红线，保障国家生态安全的空间格局基本形成；生态文明制度体系基本形成，生态文明理念在全社会全面树立。

——生产效率明显提升。高耗能产业规模得到有效控制，战略性新兴产业增加值占GDP比例由2010年的9%提升至15%，节能环保产业产值达到9万亿元，成为国民经济新的增长点；科技进步贡献率提高不少于10个百分点至60%以上。

——能源资源利用效率大幅提高。能源消耗总量控制在48亿tce，非化石能源占一次能源比例提高至15%，单位GDP能耗比2005年降低45%～50%；万元工业增加值用水量降低到65m^{3}以下，农田灌溉水有效利用系数提高到0.55以上，全国用水总量控制在6500亿m^{3}以内；确保耕地保有量保持在18.18亿亩，基本农田不低于15.6亿亩。

——生态环境质量有效改善。环境质量局部恶化趋势有效遏制，主要污染物排放得到有效控制，全国地级及以上城市PM_{10}浓度比2015年下降15%以上，京津冀、长三角$PM_{2.5}$浓度分别下降25%、20%左右，七大流域干流及主要支流优于III类的断面比例达到75%以上，危害人体健康的突出环境问题得到初步遏制；生态恶化趋势得到基本控制，生态资产保有率以2010年值计算达到100%，受保护生态用地面积占比例提高到30%以上。

——生态文明制度体系基本形成。生态环境保护与建设的财政投入占比稳定在3%左右，完成生态资源环境统一监管体制改革，建立完善的生态保护红线制度、生态资产负债表、生态环境损害赔偿和责任追究、生态补偿等重大生态文明制度。

二、约束指标

建议将以下指标列入“十三五”国民经济与社会发展规划并作为约束性控制指标，到2020年实现：

——战略性新兴产业占GDP比例≥15%；

——能源消费总量≤48亿tce；

——非化石能源占一次能源比例≥15%；

——碳排放强度比2005年下降40%～45%；

——水资源利用总量≤6500亿m^3；

——全国生态资产保持率≥100%，森林覆盖率≥23%，森林蓄积量≥161亿m^3；

——国家生态保护红线面积比例≥30%，自然湿地保护率≥55%；

——全国地级及以上城市PM_{10}浓度比2015年下降15%以上；

——京津冀、长三角$PM_{2.5}$浓度分别下降25%、20%左右；

——七大流域干流及主要支流优于III类的断面比例≥75%；

——节能环保投入在公共财政支出中的占比稳定在3%左右。

第二节 指导方针

一、民众为本，保护优先

建设生态文明关系人民福祉，人民群众的满意程度是衡量生态文明建设成败的重要标准。恢复良好的生态环境作为改善人民生活质量、提升人民幸福感的基础和保障，要从保障人民群众的根本利益出发，按照人与自然和谐的理念反思和转变生产方式、生活方式、消费方式和思维方式，把节约环保与调整产业结构、把污染防治与经济提质增效、把生态建设与优化生产力布局结合起来，使生态文明建设成为保障民生、改善民生的重要内容。

保护优先是要将环境质量不降级、生态系统服务不退化作为发展的底线和最基本要求，实施“不降级、反退化”的刚性约束，落实政府环境责任，转变发展方式，摒弃“污染—治理—再污染—再治理”的惯性做法，构建“保护—修复—再保护—再提升”的新模式，不再允许为经济发展而牺牲环境质量。

二、红线约束，均衡发展

红线约束是要将生态环境承载力作为经济社会发展的底线约束，划定主要能源资源开发利用上限、环境质量安全底线、生态功能保障基线等国家生态保护红线体系，维持其性质不变、功能不降、面积不减，建立严格的红线管理制度，并纳入政府考核评价体系，实现生态保护红线体系的长效管理。

均衡发展是要发挥东部沿海地区的经济先发优势，辐射带动中西部发展，发挥中部承东启西的区位优势和大平原农业优势，强化西部生态保护与建设，使西部成为国家生态资产的战略储备基地；健全城市反哺农村、工业反哺农业的机制，促进城乡经济社会一体化发展；加大环境保护与生态建设投入力度，促进经济社会可持续发展。

三、改革突破，从严追责

依靠全面改革创新，破解制约生态文明建设的体制机制障碍，完善生态环境管理体制顶层设计，全面理顺政府生态、资源、环境监管职能，将生态文明制度建设作为国家治理体系现代化的重点内容，建立最严格保护制度、绩效评价制度、损害赔偿制度、责任追究制度，用制度保护生态环境，推动生产方式、生活方式、思维方式的绿色转变。

强化生态文明建设法律体系与执法能力建设，“醉驾入刑”立竿见影的效果为治理有法不依的难题提供了有益的启示，必须要立峻法、用重典，铁腕治污，对环境违法施以严刑峻法，对资源环境破坏行为的后果严惩，实施生态环境损害责任终身追责，让环境违法者付出沉重代价，并对盲目决策、造成严重生态环境后果行为的地方政府领导人依法依纪追究责任。加强依法监察监督，严格执行环保法律，强化各级党委政府一岗双责，切实履行生态文明建设职责。

四、科技创新，绿色拉动

依靠创新驱动、绿色拉动为生态文明建设提供动力，大力实施重点领域重大科技专项，提高科技创新能力，加强科技成果转化应用，强化信息技术等高新技术普及，创新方式方法，充分发挥科技在推进生态文明建设中的引领、带动和示范作用，扭转以资源环境为代价换取经济增长的发展模式，推进经济结构调整与产业转型的绿色低碳发展。

加大环境治理力度，加大节能环保与资源循环利用关键设备与核心技术的研发，大力培育节能环保产业成为国民经济新的增长点和支柱产业；加大生态保护与建设投入力度，提高生态系统生态产品与服务的供给能力，实现生态系统的绿色储蓄，成为绿色发展的动力。

第三节　重点任务

一、实施绿色拉动战略驱动产业转型升级

（一）以环境标准引领传统产业绿色化转型

大力推进环境基准研究，构建符合中国国情和社会经济发展需要的环境基准体系，制定与之适应的环境标准体系，形成以环境标准为核心的环境法规体系，以环境标准引领产业创新发展，推动传统产业提质升级，优化经济社会发展。全面推进工业清洁生产，完善传统产业生态链设计，推动劳动密集型产业生产方式向柔性制造、网络制造、智能制造等绿色低碳化变革；推动高耗能产业领域的能源资源减量化和废物循环利用一体化技术的研发和推广应用，培育新业态、新模式，实现传统产业的提质升级；大幅提高资源利用效率和降低污染物排放强度，实现由单位排放强度降低转变为绝对量减排。

（二）大力培育节能环保等战略性新兴产业

通过加大政府购买环保服务力度，健全节能环保产业市场化机制，引导和支持多元化资本进入节能环保产业，大力培育节能环保产业成为国民经济新的增长点。以细颗粒物防治、柴油车尾气净化、高浓度难降解工业废水处理等污染防治创新技术为重点，加快研发和应用环保装备的关键部件和核心技术，重点开发和推广环境连续在线监测系统、生活垃圾智能分选等技术和装备，实现污染防治全过程的智能化管理。构建技术转化平台和装备制造产业基地。建立以企业为主体、产学研用相结合的环保技术创新体系。大力推进环境服务业发展，推广环境绩效合同服务、能源管理等新模式，鼓励环境服务外包，提升环境保护设施建设运营和环境监测等专业化、市场化、社会化水平。

（三）发展绿色、循环、低碳的生态友好型农业

科学保护和合理利用水资源，大力发展节水增效农业，继续建设国家级旱作农

业示范区；采取综合措施，重点推广测土配方施肥、保护性耕作、有机肥资源综合利用和改土培肥等主导技术，集中开展粮食主产区耕地质量提升行动，有效减少农药、化肥施用；探索农业有机废弃物安全循环利用模式，加大农作物秸秆、畜禽粪便和废旧地膜的综合利用；重点推进农业机械节能、畜禽养殖节能、耕作制度节能，推进农业节能减排；坚持基本草原保护制度，推行禁牧、休牧和划区轮牧，实施草原保护重大工程；开展农业资源休养生息试点，开展对重金属污染耕地的修复试点，开展华北地下水超采漏斗区综合治理等。

（四）坚决杜绝落后产能在国内异地转移

坚持因地制宜、实行差别化的区域政策，严格落实资源节约和环境准入门槛，分区制定产业结构调整负面清单，严防高污染、落后产能向中西部地区转移，强化承接产业转移环境监管，提升中西部地区经济发展质量；加快推进区域经济一体化进程，加强区域经济技术合作，有序推动低附加值、劳动密集型和高资源消耗型产业的国际转移，实现中国制造的提质升级。

二、提高资源能源效率建设节约型社会

（一）严守水资源利用红线建设节水型社会

对全国地表水资源可利用量实行总量控制，加快制定用水效率指标体系，加强用水定额和计划管理，制定节水强制性标准，建立合理的水价形成机制促进节约用水，依靠市场优化配置水资源。大力发展高效节水灌溉技术，在华北、西北等严重缺水地区推广喷灌、滴灌、微灌等高新节水技术，提高农田灌溉水有效利用系数；加强对海水、雨水、再生水等非常规水资源的开发利用，加大华北等地区的地下水超采生态治理，以及新疆等水资源超载地区的退田工作力度，有效遏制地下水超采问题。

（二）加强农田建设与土地整理，提高土地资源利用效率

以三江平原、松嫩平原、黄淮海平原、江汉平原、江淮地区、洞庭湖平原、鄱阳湖平原、四川盆地和塔里木盆地等粮棉油主产区为重点区域，加快中低产田改造与高标准农田建设，完成 3 亿亩的中低产田改造和 4 亿亩高标准农田建设，加大粮食主产区农业农田水利、农业灌溉设施、病虫害防治、土肥监测等基础设施建设投资力度，保障我国的粮食安全。土地整治和复垦重点放在农村居民点的土地整治与

煤矿等矿区的复垦，土地整理重点在黄淮海平原、长江下游平原、东北平原、江汉平原、汉中盆地、四川盆地等地区；复垦主要地区可选择在晋、陕、蒙、辽、豫、鲁、皖的煤矿区，提高土地资源的利用效率。

（三）大力发展和优化资源循环利用产业

以“城市矿产”开发、生活垃圾资源化、工业固废综合利用等为重点，推动资源循环利用装备整体升级。以废手机、计算机、打印机/复印机等为重点，开展破碎、分选、资源化等关键环节共性技术和装备研发，积极推动科技成果应用转化。以废旧汽车零部件、工程机械、机床等为重点，加强无损拆解、异形修复等再制造关键技术的研发与应用。加快发展尾矿、冶炼渣和赤泥等大宗工业固体废物综合利用技术和装备。加快发展垃圾高效能源转化和资源化技术装备。资源循环利用产值年均增长保持在15%以上。

（四）推进能源生产消费向绿色低碳节约高效转变

强化节能降耗约束性指标和相应的考核约束机制，通过结构节能、技术节能和管理节能，使主要高耗能行业的能耗水平达到国际先进水平。提高化石能源低碳化利用技术水平，增强化石能源高效清洁利用，积极推动成熟的可再生能源发电技术、太阳能和地热能热利用技术规模化应用，推动电网技术完善与升级、新型输电和智能化、超导电力技术的提升。

三、以重大工程带动生态系统量质双升

（一）构建八区、十屏、二十五片、多点的生态安全格局

确立生态兴国战略方针，落实主体功能区和生态保护红线制度，制定生态管控、生态补偿、生态监管、政绩考核和责任追究制度等配套制度体系。针对黄河上中游地区、长江上中游地区、三北风沙综合防治区、南方山地丘陵区、北方土石山区、东北黑土漫岗区、青藏高原区和东部平原区等八大区域制定不同的生态保护和建设目标、策略，实行分类指导、分区管理；完善国家“两屏三带多点”的生态安全战略格局，建设东北森林屏障、北方防风固沙屏障、东部沿海防护林屏障、西部高原生态屏障、长江流域生态屏障、黄河流域生态屏障、珠江流域生态屏障、中小河流及库区生态屏障、平原农区生态屏障和城市森林生态屏障等十大国土生态安全屏障，健全二十五片国家重点生态功能区和各类保护区，构建“八区、十屏、二十五片、

多点”的国家生态安全格局。

（二）建设国家生态廊道和生物多样性保护网络

为提高生态保护区域的连通性，强化生态保护成效，以青藏高原等十大国土生态安全屏障为依托，以主要的山脉、江河、海岸带、国家防护林体系等为脉络，以自然保护区等各类生态保护地为节点，构建形成大尺度国家生态廊道和生物多样性保护网络，促进不同自然生境之间的物种和基因交流，增强国家生物多样性保护能力，提升生态系统适应气候变化能力，维护国家生态安全。

（三）实施重点生态功能区等地区的生态功能保育提升工程

推动生态建设从问题治理为导向向全面提升区域生态系统服务转变，在国家重要生态功能区、自然遗产地、自然保护区等重点地区，开展“保护—修复—再保护—提升生态系统服务”的生态建设新模式试点；继续扩大天然林保护范围，加大天然草原保护，保护和恢复湿地生态系统，有序推进主要生态系统休养生息；建立和完善国家公园制度体系建设，推动自然保护区建设从“数量型”向“质量型”转变。以京津冀、长江经济带、丝绸之路经济带等区域为重点，将现有按部门、按要素分散实施的退耕还林、水土流失防治、石漠化治理和防沙治沙等生态工程，整合为以区域、流域为实施单元的生态建设提质增效工程，实现数量、面积和质量、功能的同步提升。

（四）实施生态脆弱区和重大工程生态破坏区的生态修复工程

以青藏高原复合侵蚀生态脆弱区、西北荒漠绿洲交接生态脆弱区、西南山地岩溶石漠化生态脆弱区、沿海水路交错带等生态脆弱区为重点，强化重点生态脆弱区顺应自然规律的封育、退耕、还草、还林、还水等自然恢复为主的措施，增强生态产品供给能力。针对三峡、南水北调、西气东输、西电东送等国家重大工程，开展重大工程生态影响的跟踪监测和评估，实施重大工程生态破坏区的生态修复工程。

（五）实施生态系统和生物多样性保护性建设工程

为减轻气候变化对我国生态系统和生物多样性的不利影响，实施物种、生态系统、区域不同尺度的适应保护性建设工程。实施脆弱和濒危物种的适应性就地和迁地保护工程，建立有害生物入侵的监测预警与控制体系；在35个生物多样性优先保护区、自然保护区、国家重点生态功能区，开展适应气候变化的综合规划，实施综合适应性保护工程，布局适应性保护的关键区位；加快构建对极端气候事件风险的应急预案体系与响应机制，完善气候灾害防御体系，提升极端气候事件的应急处理能力。

四、着力解决危害公众健康的突出环境问题

以环境质量改善、保障人群健康、环境宜居为目标，针对目前存在的大气、水、土壤污染等严重影响群众健康的突出环境问题，在重点地区大力开展改善民生的环境保障工程。

（一）缓解重点区域大气灰霾污染

以遏制大气污染势头为目标，深化实施《大气污染防治行动计划》。实施减煤增气，在京津冀、长三角、珠三角等区域实现煤炭消费总量负增长，实施多污染物协同控制，控制挥发性有机物等其他大气污染物排放。建立健全京津冀、长三角、珠三角地区的区域联防联控机制，强化移动源污染防治、综合整治城市扬尘，有效缓解重点城市群的大气灰霾污染问题。

（二）推进重点流域水体污染治理

以进一步提升水环境质量为目标，加快实施《水污染防治行动计划》，以造纸、焦化、氮肥、有色金属等行业为重点，集中治理工业集聚区的水污染控制，狠抓工业污染防治；加快城镇污水设施建设与改造，加强配套管网建设，强化城镇生活污水治理，推进农村畜禽养殖污染和农业面源污染控制，大力治理地表水，坚持防治并重，深化重点流域水污染防治。积极修复地下水，强化源头治理、过程控制、末端修复，划定地下水污染场地修复试点。继续实施《水体污染控制与治理》重大专项，加快水体污染控制与治理重大专项成果转化，开展流域综合调控研究与流域综合示范。

（三）强化土壤环境保护与污染防治

加快制定《土壤污染防治行动计划》，着力强化重点区域土壤污染治理。开展农用地和城市土地土壤污染状况详查，建立农用地土壤环境质量档案和污染场地国家清单；加强集中式治污设施周边土壤环境监管，规范废物集中处理处置活动；以受污染农用地和工矿业污染土地为重点，开展土壤污染整治试点，

重点开展东北平原、长江流域基本农田和大中城市周边初级农产品生产基地、“菜篮子”基地等农业受污染土壤的综合整治与生态修复工作，保障食品和人居环境安全。

（四）加强危废污染防治，降低环境风险

开展危险废物普查，针对危险废物污染防治底数不清的问题，调查危险废物的产生、转移、贮存、利用和处置情况；建立危险废物重点单位清单并动态更新；开展历史遗留危险废物的调查和环境风险评估。推进高效利用处置设施建设，以危害性大、严重威胁人民身体健康的含铬、含铅、含汞等重金属废物，以及生活垃圾焚烧飞灰、抗生素菌渣、高毒持久性废物为重点，开展综合整治工作，有效降低环境风险。

五、划定并严守生态保护红线体系

（一）实施人与自然再平衡战略，优化国土空间开发

从国家和区域的资源与环境安全格局角度，实现生活生产、生态生产、生态保护用地平衡，实施人与自然再平衡战略，优化东、中、西三大块国土空间布局，构建东南区、西南区、东北区、西北区、长江区和华北区六大国土生态-经济区，发挥地缘经济优势。细化主体功能区规划的生态环境管理目标和空间管制要求，建立国土空间开发的生态安全管控体系，切实做到“应保尽保”，以生态环境保护倒逼经济发展方式转型。对限制和禁止开发区域，严格环境准入和监管，建立绿色考评机制，提高区域生态功能和生态产品供给能力；对重点和优化开发区域，推进绿色城镇化和新型工业化，合理布局生态、生产、生活空间，严控建设用地对自然生态空间的挤占和影响，改善城乡人居环境。

（二）划定并实施生态保护红线体系

科学合理划定并坚守生态保护红线，以县级行政区为单位，自下而上，开展生态保护红线划定，建立以生态功能保障基线、环境质量安全底线和自然资源利用上线为核心的生态保护红线体系。以自然保护区、重要生态功能区、生态环境敏感区和脆弱区、重大生态屏障及生物多样性保护优先区为重点，按照空间分区、功能分类、管控分级的三级递进保障机制，以省级主体功能区划为依据，以县级行政单元为基础划定生态保护红线。地方政府落实划定的生态保护红线，经由地方人大批准

形成生态红线法定图则，由地方政府颁布实施。

（三）建立生态保护红线配套政策与落实机制

制定地方生态保护红线管理办法，建立天地一体化的监控体系，依照各自职责和相关管制要求严格监管，并对国家生态保护红线内擅自审批建设项目、玩忽职守、滥用职权、徇私舞弊的当地政府依法依规予以问责；清退生态红线区域内不符合生态功能保护要求的人类活动，对红线管制区内易造成污染和生态破坏的企业实施关闭、搬迁等措施，并提供合理的补偿或转移安置费用。

六、推进新型城镇化战略统筹城乡发展

（一）完善国家空间规划体系，优化城镇布局

推动国民经济和社会发展规划、城乡规划、土地利用规划、生态环境保护规划等多个规划的相互融合，形成一个市县一本规划、一张蓝图，建立统一衔接、功能互补、相互协调的空间规划体系，促进城镇建设的绿色转型，建立与资源环境承载能力相适应的城镇化体系和布局，东部地区以优化提升城市群为重点，中西部地区要在有条件的地区培育壮大若干城市群，避免盲目城镇化和过度城镇化。

（二）控制城市建设规模，打造生态宜居城镇

以区域生态环境承载力为基准，科学划定城市增长边界，合理布局生态空间、生产空间和生活空间，合理控制城市用地规模、建筑规模、能源消费水平，大力推广绿色建筑技术，减少过度建设带来的资源能源浪费；加强城镇基础设施建设，强化绿色交通体系建设，缓解城市拥堵；推动旧城更新与城镇生态化改造的结合，深入开展生态城市、海绵城市、智能城市建设，提高城市生态系统的弹性，建设生态、低碳、宜居的城镇体系。

（三）以农村生态环境治理为重点，推进美丽乡村建设

以农业面源污染防治、农业清洁生产、农村废弃物资源化利用为重点领域，鼓励使用生物农药、低残留农药和有机肥料，治理和控制农业面源污染，探索适合国情的农业现代化发展模式和技术体系；完善农村公共基础设施和环保设施建设，建设农村家园清洁、水源清洁和田园清洁的美丽乡村。

七、开展国家生态资产家底清查核算与监控评估平台建设

（一）开展国家生态资产清查核算

将生态资产作为人类社会经济活动中的重要资产之一，建立可计量、可重复、可比较的生态资产核算技术体系，制定全面反映资源稀缺程度、生态环境损害成本和修复效益的生态资产定价标准；以县级行政区为基本单位开展核查核算，摸清生态资产家底，根据核查结果建立国家、省、市、县四级生态资产账户与资产负债表，将生态资产统计纳入现有国民经济统计体系，形成生态资产统计制度，保证生态资产有效管理与市场调节机制的实现。

（二）实施国家生态监测评估预警体系建设工程

实施国家生态调查评估体系建设项目，建设“天地一体化”生态环境调查评估网络，定期开展全国生态状况调查、生态资产清查核算、生物多样性普查。实施生态承载力监测预警体系建设项目，开展重大工程生态影响、生态灾害监测评估预警体系建设。实施生态保护与修复科技专项，开展关键技术和装备研究。

（三）建设生态环境监测监控评估的大数据整合技术平台

利用物联网、云计算、互联网+等信息化技术，完善大气、水体、土壤的环境质量连续自动监测和环境污染远程监测体系，构建生态环境监测监控评估大数据整合技术平台，建立数据汇交、共享、质控管理机制，实现环境监测、环境质量评价、污染源在线监控、环境风险管理、环境监察执法等环境数据信息集成分析与综合应用。

八、全面开展全民生态文明新文化运动

（一）制定出台《全民生态文化发展纲要》

建设生态文明有赖于伦理精神和道德规范的引导和约束作用，深入开展生态文明宣传教育，将生态伦理观纳入社会主义核心价值体系，制定出台《全民生态文化发展纲要》，顶层设计，指导全国的文化发展，做好学校教育、基本素质培育、道德培育等方面的部署，把生态文明教育纳入国民教育体系，将生态文明思想融入社会主义核心价值观体系。

（二）全面开展全民生态新生活运动

倡导兴起全民生态文明新文化运动，培育具有生态伦理道德观的公民，引导公民绿色健康的生产生活方式；通过政策激励，造就履行社会责任的企业，定期如实向社会公布企业相关环境信息，形成企业与公众之间和谐、良好的互动交流；打造担当公共责任的服务型政府，承担区域内环境质量下降的相应责任，构建政府、企业、公众三位一体，全民共建推进生态文明建设大格局。

（三）引导和培育社会绿色生活消费模式

充分发挥政府的引领和示范作用，开展有关绿色经济知识的普及、教育和宣传，培养公众的绿色文化意识，引导社会公众自觉选择资源节约型、环境友好型的消费模式，推动绿色生产体系与绿色消费体系的均衡发展。居民消费的引导应分为 3 个层次：食品、衣物、日用品等居民基本物质消费精品化；文化、保健等非物质消费的丰富多样化；房屋与车辆消费的理性化，其包括交通领域绿色消费工程、建筑领域绿色消费工程和日常生活领域的绿色消费工程。

九、实施生态文明的工程科技支撑重大专项

把科技创新驱动作为生态文明建设的重要任务，着力解决科技发展促进生态文明建设过程中的突出问题，在资源能源可持续利用领域、环境保护、生态建设和生产生活消费领域开展支撑生态文明建设主要任务的重大科技工程，共计 10 项。

（一）能源低碳化清洁利用技术重大工程科技专项

构建能源共性技术研发平台，突破高效能源利用技术和低碳能源供应技术，发展高碳能源的低碳化清洁利用技术和超导直流输电、高效储能技术、智能电网等关键技术，加强碳捕获利用与封存技术、先进的新能源利用技术、可再生能源发电技术、核能利用技术等方面的自主创新和关键技术突破。

（二）环保产业成套设备制造重大工程科技专项

重点突破工业烟气颗粒物防治、高浓度难降解工业废水处理、污泥处置、高效除尘滤料、水处理用膜等领域的关键技术，开发推广针对危害大、影响面广的雾霾、水和重金属污染等突出环境问题的成套技术装备，加强重大环保装备与产品的产业化建设。

（三）土壤与地下水污染修复与治理技术重大工程科技专项

研究重点区域土壤污染规律与综合整治技术、耕地土壤污染控制及修复技术、高风险工业场地土壤地下水污染控制技术、矿区和油田区土壤污染控制与生态修复技术，构建土壤环境标准、法律法规与政策体系。

（四）生态资产核算技术方法与标准规范重大工程科技专项

以生态资产时间可比、空间可比、类型间可比为目标，研究构建基于标准当量为核心的自然资源生态资产核算技术方法的总体框架技术体系，深入研究并获取自然资源生态资产核算标准当量值，确定核算模型中的生物学参数，最终提出适应我国生态管理需求的生态资产核算标准规范。

（五）环境基准与标准理论与技术方法重大工程科技专项

深入研究我国不同环境介质（水、土壤、大气和生态要素）的环境基准构建共性理论基础、共性技术方法，构建符合我国国情和社会发展需求的环境质量基准理论方法体系框架；探索提出我国环境基准向标准转化的理论与方法，提出各种介质环境质量标准、各种类型污染物排放标准、环境监测管理规范类标准体系的顶层设计，形成以环境标准为核心的环境法规体系。

（六）工业化与信息化深度融合重大工程科技专项

以信息化与工业化深度融合为主线，实现高档数控机床、工业机器人、核心智能测控装置与部件等智能制造关键装置的自主可控和规模应用，突破智能机器操作系统和核心芯片等关键技术，实现软硬件、整机和工业应用协同发展，打造安全可控的智能制造应用生态。

（七）农业现代化与农村污染防治关键技术重大工程科技专项

集中开展现代农业发展与环境污染防治关键技术研发，突破一批农业资源可持续利用关键技术、大型复式高性能农机具研发关键技术、废旧农膜回收再生利用关键技术，推动农业面源污染防治、农业清洁生产、农村废弃物资源化利用等方面的农业科技支撑进展。

（八）支撑城镇化协调发展的智能技术重大工程科技专项

进行智能城市规划、建设和管理系统的研发，针对城镇群落城乡协调发展的诊断、城市内部非生态非理性问题的诊断、未来方案模拟推演，开展智能规划、智能交通、智能电力、智能建筑等基础设施的智能化关键技术研究。

（九）城市矿山开发关键技术重大工程科技专项

突破废旧机电产品再制造技术、城市矿产高分子资源循环利用技术、城市矿产无机非金属资源循环利用技术、电子及催化行业废弃物综合利用关键技术、城市矿产金属资源循环利用技术，开发废旧材料自动化分类破碎分选一体化装备、再生金属精炼净化装备、残杂贵金属回收利用装备等重大成套设备。

（十）城镇生物质废物制备生物燃气重大工程科技专项

突破城市生物质废物改性预处理及分质利用、协同厌氧生物制气、沼渣沼液高值资源化利用核心设备与关键技术，实现示范城市生物质制备生物燃气大型工程连续稳定运行，在城市清洁能源替代及环境质量改善方面取得显著成效，并形成可在全国范围内推广的产业化运作模式。

第四节　重 大 工 程

重大工程是促进生态文明建设的重要手段，是生态文明建设“十三五”主要任务“落地”的衔接途径与主要抓手，也是实现绿色发展的迫切需求。为此，建议在下述 7 个领域重点开展 32 项重大工程。

一、战略新兴产业发展领域

战略新兴产业是引导未来经济社会发展的重要力量，是实现绿色低碳经济和社会经济持续较快发展的重大战略举措。以大力发展节能环保产业、信息产业、智能装备等战略新兴产业为着力点，促进产业结构调整、带动经济发展方式转型。

（1）节能环保产业发展重大工程。以提升环保技术装备水平、发展资源循环利用技术装备、节能技术装备升级换代、壮大节能环保服务业为重点，促进环保节能产业快速发展，形成新的经济增长点。

（2）新一代信息技术产业重大工程。依托现有的信息网络基础设施，着力发展下一代通信网络、物联网、三网融合、新型平板显示、高性能集成电路和以云计算为代表的高端软件等新一代信息技术产业。

（3）信息化与工业化深度整合重大工程。将信息技术与智能制造、增材制造、虚拟制造等先进制造技术在工业制造领域交汇融合，促进制造业企业内部、企业之间、企业与用户间的信息交流，降低企业成本，提高生产效率。

（4）机器人及智能装备产业重大工程。做强做大优势产业的智能装备，发展功能性专用智能装备和工业机器人，培育发展第三产业中的服务机器人，如垃圾清扫回收、物品配送、保安服务机器人等。

（5）清洁能源智能汽车研发推广工程。加大力度支持混合动力汽车、纯电动汽车和氢燃料电池汽车等节能清洁能源汽车，以及智能汽车的研发与推广力度，优先在公交、出租、公务、环卫和邮政等公共服务领域进行示范试点。

二、新型城镇化发展领域

新型城镇化已成为新时期的国家战略，城镇化发展必将带来一定的环境资源压力。针对当前城镇化进程中资源利用效率偏低的问题，以节能、资源再利用为重点，推进固废回收利用、绿色建材、智能与绿色技术的应用，引导城镇建设走向集约高效。

（1）城市矿山二次资源开采利用重大工程。构建高效城镇固废资源回收利用体系，针对电子垃圾、建筑垃圾、工业废渣和市政污泥等城镇固废，大力回收利用钢铁、有色金属、废纸、塑料、废玻璃等。

（2）城镇绿色建筑及材料推广重大工程。积极推进太阳能发电等新能源和可再生能源建筑规模化应用工程；推进既有居住建筑供热计量和节能改造工程；大力发展绿色建材，提高新建建筑中绿色建筑与安装智能控制系统建筑的比例。

（3）城镇化智能技术与设施推广应用工程。建立城市信息网络基础设施（诸如感知器等多层级设备），以实时收集、存储、监测、反馈海量数据，借助计算机系统及大数据技术强有力的分析手段，开展智能城市建设工程。

（4）绿色交通运输体系建设工程。统筹构建绿色交通运输发展工程，城市运输结构优化工程，城市公交优先发展工程，改善综合交通枢纽布局优化工程，推动智能交通发展工程，提高交通运输节能减排综合水平。

三、资源能源提效改造领域

以构建安全、稳定、经济、清洁的现代资源能源开发利用体系为目标，加大资源二次开发利用工程，加强新能源、清洁能源开发工程，开展资源能源的节约、高效利用工程，促进资源能源高效利用，推动资源能源生产和利用方式变革。

（1）高碳能源的低碳化利用重大工程。依靠科技创新，加快推进高效清洁燃煤发电技术、炼油化工技术进步和产业升级工程，并有序开展天然气发电工程，提高能源加工转化效率和清洁利用水平。

（2）页岩气煤层气勘探开发重大工程。加强页岩气地质调查工作，加快“工厂化”“成套化”技术研发和应用，开展先进适用的页岩气勘探开发技术模式工程，培育自主创新和装备制造能力。

（3）新型核能系统推广利用工程。开展核能利用的安全措施与技术装备研发与推广；加快利用快中子引发裂变反应并实现核燃料增殖的核反应堆的技术与装备；推动加速器驱动的核乏料、废料处理技术与装备。

（4）地热能的开发利用重大工程。加大地热发电工程的推广与应用，在地热资源丰富条件允许地区推广地源热泵取暖工程，开展地热能农用、地热能医疗利用及地热能娱乐与旅游工程。

四、农业现代化发展领域

以建设资源节约型的循环农业、环境友好型的生态农业为目标，大力开展农业废弃物资源化和循环利用工程，推进“绿色农业、循环农业与低碳农业”发展。

（1）农村废弃物资源化利用工程。建设秸秆综合利用示范工程、畜禽粪便能源化利用示范工程、废旧农膜回收再生利用示范工程、农产品加工副产物资源化利用工程等。

（2）农业水资源高效利用与节水配套工程。建设大中型灌区及配套工程，适度新建农业用水水源工程，开展大中型排灌泵站更新改造工程，推广健康、生态和循环水养殖技术，节约养殖用水。

（3）美丽乡村清洁家园行动。加大农村基础公共设施投资，建设秸秆、粪便、生活垃圾等有机废弃物处理设施和农田有毒有害废弃物收集设施，实施家园清洁工程、水源清洁工程和田园清洁工程。

（4）粮食主产区耕地质量提升工程。大力开展耕地肥力提升工程，培育优质肥沃土壤；启动耕地环境保护和污染治理工程，发展无土栽培工程，探索有机废弃物安全循环利用模式工程。

（5）国家“菜篮子”基地清洁生产工程。推广应用低污染的环境友好型种植、养殖技术工程，加强化肥、农药、农膜、饵料、饲料添加剂等农业投入品的监管工程，健全化肥、农药销售登记备案制度。

五、环境质量改善升级领域

以全面改善我国环境质量、力争实现与社会经济发展相适应的环境质量为出发点，大力开展环境污染防治工程，促进环境保护和经济社会的协调发展，努力提高国家的环境可持续发展能力。

（1）重点流域水环境综合治理工程。在重点流域开展重点工业点源污染治理工程、城镇污水处理工程，城镇垃圾处置工程、农业面源污染治理工程、河网综合整治等综合治理工程。

（2）重点城市群大气污染防治工程。开展燃煤小锅炉全面整治工程；实施包括工业粉尘、机动车污染、扬尘等多污染物城市群间协同控制工程；实施城市群间及周边农村高污染燃料禁燃区工程；在重点城市群实施一批重点行业大气污染物治理工程。

（3）重点工矿区土壤污染治理工程。开展工矿区土壤污染状况常态化监测评估工程；强化工矿企业、排污企业生产过程全面环境监管；开展重点工矿区场地土壤污染修复工程，探索工矿区土壤污染生物修复工程。

（4）重点区域地下水污染防治工程。建立华北平原地下水质量监测网工程，分类防治超标地下水饮用水源工程；强化重点污染源和重点区域污染防治工程，开展地下水重点污染源废水排放防治工程；堆放场地污染物渗漏防治工程。

（5）集中式饮用水源地保护工程。开展饮用水水源地点源污染防治工程、面源污染防治工程、生态恢复与建设工程、预警监控体系建设工程、应急能力建设工程、管理能力建设工程等。

六、生态系统增量提质领域

以构建坚实的生态安全体系为目标，通过开展生态系统保护、修复和治理工程，确保生态系统结构更加合理、生态服务功能明显提升，促进国土开发空间格局优化，为生态安全保留适度的自然本底。

（1）国家生态安全格局关键节点建设工程。以现有的“八区、十屏、二十五片、多点”的全国生态保护与建设总体布局为基础，开展生态安全格局关键节点生态保护工程、生态恢复工程及生态廊道建设工程。

（2）良好地区生态保护建设工程。定期开展重点生态功能区监测和评估工程，逐步建立生物多样性监测评估和预警体系，开展生物多样性保护、恢复和减贫示范区建设，启动国家生态良好地区生态保护和管理试点。

（3）脆弱地区生态恢复建设工程。推进生态脆弱区天然林资源保护工程，巩固和扩大退耕还林还草、退牧还草等成果。实施湿地保护工程、重点地区防治水土流失、石漠化和防沙治沙工程，开展自然保护区建设工程与国家公园体系建设工程。

（4）国家重大建设工程生态保护修复工程。针对三峡、南水北调、西气东输、西电东送、青藏铁路等国家重大工程，开展重大工程生态影响的跟踪监测评价工程，探索构建重大工程生态风险评估预警体系，开展生态保护与修复工程。

（5）生态系统固碳增汇绿色储蓄工程。重点开展农业固碳增汇绿色储蓄工程；林业固碳增汇绿色储蓄工程；畜牧业固碳增汇绿色储蓄工程；城市生态系统固碳增汇绿色储蓄工程等。

（6）生态系统与生物多样性适应气候变化的保护性工程。实施脆弱和濒危物种的适应性就地和迁地保护工程，建立有害生物入侵的监测预警与控制体系；在 35 个生物多样性优先保护区、自然保护区、国家重点生态功能区开展适应气候变化的综合规划，实施综合适应保护性工程。

七、生态文明新文化全民培育领域

以改变全民思维方式、生活方式为出发点，广泛动员、引导、完善公众参与机制，确保公众参与的有效性，形成生态文明自律机制与全民参与生态文明的热潮。

（1）生态文明公众参与互动监督平台建设。开展生态文明公众参与互动平台构建工程，搭建互动平台，包括环境信息查询、在线环境污染投诉举报、互动反馈等功能；促进企事业排污单位开展环境信息公开展示工程，包括环境信息网上公开、环境治理展示等。

（2）公民基本道德素质提升工程。深入实施公民道德建设工程，开展以生态文明为导向的生态观、价值观宣讲工程，公民基本道德培育工程，公民基本道德行为引导工程，公民基本道德素养自律培育工程。

（3）绿色消费模式创建引导工程。主要包括交通领域绿色消费工程、建筑领域绿色消费工程和日常生活领域的绿色消费工程。

第五节　保障条件与政策建议

一、构建促进生态文明发展的法律体系

（一）加强促进生态文明建设的立法工作

加强生态文明建设等重点领域立法，研究制定《生态文明促进法》等相关法规，确立其为资源环境领域基本法，统筹协调现行资源环境领域相关法律，并将其纳入全国人大常委会“十三五”立法计划。加快制定《生态补偿条例》，明确法理、法律依据。实现立法和改革决策相衔接，做到重大改革于法有据、立法主动适应经济社会发展、生态文明建设的需要。

（二）加强现有法律生态化修订

加快开展相关法律法规的生态化“改造”，对不符合生态文明建设要求的进行修订。将生态文明建设和环境权加入宪法，加快对民法、行政法、刑法和经济法等传统部门法进行生态化的改造，确认环境权益。全面梳理现行法规规章中不符合生态文明建设需求的规定和条款，清理现有资源、生态、环境法律之间立法重复、立法冲突等问题，理顺法律之间的关系，形成生态文明法制建设的整体合力。加快制定生物多样性保护、土壤污染防治、核安全等方面的法律法规。

（三）健全生态环境保护公益诉讼制度，建立权益保障机制

加快建立群体诉讼、集体诉讼及公益诉讼制度。拓展环境公益诉讼的主体，逐步将国家机关、企事业单位、环保公益团体和个人纳入原告范围。完善环保公益诉讼具体操作程序，合理分配举证责任，研究举证责任倒置在环保公益诉讼中的具体应用。制定环境责任界定和损失评估制度，科学界定环境污染原因、责任主体、损害程度、弥补措施和赔偿数额等。

二、全面完善资源环境管理的行政体制

（一）理顺生态资源环境监管行政体制

全面理顺政府生态、资源、环境监管职能，将自然资源监管权和使用权分离，建立统一行使全民所有自然资源资产所有权人职责的体制，建立统一行使所有国土

空间用途管制职责的行政部门。健全“统一监管、分工负责”和“国家监察、地方监管、单位负责”的监管体系。

（二）强化生态环境监察管理

明确中央与地方生态环境监管事权，实行生态环境地方政府负责制，中央政府负责国家生态环境保护规划、重大政策制定、跨行政区域事项协调、监督地方生态环境治理与保护、资金和技术扶持、环境基准制定等。按照生态完整性设置区域生态环境管理机构，针对重点流域和重点区域设立派出机构，强化区域协调、联防联控机制建设、创新。

三、形成资源环境配置的市场作用机制

（一）完善自然资源产权制度

扩大自然资源产权范围，对自然生态空间进行统一确权登记；根据自然资源产权多样化特征，分门别类建立起多样的所有权体系；明确划分资源产权权利的利益分配关系，引入多元化的使用权主体；建立自然资源产权混合市场，激活转让权。

（二）理顺资源性产品价格形成机制

建立和完善公共资源产品的价格政策和有偿使用制度，保障自然资源收益权，全面反映市场供求、资源稀缺程度、生态环境损害成本和修复效益，建立起有利于资源节约使用、废弃物循环利用的包括资源使用价格、环境恢复价格、污染物处置价格和环境服务价格“四位一体”的资源环境价格体系，形成以市场为基础，政府适当干预的资源性产品价格调控机制。

（三）创新环境经济政策体系

改革创新环境经济政策，充分发挥资源环境税费、资源环境价格、绿色金融、环境责任保险等环境经济政策的保护约束和激励作用。改革资源环境税收体制，扩大资源税增收范围到所有自然资源和自然空间，改革资源税征收方式为从价计征，适时开征环境税，理顺中央和地方财税关系。强化收费、罚款、补贴、税收返还等财税手段，加强自然资源开发保证金、押金制度，加大排污费征收力度，对符合环保要求综合利用产品实行增值税优惠政策，增加节能产品、绿色产品生产和消费的补贴力度。合理利用价格杠杆，大力推行阶梯电价、水价，研究建立节水、节电、垃圾分类回收等方面的奖励机制。完善绿色金融政策，研究实施绿色保险、绿色信

贷、绿色贸易、绿色债券等环境经济政策，推广企业环境信用评级制度，开展污染责任保险试点。建立多元化的生态文明建设投融资机制。加大对环境友好型产业和环保产业的扶持力度。

（四）建立自然资源资产奖惩考核管理体系

将生态资产作为生态补偿、破坏赔偿、政绩考核的衡量标准。建立具有权威性的生态资产产权管理机构，明确价格决策主体与管理权，在充分考虑生态资产的生态服务功能、社会经济现状特点的基础上，提出科学合理的生态资产定价体系。编制生态资产考核账户，将生态资产价值纳入国民经济核算，并将生态资产管理情况作为官员绩效考核的重要内容。探索组建生态资产流转交易体系，构建生态资产开发利用的市场机制，在生态资产产权明确的基础上，确保所有者权益，将生态资产作为商品投入社会的再生产，形成完善的生态资产交易、运营与管理制度。

四、建立完善促进生态文明发展的制度体系

（一）建立过程严管的制度体系

加强生态文明建设的生态环境准入监管。健全生态环境执法监督机制，完善执法程序，加强生态环境执法能力建设，建立健全生态环境执法机构，形成省、县、乡（镇）三级生态环境执法监管网络。加强司法监督，建立生态环境行政执法与司法联动协作机制，强化社会监督，推进政府问责制度的落实。

（二）建立后果严惩制度体系

建立健全环境责任追究制度，明确政府环境责任定位。重点加强对地方政府环境行为的责任追究，对领导干部实行自然资源资产离任审计。建立政府、企业和个人生态环境损害责任终身追究制。

（三）健全监督考核评价机制

完善各级领导班子和领导干部考核评价体系，逐步加大干部政绩考核评价体系中资源消耗、环境损害、生态效益等与环境保护相关的指标的权重，将其作为干部选拔任用、管理监督的重要依据。

（四）强化各级人大对生态文明建设的监督问责

增加各级人大对生态文明建设的立法监督问责职能。各级人大要将各地的生态

文明建设议题作为当年的重点讨论议题，制定地方关于生态文明建设的相关制度。各级人大要加强监督，对政府关于生态文明建设的各项工作进行跟踪监督，保证生态文明建设各项工作落到实处。

（五）对生态环境违法施以严刑峻法

健全依法决策机制，建立行政机关内部重大决策合法性审查机制，建立重大决策终身责任追究制度及责任倒查机制。健全生态环境执法监督机制，完善执法程序，建立高违法成本的环境法律责任体系。建立生态环境损害赔偿制度，推进第三方损害评估鉴定，对受害群体予以合理赔偿，将生态环境的损害与公民的损害列入赔偿范围，加大造成生态环境损害的企业和个人的违法违规成本。

（六）健全完善生态补偿制度

建立统一的生态补偿基金。探索建立多元化投融资机制，合理确定补偿标准，通过政府财政转移支付、生态受益者付费、生态使用者付费、生态税、社会捐赠等方式，多方筹措生态补偿资金，推动建立国家生态补偿专项资金。逐步扩大生态补偿范围，完善财政转移支付制度，鼓励地区间建立跨区域横向财政转移和生态补偿制度，全面推行跨界断面水质管理的补偿与赔偿制度。

建立生态补偿绩效评估与监督考核机制。加快推进生态补偿受偿区域生态状况监测预警体系建设，逐步健全生态补偿绩效评估制度，建立生态补偿绩效监督考核机制体制。对于生态保护较好的区域或群体，加大奖励补助，否则予以惩罚，确保生态保护和恢复成效。由政府购买生态效益，在受补偿地区提供生态保护岗位，监督落实生态补偿措施。

五、健全生态文明公众参与机制

（一）加强宣教建设，构建道德自律机制

完善生态文明国民教育体系，创新和强化生态文明宣教，培育公众的现代环境公益意识和环境权利意识。将生态价值观纳入社会主义核心价值体系，形成资源节约和环境友好型的执政观、政绩观。建立企业环境保护信用体系，推动企业环保社会责任制度建设。加强生态文化载体建设，积极开展生态文明示范创建活动。推行健康文明的生活方式，积极引导鼓励绿色消费，在全社会倡导勤俭节约低碳生活，形成良好的社会风尚。重视社会文化领域建设，推动国民意识绿色化。

（二）推进多元治理主体建设

培育多元主体参与生态环境治理和建设，建立由政府、非政府组织、社会中介、民间组织、公民个体，以及企业共同参与的多元的多部门的治理主体队伍。实行“谁治理、谁受益”的激励机制，鼓励国有、集体单位、民营企业等各类经济组织及个人进行生态保护和建设。

（三）健全公众参与机制

明确公众参与环境决策的原则与范围，规范公众参与环境决策的程序和方式，强化公众参与环境决策的有效性。确保公众知情权、参与权、监督权、表达权及寻求法律救济等权利的行使，发挥公众监督尤其是舆论监督作用。完善环保非政府组织培育机制，建立沟通、协调、合作制度，鼓励社会组织承担环境责任。

（四）强化环境信息公开制度

加大环境信息公开力度。完善环境信息公开制度，充分利用各种传统媒体和新型媒体，依法公开各类环境信息，扩大政府环境信息主动公开的范围，规范和畅通信息公开的渠道，强化企业环境信息和数据公开的责任、制度。

（五）完善生态环境社会监督机制

健全举报制度，鼓励公民、法人和其他社会组织就生态环境问题进行举报。丰富生态环境公众监督形式，建立公众参与的环境后督察和后评估机制。完善环境舆论监督制度，明确舆论监督的范围和内容，健全环境舆论回应机制。完善环境信访制度，建立环境信访预警机制和隐患排查制度，完善信访查处制度和积案化解制度。

主要参考文献

白玥. 2010. 当前我国煤炭行业的发展现状与政策建议. 科技致富向导, (6): 294-295

蔡青. 2012. 基于景观生态学的城市空间格局演变规律分析与生态安全格局构建. 长沙: 湖南大学博士学位论文

曹家新. 1994. 谈基层环境保护机构存在之必要性. 中国环境管理, (6): 29

曹旭. 2011. 中国循环经济区域发展模式比较研究——以辽宁省为例. 城市发展研究, (11): 12-15

柴德坤. 2009. 俄罗斯的环境污染问题. 西伯利亚研究, (12): 82-85

常青. 1991. 印度的环境与资源的管理体制. 全球科技经济瞭望, (2): 23-24

巢哲雄. 2014. 关于促进国家生态环境治理现代化的思考. 环境保护, (16): 44-46

车均, 张蕾. 2014. 地下水污染控制与修复的研究. 资源节约与环保, (03): 136

陈静. 2008. 日本琵琶湖环境保护与治理经验. 环境科学导刊, (2): 37-39

陈亮, 王彩波. 2014. 国家治理现代化: 理论诠释与实践路径. 重庆社会科学, (9) : 35-42

陈泉生. 1997. 环境法原理. 北京: 法律出版社

陈湘洲, 何思奇. 2014. 推进生态治理能力的现代化[EB/OL]. http: //www. qstheory. cn/laigao/2014-06/10/c_1111077258. htm[2014-06-10]

陈晓凤. 2006. 中国环境在呻吟. 中国社会导刊, (36): 11-13

陈晓红. 2013. 建立生态文明制度体系重在健全自然资源资产管理体制[EB/OL]. http: //gov. rednet. cn/c/2013/12/11/3223107. htm[2013-12-11]

陈炎兵, 何五星. 2009. 社会环保的改革与变迁 推动环境立法. http: //book. people. com. cn/GB/69399/107424/147837/8899050. html[2009-03-03]

陈玉峰. 2013. 华北地下水污染背后. 法人, (6): 28-29

程淑杰. 2014. 宁夏中部干旱带土地利用生态安全格局研究. 银川: 宁夏大学硕士学位论文

崔如波. 2008. 生态文明建设的基本路径. 重庆行政, 10(6): 89-91

崔臻峰, 朱保建. 2007. 我国环境侵权诉讼的困境及出路探索. 法制与社会, (2): 190-192

戴宏梅. 2005. 环境管理体系推进体制探讨与体会. 资源节约与环保, (2): 34-35

戴厚良. 2012. 我国石油化工行业发展面临的机遇挑战及其技术进步战略. 石油炼制与化工, (9): 1-4

邓集文. 2008. 建设生态文明需要改革我国环保管理体制. 生态经济, (6): 156-159

邓翔, 瞿小松, 路征. 2012. 欧盟环境政策的新发展及启示. 财经科学, 11(296): 109-116

邓一峰. 2006. 论我国环境公益诉讼之构建, 晋阳学刊, (3): 117-120

杜群. 1993. 我国环境管理体制问题及其对策探讨. 上海环境科学, 12(6): 5-7

杜鹰. 2012. 中国可持续发展 20 年回顾与展望. 中国科学院院刊, 27(3): 269-273

段树军, 李强. 2008-12-17. 洱海——湖泊休养生息的范例. 中国经济时报, 第 2 版

段小莉. 2007. 生态文明规划建设的框架构想. 产业与科技论坛, 21(6): 6-10

段知壮. 2014. 生态环境理论与当代中国生态文明建设. 南方论刊, (11): 10-12

范纯. 2008. 俄罗斯的环境危机与法律对策. 俄罗斯中亚东欧研究, (4): 35-41

高士平, 王瑞君, 张伟. 2007. 论河北生态省建设的几个关键问题. 河北省科学院学报, (3): 70-74

谷树忠, 胡咏君, 周洪. 2013. 生态文明建设的科学内涵与基本路径. 资源科学, 35(1): 2-13

顾海波. 2003. 俄罗斯环境管理体制及其改革评析. 东北亚论坛, (4): 58-61

关健, 刘立. 2008. 欧盟框架计划的优先研究领域及其演变初探. 中国科技论坛. 1(1): 136-140

郭凤典, 朱鸣. 2004. 德国鲁尔工业区整治经验及启示. 理论月刊, (7): 98-100

国家发展改革委. 2013. 中国资源综合利用年度报告(2014). 中国资源综合利用, 31(4): 1-9

国家林业局. 2014. 第八次全国森林资源清查主要结果(2009-2013 年)http: //www. forestry. gov. cn/main/65/contend-659670. html[2014-2-15]

国家统计局. 2013. 2012 年国民经济和社会发展统计公报. http: //www. gov. cn/gzdt/2013-02/22/content_2338098. htm[2017-1-6]

国家统计局. 2014a. 中国能源统计年鉴 2013. 北京: 中国统计出版社

国家统计局. 2014b. 中国统计年鉴 2014. 北京: 中国统计出版社

国家统计局. 2015. 中国统计年鉴 2014. 北京: 中国统计出版社

国土资源部, 国家统计局, 国务院第二次全国土地调查领导小组办公室. 2014. 关于第二次全国土地调查主要数据成果的公报. 资源与人居环境, (1): 15-17

国土资源部. 2012. 2012 中国矿产资源报告. http: //www. mlr. gov. cn/zwgk/qwsj/201305/t20130502_1210124. htm[2017-1-6]

国土资源部. 2013. 2013 中国国土资源公报. http: //www. mlr. gov. cn/xwdt/jrxw/201404/t20140422_1313354. htm[2017-1-6]

韩志红, 阮大强. 1999. 新型诉讼——经济公益诉讼的理论与实践. 北京: 法律出版社

何建坤. 2013. CO_2 排放峰值分析: 中国的减排目标与对策. 中国人口资源与环境, 23(12): 1-9

河北省科技厅 2010 年软科学课题组. 2010. 河北省生态文明建设路径的分析与法制思考. 全国商情(理论研究), (6): 6-8

洪绂曾. 2009. 做好草原大文章是时代赋予的使命. 中国草地学报, (1): 1-3

侯盛新, 王宏, 金春久. 2002. 我国流域水资源保护管理体制的研究. 中国环境管理, (S1): 55-56

侯绪波, 陈超. 2014. 浅析我国森林资源保护现状及措施. 科技创新与应用, (6): 280

胡明晖. 2012. 从《科学技术基本计划》看日本科技发展战略. 科学管理研究, 30(2): 116-120

胡涛, 李丽平, 田春秀. 2005. 德国环境行政管理体制及其启示. http: //www. eedu. org. cn/Article/es/envir/e_law/200803/22879. html[2017-1-6]

胡图. 1987. 关于环境管理体制改革的探讨. 体制改革探索, (1): 69-70

胡象明, 鲁萍. 2002. 治理视野下的政府公共服务市场化. 北京行政学院学报, (5): 20-24

环境保护部. 2014-03-25. 全国生态文明意识调查报告. 中国环境报. 第 2 版

环境保护部. 2014a. 2013 年中国环境状况公报. http://jcs. mep. gov. cn/hjzl/zkgb/2013zkgb/201406/t20140605276480. shtml

环境保护部. 2014b. 2013 年中国机动车污染防治年报. http://www. zhb. gov. cn/gkml/hbb/qt/2014011t-20140126-266973. htm

环境保护部. 2015. 2014 中国环境状况公报. http://jcs. mep. gov. cn/hjzl/zkgb/2014zkgb/201506/t20150-60530299/shtml

环境保护部环境规划院. 2013. 区域煤炭消费总量控制技术方法与政策体系研究报告. 北京.

黄学贤. 2006. 行政诉讼原告资格若干问题探讨. 法学, (8): 3-11

加布里埃尔·A·阿尔蒙德, 小 G·宾厄姆·鲍威尔. 1987. 比较政治学: 体系、过程和政策. 曹沛霖, 郑世平, 公婷, 等译, 上海: 上海译文出版社: 41-42

江惠忠. 2012. 我国石油化工产业的发展现状及前景. 科技风, (10): 107

江剑平, 谭今来. 2005. 改善当前我国环境资源管理体制探析. 城市环境与城市生态, 18(1): 19-21

姜新军. 2007. 日本科技发展战略研究. 企业科技与发展. 16: 7-8

姜增平. 2011. 推进钢铁行业转型升级的思考. 浙江经济, (2): 42-43

蒋蕾蕾. 2009. 日本琵琶治理对我国公众参与环境保护的启示. 世界环境, (5): 86-87

蒋毅, 黄树标. 2006. 论环境权及其司法救济途径——兼谈我国环境公益诉讼制度的构建. 环境科学与管理, 31(6): 7-9

金博文. 2014. 1952 年英国伦敦烟雾事件原因探析. 安庆师范学院学报(社会科学版), (4): 87-90

金裕景, 司林波. 2014. 韩国环境保护政策实施状况、特征及启示. 长春理工大学学报, (7): 52-55

科技部. 2010. 德国 2020 高科技战略[EB/OL]. http: //www. most. gov. cn/gnwkjdt/201008/t20100817_78933. htm[2016-11-25]

匡健平. 1992. 城市环境管理体制初探. 环保科技, (1): 1-9

李峰. 2001. 俄罗斯环境现状和环境保护政策简述. 全球科技经济瞭望, (5): 47

李桂花，张建光．2014．中国特色社会主义生态文明建设的基本内涵及其相互关系．理论学刊，(2): 92-96

李宏伟．2011．生态文明建设的科学内涵与当代中国生态文明建设．理论参考，(12): 9-11

李文华，刘某承．2010．关于中国生态补偿机制建设的几点思考．资源科学，32(5): 791-796

李新安．2011-09-15．全力做好伊犁河流域生态环境保护工作．伊犁日报(汉)

李学军．2009．对生态文明建设思想的几点认识．攀登(双月刊)，28(2): 59-61

李亚军．2004．从美国环境管理看中国环境管理体制的创新．兰州学刊，(2): 162-163

李延梅，张志强．2008．英国自然环境研究委员会(NERC)2007-2012 年战略规划．世界科技研究与发展．30(5): 662-666

李宇军．2010．发达国家生态文明建设经验．政策瞭望，(6): 50

联合国．2013．世界人口展望: 2012 年修订版．纽约联合国经济和社会事业部人口司

梁增强，马民涛．杜改芳．2013．京津冀地区区域环境污染研究进展．四川环境，(8): 126-130

刘柏英，陈挥．2007．走在生态复兴的前沿——德国鲁尔工业区的生态措施．城市环境设计，(9): 24-27

刘登娟，黄勤，邓玲．2014．中国生态文明制度体系的构建与创新——从“制度陷阱”到“制度红利”．贵州社会科学，2: 17-21

刘海龙，李迪华，韩西丽．2005．生态基础设施概念及其研究综述．北京大学景观设计研究院，29(9): 70-75

刘荣春，吉宏，曾超．2005．国内外科技发展战略比较研究．企业家天地，12: 139-140

刘薇．2013．生态文明建设的基本理论及国内外研究现状述评．生态经济，9(2): 33-38

刘伟杰．2012．基于 GIS 和生态足迹方法的东北亚地区生态安全评价．北京：中国科学院研究生院博士学位论文

刘雪梅，田悦芳．2011．河北省加强生态文明建设总体思路研究．社会科学论坛，(12): 222-226

卢黎歌，李小京，魏华．2011．生态伦理思想的觉醒与当前中国生态文明建设的困境．西安交通大学学报(社会科学版)，(1): 6-11

吕忠梅．1997．环境法．北京：法律出版社

罗锋．2005．我国钢铁行业发展现状——问题及对策．经济论坛，(3): 62-63

马存利．2009．全国环境资源法学研讨会(年会)论文集．昆明：中国法学会环境资源法学研究会: 143-147

马健芬．2008．生态文明及其实现途径．中共山西省委党校学报，31 (5): 113-115

马英杰，房艳．2007．美国环境保护管理体制及其对我国的启发．环境保护，(11): 26-30

马中，吴健．2004．论环境保护管理体制的改革与创新．环境保护，(3): 13-15

莫绍周, 侯长定. 2004. 抚仙湖污染防治与对策措施. 云南环境科学, (12): 106-109

欧定华. 2015. 区域生态安全格局规划研究进展及规划技术流程探讨. 生态环境学报, 24(1): 163-173

欧盟委员会. 2011. 欧盟第七科技框架计划(FP7)[EB/OL]. http: //kfy. hust. edu. cn/BSZL/ZXYJYGJHZ/ZHZGBMXMJS/2011-06-24/141223793. html[2016-10-30]

潘家华. 2012. 加强生态文明的体制机制建设. 财贸经济, (12): 8-11

齐树洁, 林建文. 2005. 环境纠纷解决机制研究. 厦门: 厦门大学出版社

乔木, 田长彦, 朱自安. 等. 2010. 中国伊犁河流域生态建设战略与互动模式. 干旱区地理, (9): 784-790

任慧. 2014. 简析森林保护工作的现状及措施. 科技与企业, (6): 160

任慧君. 2011. 区域生态安全格局评价与构建研究. 北京: 北京林业大学硕士学位论文

任用. 2000. 日本环境管理及产业污染防治. 北京: 中国环境科学出版社

塞缪尔·P·亨廷顿. 2008. 变革社会中的政治秩序. 王冠华, 刘为, 等译. 上海: 上海世纪出版集团

山西省人民政府办公厅. 2015. 山西省深化采煤沉陷区治理规划(2014—2017 年)

申桂英. 2013. 从十二五规划看中国精细化工行业发展趋势. 精细与专用化学品, (2): 1-3

沈满洪, 程华, 陆根尧. 2012. 生态文明建设与区域经济协调发展战略研究. 北京: 科学出版社

沈满洪. 2012-12-31. 建设生态文明必须依靠制度. 浙江日报, 第 14 版

舒基元, 杨峥. 2003. 环境安全的新挑战: 经济全球化下环境污染转移. 中国人口·资源与环境, 13(3): 48-50

水利部. 2014. 2013 年中国水资源公报. 北京: 中国水利水电出版社

水利部. 2015. 2014 年中国水资源公报. 北京: 中国水利水电出版社

孙新章, 王兰英, 姜艺, 等. 2013. 以全球视野推进生态文明建设. 中国人口·资源与环境, 23(7): 7-12

覃国琴. 2002. 加强环境管理体制促进经济发展. 沿海环境, (8): 10-11

唐大智. 2004. 关于改革环保系统管理体制的建议. 民主与科学, (2): 60

汪易森. 2004. 日本琵琶湖保护治理的基本思路评析. 水利水电科技进展, (12): 1-5

王红梅. 2016. 中国环境规制政策工具的比较与选择——基于贝叶斯模型平均(BMA)方法的实证研究. 中国人口·资源与环境, 26(9): 132-138

王宏斌. 2011. 西方发达国家建设生态文明的实践、成就及其困境. 马克思主义研究, 10(3): 71-75

王宏斌. 2014. 生态现代化理论视域中的中国生态文明建设: 一种规范性的探讨. 当代世界与社会主义, (2): 89-91

王辉. 2012. 中国生态文明建设的理论渊源与路径分析. 吉林化工学院学报, 23 (8): 45-48

王金南, 万军, 张惠远. 2006. 关于我国生态补偿机制与政策的几点认识. 环境保护, 10: 24-28

王金南, 张惠远. 2010. 关于中国生态文明建设体系的探析. 环境保护, (4): 35-38

王前军. 2007. 俄罗斯的环境保护政策. 环境科学与管理, (12): 20-22

王欣. 2006. 我国环境管理体制中的法律问题及其完善. http: //www. civillaw. com. cn/[2016-10-25]

王跃思, 姚利, 刘子锐, 等. 2013. 京津冀大气霾污染及控制策略思考. 中国科学院院刊, (5): 353-363

王智, 蒋明康, 朱广庆, 等. 2004. IUCN 保护区分类系统与中国自然保护区分类标准的比较. 农村生态环境, 20(2) : 72-76

韦立群. 1999. 从市场调节的缺陷谈我国环保系统管理体制的改革. 华东经济管理, (5): 108-109

魏连. 2014. 当代中国生态文明建设的理性自觉与路径优化. 马克思主义研究, (7): 45-51

吴勇. 2006. 环境公诉探析. 求索, (11): 87-89

习近平. 2013. 中共中央关于全面深化改革若干重大问题的决定. 北京

习近平. 2014. 让工程科技造福人类、创造未来——在 2014 年国际工程科技大会上的主旨演讲[EB/OL]. http: //news. xinhuanet. com/politics/2014-06/03/c_1110968875. htm[2016-8-6]

夏光. 2012. 再论生态文明建设的制度创新. 环境保护, (23): 19-22

解振华. 2013. 深入学习贯彻党的“十八大”精神, 加快落实生态文明建设战略部署. 中国科学院院刊, 28(2): 132-138

谢玮. 2014. 试论日本科技发展战略的三次转向的启示. 交流研讨, 8: 87-89

徐冬青. 2013. 生态文明建设的国际经验及我国的政策取向. 世界经济与政治论坛, 11(6): 153-161

徐海根, 丁晖, 吴军. 2012. 2020 年全球生物多样性目标解读及其评估指标探讨. 生态与农村环境学报, 28(1): 1-9

徐进才. 2013. 基于呼包鄂区域一体化的草原利用与保护模式研究. 内蒙古师范大学学报(哲学社会科学版), (5): 86-89

徐英. 1995. 拉美国家的环境保护问题. 环境保护, (10): 42-43

徐英. 1997. 墨西哥的环保问题及其举措. 拉丁美洲研究, (12): 47-51

徐柱. 2009. 草原生物多样性保护法律法规政策的影响及研究. 中国草地学报, (3): 4-9

许国成, 谭成虎. 2009. 加强草原保护建设科学合理利用草原. 农业科技与信息, (4): 46-47

许建飞. 2014. 20 世纪英国大气环境保护立法研究——以治理伦敦烟雾污染为例. 财经政法资讯, (1): 49-53

严耕. 2013. 生态环境是双重生产力. 中国三峡, (11): 1

严文庆, 王秋荣. 燕春友. 2012. 我国钢铁行业发展现状——问题及对策分析. 市场研究, (11): 20-21

颜运秋. 2002. 公益诉讼理念研究. 北京: 中国检察出版社

杨朝飞. 2012. 我国环境法律制度与环境保护[EB/OL]. http: // www. npc. gov. cn/2012-12-03[2016-5-9]

杨朝霞. 2008. 论我国环境行政管理体制的弊端与改革. 经济法学劳动法学, (5): 1-8

杨东平. 2008. 中国环境的危机与转机. 北京：社会科学文献出版社

杨光梅, 闵庆文, 李文华, 等. 2007. 我国生态补偿研究中的科学问题. 生态学报, 27(10): 4289-4300

杨兴, 谢校初. 2002. 美、日、英、法等国的环境管理体制概况及其对我国的启示. 城市环境与城市生态, (2): 49-51

杨樱, 古继宝. 2009. 我国区域发展模式创新的动力机制与典型模式比较. 运筹与管理, (4): 97-104

杨振海. 2009. 努力谱写草原保护建设新篇章. 中国草地学报, (3): 1-3

佚名. 2014. 治理视野下生态文明建设的主体分析[EB/OL]. http: //wenku. baidu. com/link?url=g2LlCiL1VVlrOQNxjXlnySlelGF_DxX3Iyic60H5lhc8lyqdy-kLdXxntpeHf_NZ7a2DUDpCF84R2Jg1ifqO0oFNlI90YVl1PQzH6Q5Y5Yu[2016-11-3]

英国石油公司. 2014. BP 世界能源统计年鉴 2014. http://bp. cop/statisticalreview

余辉. 2014. 政策建议——日本琵琶湖水污染控制与富营养化治理案例. 环境科学研究, 27(11): 1243-1250

袁涌波. 2010. 国外生态文明建设经验. 今日浙江, (11): 28

曾豫湘. 1998. 印度的环境状况及其管理. 全球科技经济瞭望, (7): 52-54

张达明. 2013. 1952 年的“伦敦烟雾事件”. 学习博览, (6): 36-37

张禾佳. 1989. 墨西哥市政府公布防治环境污染对策. 世界环境, (4): 46

张惠远, 张强, 刘煜杰, 等. 2015. 关于深化我国生态保护监管体制改革的思考. 环境保护, (18): 51-54

张兰英, 张宗柯. 2013. 国内外生态文明建设经验初探. 福州党校学报, 18(5): 44-47

张联, 张玉军. 2002. 欧洲等国环保行政管理体制. 世界环境, (5): 43-45

张美君. 2014. 中国特色社会主义生态文明建设研究综述. 生产力研究, (7): 129-132

张乃荣. 2010. 我国煤炭产业的发展现状及其未来发展模式研究分析. 中国市场, (6): 17-18

张佩颖. 2009-12-15. 洱海保护——生态治理新模式. 中国企业报, 第 6 版

张强, 刘煜杰, 张惠远, 等. 2015. 生态文明治理能力建设路径分析. 环境与可持续发展, (4): 10-14

张书军, 王磊, 裴志永. 2010. 美国环保署战略计划(2006-2011)述评. 中国人口·资源与环境, 20(6): 147-150

张淑兰. 2008. 印度的环境主义. 马克思主义与现实, (5): 99-105

张淑兰. 2010. 印度环境管理的制度分析. 南亚研究季刊, (3): 102-107

张伟, 吕钢. 2011. 浅议我国煤炭行业发展形势及前景. 科技资讯, (2): 104

张小光. 2011. 辽河流域生态环境综合评价. 中国科技信息, (5): 45-46

张勇. 2011. 我国煤炭行业发展的研究与对策. 矿业装备, (2): 36-38

赵征志. 2008. 我国钢铁工业产业现状及其发展. 新材料产业, (7): 31-34

中共中央国务院. 2014. 国家新型城镇化规划(2014－2020 年)

中国工程院, 环境保护部. 2011. 中国环境宏观战略研究——环境要素保护战略卷(上). 北京: 中国环境科学出版社

中国国土资源经济研究院. 2014. 全国矿产资源节约与综合利用报告(2014),

中国环境与发展国际合作委员会, 中共中央党校国际战略研究所. 2007. 中国环境与发展: 世纪挑战与战略抉择. 北京: 中国环境科学出版社

中国环境与发展国际合作委员会. 2007. 国合会专题政策报告. http: //www. cciced. net/zcyj/yjbg/zcyjbg/2007/201607/P020160708406058392848. pdf[2015-11-30]

中国科学院可持续发展战略研究所. 2013. 2013 中国可持续发展战略报告. 北京: 科学出版社

中国科学院可持续发展战略研究所. 2014. 2014 中国可持续发展战略报告. 北京: 科学出版社

中国行政管理学会, 环境保护部宣传教育司联合课题组. 2014-10-10. 如何建立系统完整的生态文明制度体系. 中国环境报, 第 2 版

“中国煤炭消费总量控制方案和政策研究项目” 课题组. 2014. 煤炭使用对中国大气污染的贡献.

周舫, 朱德明. 2007. 强化环保基本国策创新环境管理体制. 江苏环境保护, 20(4): 66-68

周生贤. 2007. 机遇与抉择: 松花江事件的深度思考. 北京: 新华出版社

周维富. 2007. 我国钢铁工业未来发展面临的挑战及对策. 中国经贸导刊, (9): 24-25

朱芳芳. 2011. 中国生态现代化能力建设与生态治理转型. 马克思主义与现实. (3): 193-196

Fabos J G. 2004. Greenways planning in the United States: its origins and recent case studies . Landscape Urban Plan, 68: 321-342

Forman R T T, Godron M. 1986. Landscape Ecology. New York: John Wiley

Jongman R H G. 1995. Nature conservation planning in Europe: developing ecological network. Landscape Urban Plan, 32: 169-183

Mortberg U M. 2001. Resident bird species in urban forest remnants; landscape and habitat perspectives. Landscape Ecology, 16(3): 193-203

Poelmans L, van Rompaey A. 2009. Detecting and modelling spatial patterns of urban sprawl in highly fragmented areas: a case study in the Flanders-Brussels region. Landscape and Urban and Urban Planning, 93(1): 10-19

Sax J L. 1970. The “Public trust Doctrine” in Natural Resource Law: effective judicial intervention. Michigan Law Review, 68(3): 471-566

Soares B S, Cerqueira G C, Pennachin C L. 2002. DINAMICA—a stochastic cellular automata model designed to simulate the landscape dynamics in an Amazonian colonization frontier. Ecological

Modelling, 154(3): 217-235

U. S. Environmental Protection Agency. 2010. EPA Strategic Plan [EB/OL]. http: //www2. epa. gov/planandbudget/archive#StrategicPlan[2016-8-6]

Westphal M I, Field S A, Tyre A J, et al. 2003. Effects of landscape pattern on bird species distribution in the Mt. Lofty Ranges, South Australia. Landscape Ecology, 18(4): 413-426

Wileden J, Silva E A, Ahern J. 2003. The CVCA model: a cellular automaton model of landscape ecological strategies. Modelling and Simulation, 203: 206-209

Wu J G, Luck M. 2002. A gradient analysis of urban landscape pattern: a case study from the Phoenix metropolitan region. USA. Landscape Ecology, 17(4): 327-339